C语言完全自学教程

明日科技 ◉ 编著

人民邮电出版社
北京

图书在版编目（CIP）数据

C语言完全自学教程 / 明日科技编著. -- 北京 : 人民邮电出版社, 2023.7
（软件开发丛书）
ISBN 978-7-115-59430-3

Ⅰ. ①C… Ⅱ. ①明… Ⅲ. ①C语言－程序设计 Ⅳ. ①TP312

中国版本图书馆CIP数据核字(2022)第099681号

内 容 提 要

本书系统、全面地介绍了有关 C 语言程序设计所涉及的重要知识。全书分为基础篇、提高篇、高级篇和项目篇，共 18 章。基础篇包括迈进 C 语言的大门、C 语言的开发环境、初识 C 语言、C 语言基本数据类型、数据输入与输出、运算符与表达式、条件判断语句、循环语句。提高篇包括数组、字符串处理函数、输入验证、函数、指针的使用。高级篇包括复合数据类型及链表、预处理命令、文件操作、内存管理。最后，项目篇是开发一个俄罗斯方块游戏。每章内容都与实例紧密结合，有助于读者理解知识、应用知识，达到学以致用的目的。

本书附有配套资源，包括源码及教学视频。其中，源码全部经过精心测试，能够在 Windows XP、Windows 7、Windows 8、Windows 10 系统下编译和运行。

本书可作为大中专院校计算机专业、软件专业及相关专业的教材，同时也适合 C 语言爱好者、初级 C 语言读者参考使用。

◆ 编　　著　明日科技
责任编辑　赵祥妮
责任印制　陈　犇
◆ 人民邮电出版社出版发行　　北京市丰台区成寿寺路 11 号
邮编　100164　　电子邮件　315@ptpress.com.cn
网址　https://www.ptpress.com.cn
涿州市京南印刷厂印刷
◆ 开本：787×1092　1/16
印张：25.75　　　　2023 年 7 月第 1 版
字数：698 千字　　　　2023 年 7 月河北第 1 次印刷

定价：89.90 元

读者服务热线：(010)81055410　印装质量热线：(010)81055316
反盗版热线：(010)81055315
广告经营许可证：京东市监广登字 20170147 号

C 语言是 Combined Language（组合语言）的中文简称，它作为一种计算机程序设计语言，具有高级语言和汇编语言的特点，受到广大编程人员的喜爱。C 语言的应用非常广泛，既可以用于编写系统程序，也可以用于编写应用程序，还可以具体应用到单片机以及嵌入式系统的开发中。这正是大多数学习者选用 C 语言的原因。

在当前的教育体系下，实例教学是计算机语言教学的有效方法之一，本书将 C 语言知识和实用的实例结合，一方面，跟随 C 语言的发展方向，适应市场需求，精心选择内容，突出重点、强调实用，使知识的讲解全面、系统；另一方面，将知识融入实例讲解，使知识与实例相辅相成，既有利于学生学习知识，又有利于教师指导学生实践。

本书配套提供源码和讲解视频，读者可登录异步社区（https://www.epubit.com），按书名搜索，进入本书页面下载和观看。

如果您在学习或使用本书的过程中遇到问题或疑惑，可以通过如下方式与我们联系，我们会在 1 ～ 5 个工作日内给您提供解答。

服务网站：www.mingrisoft.com。

服务电话：0431-84978981/84978982。

企业 QQ：4006751066。

服务邮箱：mingrisoft@mingrisoft.com。

由于编者水平有限，书中难免存在疏漏和不足之处，敬请广大读者批评指正，使本书得以改进和完善。书中使用的案例，包括产品型号、人物信息等内容均为虚构，如有雷同，纯属巧合。

编　者

2023 年 5 月

目录

CONTENTS

基础篇

提高篇

第 9 章 数组

第 10 章 字符串处理函数

第 11 章 输入验证

第 12 章 函数

第 13 章 指针的使用

高级篇

第 14 章 复合数据类型及链表

项目篇

第 18 章 俄罗斯方块游戏

附录 ASCII 十进制对照表

基础篇

迈进 C 语言的大门

你想做计算机程序开发吗？你想开发属于自己的游戏吗？你想学习编程语言吗？如果你的答案是"是"，就从学习 C 语言开始吧！因为学习 C 语言能够让你了解编程的基本概念，让你感受编程带来的成就感，让你轻松地踏进编程的大门。C 语言是学习编程的众多入门语言中的首选。赶快开始你的 C 语言编程之旅吧！

1.1 什么是 C 语言

学习 C 语言之前，首先搞清楚语言是什么。

语言是人类重要的交际工具，也是人类进行沟通的主要方式。因为我们生在中国，所以大多数人从小就讲汉语，但由于地域不同，也产生了不同的地方方言。

人与人交流用人类语言，人要与计算机交互就需要用计算机语言。下面介绍计算机语言的发展。

1. 机器语言

计算机只"认"指令。在很多年前就有了机器语言，它以一种指令集体系结构存在，数据能够被计算机 CPU 直接解读，不需要进行任何翻译。计算机使用的是由二进制数 0 和 1 组成的一串指令，如图 1.1 所示。

2. 汇编语言

机器语言的存在正好满足了计算机的需求，不过编程人员直接使用机器语言通常会很麻烦，于是汇编语言应运而生。用英文字母或符号串来替代机器语言的二进制码，就把不易理解和使用的机器语言变成了汇编语言。因此，使用汇编语言编写的程序代码比使用机器语言编写的更易于阅读和理解。图 1.2 所示是汇编指令。

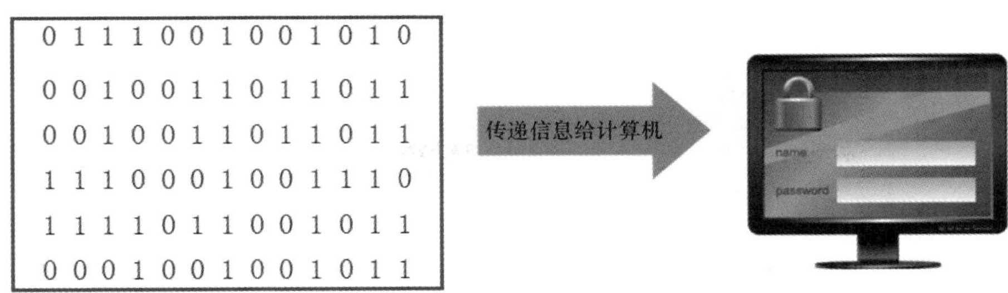

图 1.1 机器指令

3. 高级语言

汇编语言也有弊端，它的助记符多且难记，而且汇编语言依赖于硬件系统，于是人们又发明了高级语言。高级语言的语法和格式类似于英文的语法，避免了对硬件的直接操作。高级语言并不是某一种具体的语言，其包括流行的 C 语言、Java、C++ 等，如图 1.3 所示，本节不详细介绍其他编程语言，主要介绍 C 语言。

```
mov  ax, 2000
mov  ss, ax
mov  sp, 10

mov  ax, 3123
push  ax
mov  ax, 3366
push  ax
```

图 1.2 汇编指令

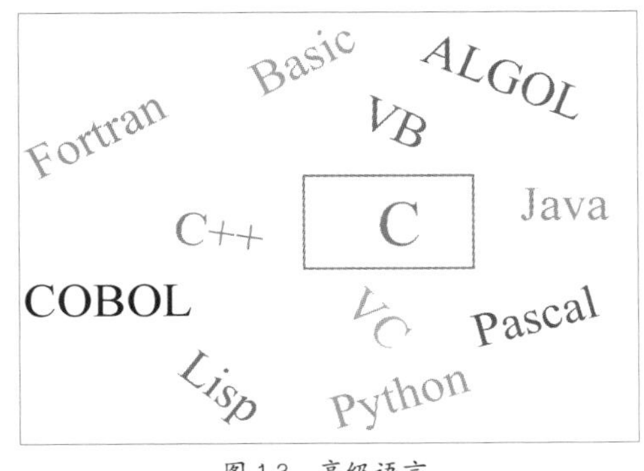

图 1.3 高级语言

4. C 语言发展史

1970 年，UNIX 的研发者丹尼斯・里奇［Dennis Ritchie，图 1.4（a）］和肯尼思・汤普森［Kenneth Thompson，图 1.4（b）］研制出 BCPL（简称 B 语言），而 C 语言是在 B 语言的基础上发展和完善而来的。20 世纪 70 年代初期，丹尼斯・里奇第一次把 B 语言改为 C 语言。至此，C 语言就诞生了。C 语言完整的发展历程如图 1.5 所示。

（a）

（b）

图 1.4 丹尼斯・里奇和肯尼思・汤普森

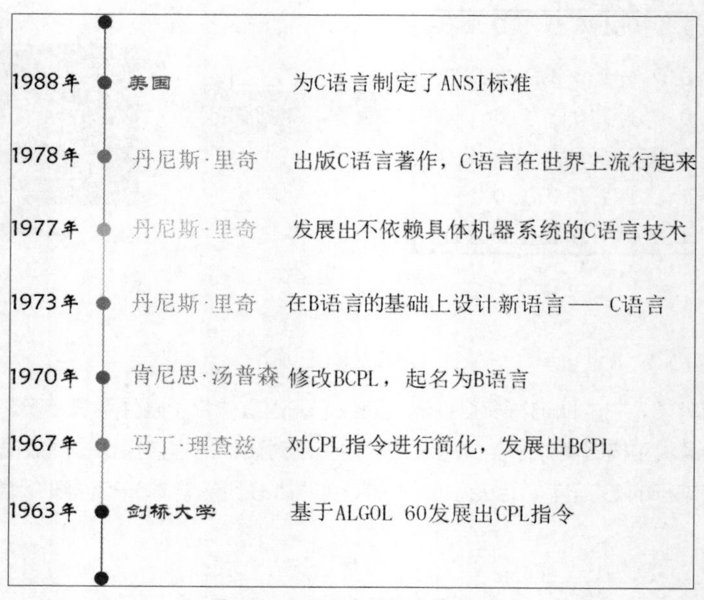

图 1.5　C 语言完整的发展历程

C 语言是一种面向过程的语言，同时具有高级语言和汇编语言的优点。对于大多数程序员来说，C 语言是学习编程的首选语言。C 语言使用起来简单，容易上手。所以，C 语言一直备受初学者的青睐，曾在编程语言排行榜排名第二。图 1.6 所示的是 2021 年 11 月的编程语言排行榜前 5 名，增长值最多的就是 C 语言，达到 5.10%，由此可见，C 语言是许多程序员入门的首选编程语言。

编程语言	增长率	增长值
Java	16.746%	+3.51%
C	14.396%	+5.10%
C++	8.282%	+2.94%
Python	7.683%	+3.20%
Visual Basic.NET	6.490%	+3.58%

图 1.6　编程语言排行榜前 5 名

1.2　C 语言的特点

C 语言是一种通用的程序设计语言，主要用来进行系统程序设计，其具有如下特点。

1. 高效性

从 C 语言的发展历史可以看出，它继承了低级语言的优点，能产生高效的代码，并且代码具有较好的可读性和可编写性。一般情况下，C 语言生成的目标代码的运行效率只比汇编程序的低 10% ~ 20%。

2. 灵活性

C 语言中的语法“不拘一格”，可在原有语法基础上进行创造、复合，从而给程序员更多的想象和发挥空间。

3. 功能丰富

除了本身所具有的类型，C 语言还可以通过丰富的运算符和自定义的结构类型来表示几乎任何复杂的数据类型，实现所需要的功能。

4. 表达力强

C 语言的主要特点体现在它的语法形式与人们所使用的日常语言的语法形式相似，书写形式自由，结构规范，并且只需简单的控制语句即可轻松控制程序流程，满足烦琐的程序要求。

5. 可移植性好

C 语言具有良好的可移植性，这使得 C 语言程序在不同的操作系统下，只需要简单的修改或者不修改即可进行跨平台的程序开发操作。

正是由于 C 语言拥有上述特点，因此它在程序员群体中备受青睐。

1.3 C 语言能做什么

C 语言诞生于 20 世纪 70 年代，是“标准的 70 后”，为出现较早的编程语言。它可以做到“一次编写，处处编译”，而且在很多平台上都有强大的编译器支持，也有强大的集成开发环境支持，例如 Windows 平台上有微软公司的 Visual Studio，iOS 平台上有 Xcode。

C 语言应用广泛，接下来简单介绍一些应用 C 语言的领域。

1.3.1 单片机系统领域

首先介绍 C 语言应用于单片机系统领域的情况。提到单片机，电子 / 电气相关专业的同学可能知道，单片机开发应用的语言主要有两种：一种是汇编语言，另一种是 C 语言。汇编语言程序比 C 语言程序更容易控制单片机，但是 C 语言的可移植性比较好。就算不太了解硬件的内部结构，编译器也能为这个系统设计合理地分配内存单元，设计出简单的单片机程序。当将 C 语言应用于单片机系统领域时，只要实现好代码优化功能，用 C 语言开发单片机系统就会提高工作效率，所以目前 C 语言是开发单片机系统的主流语言。单片机和 C 语言结合能够控制许多简单的系统，例如图 1.7 所示的控制台灯、控制鱼缸自动加氧气等系统。

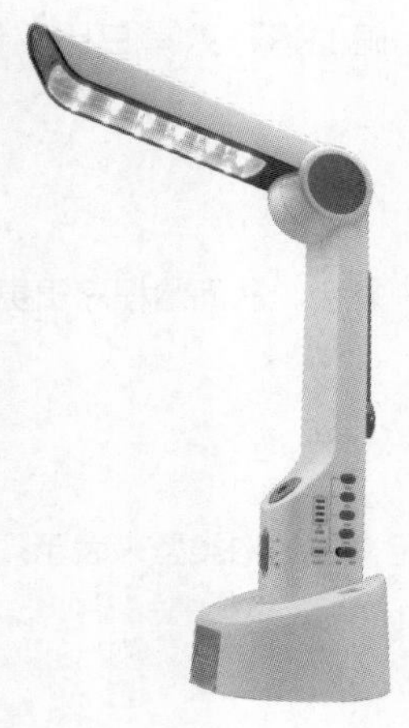

图 1.7　单片机和 C 语言结合实现控制系统

1.3.2　应用软件领域

Linux 操作系统大部分就是用 C 语言编写的（见图 1.8），当然 Linux 操作系统中的应用软件大多也是用 C 语言编写的，且这些应用软件的安全性非常高。

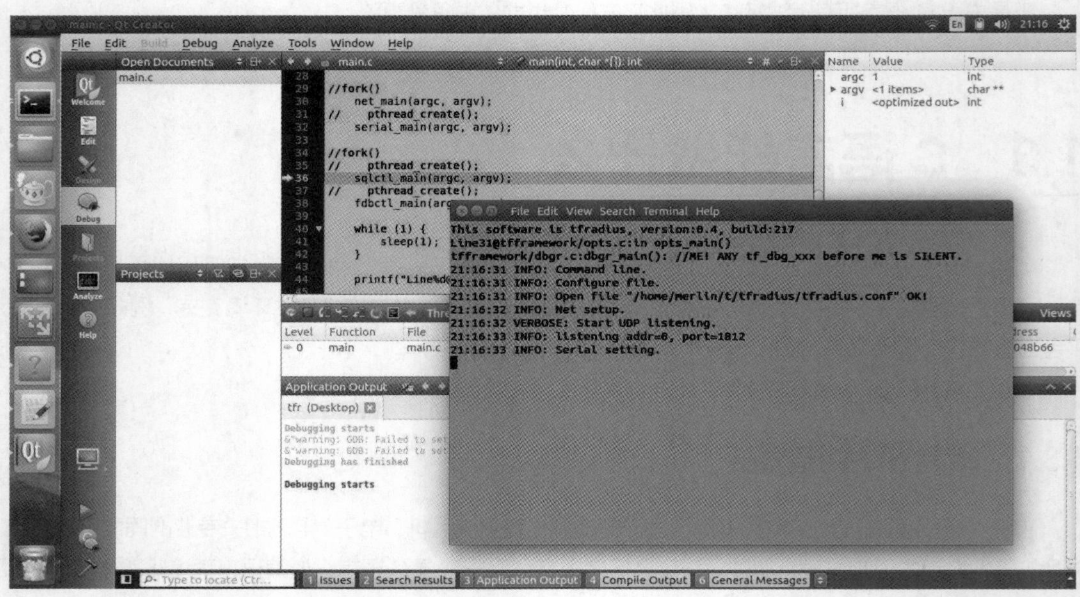

图 1.8　Linux 操作系统

1.3.3　嵌入式系统领域

不仅如此，C 语言还会应用于嵌入式系统领域，嵌入式系统涉及生活中的方方面面，例如汽车、家电、工业机器人等。如图 1.9 所示，我们熟悉的智能家居控制系统、五彩斑斓的霓虹灯以及航拍飞行器系统等，都是能用 C 语言来实现的。

图 1.9 嵌入式系统

1.3.4 游戏领域

其实，C 语言还应用到了游戏领域，说不定你玩的游戏就是由 C 语言编写的呢。如图 1.10 所示，无论是简单的小游戏（例如五子棋），还是复杂的大型游戏（例如《Quake》，即《雷神之锤》），都是可以用 C 语言编写的。

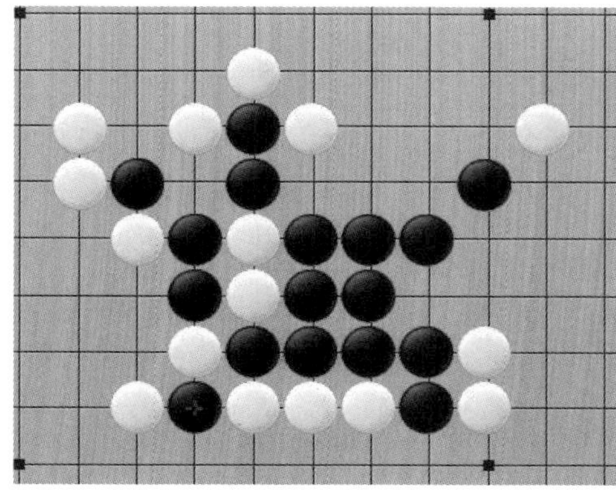

图 1.10 游戏领域

C 语言具有很强的绘画能力、数据处理能力和可移植性，所以可以用 C 语言编写系统软件、制作动画、绘制二维图形和三维图形等。不仅如此，C 语言的数值计算能力也很强，所以它也能用于进行数据分析。

可见，C 语言的应用十分广泛，涉及我们生活的各个领域、各个方面。

1.4 C 语言与其他语言比较

随着时代的发展，人类的需求也越来越多，C 语言的功能在某些方面就显得“不吃香”了，计算机领域的优秀人员在 C 语言的基础上发展了 C++、VC++ 以及 C# 语言等。究竟 C 语言与其他语言有什么内在联系呢？下面就介绍 C 语言与 C++、VC++、Java 和 Python 的比较。

1.4.1 C 语言和 C++ 比较

C 语言和 C++ 主要的区别就是，C 语言是面向过程的语言，C++ 是面向对象的语言。C++ 引入了重载、内联函数以及异常处理等，还涉及类、继承、模板以及包容器类等。图 1.11 所示的是 C 语言代码，图 1.12 所示的是 C++ 代码。

```c
#include<stdio.h>
int main()
{
    printf("hello world\n");
    return 0;
}
```

输出语句

图 1.11　C 语言代码

```cpp
class CPerson
{
public:
    CPerson();
    CPerson(int iIndex, short m_shAge, double m_dSalary);
    int m_iIndex;
    short m_shAge;
    double m_dSalary;
    int getIndex();
    short getAge();
    double getSalary();
};
CPerson::CPerson()
{
    m_iIndex = 0;
    m_shAge = 10;
    m_dSalary = 1000;
}
void main()
{
    CPerson p1;
    cout << "m_iIndex is:" << p1.getIndex() << endl;
    CPerson p2(1, 20, 1000);
    cout << "m_iIndex is:" << p2.getIndex() << endl;
}
```

定义类

析构函数初始化

输出语句

图 1.12　C++ 代码

比较图 1.11 和图 1.12 可知，两种语言的输出语句不同，同时 C++ 代码引用了类的概念，而 C 语言代码不能引用类，这是 C 和 C++ 代码的区别。

说明

面向过程和面向对象是编程思想。面向过程是一种以过程为中心的编程思想，是一种实现过程的思考方式；面向对象是把现实的事物抽象成对象的编程思想。

1.4.2　C 语言和 VC++ 比较

VC++（又称 VC 或 Visual C++）是微软公司开发的集成开发环境（Integrated Development Environment，IDE），也就是在 Windows 平台上使用 C++ 的编程环境。严格来说，VC++ 不是一门语言，它是由 C++ 扩展而来的，VC++ 就是可视化的 C++。图 1.13 所示的是 VC++ 代码。

```cpp
void CHelloDlg::OnOK()
{
    CFont font;
    font.CreatePointFont(200,"宋体");
    GetDlgItem(IDC_STATIC)->SetWindowText("Hello Visual C++");
    GetDlgItem(IDC_STATIC)->SetFont(&font);
}
```

“确定”按钮事件

创建字体

显示的文字

显示字体

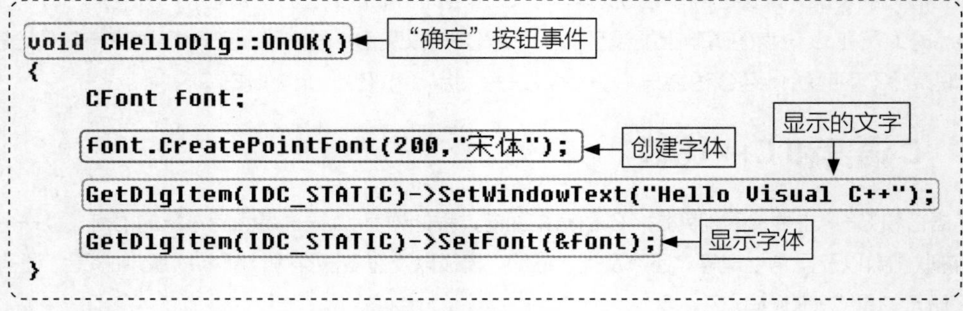

图 1.13　VC++ 代码

VC++ 代码最终实现的是一个窗体，运行结果如图 1.14 所示；而 C 语言代码最终的结果是显示在控制台上的，如图 1.15 所示。

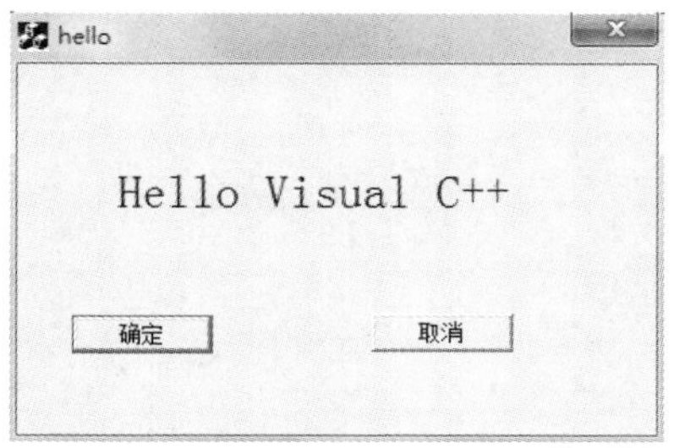

图 1.14　运行 VC++ 代码实现的窗体

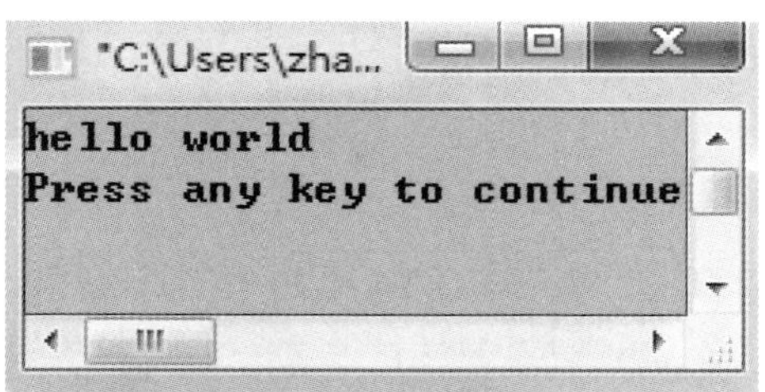

图 1.15　C 语言代码运行结果

1.4.3　C 语言和 Java 比较

C 语言和 Java 的区别就在于一个是面向过程的，一个是面向对象的。C 语言有指针的概念，指针也是 C 语言的精髓。想要学好 C 语言，就必须学好指针。Java 是没有指针的。

总的来说，C 语言是基础语言，Java 是面向对象的一门语言，在学习 Java 语言前，建议最好还是先学习 C 语言。而 Java 更利于开发应用，比较实用。Java 可以应用于网站后台开发、Android 开发、PC 开发，近年又“涉足”大数据领域。图 1.16 所示的是 Java 代码。

类

主方法

```
public class Demo {
    public static void main(String[] args) {
        for (int i = 0; i < args.length; i++) {
            System.out.println("参数" + i + "的值=" + args[i]);
        }
    }
}
```

输出语句

图 1.16　Java 代码

将图 1.16 中的 Java 代码与图 1.11 中的 C 语言代码相比，就能看出 Java 代码和 C 语言代码的区别。Java 和 C 语言的输出语句不同，主方法（C 语言中称主函数）定义的形式也不同，这些都是 C 语言和 Java 的不同之处。

1.4.4　C 语言和 Python 比较

C 语言是编译型语言，C 语言程序经过编译后生成机器码，再运行时执行速度快，一般用于操作系统、驱动等底层开发。而 Python 是编译型还是解释型语言的界限并不明显，但大致上可以理解为解释型语言。Python 高度集成，适合软件的快速开发，主要用于系统运维、数据分析、人工智能、云计算等领域，是近几年比较“火”的语言。图 1.17 所示的是 Python 代码。

从图 1.17 可知，Python 代码使用的是 print 输出语句，且代码的句末没有分号，这是 Python 的友好之处。

输出语句

```
print(" "*5+"程序员之歌")
print(" "*15+"——《江城子》改编\n")
print("十年生死两茫茫，写程序，到天亮。")
print("千行代码，bug何处藏。")
print("纵使上线又怎样，朝令改，夕断肠。")
print("领导每天新想法，天天改，日日忙。")
print("相顾无言，惟有泪千行。")
print("每晚灯火阑珊处，程序员，加班狂。")
```

图 1.17　Python 代码

1.5　练习题

（1）C 语言程序总是从（　　）开始执行。

A. 第一行代码　　B. 第一个定义的函数

C. 主函数　　D. 第一个被调用的函数

（2）有关 C 语言的描述，以下选项错误的是（　　）。

A. C 语言是一种面向过程的语言

B. C 语言程序的书写格式自由，一条语句可以写在多行上

C. C 语言程序的基本单位是函数

D. C 语言中字母大小写通用

（3）运行 C 语言程序，若成功运行且编译器没有提示任何错误或警告信息，说明（　　）。

A. 源程序正确无误

B. 源程序无编译和运行错误，但无法确定运行结果的正确性

C. 源程序有运行错误

D. 源程序有语法错误

（4）众所周知，C 语言是在 B 语言的基础上发展和完善而来的，那么在 20 世纪 70 年代初期，是谁第一次把 B 语言改为 C 语言的呢？（　　）

A. 詹姆斯·戈斯林　　B. 丹尼斯·里奇

C. 肯尼思·汤普森　　D. 马克·扎克伯格

参考答案

（1）C　（2）D　（3）B　（4）B

第 2 章 C 语言的开发环境

编写文字需要使用 Word，制作表格需要使用 Excel，设计演示文稿需要使用 PowerPoint，编写程序同样也需要工具。可能有人知道，Java 语言常使用的开发环境是 Eclipse，Python 常使用的开发环境是 PyCharm，C 语言常使用的开发环境是 Visual Studio 和 Visual C++，本章将详细介绍 C 语言的这两个开发环境。

2.1 开发环境大全

C 语言的开发环境有很多种，有刚开始的 Turbo C，后来有 Visual C++，还有由 Bloodshed 团队推出的 Dev-C++，另外有 Visual Studio 系列，这些软件都可以用来编写 C 语言程序，且它们都是在 Windows 系统下安装的。在 Linux 系统下，用于 C 语言程序开发的有 GCC（GNU Compiler Collection，GNU 编译器套件）等。因此 C 语言有很多的开发环境。接下来就简单介绍这几种开发环境。

说明

本书会详细介绍 Visual C++ 6.0 和 Visual Studio 2019 两个开发环境，但读者选择安装一个开发环境即可。

1. Turbo C

Turbo C（简称 TC）是常见的一种运用 C 语言的集成开发环境，图 2.1 所示的是 Turbo C 的工作界面。Turbo C 的优点是它使用了一系列下拉式菜单，将文本编辑、程序编译、链接以及程序运行集于一身，它还拥有图形库和文本窗口函数库。Turbo C 2.0 又增加了查错功能，还增设了仿真功能，这方便了程序的开发。Turbo C 虽然功能很强大，但是也有弊端。它的弊端是不能使用鼠标控制，这就给开发者带来了麻烦，因为大家平常习惯于用鼠标，所以一些开发者不喜欢使用 Turbo C。

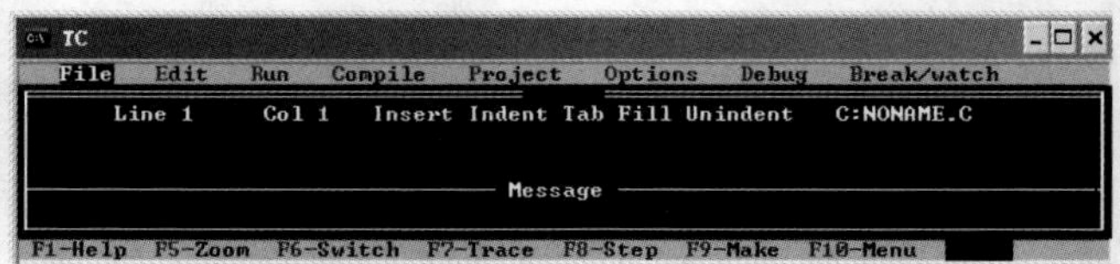

图 2.1 Turbo C 的工作界面

2. Visual C++ 6.0

Visual C++ 6.0（简称 VC、VC++、VC6）是微软公司的产品，图 2.2 所示的是 Visual C++ 6.0 的工作界面。Visual C++ 6.0 诞生于 1998 年，与 Windows 系统一样，有标准版（Standard Edition）、专业版（Professional Edition）与企业版（Enterprise Edition）3 种，同时还分英文版和中文版。Visual C++ 6.0 是微软公司最成功的产品之一，但现在微软已经不支持 Visual C++ 6.0，安装包无法在网上下载，而且 Visual C++ 6.0 在 Windows 7、Windows 8、Windows 10 系统下都存在兼容性问题，所以目前很少用 Visual C++ 6.0 来开发，取而代之的是微软公司推出的一系列 Visual Studio 产品。

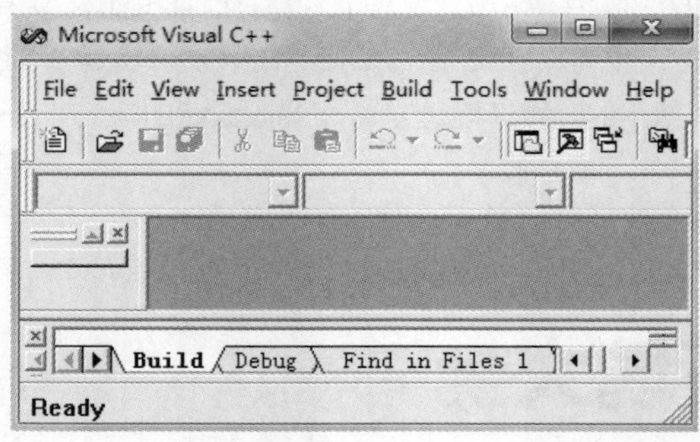

图 2.2 Visual C++6.0 的工作界面

3. Dev-C++

Dev-C++ 也是一种开发环境，适合初学者使用，因为它是一种集成开发环境，不需要安装，直接打开 dev-c++.exe 就可以使用。尽管如此，它却没有在商业级的软件开发中使用。Dev-C++ 刚开始是由 Bloodshed 该团队推出的，后由于资金等原因该团队在开发完 4.9.9.2 版本后停止更新，后来 Orwell 等团队继续更新了几个版本，目前最新版本是由 Embarcadero 公司资助推出的 5.11 版本。

4. Visual Studio 2019

Visual Studio（简称 VS）是微软公司的开发工具包。本书使用 Visual Studio 2019 开发 C 语言程序，图 2.3 所示的是 Visual Studio 2019 界面。Visual Studio 是一个基本完整的开发工具集，用 Visual Studio 写的代码适用于微软支持的所有平台。Visual Studio 不仅可以编写 C 语言代码，还可以开发 C++、C#、ASP.NET 程序等，可见 Visual Studio 很强大。Visual Studio 是目前流行的 Windows 系统下的应用程序的集成开发环境。

图 2.3 Visual Studio 2019 界面

5. Linux 平台

Linux 是类 UNIX 的操作系统，而 GCC 是一个用于编程开发的自由编译器。“GCC”最初是 GNU C Compiler 的英文缩写，因为它最开始只是 C 语言程序的编译器，如今它已经是众多语言程序的编译器，如 C、C++、Ada、Java 等，所以 GCC 的全称也由原来的 GNU C Compiler 变为 GNU Compiler Collection。GCC 功能很强大、性能好，它可以在多种硬件平台上编译出可执行的超级编译器，效率高。

2.2 安装 C 语言开发环境

2.2.1 安装 Visual Studio 2019

1. 安装 Visual Studio 2019 的系统及硬件要求

安装 Visual Studio 2019 的系统及硬件要求如表 2.1 所示。

表 2.1 安装 Visual Studio 2019 的系统及硬件要求

系统及硬件	要求
处理器	2.0 GHZ 双核处理器
RAM	4GB，建议使用 8GB 内存
可用硬盘空间	系统盘上最少需要 10GB 的可用空间
显示器	1024 像素 ×768 像素，增强色 16 位
操作系统及所需补丁	Windows 7（SP1）、Windows 8、Windows 8.1、Windows Server 2008 R2 SP1（x64）、Windows Server 2012（x64）、Windows 10

2. 安装与启动 Visual Studio 2019

下面以 Visual Studio 2019 社区版的安装与启动为例来讲解具体的步骤。

> 说明
>
> Visual Studio 2019 社区版是完全免费的。

安装与启动 Visual Studio 2019 社区版的步骤如下。

（1）Visual Studio 2019 社区版的安装文件是 .exe 可执行文件，其命名格式为“vs_community__编译版本号 .exe”，本书中下载的安装文件为 vs_community__1230733315.1531385802.exe 文件，双击该文件开始安装。

> 说明
>
> 安装 Visual Studio 2019 开发环境要求计算机上必须安装了 .NET Framework 4.6 框架，如果没有安装，请先到微软官方网站下载并安装。

（2）双击文件后会跳转到 Visual Studio 2019 安装界面，在该界面中单击“继续”按钮，会自动跳转到安装选择项界面，如图 2.4 所示。在该界面中将“使用 C++ 的桌面开发”这个复选框选中，其他的复选框读者可以根据自己的开发需要确定是否选中。设置完要安装的功能后，在界面下方的“位置”处选择要安装的路径，这里建议不要安装在系统盘上，可以选择一个其他磁盘进行安装，这里将其安装到了 D 盘。设置完成后，单击“安装”按钮。

> 注意
>
> 在安装 Visual Studio 2019 开发环境时，读者计算机界面中“使用 C++ 的桌面开发”这一复选框的位置可能会与本书中介绍的位置不同，一定要看清楚再勾选。

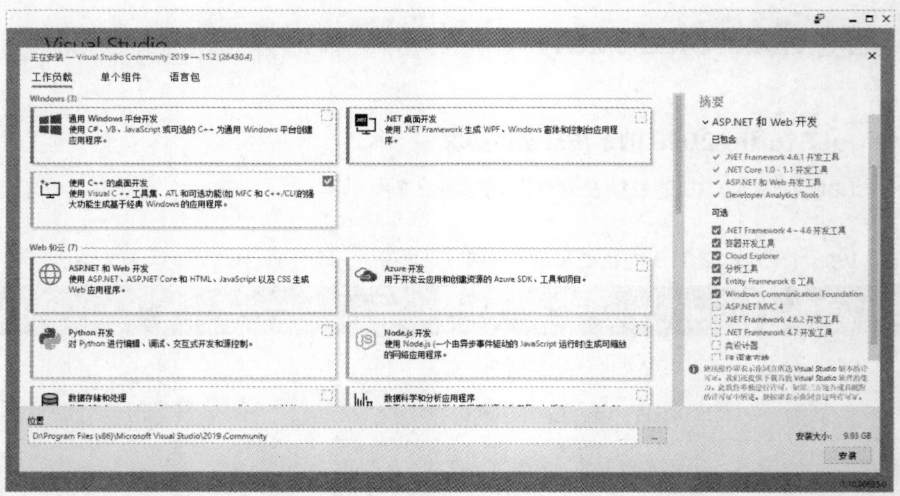

图 2.4　安装选择项界面

> 注意
>
> 在安装 Visual Studio 2019 开发环境时，一定要确保计算机处于联网状态，否则无法正常安装。

（3）接着会跳转到图 2.5 所示的安装进度界面，该界面会显示当前的下载及安装进度，当进度达到 100% 后会自动进入安装完成页。

图 2.5　安装进度界面

（4）在 Windows 的“开始”菜单中找到 Visual Studio 2019 开发环境，如图 2.6 所示，双击“Visual Studio 2019”，如果是第一次打开 Visual Studio 2019，会出现图 2.7 所示的界面，直接单击“以后再说”按钮。

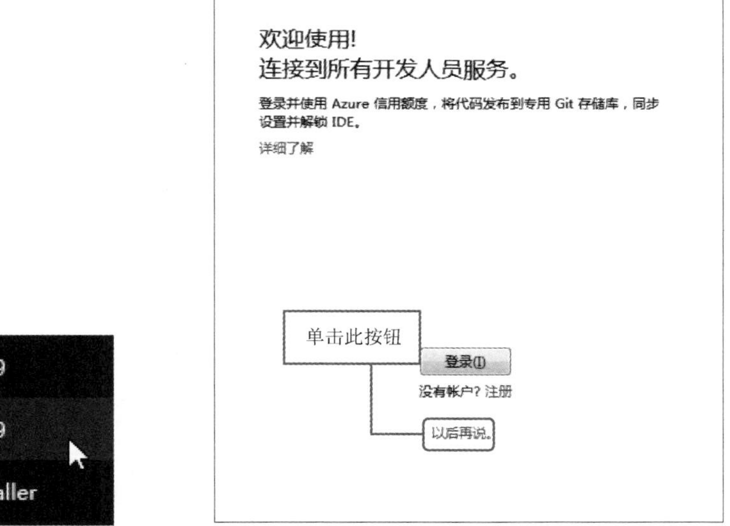

图 2.6　打开 Visual Studio 2019

（注：图中“帐”应为账，后文同。）
图 2.7　欢迎界面

（5）进入 Visual Studio 2019 环境的开发设置界面，如图 2.8 所示，在“开发设置”中选择“Visual C++”，颜色可选择自己喜欢的颜色，最后单击“启动 Visual Studio”按钮。

图 2.8　开发设置界面

（6）进入 Visual Studio 2019 环境的启动界面，等待几秒后，会进入图 2.9 所示的界面。

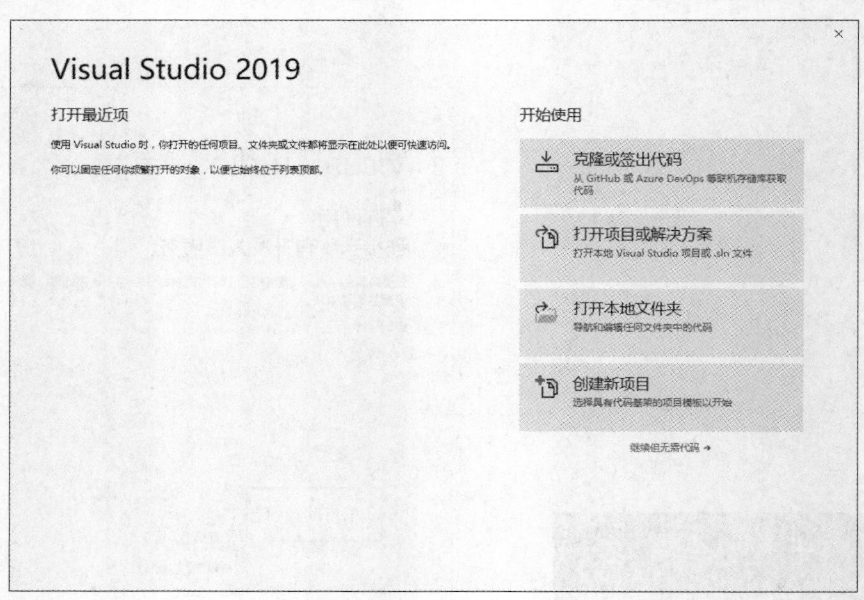

图 2.9　启动之后的界面

至此，Visual Studio 2019 就安装成功了，并且已经启动了。

2.2.2　安装 Visual C++ 6.0

Visual C++ 6.0 是一个功能强大的可视化软件开发工具，它将程序的代码编辑、编译、链接和调试等功能集于一身。

1. Visual C++ 6.0 的下载

如今微软公司已经停止了对 Visual C++ 6.0 的技术支持，并且在官网无法下载其安装包。由于兼容性的问题，在 Windows 10 系统中需要安装 Visual C++ 6.0 的英文版，本书中介绍的就是 Visual C++ 6.0 的英文版。

2. Visual C++ 6.0 的安装

Visual C++ 6.0 的具体安装步骤如下。

（1）双击打开 Visual C++ 6.0 的安装文件夹中的“SETUP.EXE”文件，如图 2.10 所示。

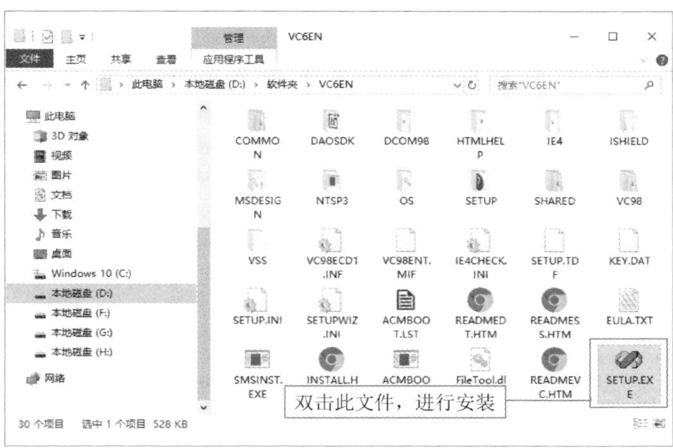

图 2.10　双击安装文件开始安装 Visual C++6.0

（2）进入安装向导界面，如图 2.11 所示，单击“Next”按钮（下一步按钮）。进入最终用户许可协议界面，如图 2.12 所示，首先选择“I accept the agreement”选项（接受协议选项），然后单击下一步按钮。

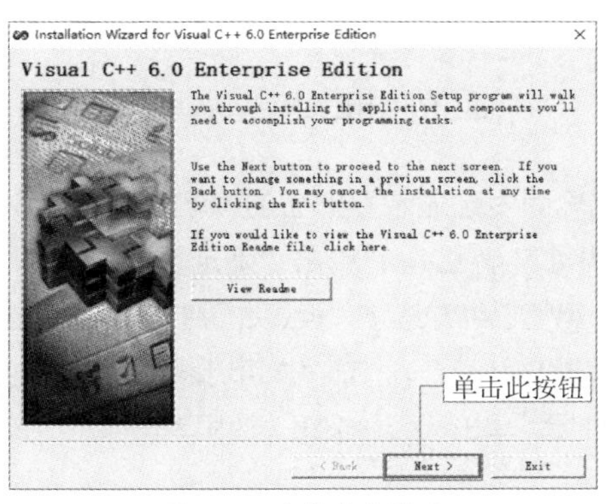

图 2.11　安装向导界面

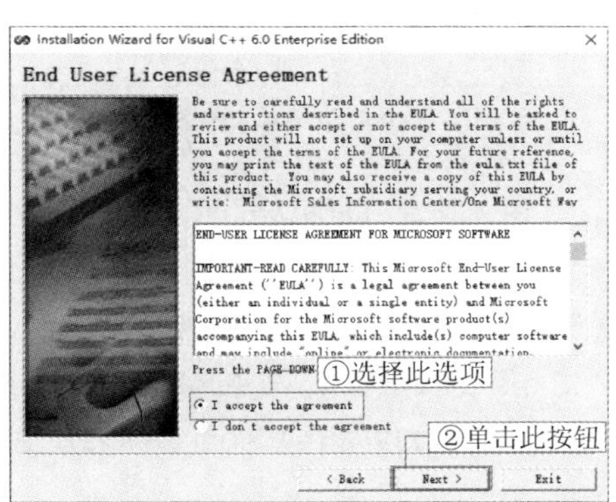

图 2.12　最终用户许可协议界面

（3）进入产品号和用户 ID 界面，如图 2.13 所示。在安装包内找到“CDKEY.txt”文件，填写产品 ID。姓名和公司名称根据情况填写，可以采用默认设置，不对其进行修改，单击“Next”按钮。

（4）进入 Visual C++ 6.0 企业版界面，如图 2.14 所示。在该界面选择第一项“Install Visual C++ 6.0 Enterprise Editi”（安装 Visual C++ 6.0 企业版），然后单击“Next”按钮。

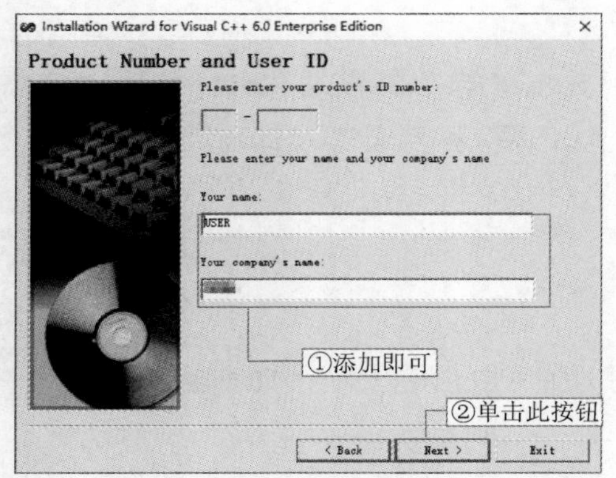

图 2.13　产品号和用户 ID 界面

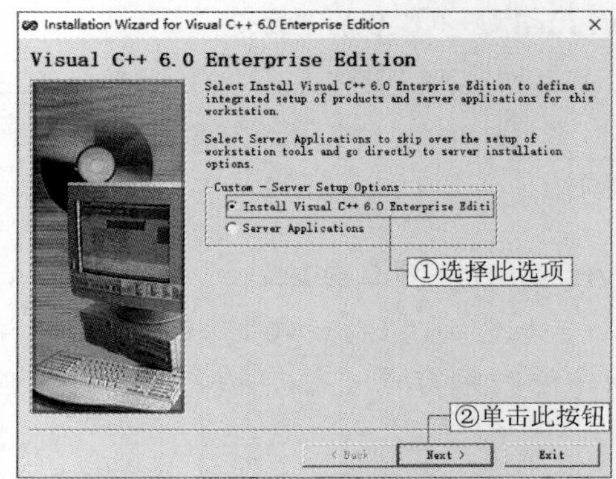

图 2.14　Visual C++ 6.0 企业版界面

（5）进入选择公用安装文件夹界面，如图 2.15 所示。公用文件默认是存储在 C 盘中的，单击“Browse”按钮（浏览按钮），选择安装路径，这里建议安装在磁盘剩余空间比较大的磁盘中，单击“Next”按钮。

（6）进入安装程序的欢迎界面，如图 2.16 所示，单击“继续”按钮。

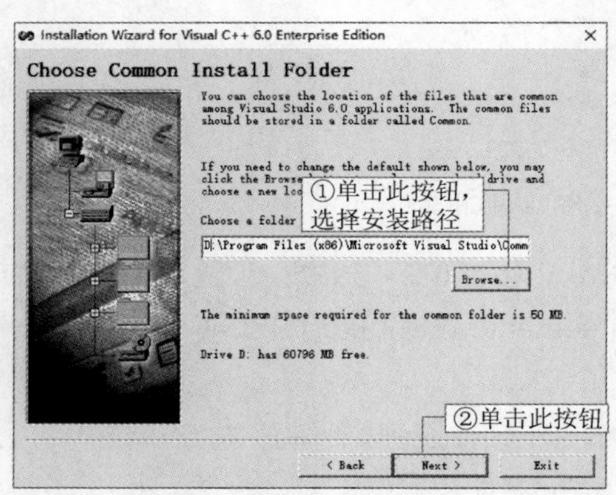

图 2.15　选择公用安装文件夹界面

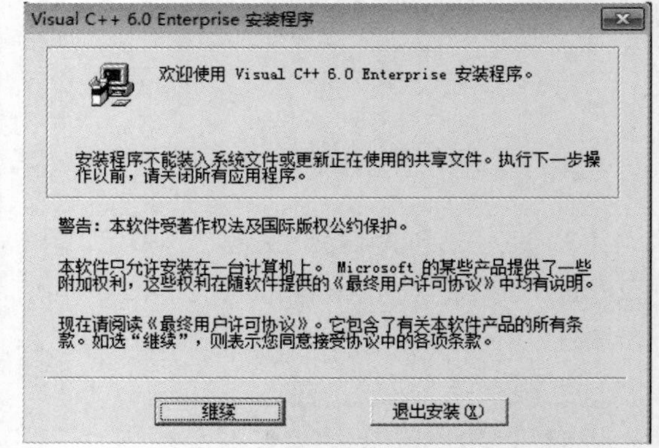

图 2.16　安装程序的欢迎界面

（7）进入产品 ID 确认界面，如图 2.17 所示。此界面中会显示要安装的 Visual C++ 6.0 软件的产品 ID（在向微软公司请求技术支持时，需要提供此产品 ID），单击“确定”按钮。

（8）如果读者的计算机中安装过 Visual C++ 6.0，尽管已经卸载了，但是在重新安装时还是会出现图 2.18 所示的提示信息。安装软件检测到系统之前安装过 Visual C++ 6.0，如果想要覆盖安装的话，单击“是”按钮；如果要将 Visual C++ 6.0 安装在其他位置，单击“否”按钮。这里单击“是”按钮，继续安装。

（9）进入选择安装类型界面，如图 2.19 所示。此界面中的第一项“Typical”为传统安装，第二项“Custom”为自定义安装，这里选择“Typical”安装类型，即单击“Typical”对应的图标。

（10）进入注册环境变量界面，如图 2.20 所示。在此界面中选中“Register Environment Variables”复选框，注册环境变量，单击“OK”按钮。

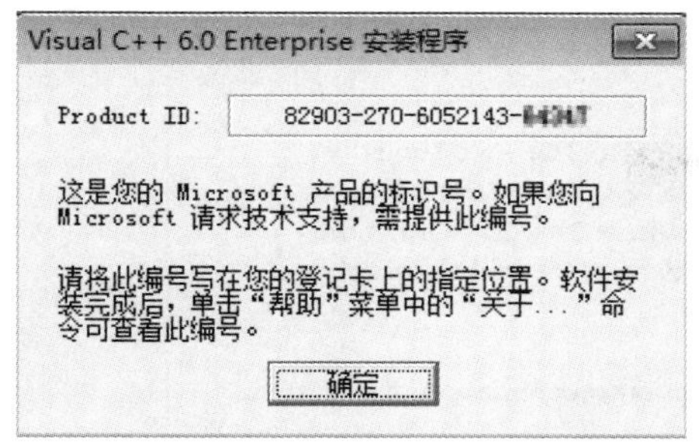

图 2.17 产品 ID 确认界面

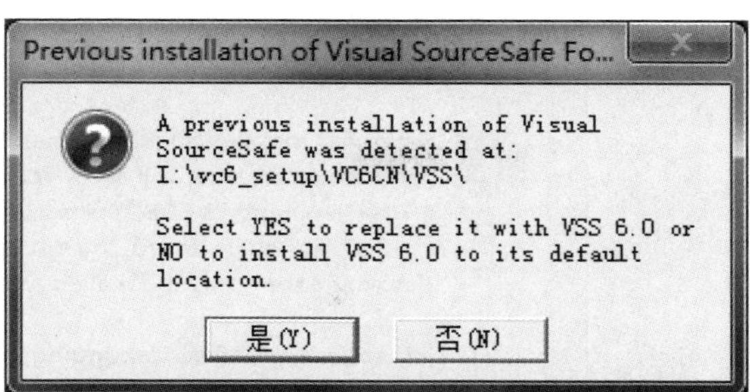

图 2.18 重新安装的提示信息

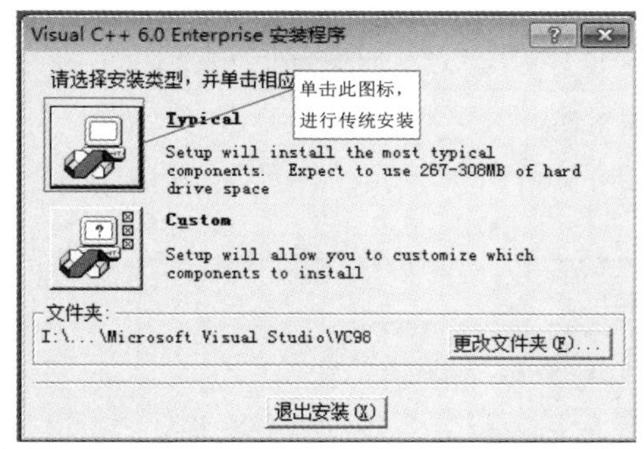

图 2.19 选择安装类型界面

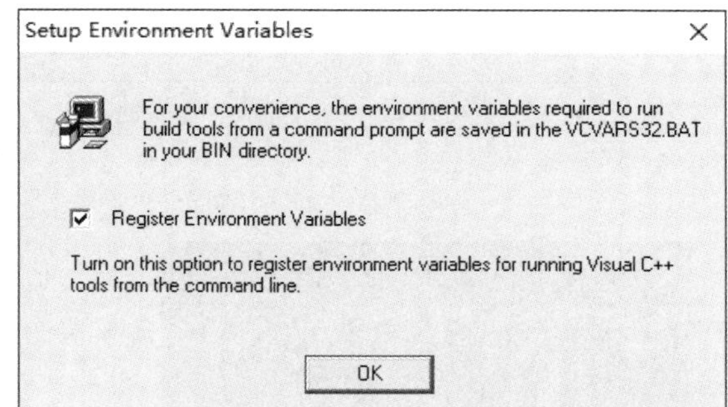

图 2.20 注册环境变量界面

（11）进入数据更新提示界面，如图 2.21 所示，单击“是”就会开始安装 Visual C++ 6.0，并会显示安装进度，如图 2.22 所示。

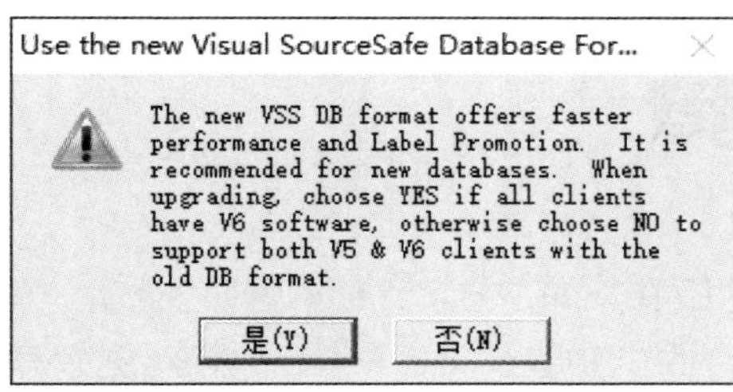

图 2.21 数据更新提示界面

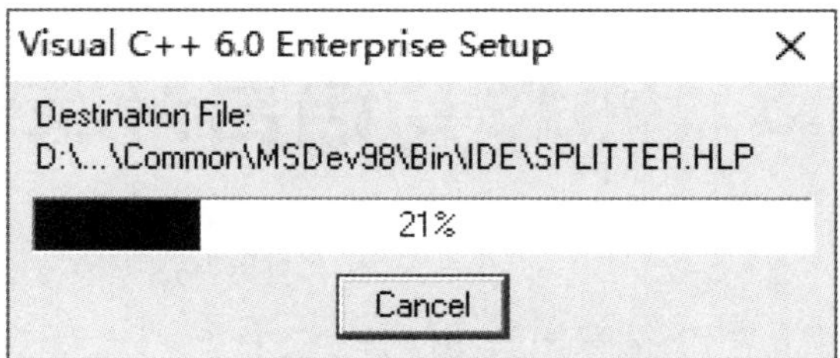

图 2.22 安装进度

（12）当进度达到 100% 时，则会进入图 2.23 所示的界面，提示 Windows NT Debug Symbols 错误标志，这是 Windows 10 系统的兼容性问题，单击“确定”即可。

（13）完成以上操作后，会进入图 2.24 所示的界面，出现未响应的情况。这同样是 Windows 10 系统的兼容性问题，这时单击鼠标就会弹出图 2.25 所示的界面，单击“关闭程序”即可。然后在系统的“开始”菜单中找到 Visual C++ 6.0 的图标，单击图标就可以打开 Visual C++ 6.0，即可正常使用 Visual C++ 6.0。

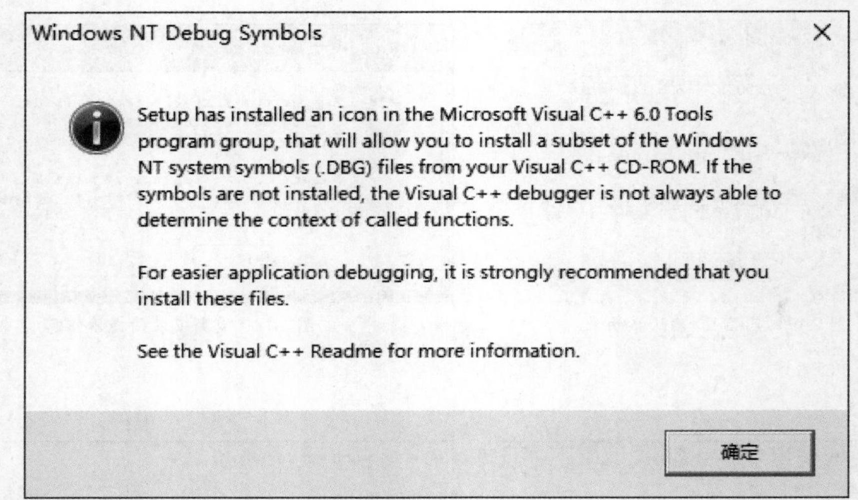

图 2.23　系统 NT 错误界面

图 2.24　未响应界面

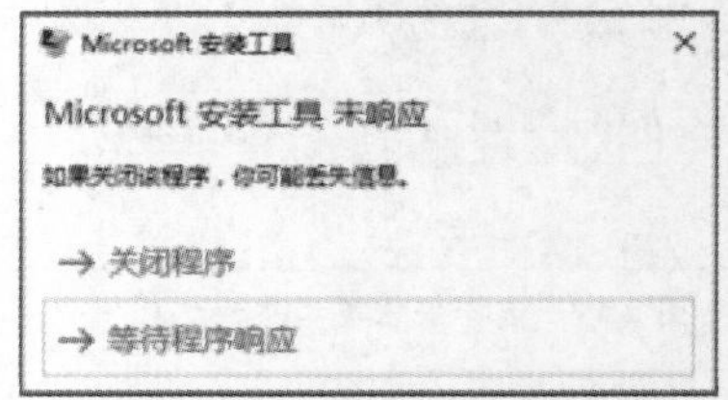

图 2.25　关闭程序界面

2.3　熟悉 C 语言开发环境

本节会对 Visual Studio 2019 开发环境中的菜单栏、工具栏、解决方案资源管理器、“选项”界面和错误输出界面等进行介绍，并会对 Visual C++ 6.0 的菜单栏、工具栏、Workspace 界面、选项界面和错误输出界面进行介绍。

2.3.1　Visual Studio 2019 开发环境

1. 创建项目

初期学习 C 语言编程主要在 Windows 控制台应用程序环境下进行，下面将按步骤介绍控制台应用程序的创建过程，具体如下。

（1）安装 Visual Studio 2019 之后，打开 Visual Studio 2019 开发环境，进入 Visual Studio 2019 开发环境界面，然后单击右侧栏中的“创建新项目”，如图 2.26 所示。

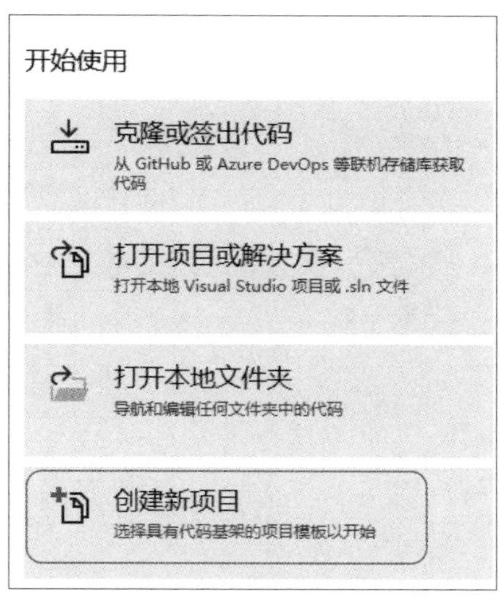

图 2.26　单击“创建新项目”

（2）完成步骤（1）就会自动跳转到图 2.27 所示的创建新项目界面，首先选中“空项目”，然后单击“下一步”按钮。

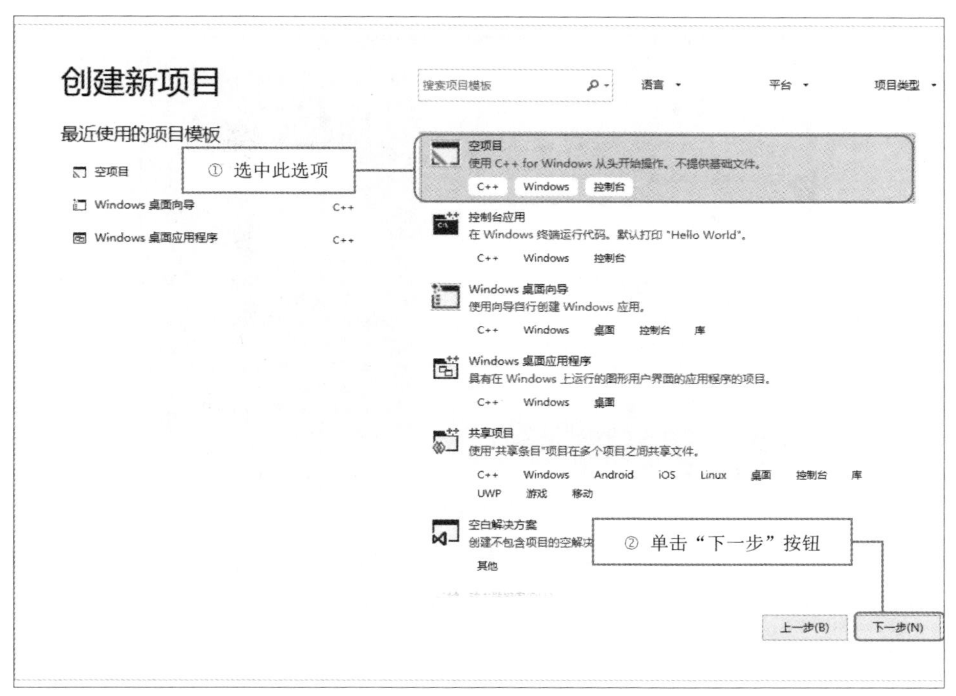

图 2.27　创建新项目

（3）完成步骤（2）就会自动跳转到图 2.28 所示的配置新项目界面，在“项目名称”文本框中输入要创建的项目名称（文件夹名称），例如 Dome；在“位置”文本框中设置文件夹的保存地址，可以通过单击右边的 按钮修改源文件的存储位置；最后单击“创建”按钮即可。

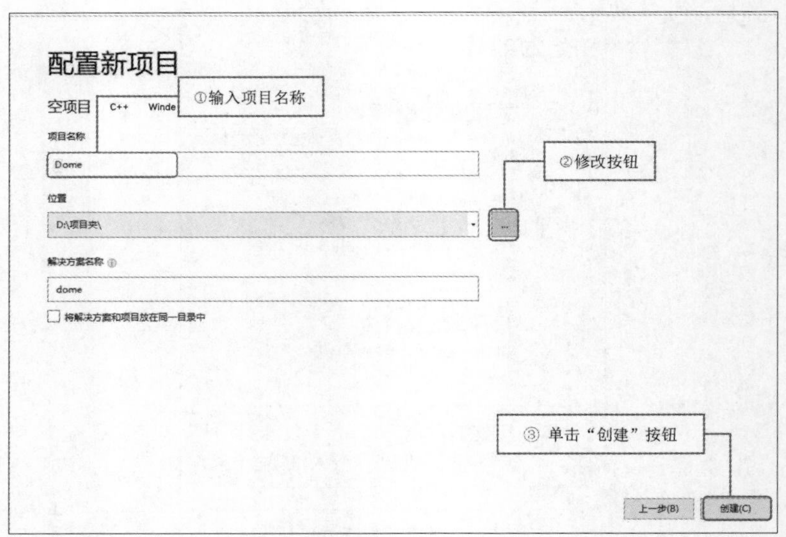

图 2.28 配置新项目

（4）完成步骤（3）就会自动跳转到图 2.29 所示的创建项目界面。

图 2.29 创建项目界面

（5）选择“解决方案资源管理器”中的源文件，右击“源文件”，选择“添加”中的“新建项”，如图 2.30 所示，或者使用快捷键 <Ctrl+Shift+A>，进入添加项目界面。

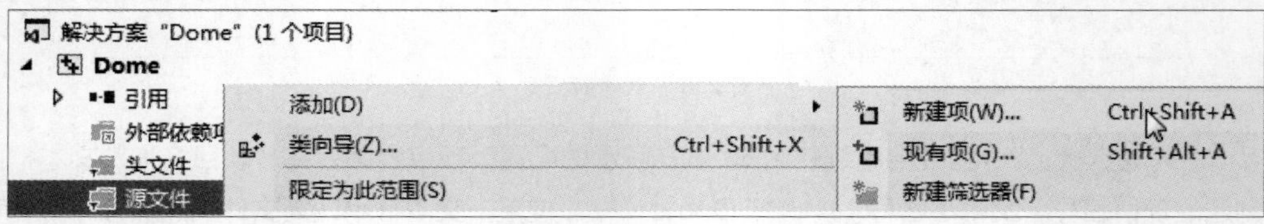

图 2.30 选择“添加”中的“新建项”

（6）完成步骤（5）就会自动跳转到图 2.31 所示的添加项目界面。

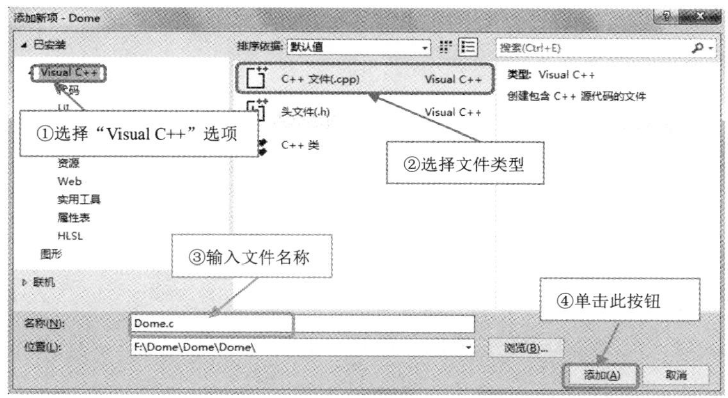

图 2.31 添加项目界面

添加项目时首先选择“Visual C++”选项，这时右侧列表框中会显示可以创建的不同文件。因为要创建 C 源文件，所以这里选择“C++ 文件（.cpp）”选项，在下方的“名称”文本框中输入要创建的 C 源文件的名称，例如 Dome.c。“位置”文本框中的是文件夹的保存地址，这里默认是步骤（3）中创建的文件夹的位置，不更改。

注意

因为要创建的是 C 源文件，所以在文本框中要将默认的扩展名 .cpp 改为 .c。例如创建名称为 Dome 的 C 源文件，那么在文本框中应该显示“Dome.c”。

（7）单击“添加”按钮，这样就添加了一个 C 源文件，如图 2.32 所示。

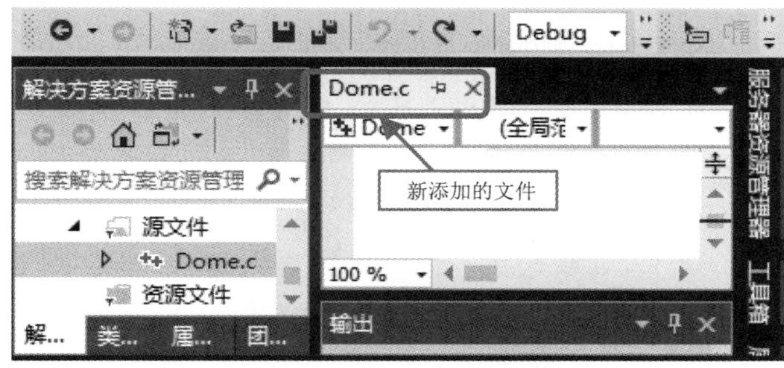

图 2.32 完成添加 C 源文件

2. 菜单栏

菜单栏显示了所有可用的 Visual Studio 2019 命令，除了“文件”“编辑”“视图”“窗口”和“帮助”菜单之外，还提供了编程专用的功能菜单，如“项目”“生成”“调试”“工具”和“测试”等，如图 2.33 所示。

图 2.33 Visual Studio 2019 菜单栏

每个菜单中都包含若干菜单命令，分别用于执行不同的操作，例如，“调试”菜单中有调试程序的各种命令，包括“开始调试”“开始执行（不调试）”和“新建断点”等，如图 2.34 所示。

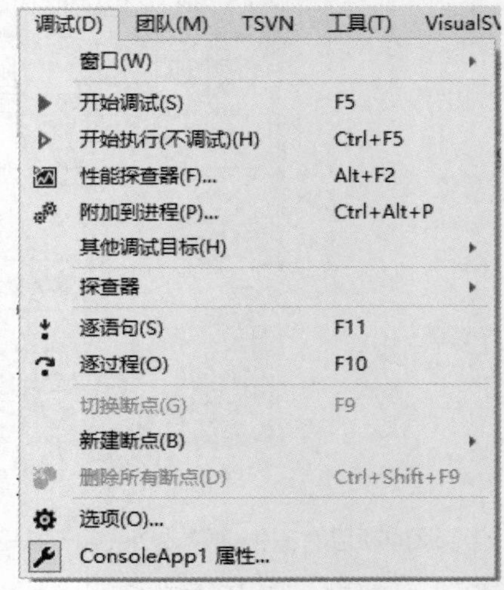

图 2.34 “调试”菜单

3. 工具栏

为了操作更方便、快捷，菜单中常用的命令按功能分组分别放入了相应的工具栏。通过工具栏可以快速使用常用的菜单命令。常用的工具栏有标准工具栏和调试工具栏，下面分别介绍。

（1）标准工具栏包括大多数常用的命令按钮，如新建项目、打开文件、保存、全部保存等。标准工具栏如图 2.35 所示。

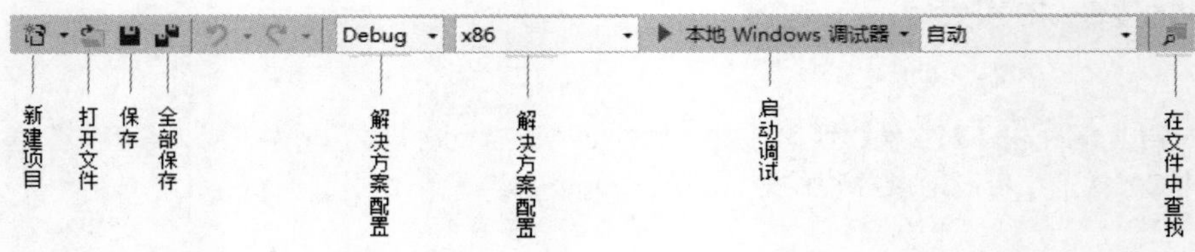

图 2.35 Visual Studio 2019 标准工具栏

（2）调试工具栏包括对程序进行调试的快捷按钮，如图 2.36 所示。

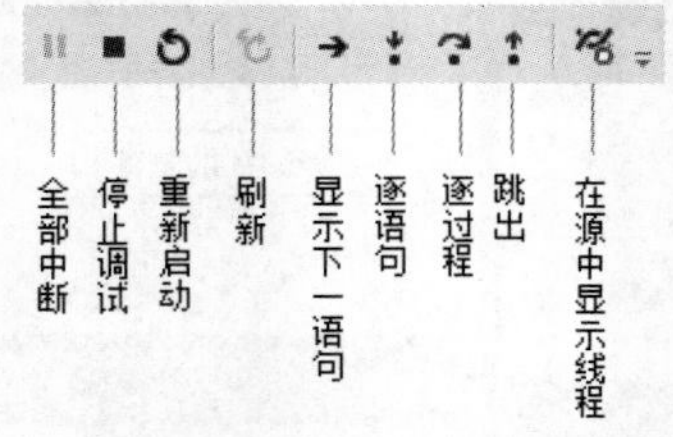

图 2.36 Visual Studio 2019 调试工具栏

说明

在调试程序或运行程序的过程中，通常可用以下 4 种快捷键来操作：

（1）按快捷键〈F5〉实现调试运行程序；

（2）按快捷键〈Ctrl+F5〉实现不调试运行程序；

（3）按快捷键〈F11〉实现逐语句调试程序；

（4）按快捷键〈F10〉实现逐过程调试程序。

4. 解决方案资源管理器

解决方案资源管理器（见图 2.37）提供了项目及文件的视图，并且提供了对项目和文件相关命令的便捷访问。与解决方案资源管理器关联的工具栏提供了适用于列表中突出显示项的常用命令。若要访问解决方案资源管理器，可以选择“视图”→“解决方案资源管理器”菜单来打开。

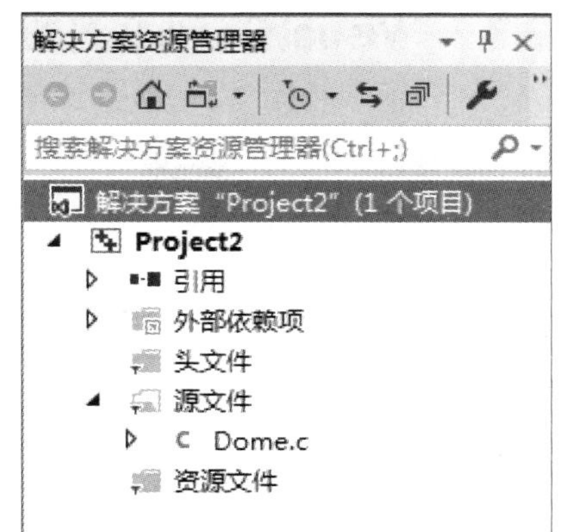

图 2.37 解决方案资源管理器

5. 选项界面

选项界面可以对环境进行设置，选择菜单栏中的“工具”→“选项”，就能打开图 2.38 所示的选项界面。可以在其中设置开发环境主题等。

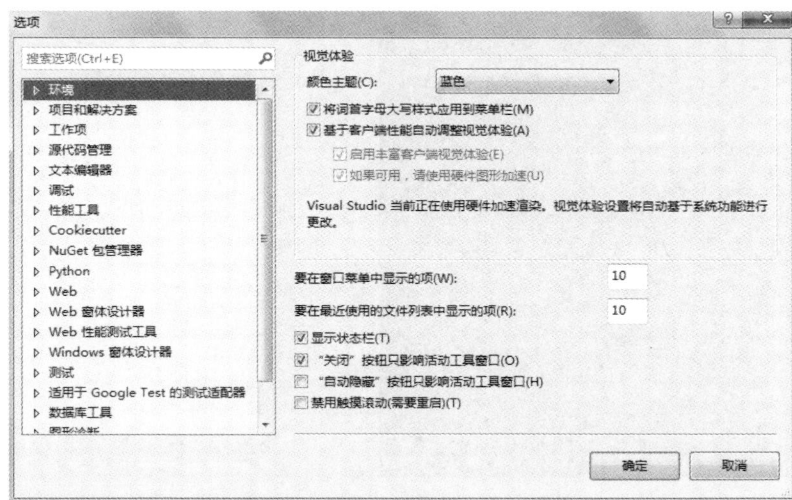

图 2.38 选项界面

6. 错误输出界面

错误输出界面对程序中的错误进行及时提示，并提供了可能的解决方法。例如，当运行某行末尾未输入分号的代码时，错误输出界面中会显示错误信息，如图 2.39 所示。错误输出界面就好像一个错误提示器，它可以将程序中的错误代码及时显示给开发人员，并帮助开发人员通过提示信息找到相应的错误代码。

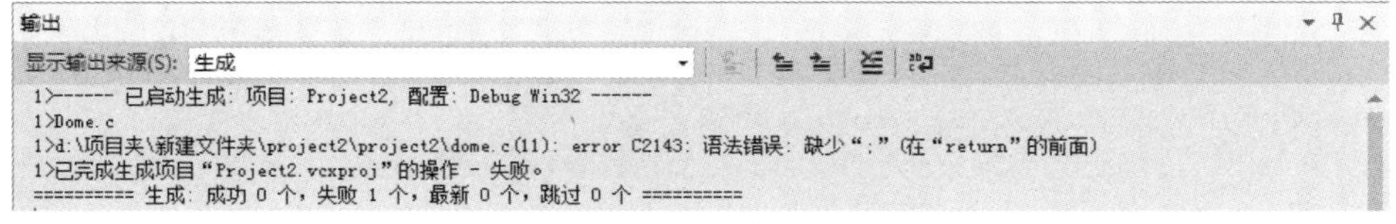

图 2.39 错误输出界面

说明

双击错误输出界面中的某项，Visual Studio 2019 开发环境会自动定位到发生错误的代码。

2.3.2 Visual C++ 6.0 开发环境

1. 创建项目

首先介绍使用 Visual C++ 6.0 创建 C 项目的方法，步骤如下。

（1）安装 Visual C++ 6.0 之后，选择“开始”菜单中的“Microsoft Visual C++ 6.0”命令，如图 2.40 所示。

（2）打开 Visual C++ 6.0 开发环境，进入 Visual C++ 6.0 界面。在编写程序前，首先要创建一个新文件。在 Visual C++ 6.0 界面中选择“File”（文件）菜单中的“New”（新建）命令，或者按快捷键 <Ctrl+N>，这样就可以创建一个新文件，如图 2.41 所示。

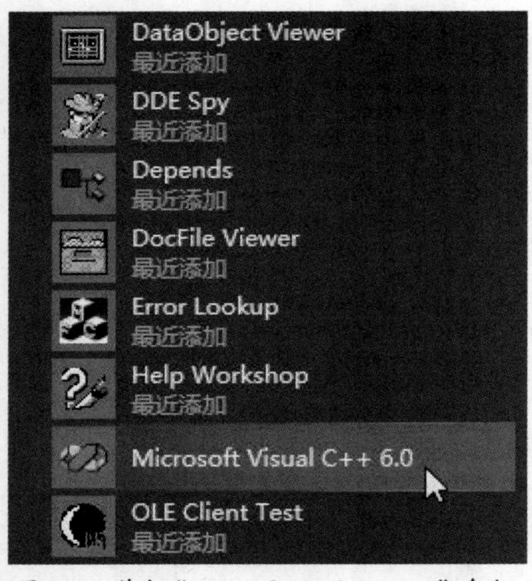

图 2.40　单击“Microsoft Visual C++ 6.0”命令

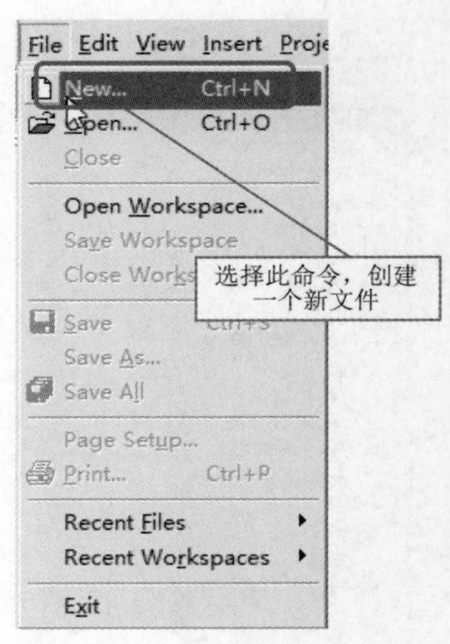

图 2.41　创建一个新文件

（3）此时会出现一个选择创建文件的对话框，如图 2.42 所示，在其中可以选择要创建的文件的类型。

要创建一个 C 源文件，首先选择“Files”选项卡，这时会在列表框中显示可以创建的不同文件。选择其中的 C++ Source File 选项，在右边的“File”文本框中输入要创建的文件的名称。

> **注意**
>
> 因为要创建的是 C 源文件，所以在文本框中要将 C 源文件的扩展名一起输入。例如创建名称为 Demo 的 C 源文件，应该在文本框中输入“Demo.c”。

“File”文本框的下面还有一个“Location”（位置）文本框，该文本框中是源文件的保存地址，可以通过单击右边的...按钮修改源文件的保存位置。

（4）当指定好 C 源文件的保存位置和名称后，单击“OK”按钮。此时可以看到在开发环境中指定创建的 C 源文件，如图 2.43 所示。

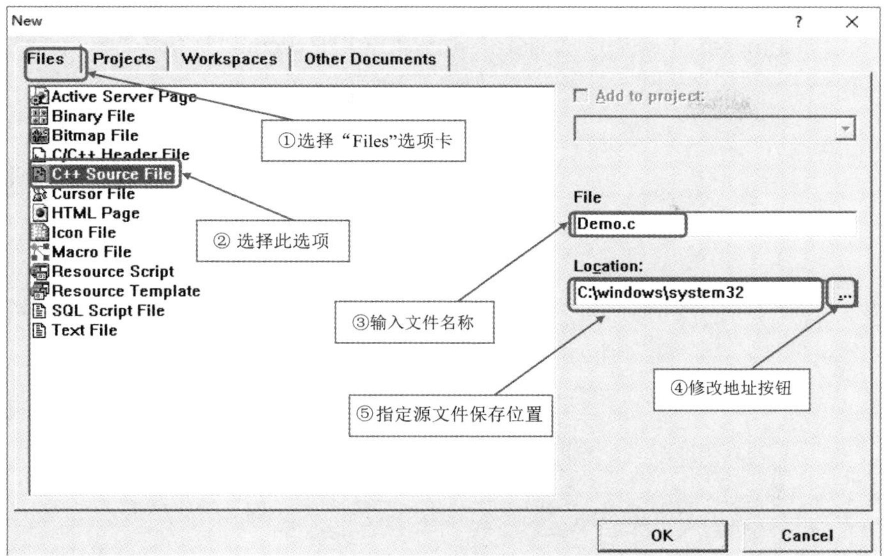

图 2.42　选择创建文件

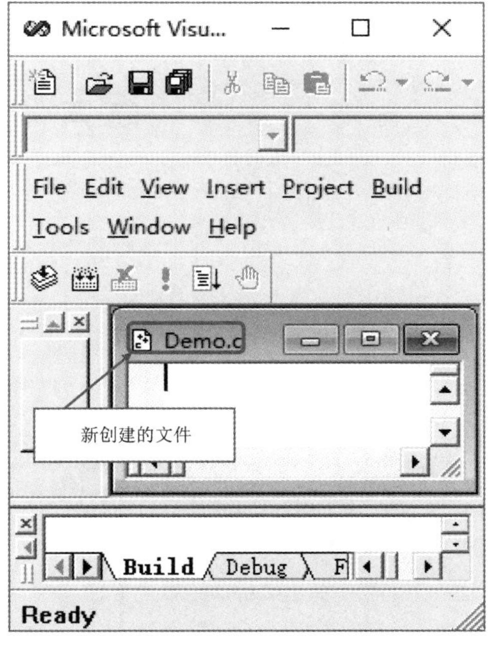

图 2.43　新创建的文件

2. 菜单栏

菜单栏显示了所有可用的 Visual C++ 6.0 命令，除了“File”（文件）、“Edit”（编辑）、“View”（视图）、“Window”（窗口）和“Help”（帮助）菜单之外，还提供了编程专用的功能菜单，如“Project”（项目）、“Build”（组建）、“Tools”（工具）等，如图 2.44 所示。

每个菜单中都包含若干菜单命令，分别用于执行不同的操作，例如，“Build”菜单中包括调试程序的各种命令，如“Compile”（编译）、“Build”（组建）和“Execute”（执行）等，如图 2.45 所示。

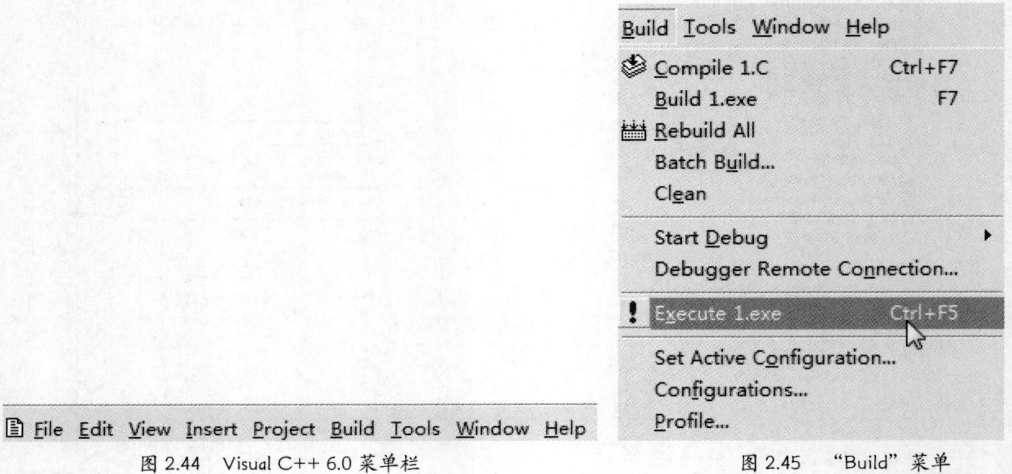

图 2.44 Visual C++ 6.0 菜单栏

图 2.45 “Build”菜单

3. 工具栏

Visual C++ 6.0 的标准工具栏包括大多数常用的命令按钮，如新建项目、打开文件、保存、全部保存等。标准工具栏如图 2.46 所示。

图 2.46 Visual C++ 6.0 标准工具栏

4.Workspace 窗口

Workspace 窗口类似于 Visual Studio 2019 环境中的解决方案资源管理器，如图 2.47 所示，它提供了项目及文件的视图，并且提供了对项目和文件相关命令的便捷访问。与此窗口关联的工具栏提供了适用于列表中突出显示项的常用命令。若要访问 Workspace 窗口，可以选择“View”→“ Workspace”（或者按快捷键 <Alt+0>）来打开。

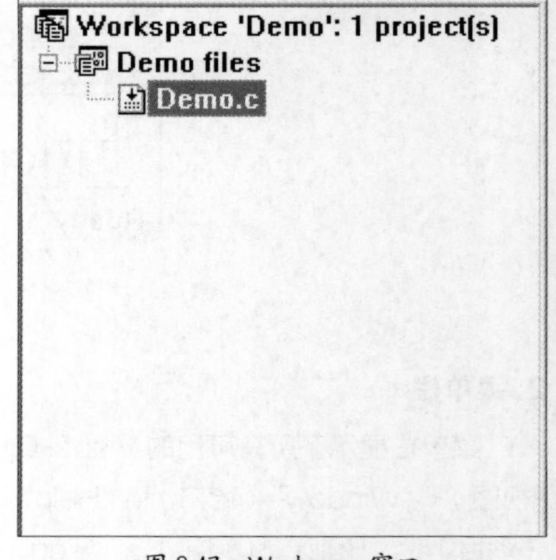

图 2.47 Workspace 窗口

5. 选项界面

选项界面（Options 界面）可以对环境进行设置，选择菜单栏中的“Tools” →“Options”，就能打开图 2.48 所示的选项界面，可以在其中设置代码文字、颜色等。

Options
Workspace
Macros
Data View
Help System
Format
Category:
All Windows
Source Windows
Debugger Windows
Source Browser
Output Window
Workspace Window
Registers Window
Reset All
Sample
AaBbCcXxYyZz
Font:
Fixedsys
Size:
12
Colors
Text
Text Selection
Current Error/Tag
Bookmark
Breakpoint
Current Statement
Foreground:
Automatic
Background:
Automatic
OK
Cancel

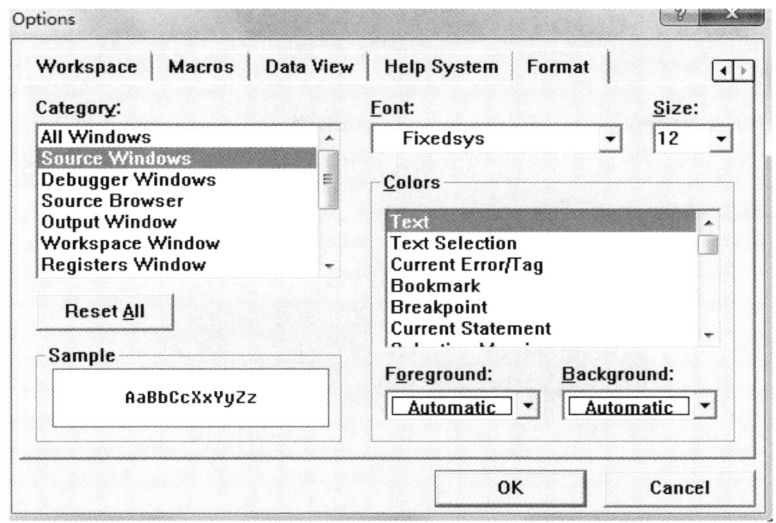

图 2.48　选项界面

6. 错误输出界面

Visual C++ 6.0 的错误输出界面能够显示程序中的错误。它可以将程序中的错误代码及时显示给开发人员，帮助开发人员找到相应的错误代码。若要访问错误输出界面，可以选择“View”→“Output”（或者按快捷键 <Alt+1>）。例如，当运行某行末尾未输入分号的代码时，错误输出界面中会显示图 2.49 所示的错误信息。

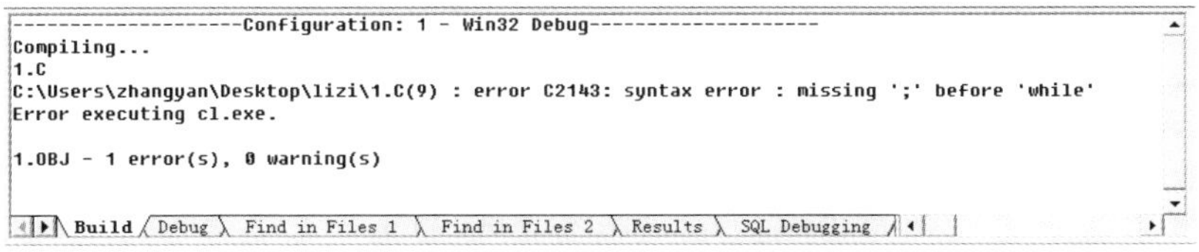

--------------------Configuration: 1 - Win32 Debug--------------------
Compiling...
1.C
C:\Users\zhangyan\Desktop\lizi\1.C(9) : error C2143: syntax error : missing ';' before 'while'
Error executing cl.exe.
1.OBJ - 1 error(s), 0 warning(s)
Build
Debug
Find in Files 1
Find in Files 2
Results
SQL Debugging

图 2.49　错误输出界面显示的错误信息

2.4　C 语言程序开发的步骤

一般学习编程的目的就是做开发，让自己成为优秀的开发人员，本节会利用一个小程序来介绍开发 C 语言程序的过程，让你真真正正感受到 C 语言程序的魅力和价值。整个开发的步骤如图 2.50 所示。

1.定义程序的目标
2.设计程序
3.开发程序
4.编译程序
5.运行程序

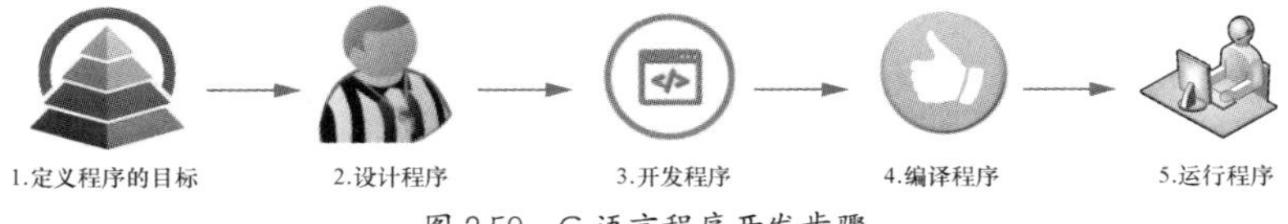

图 2.50　C 语言程序开发步骤

2.4.1　使用 Visual Studio 2019 开发 C 语言程序

1. 定义程序的目标

本实例的目的是让读者实际动手操作，设计的程序“简单而不失内涵”，该程序实现的是输出图 2.51 所示的“学无止境，C 位出道”内容。

图 2.51　输出“学无止镜，C 位出道”

2. 设计程序

程序的流程图如图 2.52 所示。

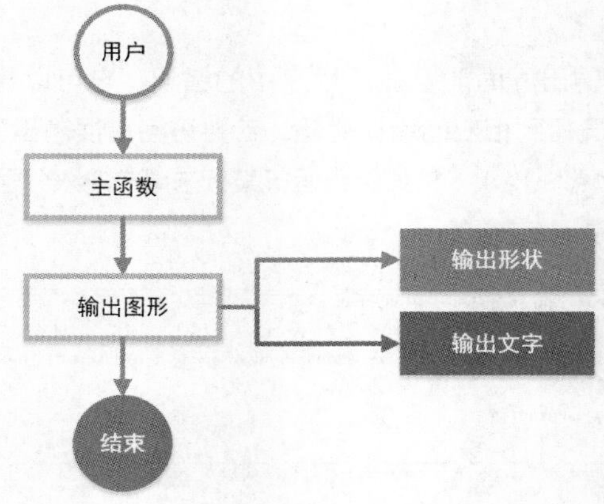

图 2.52　程序的流程图

3. 编写代码

基本的功能已经设定完成，接下来就是按照设定的功能编写代码。

实例2-1 使用 Visual Studio 2019 编写程序，然后在相应的项目文件中输入代码。

具体代码如下：

```
#include <stdio.h>
int main()
{
    puts("---------------------------");
    puts("    学无止境，C 位出道 ");
    puts("---------------------------");
    return 0;
}
```

→输出形状语句

> **注意**
>
> 安装的是 2.2 节中介绍的哪个开发环境，就在哪个环境中编写代码。

按照 2.3.1 小节介绍的创建项目的步骤完成一个新项目的创建，将上面的代码输入到 Dome.c 文件中，如图 2.53 所示，按快捷键 <Ctrl+S> 进行保存。

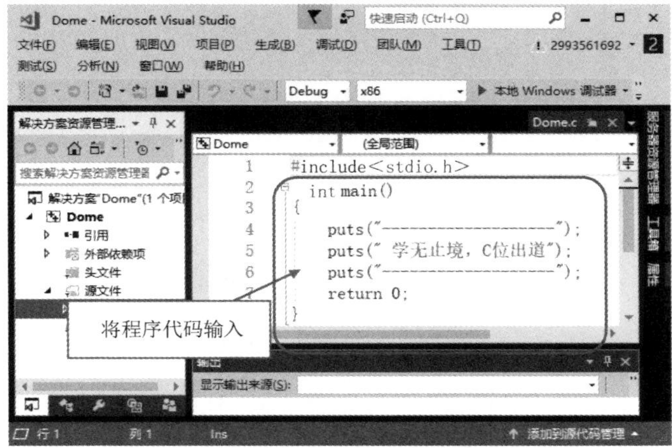

图 2.53 输入代码

> **注意**
>
> 输入代码时对输入法是有要求的，输入法需要是英文（半角）字符状态的。我们来用搜狗输入法举个例子，图 2.54 所示的输入设置是错误的，图 2.55 所示的输入设置是正确的。
>
> 
>
>
> 图 2.54 错误输入设置
>
> 
>
>
> 图 2.55 正确输入设置

4. 编译程序

（1）在 Visual Studio 2019 菜单栏上选择“生成”，就会出现下拉菜单，其中有一个“编译”选项，如图 2.56 所示。

（2）使用快捷键 <Ctrl+F7> 编译程序。

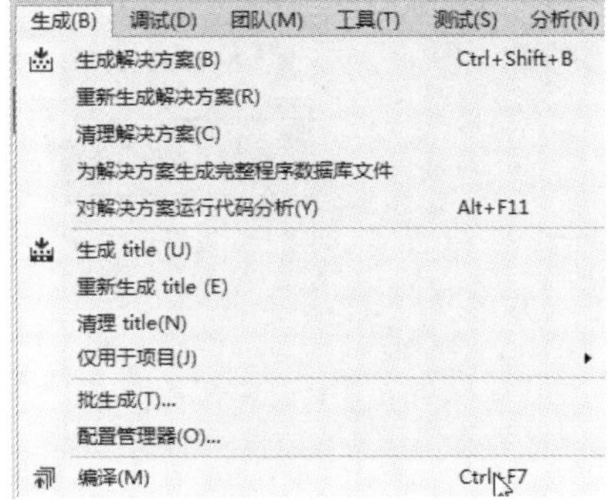

图 2.56 “生成”菜单

如果编译程序之后，在输出工作空间的位置输出如图 2.57 所示的“生成：成功 1 个，失败 0 个，最新 0 个，跳过 0 个”，则表示编译成功。

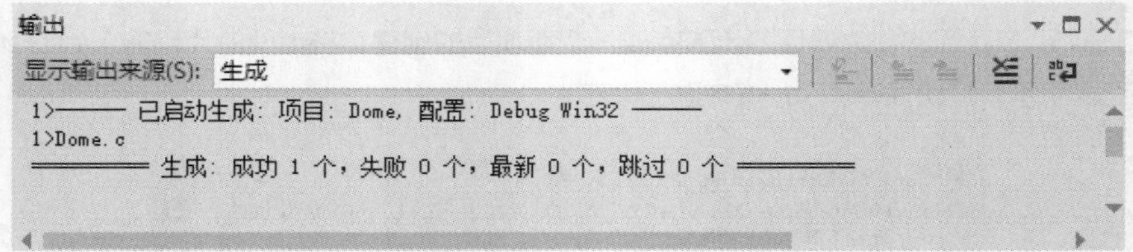

图 2.57　Visual Studio 2019 编译成功界面

5. 运行程序

（1）如果此时运行程序，则会出现图 2.58 所示的对话框，询问用户是否创建 .exe 可执行文件。如果单击“是”按钮，则会链接生成 .exe 文件，即可运行程序并观察程序的运行结果。

图 2.58　询问用户是否创建 .exe 可执行文件

（2）在 Visual Studio 2019 的菜单栏上选择“调试”，在下拉菜单中有“开始执行（不调试）”选项，单击该选项（或使用快捷键 <Ctrl+F5>），如图 2.59 所示，运行程序，结果如图 2.60 所示。

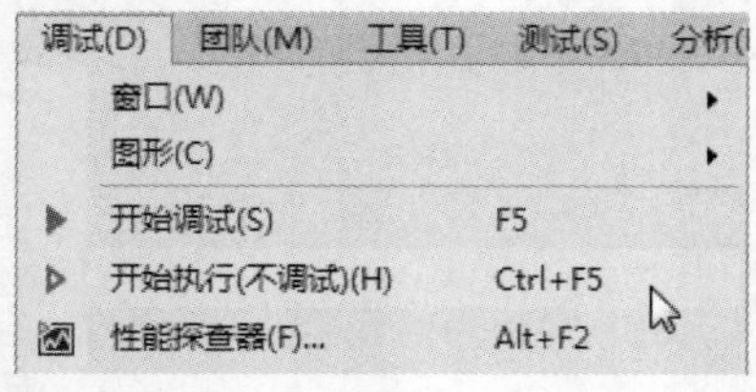

图 2.59　单击“开始执行（不调试）”选项

图 2.60　运行结果

说明

如果你觉得程序没有错误，可以直接运行程序。

6. 改变控制台颜色

控制台颜色的修改过程如下。

（1）按快捷键 <Ctrl+F5> 运行程序，在控制台的标题栏上右击，在弹出的快捷菜单中选择“属性”命令，如图 2.61 所示。

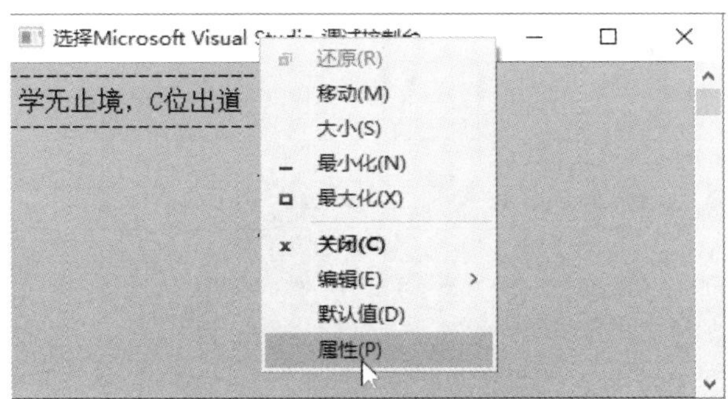

图 2.61 选择“属性”命令

（2）此时会弹出“属性”对话框，在“颜色”选项卡中对“屏幕文字”和“屏幕背景”进行修改，如图 2.62 所示。读者可以根据自己的喜好设定颜色并显示。

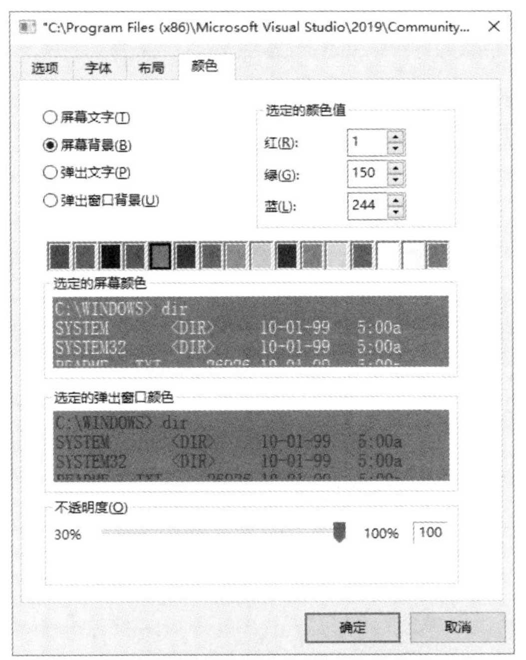

图 2.62 “属性”对话框中的“颜色”选项卡

2.4.2 使用 Visual C++ 6.0 开发 C 语言程序

1. 定义程序的目标

本小节程序的目标和 2.4.1 小节介绍的一样，这里不赘述，输出的内容依然是“学无止境，C 位出道”。

2. 设计程序

设计程序的流程图和 2.4.1 小节介绍的一样，如图 2.52 所示。

3. 编写代码

按照 2.3.2 小节介绍的创建项目的步骤完成一个 C 源文件的创建，将程序代码输入其中，如图 2.63 所示。按快捷键 <Ctrl+S> 进行保存。

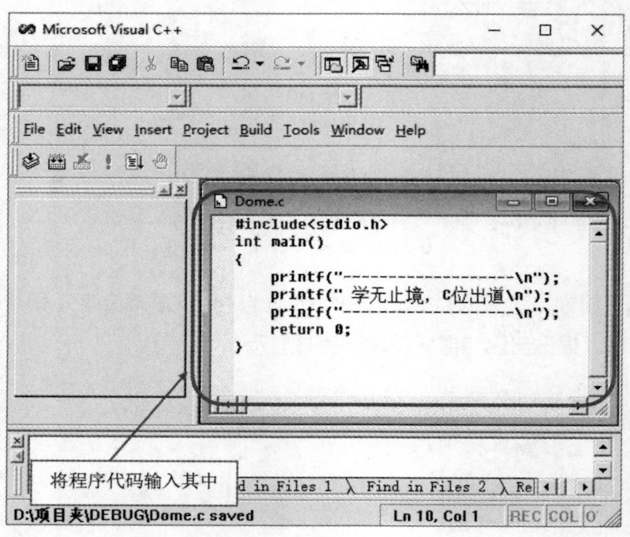

图 2.63　输入程序代码

4. 编译程序

（1）程序已经编写完成，可以对写好的程序进行编译。选择“Build”菜单中的“Compile Dome.c”命令，如图 2.64 所示。

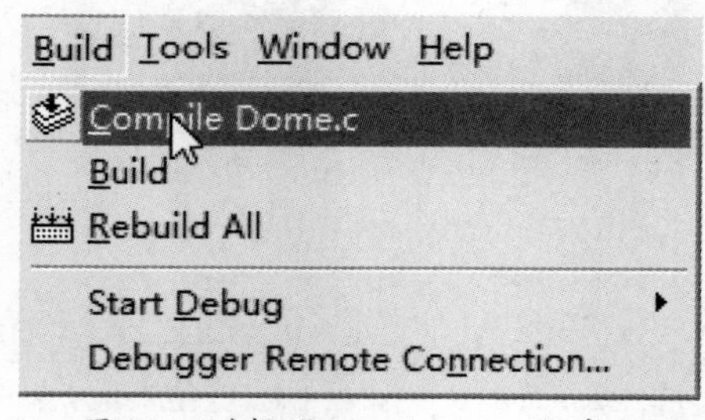

图 2.64　选择“Compile Dome.c”命令

（2）使用快捷键 <Ctrl+F7> 编译程序。

使用上述 2 种方法都会出现图 2.65 所示的对话框，询问用户是否创建默认项目工作环境，单击“是”按钮即可。

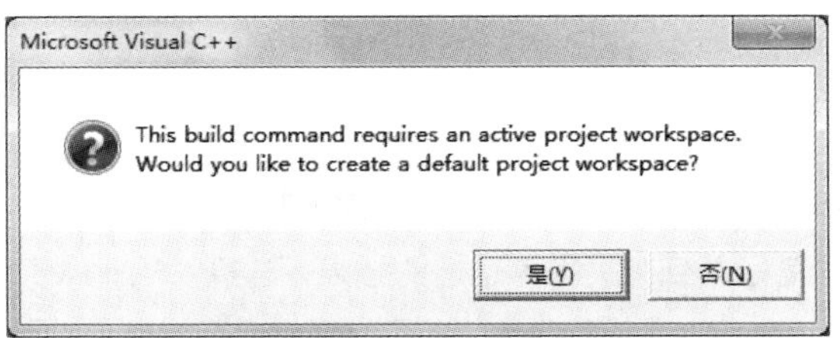

图 2.65 询问用户是否创建默认项目工作环境

输出工作空间出现图 2.66 所示的“0 error(s) ,0 warning(s)”，表示没有错误，编译成功。

```
--------------------Configuration: Dome - Win32 Debug--------------------
Compiling...
Dome.c

Dome.obj - 0 error(s), 0 warning(s)
```

图 2.66 Visual C++ 6.0 编译成功界面

5. 运行程序

（1）此时程序已经被编译，但是还没有链接生成 .exe 可执行文件，如果此时运行程序则会出现图 2.67 所示的提示对话框，询问用户是否要创建 .exe 可执行文件。如果单击“是”按钮，则会链接生成 .exe 文件，即可运行程序并观察运行结果。

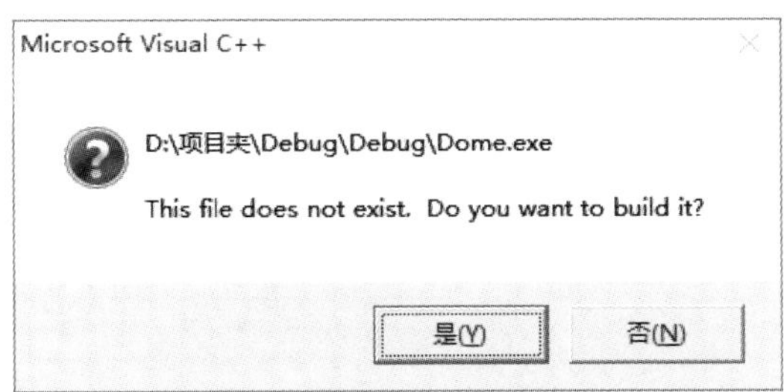

图 2.67 询问用户是否要创建 .exe 可执行文件

（2）当然也有直接创建 .exe 文件的操作方法。可以选择“Build”菜单中的“Build Demo.exe”命令，执行创建 .exe 文件的操作，如图 2.68 所示。

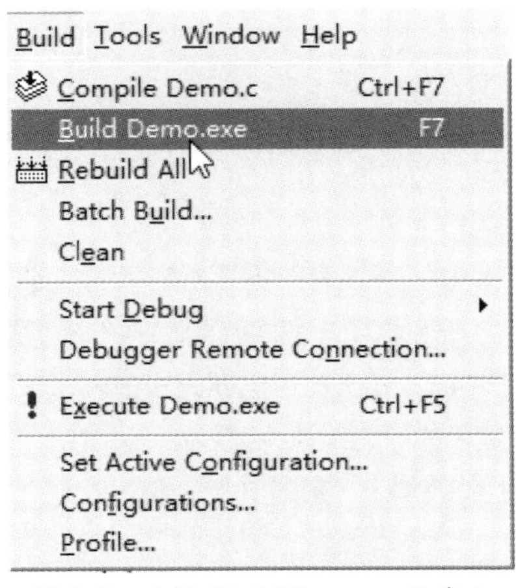

图 2.68 选择“Build Demo. exe”命令

> 注意
>
> 在编译程序时可以直接选择“Build Demo. exe”命令进行编译、链接，这样就不用进行编译操作，而可以直接将编译和链接操作一起执行。

（3）只有运行程序才可以看到有关程序运行的结果，选择“Build”菜单中的“Execute Demo. exe”命令（或按快捷键 <Ctrl+F5>）运行程序，即可观察到运行结果，如图 2.69 所示。

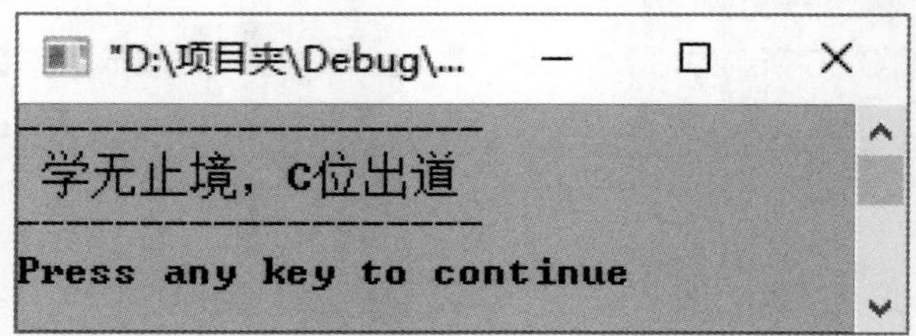

图 2.69　程序运行结果

Visual C++ 6.0 提供了许多有用的工具栏按钮和快捷键，简单介绍如下。

- ：编译（Compile）操作。
- ：组建（Build）操作。
- !：执行（Execute）操作。
- Ctrl + N：创建一个新文件。
- Ctrl +]：检测程序中的括号是否匹配。
- F7：组建（Build）操作。
- Ctrl + F5：执行（Execute）操作。
- Alt + F8：整理多段不整齐的源码。
- F5：进行调试。

2.5　初学者经常遇到的问题

> 注意
>
> 本书只介绍 Visual Studio 2019 中出现错误的解决方法，Visual C++ 6.0 中出现同样错误的解决方法是类似的。

程序能顺利运行是非常好的一件事，不过有时不是所有事情都是一帆风顺的，学习过程中不可避免会遇到问题，学习编程也一样。当你开始学习编程时就要做好解决问题的准备。

在 C 语言的开发环境中编译程序时，如果程序出现语法错误，该环境就会提示错误的位置，例如图 2.70 所示的是 Visual C++ 6.0 中提示的“1 error(s),0 warning(s)”，图 2.71 所示的是 Visual Studio 2019 中提示的“生成：成功 0 个，失败 1 个，最新 0 个，跳过 0 个”。

```
--------------------Configuration: Dome - Win32 Debug--------------------
Compiling...
Dome.c
D:\项目夹\Debug\Dome.c(7) : error C2143: syntax error : missing ';' before 'return'
Error executing cl.exe.

Dome.exe - 1 error(s), 0 warning(s)
```

图 2.70 Visual C++ 6.0 编译失败界面

图 2.71 Visual Studio 2019 编译失败界面

图 2.70 和图 2.71 都表示编译失败。我们将鼠标指针移动到图 2.71 提示错误的位置并双击，其就会变成蓝色，如图 2.72 所示，在代码错误的位置会有一个➡，表示此时附近的代码是有错的，在这段代码中错误的位置在第 6 行。

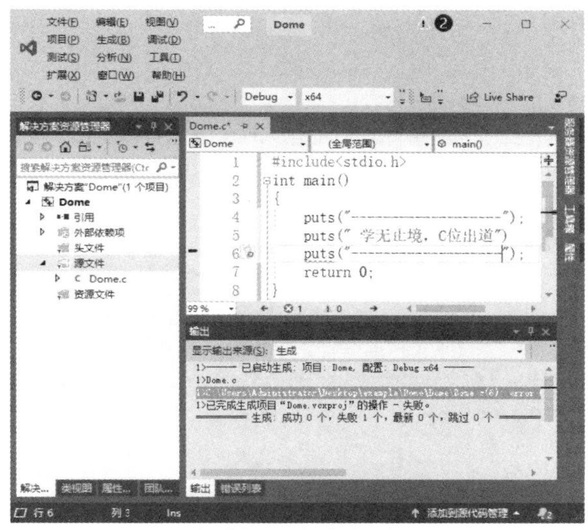

图 2.72 错误提示

从图 2.72 中也可以看到，如果出现错误，代码的下面会有红色的波浪线。这个错误提示表示第 6 行语法错误。经过仔细观察发现，是第 5 行 puts() 函数后面忘记加"；"，在 puts() 函数后加上"；"，再次编译就会通过，然后运行程序。

这里发现了一个问题，明明是第 5 行 puts() 函数出现语法错误，为什么提示错误在第 6 行的位置？这是因为在 C 语言中，每行要有"；"来表示此句结束，在第 5 行漏写了"；"，编译器就认为第 5 行和第 6 行是一句话，所以就会在第 6 行提示语法错误。如果在提示错误的位置没有找到错误，那一般会在上一行中找到。

这只是常见的错误之一，接下来我们来列举一下初学者常遇到的问题以及对应的调试方法。

说明

Visual Studio 2019 编译程序出现错误，在错误位置双击就会出现箭头提示，Visual C++ 6.0 中也可使用类似的方法来找到程序的错误。

1. 中英文符号混淆

所有的代码都是在英文（半角）输入法状态下编写的。编写代码时往往要实现输出中文的提示，这样在切换输入法时容易出现错误，符号可能会被误输成中文符号，这样编译器编译程序时就会出现错误，例如图 2.73 所示的错误提示。

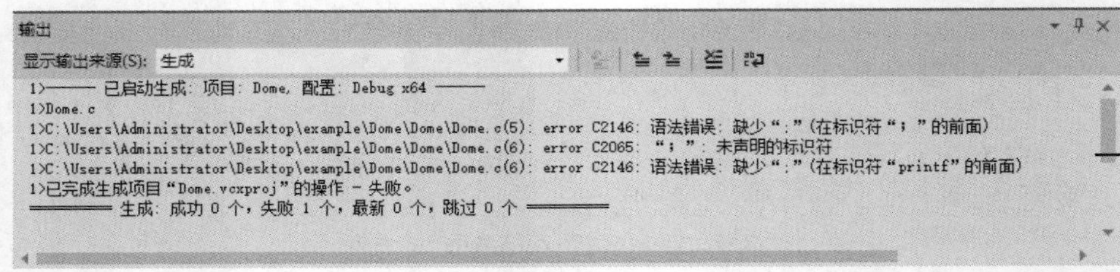

图 2.73　中英文符号混淆错误提示

从图 2.73 可以看到提示错误在代码的第 6 行，出现了未声明的标识符“；”，根据图 2.73 的内容可知，我们应该在代码的第 6 行寻找错误，会发现第 6 行的语句结束符号是中文分号，将其改为英文分号，修改之后再次运行。

2. 未声明标识符

未声明标识符也是初学者常犯的错误，出现该错误时，编译器会提示“XXX 未声明的标识符”，如图 2.74 所示。从错误提示可以看出，i 这个标识符未声明，也就是这个字母的含义在此程序中未被声明，提示在代码的第 6 行出现错误，那就去第 6 行找到字母 i，分析出现此错误的原因，修改之后再重新运行。

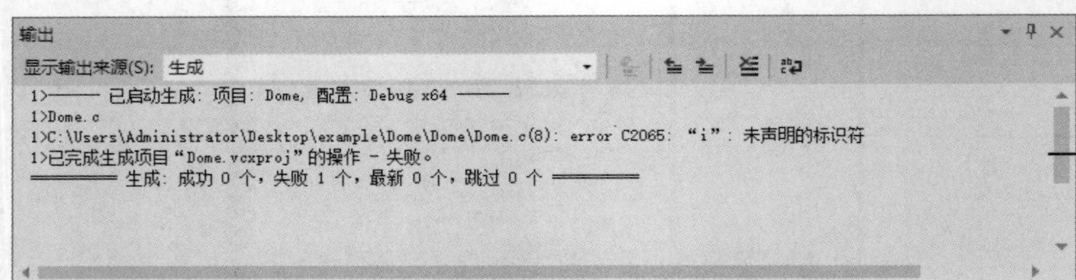

图 2.74　未声明标识符错误提示

3. 格式输入输出错误

格式输入输出错误也是初学者常犯的错误，例如定义的变量是整型的，输入输出时却用浮点型或者字符型的，编译器会报告出错，程序虽然能运行，但是在输入输出数据时会出现错误，如图 2.75 所示。

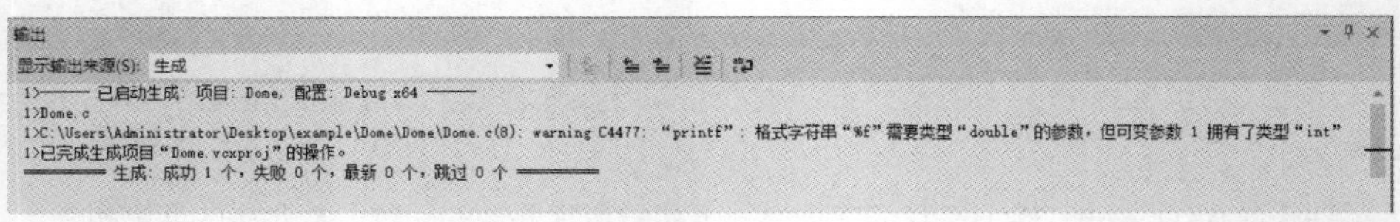

图 2.75　格式输入输出错误提示

从图 2.75 可以看出，是代码的第 8 行出现错误，因此调试程序时在代码的第 8 行寻找错误，将格式 %f 改为 %d，再次运行程序。

说明

以上是初学者编写程序时常遇到的问题，当然还会有其他一些问题，请仔细编写代码。

2.6 练习题

（1）试输出“贵有恒，何必三更起五更睡；最无益，只怕一日曝十日寒”，效果如图 2.76 所示。［提示：使用 puts() 函数］

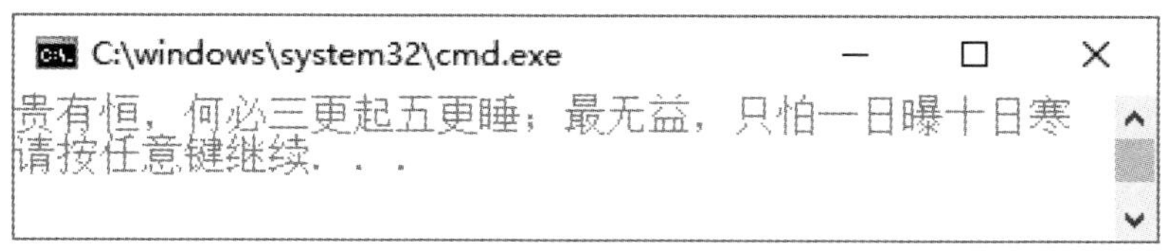

图 2.76 输出结果

（2）已知正方形的边长为 4，计算正方形的周长，并将结果输出，运行结果如图 2.77 所示。（提示：使用乘法）

（3）世界知名互联网公司一般都有比较独特的企业文化，如在 Facebook（现更名为 Meta）的办公室中挂着这样一条充满野心和奋斗的标语：Go Big Or Go Home！（要么出众，要么出局！）。旁边还配上了哥斯拉的照片，让这条标语显得格外“炫酷”。下面就用 C 语言实现这条标语，实现效果如图 2.78 所示。（提示：使用特殊符号）

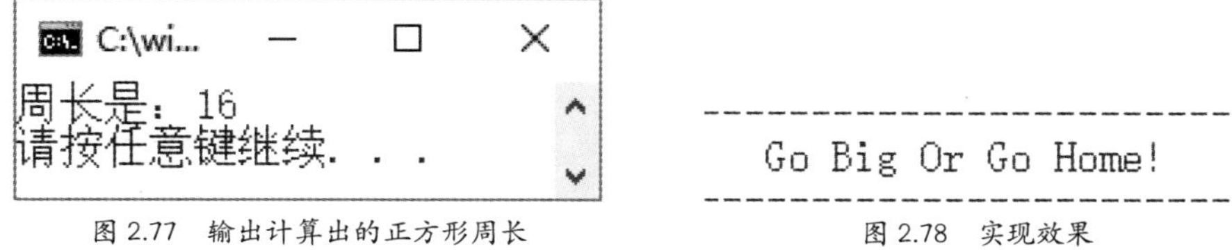

图 2.77 输出计算出的正方形周长

图 2.78 实现效果

（4）丹尼斯 · 里奇是“计算机时代的无形之王”，计算机及网络技术的奠定者，也是 C 语言之父、UNIX 之父。1973 年，Multics 项目失败后，闲来无聊，丹尼斯 · 里奇和肯尼思 · 汤普森想玩模拟在太阳系航行的电子游戏——《Space Travel》，但当时的机器没有操作系统。于是，得益于二人的工作，出现了 C 语言，以及用 C 语言开发的 UNIX 操作系统，从而拉开了“程序开发时代”的序幕。请编写一个程序，输出 C 语言之父——丹尼斯 · 里奇的传奇吧，实现效果如图 2.79 所示。

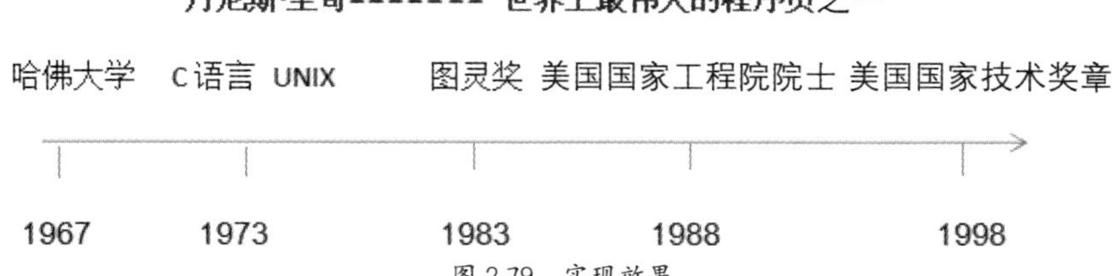

图 2.79 实现效果

（5）IT 界的“领头羊”——微软公司采用“eat our own dog food”（吃我们自己的狗粮）的方法来检测其研究的软件。这种方法传达的观点是，研发人员在使用自己开发的软件时能够很快发现漏洞或者不对的地方，也就是研发人员通过试用自己研发的产品来确保其功能完美展现，以满足用户的使用要求。请用 C 语言来实现图 2.80 所示的效果。

```
      想要满足用户需求吗
              |
--------------------------
| eat our own dog food |
--------------------------
```

图 2.80 实现效果

初识 C 语言

C 语言到底是什么样子的呢？2.4 节已经展示过 C 语言代码。初学者第一次看见这些代码可能会觉得有些奇怪，代码中有 <、>、{、}、; 等符号；还有带颜色的英文字母，例如 int、include、stdio、main 等。其实与这些符号和英文字母接触时间长了，大家就会越来越喜欢它们；如果熟悉与 C 语言相关的其他语言，应该还会对 C 语言有“一见如故”的感觉。本章从一个简单的实例着手，解释每行代码的功能，同时会介绍一些 C 语言的关键特性。

3.1 开篇实例：《阿甘正传》“简历”

我们首先来设计一个简单的 C 语言程序，这个程序只展示 C 语言的一些基本特性。请先阅读以下程序代码，看是否能明白该程序的功能，接下来会一一解释每行代码的功能。

实例3-1 简单的 C 语言程序。

具体代码如下：

```
#include<stdio.h>                                              // 包含头文件
int main()                                                     // 主函数
{
    printf(" \n");                                             // 输出换行符
    printf(" ************************************* \n");       // 输出星号 *
    printf(" * 经典电影：《阿甘正传》          *\n");         // 输出电影名称
    printf(" * 导   演：罗伯特·泽米吉斯        *\n");         // 输出导演
    printf(" * 主   演：汤姆·汉克斯、罗宾·怀特 *\n");         // 输出主演
    printf(" ***************************************\n");     // 输出星号 *
    return 0;                                                  // 程序结束
}
```

注释　关键字　函数体　代码语句　关键字

看着代码中的各组成部分，是不是有些眼花缭乱？别着急，正是这些部分组成了 C 语言程序的代码，就像在盖房子的过程中，需要先搭建一个整体框架才能继续向其中添砖加瓦。现在就为大家分别介绍 C 语言程序中的各个部分。

- 头文件：程序所用函数库。函数库就像一个五金工具箱，我们只有拥有一个五金工具箱，才能使用这个箱子里的工具，而代码中的 #include<stdio.h> 就表示我们拥有这个 stdio.h 工具箱。
- 主函数：程序的入口。就像房间的门，任何人进入此房间必须从门进入，而 main() 在程序中就担任这个“门”。主函数又称函数头。
- 函数体：函数的身体。就像人的身体内有五脏六腑，主函数内就是代码语句构成的函数体。
- 关键字（又称关键词）：程序中具有特殊意义的标识符。关键字是 C 语言代码中必不可少的组成部分，主要是被赋予特殊用途的单词（在程序中会显示为特殊字体）。
- 注释：对代码的解释，可方便程序的阅读和理解。
- 代码语句：符合语法规则的一段段代码。

在初步介绍了 C 语言程序的代码组成后，下面将为大家详细介绍这些部分的具体含义和用途。

3.2 C 语言程序结构

我们以 3.1 节的实例为例总结程序的构成，如图 3.1 所示。

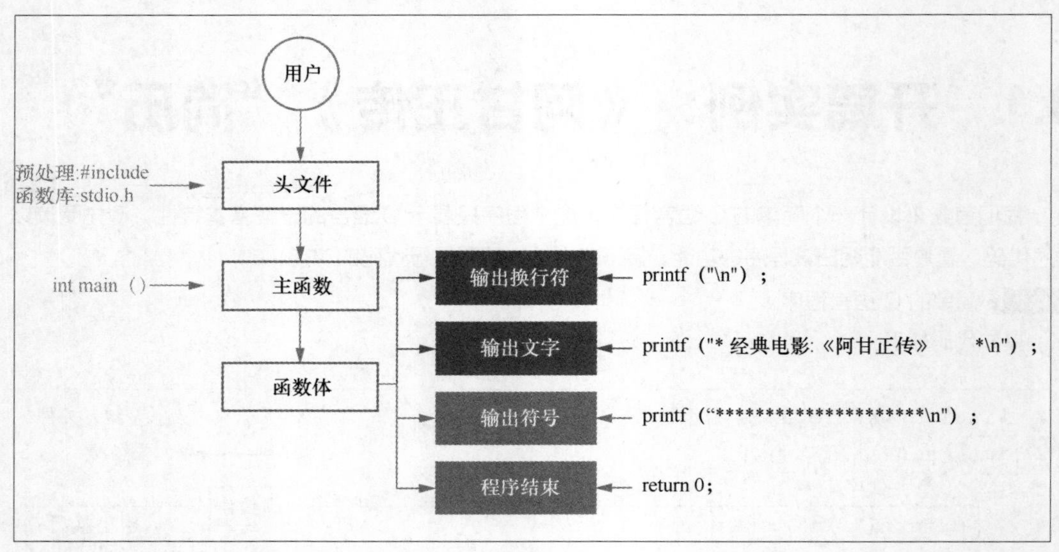

图 3.1　实例程序的构成

图 3.1 只是对 3.1 节的实例进行了解释，当然，在函数体中也会存在数据类型、标识符、运算符等简单易懂的概念，甚至还有数组、指针、结构体等高级概念，这些概念会在后文详细介绍。

3.2.1 头文件

3.1 节中程序的第 1 行是 #include<stdio.h>，它表示我们已经“拥有”stdio.h“工具箱”，可以任意使用里面的“工具”。那么这句代码的形式是固定不变的吗？ #、include、<>、stdio.h 这些元素都是什么含义呢？接下来我们就来详细介绍。

1. #include 命令

首先介绍 #include，它是一条预处理器命令。include 的意思是包括，#include<stdion.h> 就是指包括后面的 stdio.h。与 include 搭配使用的符号“#”标识预处理命令，而英文的角括号“<>”或者英文的双引号“""”标识头文件，例如：

```
#include<stdio.h>                                              // 头文件
#include "stdio.h"                                             // 头文件
```

上述代码中两种标识头文件的方法都是正确的，但它们之间是有区别的：

（1）用角括号时，系统到存放 C 语言库函数头文件所在的目录中寻找要包含的文件，这是标准方式；

（2）用双引号时，系统先在用户当前目录中寻找要包含的文件，若找不到，再到存放 C 语言库函数头文件所在的目录中寻找要包含的文件。

> **说明**
>
> 关于预处理命令的知识会在本书的第 15 章详细讲解。

2. stdio.h 函数库

读者应该了解了第 1 行中的 #include<> 是什么意思，该行代码还有一个部分——stdio.h。stdio.h 是函数库之一，它是 C 语言程序的输入输出库，其中包含各种各样的输入输出函数，例如 printf()、gets()、putchar() 函数等。所以想要输出或者输入任何数据，都要使用这个函数库。

> **说明**
>
> 若想知道 stdio.h 函数库中包含哪些输入输出函数，可以参考函数手册。

当然，如果不需要输入输出函数，是不需要写这个函数库的，也就是说，这个函数库可以换成其他函数库，程序中需使用什么函数，就在函数库的位置添加对应的函数库名称。例如：如果想使用 printf() 函数，就必须添加 stdio.h；如果想使用 rand() 函数，就必须添加 stdlib.h。

> **注意**
>
> 省略在使用的函数库头文件可能会影响某一特定程序，建议不要这么做。

3.2.2 主函数

3.1 节代码的第 2 行是 int main()，在 C 语言程序中，main() 函数是可执行程序的入口函数，简单地说，也就是 C 语言程序一定是从 main() 函数开始执行的（目前不考虑例外情况）。就像房间的门，想要进入房间，就必须从房间门进入；而程序要想运行，也需要从 main() 函数“进入”。

在 C 语言代码中，常见的主函数有 3 种形式，下面分别介绍。

1. int main()

main() 函数前面的内容表示告诉操作系统，在程序结束时需要返回一个什么类型的值。所以这里的 int，就是 main() 函数的返回类型，表明 main() 函数返回的值是整数，使用这种方法时通常会在程序结束处加上一句 return 0;。

```
int main()
{
语句；

    return 0;    //会在 3.2.5 小节讲解
}
```

说明

3.1 节的程序选用的是此种形式的主函数。

2. void main()

main() 函数除了可以定义为上面的有返回值类型之外，还可以定义为无返回值类型，形式如下：

```
void main()
{
    语句；
}
```

这种形式在编译器编译程序时，不会报错误信息，但是所有的标准都未曾认可过这种写法。因此，有的编译器不接受这种形式，建议不要这样书写主函数。需要强调的是，应坚持使用标准形式。

3. 带参数的 main()

上面两种形式的 main() 都是不带参数的主函数，还有一种带参数的主函数也常常会用到，代码如下:

```
int main(int argc,char* argv[])——→ 参数                //带参数形式
{
    语句；
    return 0;
}
```

带参数形式的 main()，通常需要有两个参数。第一个参数是 int 类型，表示命令行中的字符串数，按照习惯（不是必须），将参数名称定义成 argc（argument count，参数个数）。第二个参数是字符串类型，表示一个指向字符串的指针数组，按照习惯，将参数名称定义为 argv(argument value，参数值）。

> **说明**
>
> 对于这 3 种形式的主函数，根据实际需求选择一种就可以。

3.2.3 函数体

一个函数分为两个部分：一是函数头，二是函数体。就像人，人的身体内包含五脏六腑，人这一生命体能生存就是因为其身体内的五脏六腑在运作。而程序的运行则与函数体中的各种语句有关。

我们仍然用 3.1 节的实例来介绍，代码中的第 03 ~ 11 行代码如下：

```
03  {
04      printf(" \n");                                         // 输出换行符
05      printf(" ************************************ \n");    // 输出星号 *
06      printf(" * 经典电影：《阿甘正传》         *\n");        // 输出电影名称
07      printf(" * 导演：罗伯特·泽米吉斯          *\n");        // 输出导演
08      printf(" * 主演：汤姆·汉克斯、罗宾·怀特   *\n");        // 输出主演
09      printf(" ************************************ \n");    // 输出星号 *
10      return 0;                                              // 程序结束
11  }
```

可以看到代码的第 3 行、第 11 行有一对花括号“{}”，这两个花括号就构成了函数体，相当于大雁的脖子和尾巴。函数体也可以称为函数的语句块。第 4~10 行这一部分就是函数体中要执行的内容，相当于大雁的五脏六腑。

3.2.4 输出函数：printf() 函数

真正输出的是 printf() 函数中 () 里的语句。3.1 节示例代码中的输出语句是 04~10 行，代码如下：

```
04      printf(" \n");                                         // 输出换行符
05      printf(" ************************************ \n");    // 输出星号 *
06      printf(" * 经典电影：《阿甘正传》         *\n");        // 输出电影名称
07      printf(" * 导演：罗伯特·泽米吉斯          *\n");        // 输出导演名称
08      printf(" * 主演：汤姆·汉克斯、罗宾·怀特   *\n");        // 输影主演名称
09      printf(" ************************************ \n");    // 输出星号 *
10      return 0;                                              // 程序结束
```

这里使用的是 printf() 函数，它在 stdio.h 函数库中是控制格式输出函数。不仅如此，printf() 还可以输出不同类型的数据，例如使用 printf() 输出 1314，代码如下：

```
01      int num=1314;
02      printf("%d\n",num);
```

从例子中可以看出，printf() 的语法格式如下：

```
printf(格式控制，输出列表);
```

在格式控制中，如果加上换行符“\n”，那么输出时就会换行输出；如果没有加“\n”，那么输出时就不会换行。

3.2.5 return 0;

return 0; 是 3.1 节代码中的最后一条语句，称为返回语句。主函数 int main() 中的 int 表明返回语句最后应返回一个整型数据，具体用法会在第 12 章讲解。

3.3 注释

刚学英文单词的时候，基本每个同学都会有一本字典，当我们遇到一个陌生的单词时会查询字典进行解惑，字典中会给出中文含义和具体解释。

而编程语言也具有这样一个贴心的功能，即代码程序中的“注释”，它是一种对代码程序进行解释和说明的标注性文本，可以提高程序的可读性，也促进了程序的传播。3.1 节代码中出现的“//”后面的内容就是注释，C 语言中的注释常显示为绿色字体，当然也有例外。注释的内容会被 C 语言编译器忽略，并不会在运行结果中体现出来。

C 语言主要有 3 种代码注释，分别为单行注释、多行注释和文档注释，下面分别进行介绍。

3.3.1 单行注释

单行注释有两种形式，具体如下。

（1）第一种单行注释的格式如下。

```
// 这里是注释
```

这里的“//”为单行注释标记，从符号“//”开始直到换行为止的所有内容均作为注释而被编译器忽略。

例如，以下代码表示为 printf() 语句添加注释：

```
printf(" * 经典电影：《阿甘正传》            *\n");      // 输出文字
```

或

```
// 输出文字
printf(" * 经典电影：《阿甘正传》            *\n");
```

（2）第二种单行注释的格式如下。

```
/* 这里是注释 */
```

符号“/*”与“*/”之间的所有内容均为注释内容。

例如，以下代码表示为 printf() 语句添加注释：

```
printf(" * 经典电影：《阿甘正传》          *\n");      /* 输出文字 */
```

或

```
/* 输出文字 */
printf(" * 经典电影：《阿甘正传》          *\n");
```

注意

注释可以出现在代码的任意位置，但是不能在关键字和标识符之间。例如，下面的代码注释是错误的：

```
int // 错误注释 main(){}
```

3.3.2 多行注释

我们还可能会看到如下格式的注释：

```
/*
    注释内容 1
    注释内容 2
    …
      */
```

“/*”“*/”为多行注释标记，符号“/*”与“*/”之间的所有内容均为注释内容。注释中的内容可以换行。

例如，利用多行注释可以为代码添加版权、作者信息，如下所示：

```
/*
 * 版权所有：吉林省明日科技有限公司
 * 文件名：Dome.c
 * 文件功能描述：输出字符画
 * 创建日期：2018 年 11 月
 * 创建人：mrkj
*/
```

3.3.3 文档注释

C 语言中还有文档注释。它的格式如下：

```
/**
注释声明
*/
```

“/**”“*/”为文档注释标记，符号“/**”与“*/”之间的内容均为文档注释内容。文档注释与一般注释的主要区别在于起始符号是“/**”而不是“/*”或“//”。与多行注释作用相似，文档注释的作用是标注代码的基本信息，例如作者、日期、功能等。多行注释与文档注释的区别在于，可以用多行注释注释掉不需要的代码以进行程序调试。

例如，下面使用文档注释对 main() 函数进行注释：

```
/**
 * 主函数，程序入口
 * args、argv，主函数参数
 */
 int main()
{
    语句；
    return 0
}
```

注释里应该写什么？

注释是代码的说明书，用于说明“这部分代码是做什么的”“使用这部分代码要注意什么”之类的内容。不要写“垃圾注释”，例如下面的 3 行注释就属于“垃圾注释”：

```
int a = 1;                                                  // int a
int c = a;                                                  // 让 c 等于 a
c=a+a;                                                      // 计算 a+a 的值并赋给 c
```

3.4 常量和变量

到目前为止，我们介绍了 C 语言的基本组成部分。本节将为大家介绍 C 语言中的另外两个“重量级的内容”——常量和变量。例如，1 分钟（60 秒）、生肖（12 个）……这些不会更改的量属于常量，而价格、体重……这些可以改变的量则属于变量，下面我们就来介绍常量和变量的含义和区别。

3.4.1 常量

所谓常量，就是值永远不允许被改变的量，比如 1 年（12 个月）、1 天（24 小时）等。

1. 定义常量

定义常量的语法格式如下：

```
const 数据类型 常量名 = 值；
```

其中的 const 是定义常量的关键字。定义常量时，一定要为它赋初值，一旦这个常量被赋上初值，就不能被改变。例如：

```
const int HEIGHT = 5;
```

上述代码表示 HEIGHT 这个常量是一个整型常量，它的数值是 5。在程序中 HEIGHT 的值不能被改变。

> **说明**
>
> 定义常量名标识符时，标识符应尽量采用大写。

2. 同时定义多个常量

同时定义多个常量的语法格式如下：

```
const 数据类型 常量名 1 = 值 1, 常量名 2 = 值 2, 常量名 3 = 值 3;
```

例如同时定义 3 个常量，分别表示 1 天的 24 小时、1 分钟的 60 秒、生肖一共有 12 个。代码如下：

```
const int DAY = 24, MINUTE = 60, ANIMAL = 12;
```

要注意的是，如果在声明常量时已经对其赋值了，常量的值则不允许再被修改。如图 3.2 所示，修改定义的 DAY 值就会提示错误。

```
#include <stdio.h>
int main()
{
    const int DAY = 24, MINUTE = 60, ANIMAL = 12;
    DAY = 48;
    re  const int DAY = 24
        表达式必须是可修改的左值
}
```

图 3.2 修改常量值的错误提示

3.4.2 变量

所谓变量，就是值可以被改变的量，例如体重是 50 千克、房价单价为 11000 元 / 平方米等，这些都是变量。

1. 定义变量

定义变量的语法格式如下：

```
数据类型 变量名;
```

例如，定义一个表示体重的整型变量，代码如下：

```
int weight;
```

上述代码表示定义一个变量名是 weight 的整型变量。

2. 为变量赋值

为变量赋值的语法格式如下：

```
数据类型 变量名 = 值 ;
```

例如，定义表示体重的整型变量并赋值，代码如下：

```
int weight=100;
```

这行代码表示定义一个变量名为 weight 的整型变量，并为这个变量赋值 100。

3. 同时定义多个变量并赋值

同时定义多个变量并赋值的语法格式如下：

```
数据类型 变量名 1 = 值 1, 变量名 2 = 值 2, 变量名 3 = 值 3;
```

例如，同时定义 3 个整型变量，分别代表体重、年龄以及眼睛的近视度数，代码如下：

```
int weight = 129, age = 29, eyes= 200;
```

这里的变量 weight、age、eyes 的值是可以改变的。如图 3.3 所示，改变变量 weight 的值，编译器不会提示错误。

```
#include <stdio.h>
int main()
{
    int weight = 129, age = 29, eyes = 200;
    weight = 125;
    return 0;
}
```

改变weight值

图 3.3 改变变量值

说明

变量的名字可以相同吗？接下来具体介绍一下。

在同一对 { } 之内，不允许有相同名称的变量或常量，错误示例如下：

```
{
    int num = 1;
    int num = 2;
}
```

会报错

内层 { } 中的变量名不可以与外层 { } 中的变量名相同，错误示例如下：

```
{
    int num = 1;
    {
        int num = 2;
    }
}
```

会报错

两个互相不嵌套的 { } 中可以存在同名的变量，正确示例如下：

```
{
    {
        int num = 1;
    }

    {
        int num = 2;
    }
}
```

3.5 关键字与标识符

3.1 节的代码中有很多英文字母，这些字母是随便定义的吗？有什么规则吗？可以看到代码显示了不同颜色，是什么标准使它们显示不同的颜色？本节会一一解答这些疑惑。

3.5.1 关键字

所谓关键字，是指计算机语言中事先定义好并具有特殊意义的单词，如 3.1 节程序中出现的“int”和“return”，这些关键字通常在开发环境中会显示成蓝色。需要注意的是，关键字作为 C 语言中十分重要的组成部分，在编程时是需要细心使用的，否则它就可能成为小错误，例如图 3.4 和图 3.5 所示的小错误。

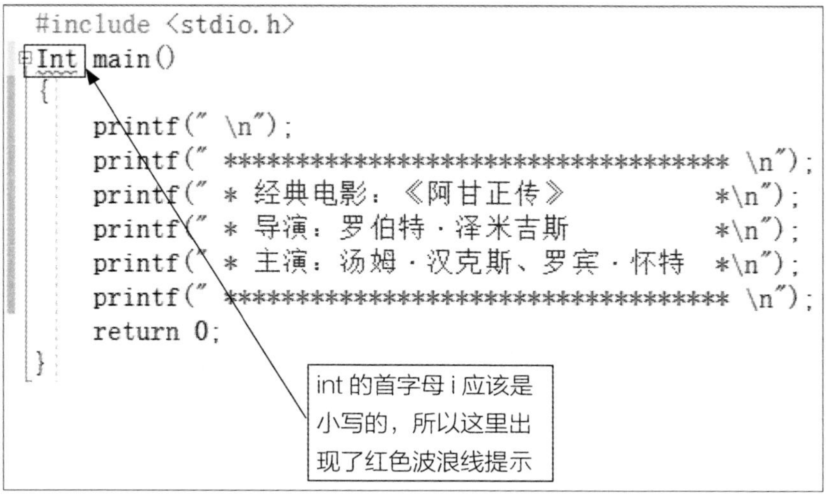

```
#include <stdio.h>
Int main()
{
    printf(" \n");
    printf(" ************************************ \n");
    printf(" * 经典电影：《阿甘正传》           *\n");
    printf(" * 导演：罗伯特·泽米吉斯            *\n");
    printf(" * 主演：汤姆·汉克斯、罗宾·怀特     *\n");
    printf(" ************************************ \n");
    return 0;
}
```

int 的首字母 i 应该是小写的，所以这里出现了红色波浪线提示

图 3.4　关键字首字母大小写的错误提示

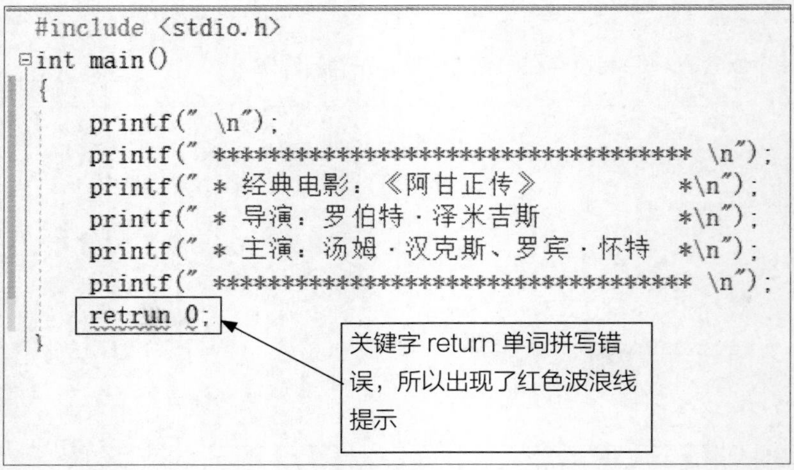

```
#include <stdio.h>
int main()
{
    printf(" \n");
    printf(" ********************************* \n");
    printf(" * 经典电影：《阿甘正传》          *\n");
    printf(" * 导演：罗伯特·泽米吉斯            *\n");
    printf(" * 主演：汤姆·汉克斯、罗宾·怀特     *\n");
    printf(" ********************************* \n");
    retrun 0;
}
```

关键字 return 单词拼写错误，所以出现了红色波浪线提示

图 3.5　关键字英文拼写的错误提示

读者朋友们在使用关键字时，要多多留意以下两点，避免程序报错而找不到原因。

- 关键字的英文单词都是小写的，首字母也是小写的。
- 不要少写或者错写英文字母，如 return 写成 retrun，或 double 写成 duoble。

表 3.1 为大家列举了 C 语言中的关键字，带有★标记的是 C 语言中出现频率较高的关键字，读者朋友们可以在具体使用时再学习。

表 3.1　C 语言中的关键字

关键字	含义	关键字	含义	关键字	含义	关键字	含义
auto	自动变量	double ★	双精度浮点型	int ★	整型	struct ★	结构体类型
break ★	跳出当前循环	else ★	条件语句否定分支	long ★	长整型	switch ★	开关语句
case ★	开关语句分支	enum ★	枚举类型	register	寄存器变量	typedef	给数据类型取别名
char ★	字符型	extern	外部变量或函数	union ★	共用体类型	return ★	返回语句
const ★	声明常量	float ★	单精度浮点型	short ★	短整型	unsigned	无符号类型
continue ★	结束当前循环	for ★	循环语句	signed	有符号类型	void ★	无返回值类型
default ★	开关语句默认分支	goto	无条件跳转语句	sizeof	计算数据的长度	volatile	变量在程序运行中可被隐式地改变
do ★	循环语句的循环体	while ★	循环语句的循环条件	static ★	静态变量	if ★	条件语句

说明

在开发环境中编写代码，所有关键字都会显示为特殊字体（例如变成蓝色），后文中将会逐步介绍这些关键字的具体使用方法，读者朋友们不需要死记硬背这些关键字，可以在以后的学习中慢慢积累。

3.5.2　标识符

什么是标识符呢？举例来说，生活中当我们需要某件物品时，通常会想到它的名字。比如，喝水时

要拿起水杯，“水杯”就是人们赋给这个物品的名字；再如，在乘坐地铁的时候，偶遇了某位同事，喊出她的名字，这个名字就是她的“标识”。而在编程语言中，标识符是开发者在编程时需要使用的名字，如函数名、变量名及数组名等都属于标识符。简单来说，标识符可以理解为名字。

既然标识符是名字，就不能随意定义，要具备一些规则。就像我们给刚出生的孩子起名字，姓氏要随父亲或者母亲的姓。定义标识符的基本规则如下。

（1）所有标识符必须以字母或下画线开头，而不能以数字或者符号开头。例如：

```
/* 错误标识符 */
4a / 361day                    // 不能以数字开头
/* 正确标识符 */
a / B / name / c18 / _column3  // 由字母、下画线、数字组成，没有以数字开头
```

（2）在设定标识符时，除开头外，其他位置都可以由字母、下画线或数字组成。例如：

```
/* 错误标识符 */
hi! / ^left< /@name      // 不能有 !、^、@
/* 正确标识符 */
hello / _B / m_love      // 除开头外，其他位置可以由字母、下画线、数字组成
```

（3）英文字母的大小写不同会代表不同的标识符。例如，下面的 3 个变量完全独立，是不同的标识符。

```
int book=0;
int Book=1;
int BOOK=2;
```

（4）标识符不能是关键字。

```
/* 错误标识符 */
int / double / char            // 不能是关键字
/* 正确标识符 */
Int / Double / Char            // 首字母为大写，不是关键字
```

（5）标识符最好具有相关的含义。

```
/* 有意义的标识符 */
userName / errorMessage        // 标识符具有相关的含义
```

（6）标识符中间不能有空格。

```
/* 错误标识符 */
User Name / game Over          // 标识符中间有空格
/* 正确标识符 */
UserName / gameOver            // 标识符中间不加空格
```

注意

标识符中只要有一处是不同的，它们所代表的就是不同的名称，例如，Name 和 name 是不同的标识符。

多学两招

标识符可以用中文吗？

C 语言可不可以用中文字符作为标识符，要看所使用的开发环境是否支持中文标识符。在 Visual C++ 6.0 中使用中文标识符就会出现错误，如图 3.6 所示。而在 Visual Studio 2019 中使用中文标识符编译器不会报错，如图 3.7 所示。建议最好不要用中文标识符，因为中文标识符会造成不必要的错误，在写代码时多写注释就可以方便很多。

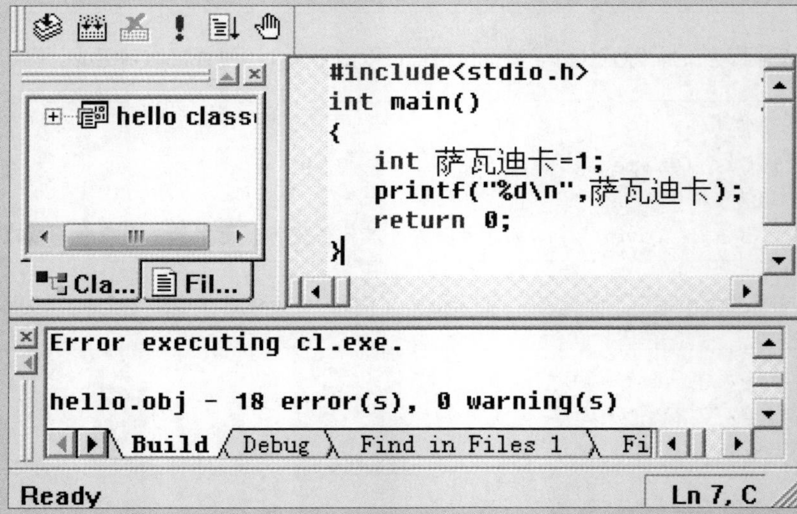

图 3.6　在 Visual C++ 6.0 中使用中文标识符

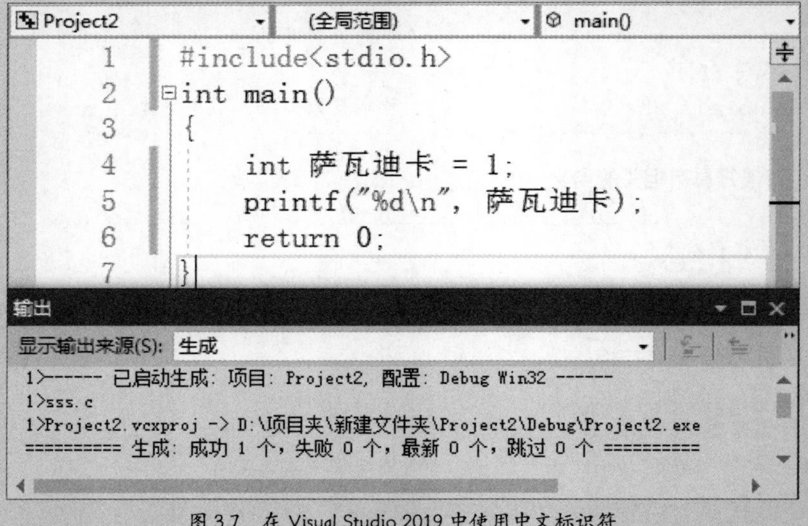

图 3.7　在 Visual Studio 2019 中使用中文标识符

3.6　C 语言的编程规范

所谓“没有规矩不成方圆”。虽然编写 C 语言代码是自由的，但是为了使编写的代码能够通用、具有较好的可读性，应该尽量按照编写程序的规范编写程序代码。接下来就为大家介绍开发过程中的具体编程规范。

3.6.1　使用空格

1. 代码缩进

代码缩进统一用 4 个字符，不采用空格，而用制表符，如图 3.8 所示。

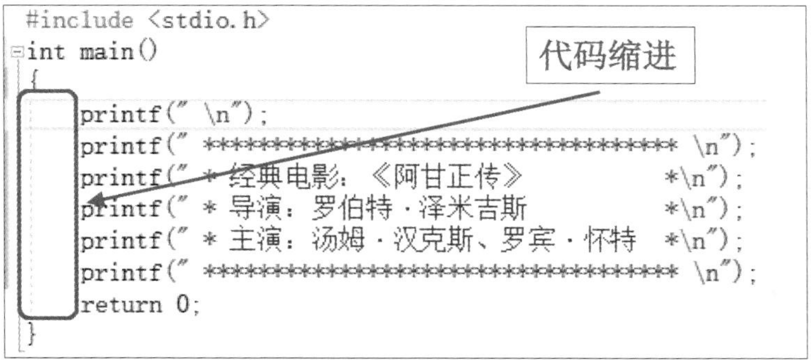

```
#include <stdio.h>
int main()
{
	printf(" \n");
	printf(" ************************************ \n");
	printf(" * 经典电影：《阿甘正传》         *\n");
	printf(" * 导演：罗伯特·泽米吉斯          *\n");
	printf(" * 主演：汤姆·汉克斯、罗宾·怀特   *\n");
	printf(" ************************************ \n");
	return 0;
}
```

代码缩进

图 3.8　代码缩进

2. 合理使用空格

在 C 语言中，关键字与关键字间如果有多个空格，这些空格均会被视作一个空格。例如：

```
int        main(){...}
```

等价于

```
int main(){...}
```

多个空格没有实际意义，为了便于理解、阅读，应控制好空格的数量。

3.6.2　使用换行

每条语句要单独占一行，命令要以分号作为结束标识。

注意

程序代码中的分号必须为英文状态下输入的，初学者经常会将“;”写成中文状态下的“；”，这种情况下编译器会报错误信息。

在声明变量时，应尽量使每个变量的声明单独占一行，即使是相同的数据类型也要将其放置在单独的一行上，这样有助于添加注释。对于局部变量，应在声明的同时对其进行初始化。

3.6.3 变量、常量命名规范

常量的名称统一为大写形式。变量在命名时最好取与实际意义相关的名称。如果是指针，则应在其标识符前添加 p 字符，并且名称首字母要大写。例如：

```
#define AGE      20                                  /* 定义常量 */
int number;                                          /* 定义整型变量 */
int *pAge;                                           /* 定义指针变量 */
```

3.6.4 函数命名规范

在定义函数时，函数名的首字母要大写，其后的字母可大小写混用。例如：

```
int AddTwoNum(int num1, int num2)
```

3.7 练习题

（1）编写程序，输出地铁 1 号线的运行线路图，实现效果如图 3.9 所示。[提示：使用 puts() 函数]

```
北环城路    一匡街     胜利公园    解放大路    工农广场    卫星广场    华庆路
|..........|..........................|..........................|............
    庆丰路  长春北站          人民广场      东北师大    繁荣路  市政府        红嘴子
```

图 3.9　1 号线运行线路图

（2）分别输出“时间不等人。”及“Time and tide wait for no man.”，实现效果如图 3.10 所示。[提示：使用 puts() 函数]

```
时间不等人。
Time and tide wait for no man.
```

图 3.10　实现效果

（3）小朋友暖暖正在学习古诗，她的爸爸为了提升暖暖的学习兴趣，准备在控制台上输出李白的《静夜思》，该如何编写程序代码？实现效果如图 3.11 所示。 [提示：使用 puts() 函数]

```
静夜思
李白
床前明月光
疑是地上霜
举头望明月
低头思故乡
```

图 3.11　《静夜思》诗句

（4）定义一个符号常量，记录总小时数。用户输入某小时数，输出这个小时数对应的年数（按每年 365 天计算），运行结果如图 3.12 所示。

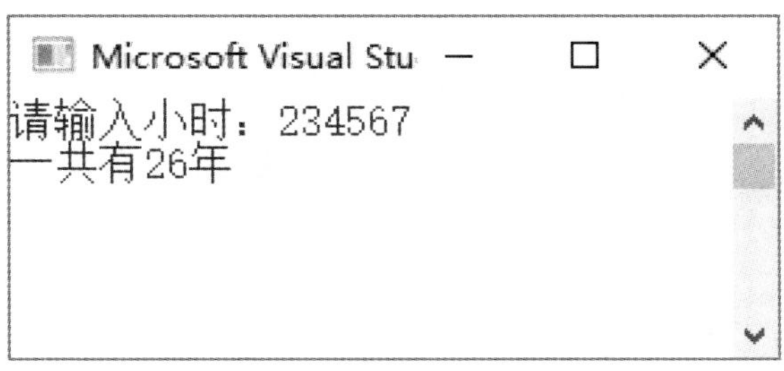

图 3.12　运行结果

（5）一个圆柱形粮仓，底面直径为 10 米，高为 1 米，该粮仓体积为多少立方米？如果每立方米屯粮 750 千克，该粮仓一共可储存多少千克粮食？请编程解决上述问题。运行结果如图 3.13 所示。

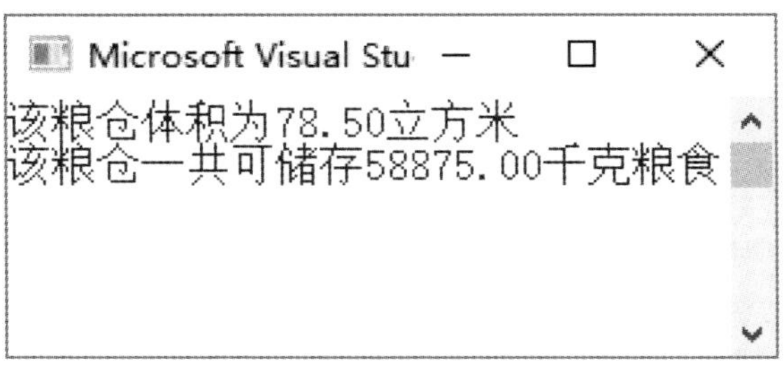

图 3.13　运行结果

C 语言基本数据类型

程序离不开数据，将数字、字母等输入计算机，就是希望它能利用这些数据做些什么，例如计算“双十一”的成交金额。本章会讲解 C 语言的数据，介绍 C 语言中有哪些数据类型，还会介绍各种类型的常量和变量。希望读者通过本章的学习，能够合理使用数据。

4.1 开篇实例：暗号

实例4-1 小龙女和李莫愁是同门师姐妹，她们的师傅更偏爱小龙女，把古墓派的独门武功（玉女心经）传授给了小龙女，为此李莫愁嫉妒小龙女，所以李莫愁就总想着要和小龙女一决高下，也想要抢到玉女心经的秘籍。李莫愁有一次向小龙女“下战书”，为了不让小龙女的徒弟杨过看见相约较量的地点，李莫愁在“战书”中用了“暗号”，相约在山涧中对决。接下来我们就用 C 语言来模拟暗号的实现过程。

具体代码如下：

```
#include<stdio.h>
int main()
{
        int secret1 = 103, secret2 = 111, secret3 = 100;  → 整型数据

        char answer1, answer2, answer3;  → 字符型数据

        answer1 = (char)secret1;
        answer2 = (char)secret2;  → 强制转换
        answer3 = (char)secret3;

```

```
    printf(" 暗号是: %c%c%c\n", answer1, answer2, answer3);
      return 0;
}
```

从实例代码中我们可以看到很多陌生的信息，例如整型数据、字符型数据以及强制转换。这里先简单介绍一下。

- 整型数据：整数类型的数据，例如 1、520、-1314、0 等都是整型数据。
- 字符型数据：字符类型的数据。例如 'a'、'@'、'0' 等，这些用单引号标识的单个字符被称为字符型数据。
- 强制转换：强制类型转换。例如开篇实例的代码，将整型数据强制转换成了字符型数据。

以上对开篇实例代码的知识点做了简单的介绍，接下来我们就详细讲解这些数据类型，包括数据类型如何定义、初始化、赋值和使用等。

4.2 基本数据类型概述

生活中我们通常会使用很多不同大小的收纳箱，如用来装围巾的、装上衣的以及装裤子的。为了不浪费柜子的空间，可以按照东西的大小用相应容积的收纳箱来收纳。在 C 语言中是同样的道理，存储什么样的数据，就用什么样的数据类型。C 语言中有多种不同的基本数据类型，如图 4.1 所示。

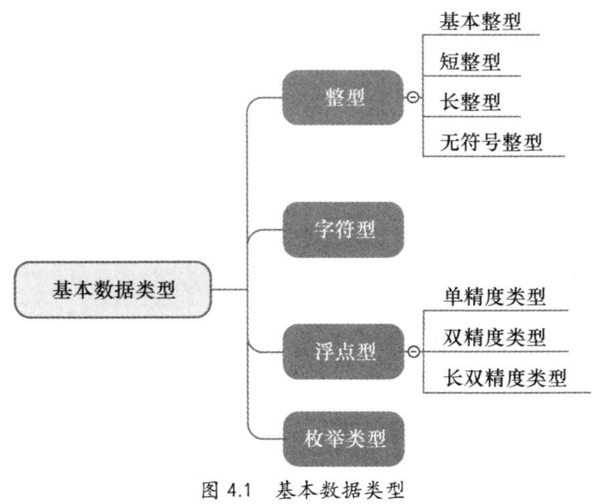

图 4.1 基本数据类型

接下来分别介绍这些基本数据类型（除枚举类型外，枚举类型会在第 14 章详细讲解）。

4.3 整型

数学中称 23、0、1314、520 这样的数据为整数，而在 C 语言中，也称这类数据为整数，即整型数据。本节介绍 C 语言中经常用到的整型数据知识。

4.3.1 声明整型数据

整型数据使用 int 来声明，int 是 integer（整数）的缩写，声明整型数据的一般语法格式如下：

```
int 标识符 ;
```

可以按照第 3 章讲解的规则根据自己的需要定义标识符。上面的语法格式表示该标识符是整型数据。定义整型变量，代码如下：

```
int age;                                  //定义整型变量 age
```

如果要定义多个整型变量，可以单独定义每个变量，例如：

```
int age;                      //定义整型变量 age，表示年龄
int high;                     //定义整型变量 high，表示身高
int weight;                   //定义整型变量 weight，表示体重
```

也可以在 int 后面列出多个变量名，变量名之间用英文逗号隔开，例如：

```
int age, high, weight;    //定义整型变量 age、high、weight
```

上述的单独声明变量和同时列出多个变量名，这两种方法的效果是相同的，都是声明 int 类型的变量。但如果要同时声明多个变量，那么这些变量的类型必须都一样。

4.3.2 初始化整型变量

初始化整型变量，就是为整型变量赋值。初始化整型变量有以下几种方式，第一种是直接在声明时初始化变量，例如：

```
int year=2019;                    //定义整型变量 year 并赋值
int month=6;                      //定义整型变量 month 并赋值
int day =1;                       //定义整型变量 day 并赋值
```

另一种是先声明变量，再赋值，例如：

```
int year, month, day;                 //定义整型变量 year、month、day
year =2019;                           //给变量 year 赋值
```

```
month =6;                          // 给变量 month 赋值
day=1;                             // 给变量 day 赋值
```

或者可以这样初始化变量：

```
int year, month, day;              // 定义整型变量 year、month、day
year =2019, month =6,day=1;        // 给变量 year、month、day 赋值
```

以上赋值方式效果都是一样的。

4.3.3 其他整型

整型默认的是 int 类型（基本整型），但是整型不仅有基本整型，还有短整型、长整型和无符号整型，无符号整型又可与前 3 种匹配构成无符号基本整型、无符号短整型和无符号长整型。整型的分类如表 4.1 所示。

表 4.1 整型的分类

数据类型	含义	长度	取值范围
unsigned short int	无符号短整型	16 位	0 ~ 65535
short int	短整型	16 位	-32768 ~ 32767
unsigned int	无符号基本整型	32 位	0 ~ 4294967295
int	基本整型	32 位	-2147483648 ~ 2147483647
unsigned long int	无符号长整型	64 位	0 ~ 4294967295
long int	长整型	64 位	-2147483648~2147483647

说明

编译器不同，整型的取值范围也不同，比如，在 16 位的计算机中整型就为 16 位，在 32 位的计算机中整型就为 32 位。

说明

应合理地选择声明类型，避免造成空间浪费。

在编写整型变量时，可以在变量的后面加上符号 L 或者 U 进行修饰。L 表示该变量是长整型，U 表示该变量是无符号整型，例如：

```
long LongNum= 2000L; ──→后缀 L                 /*L 表示长整型 */
unsigned long UnsignLongNum=1234U; ──→ 后缀 U  /*U 表示无符号整型 */
```

说明

表示长整型的后缀字母 L 和表示无符号整型的后缀字母 U 可以使用大写，也可以使用小写。

注意

如果不在后面加上后缀，在默认状态下，整型为 int 类型。

4.3.4 输出其他整型数据

输出数据同样要使用 printf() 函数，输出不同的整型数据需应用不同的格式字符，如表 4.2 所示。

表 4.2 printf() 函数输出整型数据的格式字符

格式字符	功能说明	例子
h	用于短整型数据，可加在格式字符 d、o、x、u 前面	%hd、%ho、%hx、%hu
l	用于长整型数据，可加在格式字符 d、o、x、u 前面	%ld、%lo、%lx、%lu

实例4-2 定义不同数据并输出。

具体代码如下：

```
#include<stdio.h>
int main()
{
        short sh = 200;                                    //定义短整型数据
        long lo = 65537;                                   //定义长整型数据
        int in=30000;                                      //定义整型数据
        printf(“短整型数据是：%hd\n”,sh);                 //输出短整型数据
        printf(“整型数据是：%d\n”, in);                   //输出整型数据
        printf(“长整型数据是：%ld\n”, lo);                //输出长整型数据
        return 0;
}
```

运行结果如图 4.2 所示。

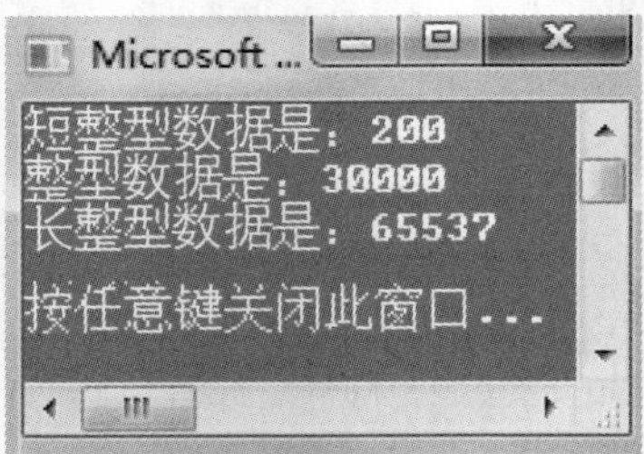

图 4.2 不同整型数据的运行结果

4.3.5 整型常量

定义常量需要使用 const 关键字，定义整型常量的格式如下：

```
const 整型 常量名 = 值;
```

例如：

```
const int NUM=1314;
```

上述代码表示 NUM 是一个整型常量，且它的值为 1314，NUM 被 const 修饰，就不能再为它赋值。如图 4.3 所示，定义 NUM 常量之后，再为它赋值，编译不能通过。

```
1  #include<stdio.h>
2  int main()
3  {
4      const int NUM = 1314;
5      printf("NUM=%d\n",NUM);
6      NUM = 520;
7      printf("NUM=%d\n", NUM);
8      return 0;
9  }
```

```
输出
显示输出来源(S): 生成
1>------ 已启动生成: 项目: Project2, 配置: Debug Win32 ------
1>Dome.c
1>d:\项目夹\新建文件夹\project2\project2\dome.c(6): error C2166: 左值指定 const 对象
1>已完成生成项目“Project2.vcxproj”的操作 - 失败。
========== 生成: 成功 0 个，失败 1 个，最新 0 个，跳过 0 个 ==========
```

图 4.3　为整型常量赋值编译失败

如果将图 4.3 中的第 4 行代码改为：

```
int NUM;
```

这行代码定义 NUM 是一个变量，在第 6 行再次为 NUM 赋值，编译就会通过。

4.4　浮点型

生活中，我们买东西时常常会收到购物小票。如图 4.4 所示，购物小票上的数字（如 11.97、0.238 等）都是带小数点的数字，数学中称这类数字为小数。在 C 语言中，这类数的类型为浮点型，也称实型。本节将对浮点型进行讲解。

图 4.4　购物小票中的小数

4.4.1　声明浮点型数据

C 语言中将浮点型数据分为单精度数据、双精度数据以及长双精度数据，下面分别介绍。

1. 单精度数据

单精度数据使用的关键字是 float，它在内存中占 4 个字节，取值范围是 4.4×10^{-38} ~ 4.4×10^{38}，包含正负号。声明单精度数据的格式为：

```
float 标识符 ;
```

上述代码表示该标识符是单精度类型。例如要定义一个变量 fruit：

```
float fruit;                              /* 定义单精度类型变量 */
```

定义多个单精度类型变量，示例代码如下：

```
float apple;                              /* 定义多个单精度类型变量 */
float vagetable;
float row;
```

或者

```
float apple, vagetable, row;              /* 定义多个单精度类型变量 */
```

2. 双精度数据

双精度数据使用的关键字是 double，它在内存中占 8 个字节，取值范围是 1.7×10^{-308} ~ 1.7×10^{308}，包含正负号。声明双精度数据的格式为：

```
double 标识符 ;
```

上述代码表示该标识符是双精度类型。例如要定义一个变量 dDouble：

```
double dDouble;                           /* 定义双精度类型变量 */
```

定义多个双精度类型变量，示例代码如下：

```
double apple;                             /* 定义多个双精度类型变量 */
double vagetable;
double row;
```

或者

```
double apple, vagetable, row;             /* 定义多个双精度类型变量 */
```

3. 长双精度数据

长双精度数据使用的关键字是 long double，它在内存中占 16 个字节，声明长双精度数据的格式如下：

```
long double 标识符 ;
```

上述代码表示该标识符是长双精度类型。例如要定义一个变量 ldDouble：

```
long double ldDouble;                          /* 定义长双精度类型变量 */
```

定义多个长双精度类型变量，示例代码如下：

```
long double apple;                             /* 定义多个长双精度类型变量 */
long double vagetable;
long double row;
```

或者

```
long double apple, vagetable, row;             /* 定义多个长双精度类型变量 */
```

说明

float 表示单精度浮点数，double 表示双精度浮点数。双精度浮点数是可以精确到小数点后 16 位的，从精确度方面来说，双精度浮点数要比单精度浮点数更精确。开发者可以根据自己的需要，合理选择这两种类型。

4.4.2 初始化浮点型变量

初始化浮点型变量，就是为浮点型变量赋值。初始化浮点型变量有两种方式，一种是直接在声明时初始化变量，例如：

```
float fFloat=8.88f;  ——→后缀 f                 // 定义浮点型变量 fFloat 并赋值
double dDouble=99.9;                           // 定义浮点型变量 dDouble 并赋值
long double ldDouble=5.21e- 3L;  ——→后缀 L     // 定义浮点型变量 ldDouble 并赋值
```

另一种是先声明变量，再赋值，例如：

```
float fFloat;                        // 定义浮点型变量 fFloat
double dDouble;                      // 定义浮点型变量 dDouble
long double ldDouble;                // 定义浮点型变量 ldDouble
fFloat=8.88f;                        // 给变量 fFloat 赋值
dDouble=99.9;                        // 给变量 dDouble 赋值
ldDouble=5.21e-3L;                   // 给变量 ldDouble 赋值
```

以上赋值方式效果都是一样的。

在编写浮点型常量时，可以在常量的后面加上符号 F 或者 L 进行修饰。F 表示该常量是单精度类型（float），L 表示该常量为长双精度类型（long double）。例如：

```
float fFloat=5.19e2F;                          /* 单精度类型 */
long double LdDouble=4.354e-3L;                /* 长双精度类型 */
```

> 注意
>
> 如果不在后面加上后缀，在默认状态下，浮点型常量为双精度类型（double）；在常量后面添加的后缀不区分大小写，大小写是通用的。

4.4.3 输出浮点型数据

想要输出浮点型数据，修改 printf() 函数的格式字符即可。printf() 函数输出浮点型数据的格式字符如表 4.3 所示。

表 4.3 printf() 函数输出浮点型数据的格式字符

格式字符	功能说明
f	以小数形式（单精度类型和双精度类型）输出
lf	以长双精度形式（长双精度类型）输出

例如输出不同的浮点型数据，主要代码如下：

```
float fFloat = 8.88f;                          // 定义单精度类型变量 fFloat 并赋值
double dDouble = 9.99;                         // 定义双精度类型变量 dDouble 并赋值
long double ldDouble = 5.12e-2;                // 定义长双精度类型变量 ldDouble 并赋值
printf("单精度数是：%f\n",fFloat);             // 输出单精度类型变量值
printf("双精度数是：%f\n", dDouble);           // 输出双精度类型变量值
printf("长双精度数是：%lf\n", ldDouble);       // 输出长双精度类型变量值
```

运行结果如下：

```
单精度数是：8.880000
双精度数是：9.990000
长双精度数是：0.051200
```

由输出结果可知：double 和 float 类型没有什么区别，但是在计算机内存分配上，两者是有区别的，因为这两种类型的取值范围是不同的，所占的字节数也不同。

4.4.4 浮点型常量

5.21、9.84 等是由整数部分和小数部分组成的浮点数，在 C 语言中，定义浮点型常量的格式如下：

```
const 浮点型 常量名 = 值;
```

例如：

```
const float FLO=5.21f;
```

上述代码表示 FLO 是一个单精度浮点型常量，且它的值为 5.21，FLO 被 const 修饰，就不能再为它赋值。

在 C 语言中，可用两种方法表示浮点型常量，下面分别介绍。

1. 小数表示法

小数表示法就是使用十进制的小数方法描述浮点型常量，例如：

```
const float FF1 = 784.45f;          /* 小数表示法 */
const float FF2 = 0.368f;           /* 小数表示法 */
```

2. 指数方法（科学记数法）

有时浮点型常量非常大或者非常小，使用小数表示法不利于观察，这时可以使用指数方法显示浮点型常量。其中，使用字母 e 或者 E 进行指数表示，例如：

```
const double FF3=514e2;      /* 指数方法表示，514e2=514×10^2=51400*/
const double FF4=0.514e-3;   /* 指数方法表示，0.514e-3=0.514×10^-3=0.000514*/
```

注意

不要在浮点型常量之间加空格，例如，下面的写法是错误的：

```
const double FF5=1.45 E-3
```

不能有空格

4.5 字符型

刚上小学时，要学习很多知识，例如数字、符号、拼音，即 a、b、0、! 等。在 C 语言中，将单个的字母、数字、符号用单引号标识，例如 'a'、'b'、'0'、'!'，这样的数据被称为字符型数据。字符型数据在内存空间中占一个字节。声明字符型数据使用的关键字是 char。

4.5.1 声明字符型数据

char 是 character 的缩写，character 的中文含义是字符。可以使用 char 来修饰字符型数据。定义字符型数据的格式如下：

```
char 标识符 ;
```

上述代码表示这个标识符是字符型的，例如，要定义一个字符型变量 name，代码如下：

```
char name;                          /* 定义一个字符型变量 */
```

定义多个字符型变量，示例代码如下：

```
char name;                          /* 定义多个字符型变量 */
char sex;
char address;
```

或者

```
char name, sex, address;        /* 定义多个字符型变量 */
```

4.5.2 初始化字符型变量

4.5.1 小节已经介绍了怎样声明字符型数据，本小节介绍怎么初始化字符型变量。其实，方式与前面介绍的整型变量和浮点型变量的初始化类似，例如：

1. 一个字符型变量的赋值

第一种方式是直接在声明时初始化变量，例如：

```
char name='g';                   // 定义字符型变量 name 并赋值
```

第二种方式是先声明变量，再赋值，例如：

```
char name;                       // 定义字符型变量 name
name= 'g';                       // 给变量 name 赋值
```

2. 多个字符型变量的赋值

第一种方式，例如：

```
char alpha='e', number='3', symbol='*';        /* 定义多个字符型变量并赋值 */
```

第二种方式，例如：

```
char alpha;                          /* 定义多个字符型变量再赋值 */
char number;
char symbol;
alpha ='e';
number ='3';
symbol ='*';
```

或者

```
char alpha;                          /* 定义多个字符型变量再赋值 */
char number;
char symbol;
alpha='e', number ='3', symbol ='*';
```

4.5.3 输出字符型数据

输出语句依然使用 printf() 函数，想要输出字符型数据，对应修改 printf() 的格式字符即可。printf() 函数输出字符型数据的格式字符如表 4.4 所示。

表 4.4　printf() 函数输出字符型数据的格式字符

格式字符	功能说明
c	以字符形式输出
s	以字符串形式输出

说明

字符串形式会在第 10 章详细讲解。本章重点介绍用 %c 格式输出。

输出字符的主要示例代码如下：

```
char cChar1 = 'h',cChar2 = '2';          // 定义字符型变量
printf("%c%c \n", cChar1, cChar2);     // 输出字符
```

（%c%c：输出字符格式）

运行结果如下：

```
h2
```

说明

字符型数据在内存中存储的形式是字符的 ASCII，即一个无符号整数，与整数的存储形式一样，因此 C 语言允许字符型数据与整型数据通用。例如：

```
char cChar1;                   /* 字符型变量 cChar1*/
char cChar2;                   /* 字符型变量 cChar2*/

cChar1='a';                    /* 为变量赋值 */
cChar2=97;

printf("%c\n",cChar1);         /* 输出变量 cChar1，其中 %c 是输出格式说明 */
printf("%c\n",cChar2);         /* 输出变量 cChar2*/
```

上面的代码中，首先定义两个字符型变量，在为两个变量赋值时，对一个变量赋值 'a'，而对另一个赋值 97。最后输出结果都是字符 a。

1. 什么是 ASCII

本章提到过有关 ASCII 的内容，那么 ASCII 是什么呢？ ASCII（American Standard Code for Information Interchange，美国信息交换标准代码）是一套计算机编码系统，标准的 ASCII 一共有 128

个值，包括数字、控制符号、大小写字母、标点符号、运算符等。在 C 语言中，所使用的字符被一一映射到一个表中，这个表被称为 ASCII 表，附录中提供了 ASCII 十进制对照表。

2. 快速记住 52 个 ASCII 值

大小写字母之间的 ASCII 值是有规律的，只要记住规律和一个字母的值，就能记住 52 个 ASCII 值，接下来介绍大小写字母 ASCII 值的“小秘密”。这里我们用 a、A 和 B 来说明。

（1）a 和 A 的 ASCII 值的关系如图 4.5 所示，a 的 ASCII 值是 97，A 的 ASCII 值是 65，这 2 个值相差 32，也就是如果已知小写字母的 ASCII 值，在这个值的基础上减去 32 就是对应的大写字母的 ASCII 值。

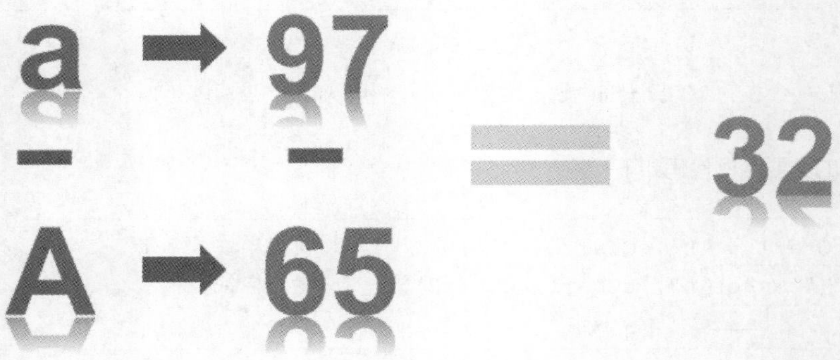

图 4.5　a 和 A 的 ASCII 值的关系

（2）A 和 B 的 ASCII 值的关系如图 4.6 所示，A 的 ASCII 值是 65，B 的 ASCII 值是 66，A 和 B 的 ASCII 值相差 1，同样 B 和 C 的 ASCII 值也相差 1，依次类推。也就是已知一个大写字母的 ASCII 值，就可知道 26 个大写字母的 ASCII 值。

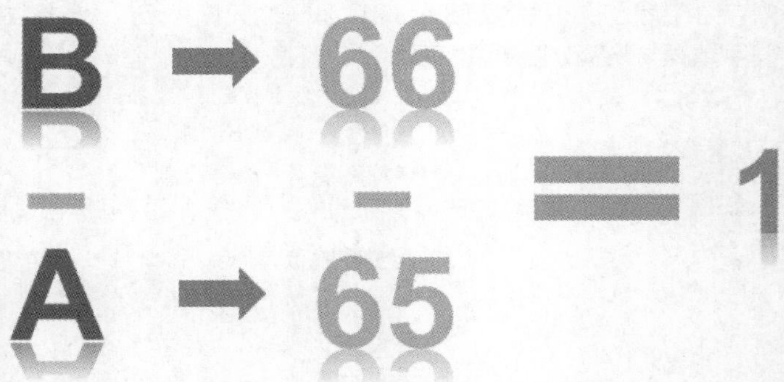

图 4.6　A 和 B 的 ASCII 值的关系

通过这两个小秘密可知，我们只要记住一个字母的 ASCII 值，就能记住共 52 个大小写字母的 ASCII 值。

4.5.4　字符型常量

字符型常量与之前所介绍的常量有所不同，对于字符型常量，要对其使用指定的定界符进行限制。字符型常量可以分成两种：一种是字符常量，另一种是字符串常量。下面分别对这两种字符型常量进行介绍。

1. 字符常量

使用一对英文单引号标识的一个字符，这种形式就是字符常量，例如 'B'、'#'、'h'、'1' 等都是正确的字符常量。

定义字符常量的格式如下：

```
const 字符型 常量名 = 值;
```

例如：

```
01  const char CH='a';
```

上述代码表示 CH 是一个字符常量，且它的值为 a，CH 被 const 修饰，就不能再为它赋值。

注意

（1）字符常量中只能包括一个字符，不能是字符串。例如，'b' 是正确的，但是用 'AB' 来表示字符常量就是错误的。

（2）字符常量是区分大小写的。例如，'B' 字符和 'b' 字符是不一样的，这两个字符代表不同的字符常量。

（3）这对单引号代表定界符，不属于字符常量中的一部分。

常见错误

给字符型变量赋值时不可以使用 3 个单引号，因为这样写编译器会不知道从哪里开始、到哪里结束，例如：

```
01  char CHA='A'';                    /*使用 3 个单引号为字符型变量赋值*/
```

运行上述代码会出现错误。

2. 字符串常量

字符串常量是用一对双引号标识的若干字符序列，例如 "ABC"、"abc"、"1314"、" 您好 " 等都是正确的字符串常量。

如果字符串中一个字符都没有，则将其称作空字符串，此时字符串的长度为 0，例如 ""。

C 语言程序中存储字符串常量时，系统会在字符串的末尾自动加一个“\0”作为字符串的结束标志。例如，字符串“advance”在内存中的存储形式如图 4.7 所示。

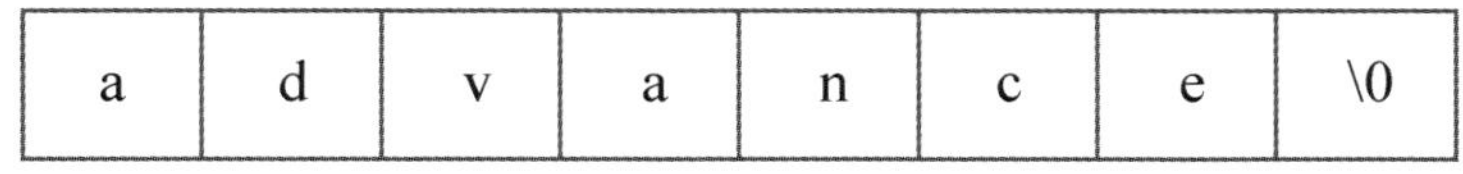

图 4.7 结束标志“\0”为系统自动添加

注意

在程序中编写字符串常量时，不必在一个字符串的结尾处加上“\0”结束字符，系统会自动添加结束字符。

3. 字符常量和字符串常量的区别

前面介绍了有关字符常量和字符串常量的内容，那么它们之间有什么区别呢？具体体现在以下几方面。

（1）定界符不同。字符常量使用的是单引号，而字符串常量使用的是双引号。

（2）长度不同。上面提到过字符常量只能有一个字符，也就是说字符常量的长度就是 1。字符串常量的长度可以是 0。需要注意的是，即使字符串常量中的字符数量只有 1 个，长度也不是 1。例如，字符串常量 W，其长度为 2。通过图 4.8 我们可以了解到字符串常量 W 的长度为 2 的原因。

图 4.8　字符串常量 W 在内存中存储的方式

（3）存储的方式不同。对于字符常量，存储的是字符的 ASCII 值，如 'A' 为 65，'a' 为 97；而对于字符串常量，不仅要存储有效的字符，还要存储结尾处的结束字符“\0”。

说明

系统会自动在字符串的尾部添加一个结束字符“\0”，这就是字符串常量 W 的长度是 2 的原因。

4.5.5　转义字符

在本章介绍的代码段的 printf() 函数中能看到“\n”符号，输出结果中却不显示该符号，只是进行了换行操作，这种符号称为转义字符。

转义字符在字符常量中是一种特殊的字符。转义字符是以反斜线“\”开头的字符，后面跟一个或几个字符。常用的转义字符如表 4.5 所示。

表 4.5　常用的转义字符

转义字符	说明	ASCII 值	转义字符	说明	ASCII 值
\n	回车换行	10	\\	反斜线“\”	92
\t	横向跳到下一制表符位置	9	\'	单引号	39
\v	竖向跳格	0x0b	\a	响铃	7
\b	退格	8	\ddd	1 ~ 3 位八进制数所代表的字符	
\r	回车符	13	\xhh	1 ~ 2 位十六进制数所代表的字符	
\f	换页符	12			

4.3~4.5 节介绍了 3 种数据类型，即整型、浮点型以及字符型。表 4.6 总结了这些数据类型所占字节数及取值范围。

表 4.6　基本数据类型总结

关键字	类型	取值范围	字节数
short	短整型	-32768~32767，即 -2^{15}~$2^{15}-1$	2
unsigned short	无符号短整型	0~65535，即 0~$2^{16}-1$	2
int	整型	-2147483648~2147483647，即 -2^{31}~$2^{31}-1$	4
unsigned int	无符号整型	0~4294967295，即 0~$2^{32}-1$	4
long int	长整型	-2147483648~2147483647，即 -2^{31}~$2^{31}-1$	4
unsigned long	无符号长整型	0~4294967295，即 0~$2^{32}-1$	4
char	字符型	-128~127，即 -2^{7}~$2^{7}-1$	1
float	单精度浮点型	$-3.4e^{-38}$~$3.4e^{38}$，即 2^{-128}~2^{128}, 包含正负号	4
double	双精度浮点型	$1.79e^{-308}$~$1.79e^{308}$，即 2^{-1024}~2^{1024}, 包含正负号	8
long double	长双精度浮点型	$1.79e^{-308}$~$1.79e^{308}$，即 2^{-1024}~2^{1024}, 包含正负号	16

4.6　类型转换

数值类型有很多种，如字符型、整型、长整型和浮点型等，这些类型的变量、长度和符号特性都不同，取值范围也不同。类型之间可以互相转换，转换的过程就像倒水。如图 4.9 所示，小杯的水倒进大杯，水不会流失。但是，如果大杯的水倒进小杯，如图 4.10 所示，水就会溢出来。数据也是相似的，取值范围较大的数据就像大杯里的水，取值范围较小的数据就像小杯里的水。如果把取值范围较大的数值类型变量的值赋给取值范围比较小的数值类型变量，那么数据就会缩小取值范围表示，当数据大小超过数值类型的可表示范围时，就会发生数据截断，就如同水溢出。

图 4.9　小杯的水倒进大杯

图 4.10　大杯的水倒进小杯

4.6.1　自动类型转换

对于 C 语言来说，如果把取值范围比较小的数值类型变量的值赋给取值范围比较大的数值类型变量，那么取值范围比较小的数值类型变量中的值会升级表示为取值范围比较大的数值类型，数据信息不会丢失。这类转换被称为自动类型转换，转换的过程就像图 4.9 所示的倒水过程，水不会流出，也就是数据不会丢失。

例如：

```
float i=10.1f;
int j=i;
```

默认类型会造成一些“雷区”。C 语言代码中整数的默认类型是 int，浮点数的默认类型是 double。如果一个公式里的数字都是整数，那么这个公式的计算结果默认是 int 类型。

例如，给 long 类型赋值一个公式的计算结果，如果这么写：

```
long a = 123456789 * 987654321;
```

计算后会发现 a 的值居然是 -67153019，这是因为等号后面没有指定数字的类型，所以默认按照 int 值做了计算，计算结果又超出了 int 类型的最大范围，就变成了溢出的结果。这行代码实际的运算过程是这样的：

```
int i = 123456789 * 987654321;
long a = (long) i;
```

解决这个问题的办法是在公式计算之前提升数字的精度。

给数字添加 L 后缀，数字就变成了 long 类型，编译器会采用公式中精度最高的类型记录计算结果。上面的代码有 3 种修改方式，修改如下：

```
long a = 123456789L * 987654321;          // 给第一个数添加 L 后缀
long a = 123456789 * 987654321L;          // 给第二个数添加 L 后缀
long a = 123456789L * 987654321L;         // 给两个数都添加 L 后缀
```

这样计算后 a 的值就是正确的 121932631112635269。

同样的情况也会发生在浮点数的应用中，例如，计算 5 除以 2，如果这么写：

```
double b = 5 / 2;
```

计算后会发现 b 的值居然是 2.0，而不是正确的 2.5。造成这个问题的原因与刚才的 long 类型问题的一样，这行代码的实际运算过程是这样的：

```
int i = 5 / 2;
double b = (double) i;
```

解决这个问题的办法同样是提升数字的精度，修改方式如下：

```
double b = 5.0 / 2;          // 把第一个数改为浮点数
double b = 5 / 2.0;          // 把第二个数改为浮点数
```

```
double b = 5.0 / 2.0;          // 把两个数都改为浮点数
```

这样计算后 b 的值就是正确的 2.5。

4.6.2 强制类型转换

强制类型转换是取值范围比较大的数值类型变量的值赋给取值范围比较小的数值类型变量，转换的过程就像图 4.10 所示的倒水过程，大杯向小杯里倒水，可能会有水溢出，也就是数据会丢失。如果程序需要进行强制类型转换，就会出现图 4.11 所示的程序警告。当进行类型的强制转换之后，警告就会消失。

```
warning C4244: 'initializing' : conversion from 'float ' to 'int ', possible loss of data
```

图 4.11　程序警告

强制类型转换的一般形式如下：

```
（类型名）（表达式）
```

例如，对不同变量进行类型转换时使用强制类型转换的方法：

```
int secret1=103;
char answer1= (char) secret1;                    /* 进行强制类型转换 */
```

从代码中可以看到：在变量前使用包含要转换类型的括号，这样就对变量进行了强制类型转换。

☒ 常见错误

如果某个表达式要进行强制类型转换，需要将表达式用括号标识，否则会只对第一个变量或常量进行强制类型转换。例如：

```
double x=4.1415926,y=5.79865;          /* 定义 2 个浮点型变量并赋值 */
int z=(int)(x+y);                     /* 将表达式 x+y 的结果强制转换为整型 */
```

接下来用一个实例来介绍强制类型转换的应用。

实例4-3 模拟场景：换季了，一个女生去买鞋，她试了一款鞋，37 码的鞋子小，38 码的鞋子大，她的脚适合尺寸是 37.5 码的鞋子，然而没有这种号码的鞋子，所以卖家建议她买 38 码的鞋子。利用强制类型转换来模拟此场景。

具体代码如下：

```
#include<stdio.h>                              // 头文件
int main()                                     // 主函数
{
    double foot = 37.5f;                       // 定义双精度类型变量，用来表示脚的大小
    int size = (int)foot+1;                    // 强制类型转换，表示鞋码的大小
    printf(" 您的脚是 %.1f 码的尺寸 \n", foot); // 输出脚的大小
    printf(" 您应该买 %d 码的鞋子 \n",size);     // 输出鞋码的大小
```

```
    return 0;                             // 程序结束
}
```

运行程序，结果如图 4.12 所示。

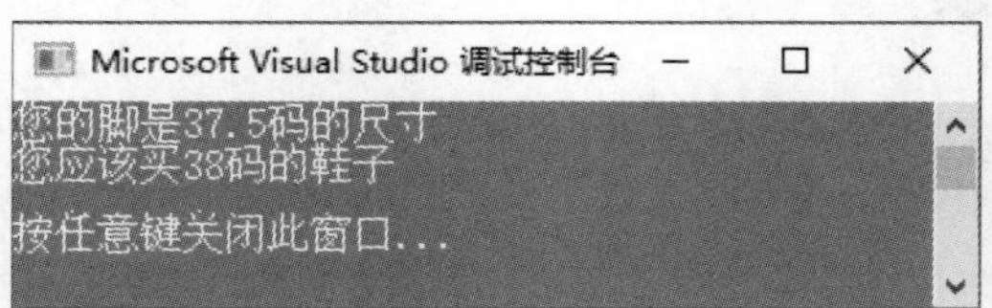

图 4.12　选择鞋码结果

4.7　练习题

（1）编写一个程序，输出文字内容，实现效果如图 4.13 所示。［提示：使用 printf() 函数和颜色函数］

```
人生有两条路
一条用心走，叫作梦想
一条用脚走，叫作现实
```

图 4.13　实现效果

（2）编写一个程序，实现对用户输入的 3 个数字进行求和，如分别输入 3、5、12，则输出计算结果 20。每个数字需要分别输入，不可以一起输入，如第一次要求输入第 1 个数字，按 <Enter> 键后要求输入第 2 个数字，按 <Enter> 键后再输入第 3 个数字，输完第 3 个数字按 <Enter> 键输出计算结果。运行结果如图 4.14 所示。

```
→.→.→.→.→.→.→.→.→.→.
3
5
12
三个数的和为：20
→.→.→.→.→.→.→.→.→.→.
```

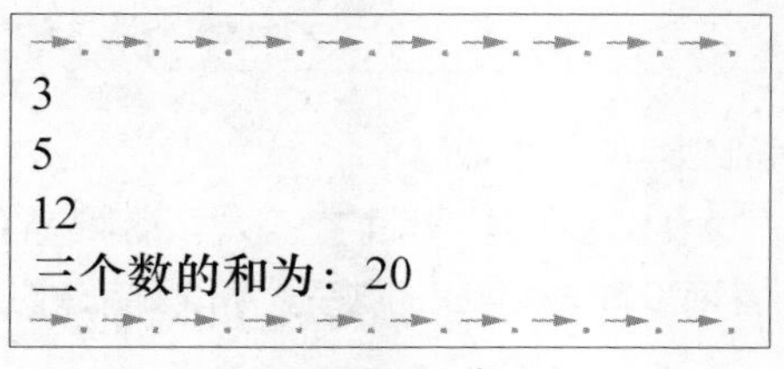

图 4.14　连加计算结果

（3）编写一个程序，使用 printf() 函数输出绕口令内容，实现效果如图 4.15 所示。

```
-*-*-*-*-*-*-*-*-*-*-*-*-*-*-*-*-
           黑化肥发灰
           灰化肥发黑
         黑化肥发黑不发灰
         灰化肥发灰不发黑
-*-*-*-*-*-*-*-*-*-*-*-*-*-*-*-*-
```

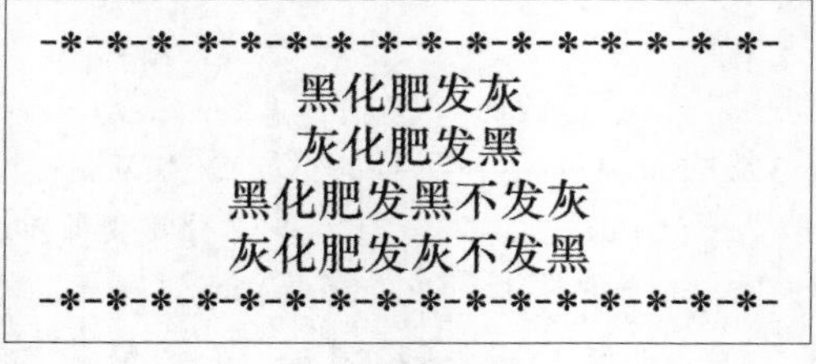

图 4.15　实现效果

（4）体检需要填写个人基本信息。编写一个程序，利用不同的数据类型定义你的年龄、身高以及体重，最后输出你的姓名、年龄、身高、体重，效果如图 4.16 所示。[提示：姓名可以直接用 printf() 输出]

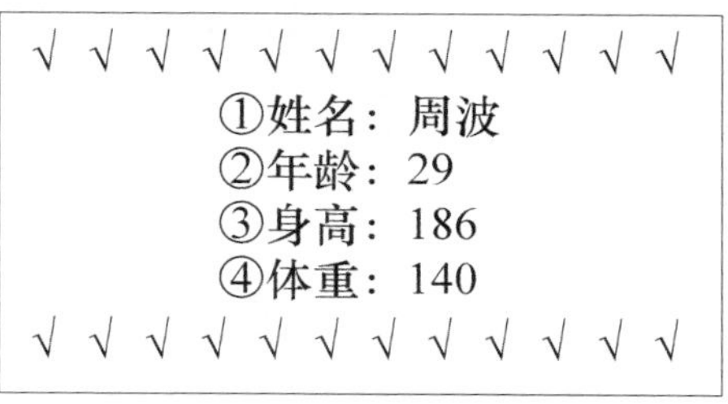

图 4.16　实现效果

（5）某男生要出国留学，为了和最好的朋友道别，他请朋友吃火锅。吃完之后他去买单，商家给他一个预结算单，请编写一个程序，用来输出预结算单并且算出一共应付多少钱，最终的运行效果如图 4.17 所示。

火锅（活力城店）
预结算
桌号：18

人数：2

开台时间：2019-07-03 11:25:31

结账时间：2019-07-03 12:17:19

服务员：管理员

收银员：管理员

品名	单价	数量	总额
菌汤火锅	25	1	25
新西兰羊肉	44	1	44
精品肥牛	58	1	58
招牌虾滑	52	1	52
油豆皮	18	1	18
青菜合盘	18	1	18
金针菇	10	1	10
小酥肉	28	1	28
捞派捞面	7	1	7
小料	9	2	18
经典大麦啤酒	14	4	56

原价合计：　334
应付合计：　334

应付　334

现金　334

欢迎惠顾！

图 4.17　预结算单效果

数据输入与输出

与其他高级语言一样，C 语言的语句是用来向计算机系统发出操作指令的。当需要程序按照要求运行时，先要使用向程序输入数据的方式给程序发送指令。当程序解决问题之后，还要使用输出的方式使程序将计算的结果显示出来。

本章致力于使读者了解数据输入与输出有关语句的概念，掌握如何对程序的输入输出进行操作，本章会对这些输入和输出操作进行讲解。

5.1 开篇实例：绘制《植物大战僵尸》中的“墙果”

《植物大战僵尸》是一个广受大家喜爱的游戏，其中，角色“墙果”可以拖延时间，一般都是大家闯关必带的植物之一。

实例5-1 利用 C 语言来输出“墙果”的“画像”。

具体代码如下：

```
#include<stdio.h>
int main()
{
    char sym1, sym2;
    puts("墙果主体是由什么符号组成？");
    scanf("%c %c",&sym1,&sym2);  →格式输入
    printf("墙果是由 %c %c 组成，绘制图形如下：\n\n",sym1,sym2);
    printf("     * * * * *    \n");
```

```
    printf("   *             *\n");
    putchar(' ');
    putchar('*');               // → 单个字符输出
    printf("    @      @    *\n");
    printf(" *                *\n");   // → 格式输出
    puts(" *       @       *");
    puts(" *               *");
    puts("   *           *");
    puts("    *        *");           // → 字符串输出
    puts("     * * * * * ");
    return 0;
}
```

从代码中可以看到格式输入、单字符输出、格式输出以及字符串输出这些词汇，本章就为大家一一解释它们的含义。

- 格式输入：按格式输入函数。例如代码中是按照“%c”字符型格式输入，那就输入字符型数据。
- 单字符输出：每次只能输出单个字符。就像饭要一口一口吃，putchar() 函数就是一个一个字符地输出。
- 格式输出：按格式输出。就像在 Word 中设置的字体，设置什么样式的字体就会输出什么样式的字体。
- 字符串输出：每次能输出多个字符。就像我们平常说话，要说很多字才能描述一件事情，那么可以使用 puts() 函数，例如代码输出多个空格和星号。

相信大家对上述几个函数有了大概的了解，这里只简单介绍了它们的功能，接下来会详细介绍输入和输出函数。

5.2 字符串的输入输出函数

5.2.1 单字符输入输出函数：putchar() 和 getchar()

单个字符操作，就是每次只能操作一个字符，输出单个字符使用函数 putchar()，输入单个字符使用函数 getchar()，接下来我们分别介绍这两种函数如何使用。

1. putchar()

在 C 语言中，putchar() 函数可输出字符数据，它的作用是向显示设备输出一个字符。其语法格式如下：

```
int putchar(int ch);
```

其中的参数 ch 是要进行输出的字符，可以是字符型变量或整型变量，也可以是常量等。例如：

```
putchar('C');                                         //输出字符 C
putchar('1');                                         //输出字符 1
```

使用 putchar() 函数也可以输出转义字符，如输出字符 C 的代码如下：

```
putchar('\103');                                  //输出字符 C
putchar('\n');                                    //输出转义字符 \n
```

其中，'\103' 是转义字符，表示八进制数 103 对应的 ASCII 值表示的字符。

> **注意**
>
> 使用 putchar() 函数时要添加头文件 stdio.h。

实例5-2 利用 putchar() 函数输出笑脸“^_^”。

具体代码如下：

```
#include<stdio.h>                      /*包含头文件*/
int main()                             /*主函数 main()*/
{
    char cChar1, cChar2;               /*声明变量*/
    cChar1 = '^';                      /*为变量赋值*/
    cChar2 = '_';
    putchar(cChar1);                   /*输出字符型变量 ^*/
    putchar(cChar2);                   /*输出字符型变量 _*/
    putchar(cChar1);                   /*输出字符型变量 ^*/
    putchar('\n');                     /*输出转义字符*/
    return 0;                          /*程序结束*/
}
```

运行程序，结果如图 5.1 所示。

图 5.1　输出笑脸

从 putchar() 函数的一般语法格式可以看出，在括号中一定要写一个参数，这个参数可以是字符型、整型的常量、变量或表达式。例如：

```
char c='A';            // 定义字符型变量
putchar(c);            // 输出 A
putchar(66);           // 输出 B（B 的 ASCII 值为 66）
putchar('C');          // 输出 C
putchar('C'+32);       //输出c(大写字母C的ASCII值为67,所以结果为99,对应小写字母c)
putchar('\n');         // 换行
putchar(getchar());// 输出 getchar() 返回的字符
```

2. getchar()

getchar() 函数的作用就是从输入设备（比如键盘、鼠标等）输入一个字符。getchar() 函数的语法格式如下：

```
int getchar();
```

getchar() 与 putchar() 函数的区别就是 getchar() 函数没有参数。使用 getchar() 函数时也要添加头文件 stdio.h，函数的值就是从输入设备得到的字符。例如，从输入设备得到一个字符并赋给字符型变量 cChar，代码如下：

```
cChar=getchar();
```

注意

getchar() 函数只能接收一个字符。getchar() 函数得到的字符可以赋给一个字符型变量或整型变量，也可以不赋给任何变量，还可以作为表达式的一部分，如“putchar(getchar());”。

getchar() 函数可以作为 putchar() 函数的参数，用来从输入设备得到字符，putchar() 函数会将字符输出。

实例5-3 输入和输出大小写字母。

具体代码如下：

```
#include<stdio.h>                      // 头文件
int main()                             // 主函数
{
    char c1, c2;                       // 定义字符型变量
    printf(" 请输入一个小写字母：\n"); // 输出提示信息
    c1 = getchar();                    // 输入字母并赋给变量 c1
    c2 = c1 - 32;    // 将小写字母的 ASCII 值减 32，得到对应的大写字母的 ASCII 值
    printf(" 转换以后的字母及 ASCII 值：%c,%d\n", c2, c2);// 输出对应的大写字母和 ASCII 值
    return 0;                          // 程序结束
}
```

运行程序，结果如图 5.2 所示。

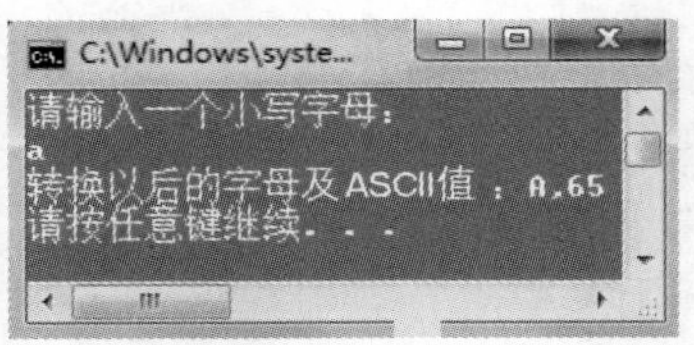

图 5.2　输入和输出大小写字母

5.2.2　多字符输入输出函数：puts() 和 gets()

5.2.1 小节介绍了单字符输入输出函数，那么，对多个字符进行输入和输出要使用什么函数呢？本节我们就来详细介绍对多字符进行操作的 puts() 和 gets() 函数。

1. puts()

字符串输出就是将字符串输出在控制台上，例如输出一句名言、一串数字等。在 C 语言中，字符串输出使用的是 puts() 函数，它的作用是输出一个字符串。其语法格式如下：

```
int puts(char *str);
```

使用 puts() 函数时，先要在程序中添加 stdio.h 头文件。其中，形式参数 str 是字符指针类型，可以用来接收要输出的字符串。例如使用 puts() 函数输出一个字符串，代码如下：

```
puts("Welcome to MingRi!");                    /* 输出一个字符串常量 */
puts(" 放弃不难，但坚持一定很酷 ");              /* 输出励志语句 */
puts("633520");                                /* 输出数字字符串 */
puts(" 永无 bug");                              /* 输出中英文结合字符串 */
```

下面这行语句是输出一个字符串，之后会自动进行换行操作。这与 printf() 函数有所不同，在前面的所有实例中使用 printf() 函数进行换行时，要在其中添加转义字符“\n”。puts() 函数会在字符串中判断“\0”结束标志，遇到结束标志时，后面的字符不再输出并且会自动换行。例如：

```
puts("Welcome\0 to MingRi!");                  /* 输出一个字符串常量 */
```

对于上面加上了“\0”的语句，puts() 函数输出的字符串就变成了“Welcome”。

> **说明**
>
> 编译器会在字符串常量的末尾添加结束字符“\0”，这也就说明了 puts() 函数会在输出字符串常量时最后进行换行操作的原因。

实例5-4 使用 puts() 函数输出地铁购票信息。

具体代码如下：

```
#include<stdio.h>                       /* 包含头文件 */
int main()                              /* 主函数 main()*/
{
```

```
    puts("      购票信息 ");              /* 输出信息 */
    puts(" 目的车站：人民广场 ");
    puts(" 票     价：2.00");
    puts(" 购票数量：5");
    puts(" 应付金额：10.00” );
    puts(" 已付金额：10.00");
    puts(" 找     零：0");
    return 0;                            /* 程序结束 */
}
```

运行程序，结果如图 5.3 所示。

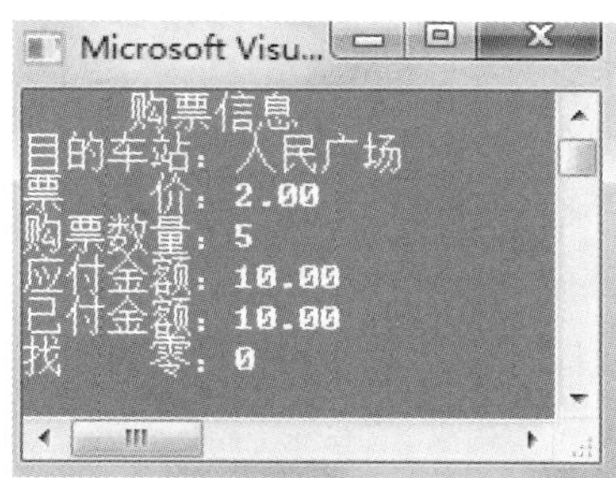

图 5.3　输出地铁购票信息

2. gets()

在 C 语言中，字符串输入使用的是 gets() 函数，它的作用是将读取的字符串保存在形式参数 str 中，读取过程会直到出现新的一行为止。其中新的一行的换行字符将会转换为字符串中的“\0”。gets() 函数的语法格式如下：

```
char *gets(char *str);
```

在使用 gets() 函数输入字符串前，要为程序加入头文件 stdio.h。其中的 str 字符指针变量为形式参数。例如定义字符数组变量 cString，然后使用 gets() 函数获取输入字符的代码如下：

```
gets(cString);
```

在上面的代码中，cString 变量获取到了字符串，并将最后的换行符转换成了结束字符。

实例5-5 编写一个在线考试系统，首先输出题目和选项，由用户输入自己的选项，最后输出用户的选择。

具体代码如下：

```
#include <stdio.h>                        /* 包含头文件 */
int main()                                /* 主函数 main()*/
{
    char cString[2];                      /* 定义一个字符数组变量 */
```

```
    puts("请问以下哪一个不是开发语言：");          /*puts() 函数输出题目信息 */
    puts("A.C    B.C++    C.C#    D.CF");
    gets(cString);                                /* 获取字符串，选择答案 */
    puts("你输入的答案是：");                      /*puts() 函数输出提示信息 */
    puts(cString);                                /* 输出所选答案 */
    return 0;                                     /* 程序结束 */
}
```

运行程序，结果如图 5.4 所示。

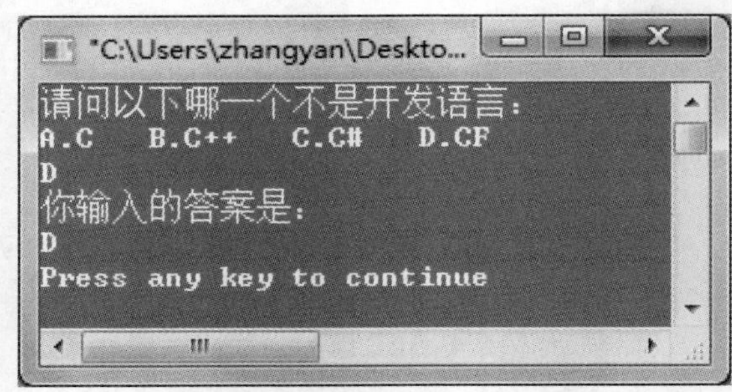

图 5.4　利用 get() 函数模拟考试系统

5.3　格式化输入输出函数

5.2 节介绍了字符串的输入输出函数，有时候要求输出十进制数、十六进制数、八进制数或者小数，这时就需要使用格式化函数了，本节就来介绍格式化输入输出函数——printf() 函数和 scanf() 函数。

5.3.1　格式化输出函数：printf()

printf() 函数是格式化输出函数，它也能输出字符串，printf() 函数不仅能输出字符串，还能输出整型、浮点型数据，接下来我们详细介绍 printf() 函数。

1. printf() 的一般形式

在 C 语言中，printf() 函数的作用是向终端（输出设备）输出若干任意类型的数据，其语法格式如下：

```
printf( 格式控制 , 输出列表 );
```

（1）格式控制。格式控制是用双引号标识的字符串，也称为转换控制字符串。其中包括格式字符和普通字符两种字符。

- 格式字符用来进行格式说明，作用是将输出的数据转换为指定的格式并输出。格式字符是以“%”字符开头的。
- 普通字符是需要原样输出的字符，其中包括双引号内的逗号、空格和换行符。

（2）输出列表。输出列表中列出的是要输出的一些数据，可以是变量或表达式。

例如，输出一个整型变量的语句如下：

```
int iInt=521;
printf("%d I Love You",iInt);
```

执行上面的语句输出的字符是“521 I Love You”。在格式控制双引号中的字符是“%d I Love You”，其中的“I Love You”字符串是普通字符，而“%d”是格式字符，表示输出的是后面 iInt 的数据。

由于 printf() 是函数，格式控制和输出列表处都是函数的参数，因此 printf() 函数的一般形式也可以表示为：

```
printf(参数 1, 参数 2,……, 参数 n)
```

2. printf() 的格式字符

函数中的每一个参数会按照给定的格式和顺序依次输出。例如，输出一个字符型变量和整型变量的语句如下：

```
printf("the Int is %d,the Char is %c",iInt,cChar);
```

表 5.1 列出了有关 printf() 函数的格式字符。

表 5.1　printf() 函数的格式字符

格式字符	功能说明
d、i	以带符号的十进制形式输出整数（整数不输出 + 符号）
o	以八进制无符号形式输出整数
x、X	以十六进制无符号形式输出整数。用 x 输出十六进制数的 a ~ f 时，以小写形式输出；用 X 时，则以大写形式输出
u	以无符号十进制形式输出整数
c	以字符形式输出，只输出一个字符
s	输出字符串
f	以小数形式输出
e、E	以指数形式输出实数，用 e 时指数以“e”表示，用 E 时指数以“E”表示
g、G	选用“%f”或“%e”格式中输出宽度较短的一种格式，不输出无意义的 0。若以指数形式输出，则指数以“E”表示

下面分别对格式字符进行举例说明。

（1）d、i 格式字符。

含义：以带符号的十进制形式输出整数（正数不输出 + 符号）。

例如：

```
int a=-1;                                  //整型变量
printf("%d", a);                           //用格式字符 d 输出，结果为 -1
printf("%i", a);                           //用格式字符 i 输出，结果为 -1
```

（2）o 格式字符。

含义：以八进制无符号形式输出整数。

例如：

```
int a=1314;                                 //整型变量
printf("%o", a);                           //用格式字符 o 输出，结果为八进制数 02442
```

（3）x、X 格式字符。

含义：以十六进制无符号形式输出整数。用 x 输出十六进制数的 a ~ f 时，以小写形式输出；用 X 时，则以大写形式输出。

例如：

```
int a=1522;                               //整型变量
printf("%x", a);                          //用格式字符 x 输出，结果为十六进制数 0x5f2
printf("%X", a);                          //用格式字符 X 输出，结果为十六进制数 0x5F2
```

（4）u 格式字符。

含义：以无符号十进制形式输出整数。

例如：

```
int a=1;                                   //整型变量
printf("%u", a);                           //用格式字符 u 输出，结果为 1
```

（5）c 格式字符。

含义：以字符形式输出，只输出一个字符。

例如：

```
char a='g';                                  //字符型变量
printf("%c", a);                             //用格式字符 c 输出，结果为 g
```

（6）s 格式字符。

含义：输出字符串。

例如：

```
char *a="I love China";                    //利用指针定义字符串变量
printf("%s", a);                           //用格式字符 s 输出，结果为 I love China
```

（7）f 格式字符。

含义：以小数形式输出，默认输出 6 位小数。

例如：

```
float a=3.14f;                     //浮点型变量
printf("%f", a);                   //用格式字符 f 输出，结果为 3.140000
```

（8）e、E 格式字符。

含义：以指数形式输出实数，用 e 时指数以“e”表示，用 E 时指数以“E”表示。

例如：

```
float a=13.14f;                    //浮点型变量
printf("%e", a);                   //用格式字符 e 输出，结果为 1.314000e+01
printf("%E", a);                   //用格式字符 E 输出，结果为 1.314000E+01
```

（9）G、g 格式字符。

含义：选用“%f”或“%e”格式中输出宽度较短的一种格式，不输出无意义的 0。若以指数形式输出，则指数以“E”表示。

例如：

```
float a=13.14f;                    //浮点型变量
printf("%G", a);                   //用格式字符 G 输出，结果为 13.14
printf("%g", a);                   //用格式字符 g 输出，结果为 13.14
```

实例5-6 使用格式输出函数 printf() 输出不同类型的变量。

具体代码如下：

```
#include<stdio.h>
int main()
{
    int iInt = 10;                              /*定义整型变量*/
    char cChar = 'A';                           /*定义字符型变量*/
    float fFloat = 12.34f;                      /*定义单精度浮点型变量*/

    printf("the int is: %d\n", iInt);           /*使用 printf() 函数输出整型数据*/
    printf("the char is: %c\n", cChar);         /*输出字符型数据*/
    printf("the float is: %f\n", fFloat);       /*输出浮点型数据*/
    printf("the string is: %s\n", "I LOVE YOU");    /*输出字符串*/
    return 0;
}
```

运行结果如图 5.5 所示。

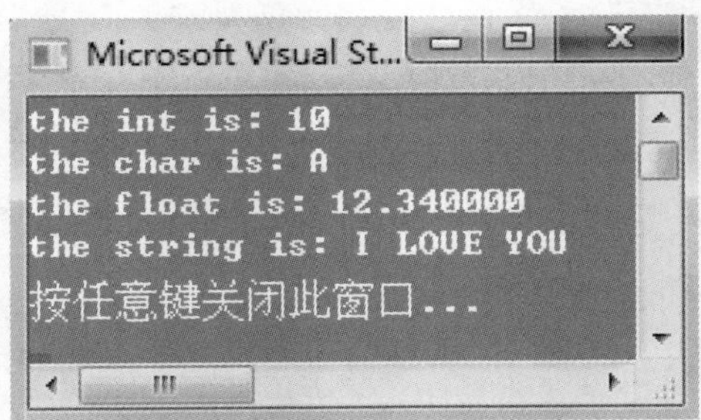

图 5.5　使用 printf() 输出

3. printf() 的附加格式字符

在格式说明中，“%”符号和格式字符间可以插入几种附加符号（即附加格式字符，如表 5.2 所示）。

表 5.2　printf() 函数的附加格式字符

附加格式字符	功能说明
l	用于长整型整数，可加在格式字符 d、o、x、u、f 前面
m（代表一个整数）	数据最小宽度
n（代表一个整数）	对于实数，表示输出 *n* 位小数；对于字符串，表示截取的字符个数
-	输出的数字或字符在域内向左靠拢

注意

在使用 printf() 函数时，除 X、E、G 外其他格式字符必须用小写字母，如“%d”不能写成“%D”。

如果想输出“%”符号，则在格式控制处使用“%%”进行输出即可。

下面分别对这 4 个附加格式字符进行举例说明。

（1）l（字母 l）附加格式字符。

含义：用于长整型数据，可加在格式字符 d、o、x、u、f 前面。

例如：

```
long a=123478987L;                    // 定义长整型变量并赋值
double b = 0.013697;                  // 定义双精度类型变量并赋值
printf("%ld %lf", a,b);               // 用附加格式字符 l 修饰 d、f，输出结果
```

输出结果如下：

```
123478987 0.013697
```

（2）m（代表一个整数）附加格式字符。

含义：数据最小宽度。

例如：

```
int a = 123;                    // 定义整数
printf("这个数是 :%4d", a);      // 此时 m=4，修饰格式字符 d
printf("这个数是 :%2d", a);      // 此时 m=2，修饰格式字符 d
```

输出结果如下：

```
这个数是 : 123
这个数是 :123
```

从代码和结果可知：如果 m 的值大于变量 a 的长度，多几位就会左补几个空格来占位；如果 m 的值小于变量 a 的长度，就会按变量 a 原样输出。

（3）n（代表一个整数）附加格式字符。

含义：对于实数，表示输出 n 位小数；对于字符串，表示截取的字符个数。

例如：

```
float a = 13.1456f;             // 定义单精度类型变量并赋值
printf("%.2f", a);              // 用 .2 修饰 f，其中 n=2
```

输出结果：

```
13.15
```

再如：

```
float a = 13.1456f;             // 定义单精度类型变量并赋值
printf("%10.2f", a);            // 用 10.2 修饰 f，其中 m=10、n=2
```

输出结果（前面有 5 个空格）如下：

```
     13.15
```

再如：

```
printf("%10.2s","instr"); // 用 10.2 修饰 s，其中 m=10、n=2
```

输出结果（前面有 8 个空格）如下：

```
        in
```

（4）- 附加格式字符。

含义：输出的数字或字符在域内向左靠拢。

例如：

```
printf("%-10.2s","instr"); // 用 10.2 修饰 s，其中 m=10、n=2
```

输出结果（向左靠拢，前面没有空格）如下：

```
in
```

实例5-7 通过例子来看一下附加格式字符的意义。

具体代码如下：

```
#include<stdio.h>
int main()
{
    long iLong = 100000;                                /* 定义长整型变量，为其赋值 */
    printf("the Long is %ld\n", iLong);                 /* 输出长整型变量 */

    printf("the string is: %sKeJi\n", "MingRi");        /* 输出字符串 */
    printf("the string is: %10sKeJi\n", "MingRi");      /* 使用 10 控制输出列 */
    printf("the string is: %-10sKeJi\n", "MingRi");     /* 使用 - 表示向左靠拢 */
    printf("the string is: %10.2sKeJi\n", "MingRi");    /* 使用 2 表示截取的字符数 */
    printf("the string is: %-10.2sKeJi\n", "MingRi");
    return 0;
}
```

运行结果如图 5.6 所示。

图 5.6　使用附加格式字符的运行结果

如何输出“%d”“\”和双引号？

printf() 函数中格式字符有“%d”，转义字符前面有“\”，另外还有双引号，那么怎么将这 3 种符号输出呢？接下来用一个程序来说明，代码如下：

```
#include<stdio.h>
int main()
{
    printf("%%d\n");      // 输出“%d”
    printf("\\\n");       // 输出“\”
    printf("\"\"\n");     // 输出双引号
}
```

运行结果如下：

```
%d
\
""
```

5.3.2 格式化输入函数：scanf()

在 C 语言中，scanf() 函数的功能是指定固定的格式，并且按照指定的格式接收用户通过键盘输入的数据，最后将数据存储在指定的变量中。前文代码中出现过这个函数，本小节会详细讲解该函数。

1. scanf() 的一般形式

scanf() 函数是用来按照指定格式从输入设备输入数据的，它的一般形式如下：

```
scanf(格式控制，地址列表);
```

下面介绍 scanf() 函数里的参数。

（1）格式控制。格式控制用来指定每个输入项的输入格式，格式控制通常由多个格式说明组成，都由“%”开头，后面跟格式字符，例如 %d、%c 等。

> **说明**
>
> 格式说明的个数和地址列表中的数据个数要相对应。

（2）地址列表。地址列表是需要读入变量的地址或者字符串的首地址，而不是读入变量本身。用“&”符号表示取变量的地址，不用关心变量的地址具体是多少，只要在变量的标识符前加“&”，就表示取变量的地址。

> **注意**
>
> 编写程序时，在 scanf() 函数参数的地址列表处一定要使用变量的地址，而不是使用变量的标识符，否则编译器会提示出现错误。

例如：

```
int a;              // 定义整型变量
scanf("%d",&a);     // 输入 a 的值
```

再如：

```
int a,b;                  // 定义整型变量
scanf("%d,%d",&a,&b);     // 输入 a、b 的值
```

上面这段代码中，两个 %d 之间有一个逗号，在运行程序时，输入 a、b 的值，它们中间也需要用逗号，再按 <Enter> 键完成输入。输入示例如下：

```
13,14
```

再如：

```
int a,b;                          //定义整型变量
scanf("a=%d,b=%d",&a,&b);         //输入a、b的值
```

输入示例如下：

```
a=13,b=14
```

也就是说，格式控制之间用什么符号，在输入设备上就输入对应的符号。

2. scanf() 的格式字符

格式字符用在 scanf() 函数的格式控制中，一般形式如下：

```
% 格式字符
```

有以下几点说明。

- % 是固定的，不可改变，用到格式字符时 % 不可省略。
- 不同的数据类型要用不同的格式字符来控制数据的输入，如整型数据需要使用 %d 格式输入。

scanf() 函数常用的格式字符如表 5.3 所示。

表 5.3　scanf() 函数常用的格式字符

格式字符	功能说明
d、i	用来输入有符号的十进制整数
u	用来输入无符号的十进制整数
o	用来输入无符号的八进制整数
x、X	用来输入无符号的十六进制整数（大小写形式的作用是相同的）
c	用来输入单个字符
s	用来输入字符串
f	用来输入浮点数，可以用小数形式或指数形式输入
e、E、g、G	与 f 作用相同，e 与 f、g 可以相互替换（大小写形式的作用是相同的）

说明

格式字符 %s 用来输入字符串。将字符串输入一个字符数组，在输入时以非空白字符开始，以第一个空白字符结束。字符串以 \0 作为最后一个字符。

下面分别对格式字符进行举例说明。

（1）d、i 格式字符。

含义：用来输入有符号的十进制整数。

例如：

```
int a;                          // 整型变量
scanf("%d", &a);                // 用格式字符 d 输入
scanf("%i", &a);                // 用格式字符 i 输入
```

（2）u 格式字符。

含义：用来输入无符号的十进制整数。

例如：

```
int a=1;                        // 整型变量
scanf("%u", &a);                // 用格式字符 u 输入
```

（3）o 格式字符。

含义：用来输入无符号的八进制整数。

例如：

```
int a;                          // 整型变量
scanf("%o", &a);                // 用格式字符 o 输入
```

（4）x、X 格式字符。

含义：用来输入无符号的十六进制整数（大小写形式的作用是相同的）。

例如：

```
int a ;                         // 整型变量
scanf("%x",& a);                // 用格式字符 x 输入
scanf("%X", &a);                // 用格式字符 X 输入
```

（5）c 格式字符。

含义：用来输入单个字符。

例如：

```
char a;                         // 字符型变量
scanf("%c", &a);                // 用格式字符 c 输入
```

（6）s 格式字符。

含义：用来输入字符串。

例如：

```
char *a;                        // 利用指针定义字符串变量
scanf("%s", &a);                // 用格式字符 s 输入
```

（7）f 格式字符。

含义：用来输入浮点数，可以用小数形式或指数形式输入。

例如：

```
float a;                                //浮点型变量
scanf("%f", &a);                        //用格式字符 f 输入
```

（8）e、E、g、G 格式字符。

含义：与 f 作用相同，e 与 f、g 可以相互替换（大小写形式的作用是相同的）。

例如：

```
float a;                                //浮点型变量
scanf("%e", &a);                        //用格式字符 e 输入
scanf("%E", &a);                        //用格式字符 E 输入
scanf ("%g", &a);                       //用格式字符 g 输入
scanf ("%G",& a);                       //用格式字符 G 输入
```

实例5-8 使用 scanf() 函数输入半径，计算对应圆的周长和对应球的体积。

具体代码如下：

```
#define _CRT_SECURE_NO_WARNINGS                  /*解除 vs 安全性检测问题*/
#include<stdio.h>

int main()
{
    float Pie = 3.14f;                                          /*定义圆周率*/
    float fArea;                                                /*定义变量*/
    float fRadius;
    puts("Enter the radius:");
    scanf("%f", &fRadius);                                      /*输入半径*/
    fArea = 2 * fRadius * Pie;                                  /*计算圆周长*/
    printf("The perimeter is: %.2f\n", fArea);                  /*输出计算的结果*/
    fArea = 4 / 3 * (fRadius * fRadius * fRadius * Pie);/*计算球体积*/
    printf("The volume is: %.2f\n", fArea);                     /*输出计算的结果*/
    return 0;                                                   /*程序结束*/
}
```

运行程序，结果如图 5.7 所示。

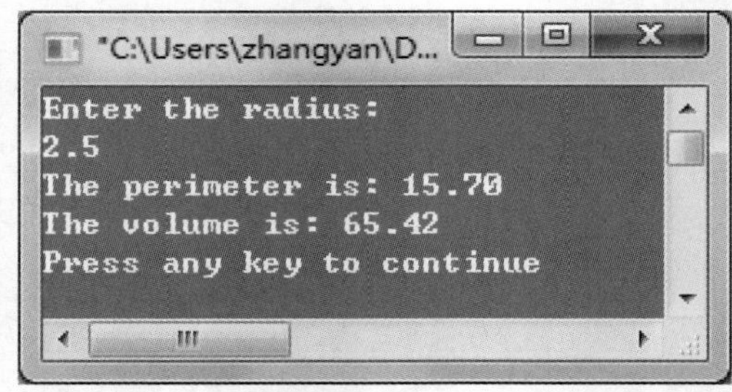

图 5.7　圆的周长和球的体积的计算结果

从该实例代码和运行结果可以看出以下内容。

（1）为了能接收用户输入的数据，程序代码中定义了一个变量 fRadius。因为 scanf() 函数只能接收用户的数据，而不能输出信息，所以先使用 puts() 函数输出一段字符表示信息提示。

（2）调用 scanf() 函数，从函数参数中可以看到，在格式控制的位置使用双引号对格式字符进行标识，“%f”表示输入的是浮点型数据。在参数中的地址列表位置使用“&”符号表示变量的地址。此时变量 fRadius 已经得到了用户输入的数据。

（3）利用表达式计算圆的周长和球的体积，调用 printf() 函数对变量进行输出。

说明

scanf() 函数是标准 C 中提供的输入函数，但是它在读取数据时不检查边界，微软公司的 Visual Studio 工具提供了 scanf_s() 函数，它的功能与 scanf() 函数的相同，Visual Studio 开发工具认为 scanf_s() 函数很安全。

3. scanf() 的附加格式字符

在格式说明中，“%”符号和格式字符间可以插入几种附加符号（即附加格式字符），一般形式如下:

```
% 附加格式字符 格式字符
```

有以下几点说明。

- % 依然不可省略。
- 格式字符可取表 5.3 中的任意一种。

scanf() 函数的附加格式字符如表 5.4 所示。

表 5.4　scanf() 函数的附加格式字符

格式字符	功能说明
l	用于长整型数据，可加在格式字符 d、o、x、u、f 前面
h	用于短整型整数，可加在格式字符 d、o、x、u、f 前面

（1）l 附加格式字符。

含义：用于长整型数据，可加在格式字符 d、o、x、u、f 前面。

例如:

```
long a;                          //定义长整型变量
double b;                        //定义双精度浮点型变量
scanf("%ld %lf", &a,&b);         //用附加格式字符 l 修饰 d、f，并输入
```

（2）h 附加格式字符。

含义：用于短整型整数，可加在格式字符 d、o、x、u、f 前面。

例如:

```
short a;                         //定义短整型变量
scanf("%hd", &a);                //用附加格式字符 h 修饰 d，并输入
```

4. scanf() 的数值和字符混合输入

有时候程序不单会让用户输入一个数据，还可能会让用户输入多个数据，且类型不同，我们通过一个例子来说明。

实例5-9 输入字母和对应的 ASCII 值。

具体代码如下：

```
#define _CRT_SECURE_NO_WARNINGS                    /* 解除 vs 安全性检测问题 */
#include<stdio.h>
int main()
{
    int num;                                                  // 定义整型变量
    char c;                                                   // 定义字符型变量
    printf(" 请输入字母和对应的 ACSII 值 :\n");                 // 输出提示信息
    scanf("%c %d",&c,&num);                                   // 输入字母和数值
    printf(" 输入的字母是 %c, 它对应的 ASCII 值是: %d\n",c,num);   // 输出信息
    return 0;                                                 // 程序结束
}
```

运行结果如图 5.8 所示。

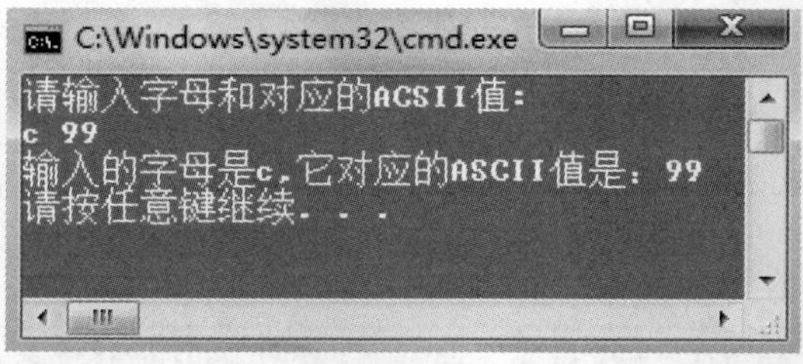

图 5.8　字母和 ASCII 值

5.4　练习题

（1）编写一个程序，输出明日学院欢迎信息及网址，并借助“+”“-”符号装饰输出的文字信息，实现图 5.9 所示的效果。

图 5.9　实现效果

（2）苹果公司的创始人乔布斯在 2005 年给美国斯坦福大学学生进行毕业演讲时提到过他喜欢的一句话：“stay hungry，stay foolish。”编写一个程序，输出该条语录的英文和中文，实现效果如图 5.10 所示。

（3）品读名著，编写一个程序输出《水浒传》中的梁山好汉信息，实现效果如图 5.11 所示。

图 5.10　实现效果

~~~~~~~~~~~~~~~~~~~~~~~~~~~~

① 呼保义　宋江
② 玉麒麟　卢俊义
③ 智多星　吴用
④ 入云龙　公孙胜
⑤ 大刀　　关胜
⑥ 豹子头　林冲
⑦ 霹雳火　秦明
⑧ 双鞭　　呼延灼
⑨ 小李广　花荣
⑩ 小旋风　柴进

~~~~~~~~~~~~~~~~~~~~~~~~~~~~

图 5.11　实现效果

（4）2019 年 10 月初，长春又增加了一个“网红打卡地”——这有山，集聚了很多吃喝玩乐的商家，其中一家名为“伟大航路”的烤鱼店生意非常火爆，甚至需排队就餐。之所以就餐人数这么多，是因为他家的活动力度相当大。请编写程序输出图 5.12 所示的伟大航路烤鱼双人餐价目表（忽略图片，只输出商品名和价格等），实现效果如图 5.13 所示。

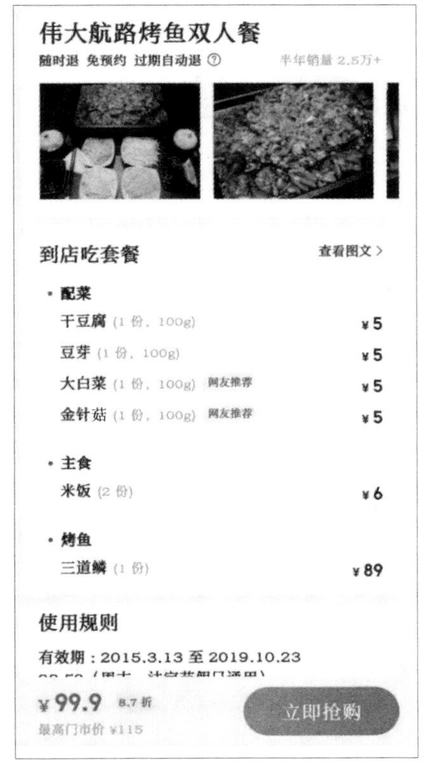

图 5.12　参照图片

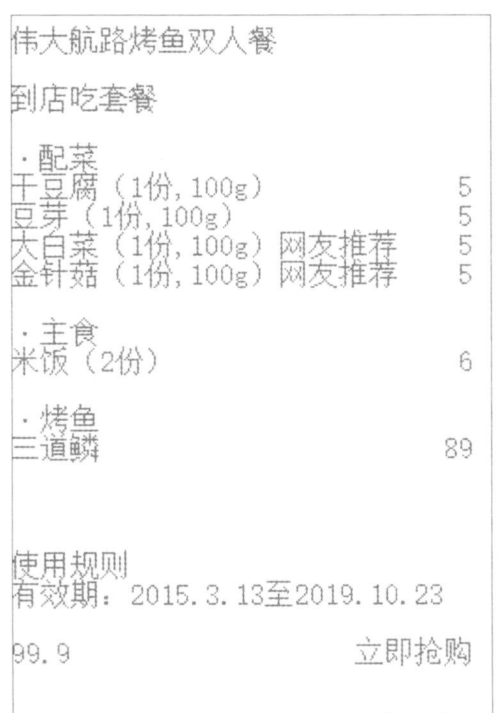

图 5.13　实现效果

运算符与表达式

了解了程序中会用到的数据类型后，还要懂得如何操作这些类型的数据。掌握 C 语言中各种运算符及其表达式的应用是必不可少的。

本章致力于使读者了解表达式的概念并掌握运算符及相关表达式的使用方法，其中包括赋值运算符、算术运算符、关系运算符、逻辑运算符、位运算符、逗号运算符和复合赋值运算符，并且会通过实例进行相应的讲解，帮助读者及时加深对其的印象。

6.1 开篇实例：燃烧我的卡路里

说到减肥就离不开运动，看似简单的运动也是能消耗能量的。

实例6-1 实现用行走的步数来计算消耗的能量值（注：代码中能量的国际单位制单位应为焦，1 卡路里≈ 4.2 焦）。

具体代码如下：

```
#define _CRT_SECURE_NO_WARNINGS                    /* 解除 vs 安全性检测问题 */
#include<stdio.h>
int main()
{
    int step, calorie;
    printf("请输入当天行走的步数：\n");
    scanf("%d",&step);                   // 获取从控制台输入的步数
    // 计算卡路里。由于行走速度不同，卡路里的消耗速度也不同，所以此处计算结果仅为估算
    calorie = (int)step * 28;            // 一步为 28 卡路里计算
    printf("今天共消耗卡路里：%d（即 calorie / 1000，千卡）\n", calorie);
    //输出消耗的卡路里
    return 0;
}
```

运算表达式

代码中的 int、printf()、scanf() 等，大家已经了解了，可能唯一看不懂的就是框中的代码——运算表达式。简单来说，它就是用来计算的，在数学中有各种运算符，例如：加、减、乘、除等运算符。在 C 语言中也会用到各种运算符来计算数据。

本章就来详细讲解 C 语言中用到的运算符。

6.2 运算符与表达式

对于 C 语言来说，程序需要大量的运算，就必须利用表达式和运算符来操作数据。用来表示各种不同运算的符号称为运算符，而运算符和操作数组成的式子称为表达式。运算符和表达式丰富多样，这使得 C 语言的功能更加丰富，这也是 C 语言的特点之一。

6.2.1 运算符

在数学中，总会用到加、减、乘、除四则运算，用符号表示分别是 +、−、×、÷，同样，在 C 语言中也有各种各样的运算符。例如，C 语言中也有加（+）、减（-）、乘（*）、除（/）运算符，当然除了这些运算符，还有其他运算符，如表 6.1 所示。

表 6.1 运算符

运算符类型	包含的运算符	功能
赋值运算符	=	用于对表达式赋值
算术运算符	加（+）、减（-）、乘（*）、除（/）、取余（%）、自增（++）、自减（--）	用于各种数值运算
关系运算符	大于（>）、大于或等于（>=）、小于（<）、小于或等于（<=）、等于（==）、不等于（!=）	用于比较操作数
逻辑运算符	逻辑与（&&）、逻辑或（||）、逻辑非（!）	用于逻辑运算
位运算符	按位与（&）、按位或（|）、按位异或（^）、按位非（~）、左移（<<）、右移（>>）	用于位运算
逗号运算符	,	用于将多个表达式组合成一个表达式
复合赋值运算符	+=、-= 等	用于复杂数值运算

6.2.2 表达式

看到“表达式”一词通常就会不由自主地想到数学表达式，数学表达式是由数字、运算符和括号等组成的。

数学表达式在数学中是至关重要的，C 语言中的表达式在 C 语言中同样重要，它是 C 语言的主体。

在 C 语言中，表达式由运算符和操作数组成。根据表达式所含运算符的个数，可以把表达式分为简单表达式和复杂表达式两种。简单表达式是只含有一个运算符的表达式，复杂表达式是包含两个或两个以上运算符的表达式，例如：

```
5+20; ——► 简单表达式
(iNumber+3)*Bate-2; ——► 复杂表达式
```

表达式本身什么事情也不做，只是返回结果值。在程序对返回的结果值不进行任何操作的情况下，返回的结果值不起任何作用。

例如上面两行代码，这两个表达式只能得出结果，在表达式的左边没有常量和变量，那么这个表达式得出的结果就不会被输出使用。

表达式产生作用主要包括以下两种情况。

- 放在赋值语句的右侧。
- 放在函数的参数中。

表达式返回的结果值是有类型的。结果值的数据类型取决于组成表达式的变量和常量的类型。

> **说明**
>
> 每个表达式返回值都具有逻辑特性。如果返回值是非零的，那么该表达式返回真值，否则返回假值。通过这个特点，可以将表达式放在用于控制程序流程的语句中，这样就可构建条件表达式。

6.3 赋值运算符与赋值表达式

在开篇实例中，代码的第 9 行使用了“=”这个运算符。在数学中，它的含义是“等于”，而在 C 语言中，它的含义与数学中的含义不同，它有另外的含义——赋值。本节就来介绍 C 语言中的“=”。

6.3.1 赋值运算符

在 C 语言中，“=”就是赋值运算符，其作用是将一个数值赋给一个变量，如图 6.1 所示。

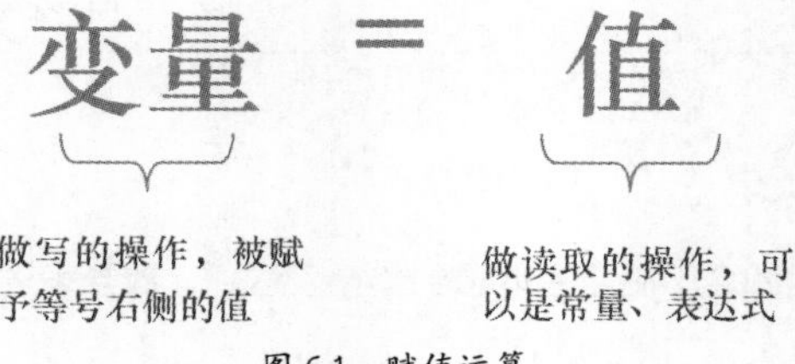

图 6.1 赋值运算

6.3.2 赋值表达式

赋值表达式用于为变量赋值。在声明变量时，可以为其赋一个值，就是将一个常量或者一个表达式的结果赋值给一个变量，变量中保存的内容就是这个常量或者赋值语句中表达式的值。

给变量赋值常量的一般形式如下：

```
类型 变量名 = 常量；
```

例如：

```
char cChar = 'A';
int  iFirst = 100;
float fPlace = 1450.78f;
```

常量

赋值语句会把表达式的结果值赋给变量，一般形式如下：

```
类型 变量名 = 表达式 ；
```

例如：

```
float fPrice = fBase+Day*3;
```

赋值表达式

这句代码中被赋值的变量 fPrice 称为左值，因为它的位置在赋值符号的左侧。计算值的表达式称为右值，因为它的位置在赋值符号的右侧。

注意

有一个重要的区别，左侧只能是左值，例如常量就不能出现在左侧。

6.4 算术运算符与算术表达式

生活中，常常会遇到各种各样的计算。如图 6.2 所示，某超市老板每天需要统计当天的销售情况，他会将每类商品的销售金额相加来计算当天的总销售额，而此处的“相加”对应的即数学运算符“+”，“+”在 C 语言中称为算术运算符。

日期	销售商品类别	销售数量	销售金额
2019.4.24	水类	54	270
2019.4.24	方便面类	38	95
2019.4.24	面包类	63	378
2019.4.24	香肠类	49	171.5
2019.4.24	薯片类	27	135
2019.4.24	办公用品类	32	210
2019.4.24	生活用品类	10	480
	合计：	273	1739.5

销售金额总计

图 6.2 超市销售情况

从开篇实例中，我们可以看到使用了“*”，它也是运算符之一，那么在 C 语言中除了这两种运算符还有其他运算符吗？其实，C 语言中有 5 个双目算术运算符、2 个单目算术运算符。下面详细进行介绍。

6.4.1 “+”运算符与表达式

在 C 语言中，“+”运算符代表两种含义，一种表示加法，另一种表示正号，接下来我们来详细讲解。

1. 作为加法运算符

当“+”是加法运算符时，它和数学中加法对应的运算符的含义一模一样，例如：

```
13+14;
```

这行代码的含义是“13 加 14”。我们从代码中可以看到，在“+”运算符的左右两侧都有操作数，在 C 语言中，将这种运算符称为双目运算符。所以说，“+”运算符表示加法时，它是一个双目运算符。

当然，“+”左右两侧也可以是变量，例如：

```
a+b;
```

也可以变量和数值混合，例如：

```
a+2;
```

2. 作为正号

当“+”是正号时，它和数学中的正号的含义一模一样，代表这个数是正数，例如：

```
+520;
```

这行代码的含义是“正数 520”，当然，为了简单，此时的“+”可以省略，等价于：

```
520;
```

平常写的数字前什么都不加，会默认都是正数。从上述代码中可以看到，只在“+”运算符右侧一侧有操作数，在 C 语言中将这种运算符称为单目运算符。所以说，“+”运算符表示正号时，它是一个单目运算符。

带变量的表达式，最终的结果要看此变量被赋的值，再进行运算。

以上带有操作数和“+”运算符的式子都称为“+”表达式。当表示加法时，“+”表达式最终返回的值是两个操作数的和。

6.4.2 “-”运算符与表达式

在 C 语言中，“-”运算符代表两种含义，一种表示减法，另一种表示负号，接下来我们来详细讲解。

1. 作为减法运算符

当“-”是减法运算符时，它和数学中减法对应的运算符含义一模一样，例如：

```
15-14;
```

这行代码的含义是“15 减 14”。我们从代码中可以看到，在“-”运算符的左右两侧都有操作数，也就是说，“-”运算符表示减法时，它是一个双目运算符。

当然，“-”左右两侧也可以是变量，例如：

```
a-b;
```

也可以变量和数值混合，例如：

```
a-2;
```

2. 作为负号

当“-”是负号时，它和数学中的负号的含义一模一样，代表这个数是负数，例如：

```
-520;
```

这行代码的含义是“负数 520”，从上述代码中可以看到，只在“-”运算符右侧一侧有操作数，也就是说，“-”运算符表示负号时，它是一个单目运算符。

带变量的表达式，最终的结果要看此变量被赋的值，再进行运算。

以上带有操作数和“-”运算符的式子都称为“-”表达式。当表示减法时，“-”表达式最终返回的值是两个操作数的差。

6.4.3 “*”运算符与表达式

“*”运算符在 C 语言中表示乘法运算符，数学中的乘法运算符是“x”，在计算机中，这个符号会与字母 x 混淆，所以在计算机中将“*”作为乘号，它的含义和数学中乘法运算符的含义一模一样，例如：

```
8*9;
```

这行代码的含义是“8 乘 9”。我们从代码中可以看到，在“*”运算符的左右两侧都有操作数，也就是说，“*”运算符是一个双目运算符。

当然，“*”左右两侧也可以是变量，例如：

```
a*b;
```

也可以变量和数值混合，例如：

```
a*2;
```

带变量的表达式，最终的结果要看此变量被赋的值，再进行运算。

以上带有操作数和“*”运算符的式子都称为“*”表达式，“*”表达式最终返回的值是两个操作数的积。

6.4.4 “\”运算符与表达式

“\”运算符在 C 语言中表示整除运算符，数学中的除法运算符是“÷”，在计算机中这个符号不容易通过键盘打出来，所以在计算机中将“\”作为除号，它的含义和数学中除法运算符的含义有点不同，大家都知道，除法运算最后的商是由整数和余数组成的，而“\”运算最后的结果只取整数的商，例如：

```
5\2;
```

这行代码的含义是“5 除以 2 取整数”。从数学角度来看，最终得到的结果是 2.5，但是这个表达式返回的结果是 2，舍去小数的部分，只取整数部分。在这行代码中，“\”运算符的两侧是整数，那么得到的值也必定是整数，如果“\”运算符的两侧中的任意一侧是负数，就要采用“向零取整”的原则。例如：

```
-5\2;
```

或

```
5\-2;
```

最终返回的结果是 -2。数学结果应该是 -2.5，将 -2.5 取整，就是 -2 和 -3，那么向零取整，-2 比 -3 距离 0 更近一些，所以最终的返回值是 -2。

从上面的几行代码可以看到，在“\”运算符的左右两侧都有操作数，也就是说，“\”运算符是一个双目运算符。

当然，“\”左右两侧也可以是变量，例如：

```
a\b;
```

也可以变量和数值混合，例如：

```
a\2;
```

带变量的表达式，最终的结果要看此变量被赋的值，再进行运算。

以上带有操作数和“\”运算符的式子都称为“\”表达式，“\”表达式最终返回的值是两个操作数的商取整数。

6.4.5 “%”运算符与表达式

“%”运算符在 C 语言中表示除法取余运算符，上面介绍的“\”运算符是除法取整运算符，那么“\”运算的余数怎么办？在 C 语言中，“%”就是取余运算符。例如：

```
5%2;
```

这行代码的含义是“5 除以 2 取余数”。用数学方法将这两个数的商取余数的值是 1，没错，最终这行代码返回的值就是余数 1。

从上面的代码可以看到，在“%”运算符的左右两侧都有操作数，也就是说，“%”运算符是一个双目运算符。

当然，“%”左右两侧也可以是变量，例如：

```
a%b;
```

也可以变量和数值混合，例如：

```
a%2;
```

带变量的表达式，最终的结果要看此变量被赋的值，再进行运算。

以上带有操作数和“%”运算符的式子都称为“%”表达式，“%”表达式最终返回的值是两个操作数的商取余数。

6.4.6 “++”运算符

“++”运算符在 C 语言中表示自增运算符，它的功能是使变量的值自动加 1，例如：

```
++a;
a++;
```

它们的运算结果都是 a=a+1。

我们从这两行代码中可以看到，“++”运算符可以放在变量前面，也可以放在变量后面。放在前面称为前缀，放在后面称为后缀。虽然最后的结果都是变量的值自动加 1，但是在表达式内部，作为运算的一部分，两者的用法有所不同。下面来解释一下。

- 前缀（“++”放在变量前）：如 ++a;，全其中 a 是一个变量，这种方式的运算规则是先使变量 a 的值加 1，然后以变化后的 a 的值参与其他运算，如图 6.3 所示。
- 后缀（“++”放在变量后）：如 a++;，其中 a 是一个变量，这种方式的运算规则是先参与其他运算，然后使变量 a 的值加 1，如图 6.4 所示。

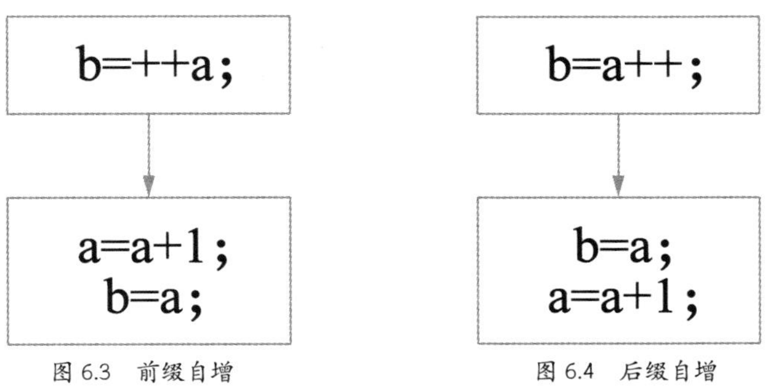

图 6.3 前缀自增　　图 6.4 后缀自增

说明

自增运算符是单目运算符，因此表达式和常量不可以进行自增，例如，5++ 和（a+5）++ 都是不合法的。

6.4.7 “--”运算符

“--”运算符在 C 语言中表示自减运算符，它的功能是使变量的值自动减 1，例如：

```
--a;
a--;
```

它们的运算结果都是 a=a-1。

我们从这两行代码中可以看到，“--”运算符可以放在变量前面，也可以放在变量后面。虽然最后的结果都是变量自动减1，但是在表达式内部，作为运算的一部分，两者的用法有所不同。下面来解释一下。

- 前缀（“--”放在变量前）：如 --a;，其中 a 是一个变量，这种方式的运算规则是先使变量 a 的值减 1，然后以变化后的 a 的值参与其他运算，如图 6.5 所示。
- 后缀（“--”放在变量后）：如 a--;，其中 a 是一个变量，这种方式的运算规则是先参与其他运算，然后使变量 a 的值减 1，如图 6.6 所示。

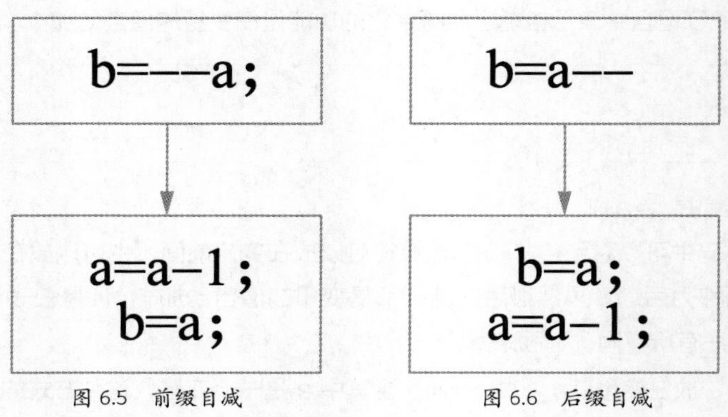

图 6.5 前缀自减　　图 6.6 后缀自减

注意

自减运算符也是单目运算符，因此表达式和常量不可以进行自减，例如，5-- 和（a+5）-- 都是不合法的。

说明

自增、自减运算符常用于循环语句中，使循环变量自动加 1 或减 1；或者用在指针变量中，使指针向下（或向上）移动一个位置。这两种用法会在后文介绍。

6.4.8 总结

根据前面 7 个小节的介绍，可将这 7 种运算符统称为一个名字，叫作算术运算符，对应表达式统称为算术表达式。总体来看，算术运算符包括 4 个单目运算符，即单目正号、单目负号、自增和自减，5 个双目运算符，即乘法、除法、取余、加法和减法。算术运算符具体的符号和对应的含义如表 6.2 所示。

表 6.2　算术运算符具体的符号和对应的含义

符号	含义	符号	含义
+	单目正号	%	取余
-	单目负号	+	加法
*	乘法	-	减法
/	除法（取整）	++	自增
--	自减		

6.4.9　优先级与结合性

C 语言中规定了各种运算符的优先级与结合性，下面进行具体介绍。

1. 算术运算符的优先级

在对表达式求值时，先按照运算符的优先级高低次序执行，算术运算符中“*”“/”“%”的优先级高于“+”“-”的。如果在表达式中同时出现“*”和“+”，那么先进行乘法运算，例如：

```
R = x + y * z;
```

在表达式中，因为“*”比“+”的优先级高，所以会先进行 y*z 的运算，最后运算加 x。

说明

在表达式中常会出现这样的情况，例如，要进行 a+b 再将结果与 c 相乘的运算，此时可以使用括号“( )”将级别提高优先进行运算，因为括号在运算符中的优先级是最高的。表达式就可以写成 (a+b)*c。

2. 算术运算符的结合性

当算术运算符的优先级相同时，结合方向为“自左向右”。例如：

```
a - b + c;
```

因为“-”和“+”的优先级是相同的，所以 b 先与“-”相结合，执行 a-b 的操作，然后执行加 c 的操作。这样的操作过程可表示为“自左向右的结合性”。算术运算符的优先级和结合性如表 6.3 所示。

表 6.3　算术运算符的优先级和结合性

优先级	符号	含义	功能
1	++、--	自增运算符、自减运算符	自右向左
2	--	自减运算符（单目运算符）	自左向右
3	+、-	加法运算符、减法运算符	自左向右

6.5 关系运算符与关系表达式

在数学中，经常会比较两个数的大小。如图 6.7 所示，爸爸的身高是 1.80m，儿子的身高是 1.20m，很明显，爸爸比儿子要高。这句话中涉及了“比较”，这个比较就是关系运算的一种，在 C 语言中，关系运算符的作用就是判断两个操作数的大小关系。

图 6.7 身高示意图

6.5.1 “>”运算符与表达式

“>”运算符在 C 语言中表示大于运算符，它的含义和数学中的大于运算符的一模一样，例如：

```
9>8;
```

这行代码的含义是“9 大于 8”。很明显，这个表达式是成立的，因此最终返回的值是真值。我们从代码中可以看到，在“>”运算符的左右两侧都有操作数，也就是说，“>”运算符是一个双目运算符。

再举一个例子：

```
8>8;
```

这行代码的含义是“8 大于 8”。很明显，这个表达式是不成立的，因此最终返回的值是假值。通常“>”运算符会应用在后面介绍的选择控制语句和循环语句中。

当然，“>”左右两侧也可以是变量，例如：

```
a>b;
```

也可以变量和数值混合，例如：

```
a>2;
```

带变量的表达式，最终的结果要看此变量被赋的值，再进行运算。

以上带有操作数和“>”运算符的式子都称为“>”表达式，“>”表达式最终返回的值是真值或假值。

> **说明**
>
> 真值表示此表达式成立，假值表示此表达式不成立。在 C 语言中，通常数字 1 表示真，数字 0 表示假。

6.5.2 “>=”运算符与表达式

“>=”运算符在 C 语言中表示大于或等于运算符，它的含义和数学中的大于或等于运算符的一模一样，与上面介绍的大于运算符相比，多了判断等于的情况，例如：

```
9>=8;
8>=8;
```

这两行代码的含义分别是“9 大于或等于 8”“8 大于或等于 8”。很明显，表达式是成立的，因此最终返回的值是真值。我们从代码中可以看到，在“>=”运算符的左右两侧都有操作数，也就是说，“>=”运算符是一个双目运算符。

再举一个例子：

```
8>=9;
```

这行代码的含义是“8 大于或等于 9”。很明显，这个表达式是不成立的，因此最终返回的值是假值。通常“>=”运算符会应用在后面介绍的选择控制语句和循环语句中。

当然，“>=”左右两侧也可以是变量，例如：

```
a>=b;
```

也可以变量和数值混合，例如：

```
a>=2;
```

带变量的表达式，最终的结果要看此变量被赋的值，再进行运算。

以上带有操作数和“>=”运算符的式子都称为“>=”表达式，“>=”表达式最终返回的值是真值或假值。

6.5.3 “<”运算符与表达式

“<”运算符在 C 语言中表示小于运算符，它的含义和数学中的小于运算符的一模一样，例如：

```
8<9;
```

这行代码的含义是“8 小于 9”。很明显，这个表达式是成立的，因此最终返回的值是真值。我们从代码中可以看到，在“<”运算符的左右两侧都有操作数，也就是说，“<”运算符是一个双目运算符。

再举一个例子：

```
8<8;
```

这行代码的含义是“8 小于 8”。很明显，这个表达式是不成立的，因此最终返回的值是假值。通常“<”运算符会应用在后面介绍的选择控制语句和循环语句中。

当然，“<”左右两侧也可以是变量，例如：

```
a<b;
```

也可以变量和数值混合，例如：

```
a<2;
```

带变量的表达式，最终的结果要看此变量被赋的值，再进行运算。

以上带有操作数和“<”运算符的式子都称为“<”表达式，“<”表达式最终返回的值是真值或假值。

6.5.4 “<=”运算符与表达式

“<=”运算符在 C 语言中表示小于或等于运算符，它的含义和数学中的小于或等于运算符的一模一样，与上面介绍的小于运算符相比，多了判断等于的情况，例如：

```
8<=9;
8<=8;
```

这两行代码的含义分别是“8 小于或等于 9”“8 小于或等于 8”。很明显，表达式是成立的，因此最终返回的值是真值。我们从代码中可以看到，在“<=”运算符的左右两侧都有操作数，也就是说，“<=”运算符是一个双目运算符。

再举一个例子：

```
9<=8;
```

这行代码的含义是“9 小于或等于 8”。很明显，这个表达式是不成立的，因此最终返回的值是假值。通常“<=”运算符会应用在后面介绍的选择控制语句和循环语句中。

当然，“<=”左右两侧也可以是变量，例如：

```
a<=b;
```

也可以变量和数值混合，例如：

```
a<=2;
```

带变量的表达式，最终的结果要看此变量被赋的值，再进行运算。

以上带有操作数和“<=”运算符的式子都称为“<=”表达式，“<=”表达式最终返回的值是真值或假值。

6.5.5 “==”运算符与表达式

“==”运算符在 C 语言中表示等于运算符，数学中等于用一个“=”，而在 C 语言中等于用两个“=”，这是因为在 C 语言中一个“=”代表赋值，为了与赋值运算符分开，采用两个“=”代表等于，如图 6.8 所示。

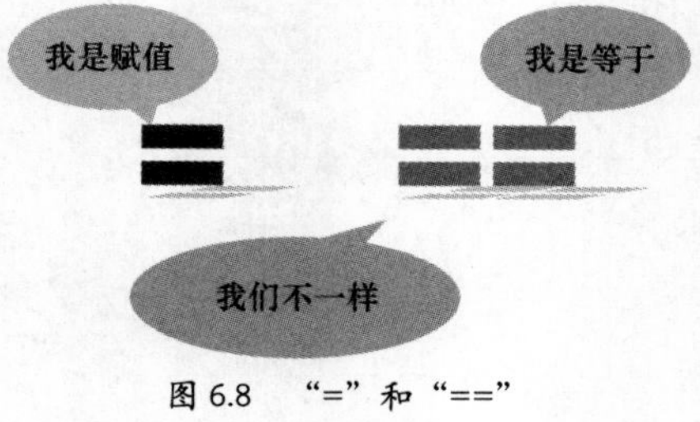

图 6.8 “=”和“==”

“==”运算符的含义和数学中的等于一模一样，例如：

```
8==8;
```

这行代码的含义是“8 等于 8”。很明显，这个表达式是成立的，因此最终返回的值是真值。我们从代码中可以看到，在“==”运算符的左右两侧都有操作数，也就是说，“==”运算符是一个双目运算符。

再举一个例子：

```
8==9;
```

这行代码的含义是“8 等于 9”。很明显，这个表达式是不成立的，因此最终返回的值是假值。

当然，“==”左右两侧也可以是变量，例如：

```
a==b;
```

也可以变量和数值混合，例如：

```
a==2;
```

带变量的表达式，最终的结果要看此变量被赋的值，再进行运算。

以上带有操作数和“==”运算符的式子都称为“==”表达式，“==”表达式最终返回的值是真值或假值。

6.5.6 “!=”运算符与表达式

“!=”运算符在 C 语言中表示不等于运算符，数学中不等于用“≠”，在计算机中这个符号不容易通过键盘输出，所以在“=”前面加一个英文叹号“!”，它的含义和数学中的不等于运算符的一模一样，例如：

```
8!=9;
```

这行代码的含义是“8 不等于 9”。很明显，这个表达式是成立的，因此最终返回的值是真值。我们从代码中可以看到，在“!=”运算符的左右两侧都有操作数，也就是说，“!=”运算符是一个双目运算符。

再举一个例子：

```
8!=8;
```

这行代码的含义是“8 不等于 8”。很明显，这个表达式是不成立的，因此最终返回的值是假值。

当然，“!=”左右两侧也可以是变量，例如：

```
a!=b;
```

也可以变量和数值混合，例如：

```
a!=2;
```

带变量的表达式，最终的结果要看此变量被赋的值，再进行运算。

以上带有操作数和“!=”运算符的式子都称为“!=”表达式，“!=”表达式最终返回的值是真值或假值。

6.5.7 总结

根据 6.5.1~6.5.6 小节的介绍，可将这 6 种运算符统称为一个名字，叫作关系运算符，对应的 6 种表达式统称为关系表达式。关系运算符具体的符号和对应的含义如表 6.4 所示。

表 6.4 关系运算符具体的符号和对应的含义

符号	含义	符号	含义
>	大于	<=	小于或等于
>=	大于或等于	==	等于
<	小于	!=	不等于

6.5.8 优先级与结合性

关系运算符的结合性都是自左向右的。使用关系运算符时常常会判断两个表达式的关系，由于运算符存在着优先级的问题，如果不小心处理则会出现错误。关系运算符的优先级与结合性如表 6.5 所示。

表 6.5 关系运算符的优先级与结合性

优先级	符号	含义	结合性
1	<、<=、>、>=	小于、小于或等于、大于、大于或等于运算符	自左向右
2	==、!=	等于、不等于运算符	自左向右

例如，要进行这样的判断操作，先对一个变量进行赋值，然后判断这个变量是否不等于一个常数，代码如下：

```
if(Number=NewNum!=10){…}
```

因为“!=”比“=”的优先级要高，所以 NewNum!=10 的判断操作会在赋值之前实现，变量 Number 得到的就是关系表达式的真值或者假值，这样并不会按照之前的意愿执行。

括号运算符具有最高的优先级，因此可以使用括号来表示要优先计算的表达式，例如：

```
if((Number=NewNum)!=10){…}
```

这种写法比较清楚，不会产生混淆，没有人会对代码的含义产生误解。

注意

括号运算符的优先级是最高的。

6.6 逻辑运算符与逻辑表达式

目前考驾驶证的人越来越多了，考驾驶证也是有一定要求的，当然，考不同类型的驾驶证对年龄的要求不同，例如考 A1 驾照要求年龄是 26~50 岁，考 B1 驾照要求年龄是 21~50 岁，考 C1 驾照要求年龄是 18~70 岁。在数学中可以按照图 6.9 来表示这些年龄区间，在 C 语言中需要按照图 6.10 所示的形式表示年龄区间。

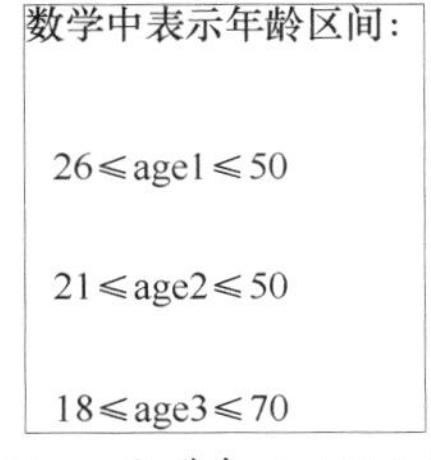

图 6.9　数学表示区间方式

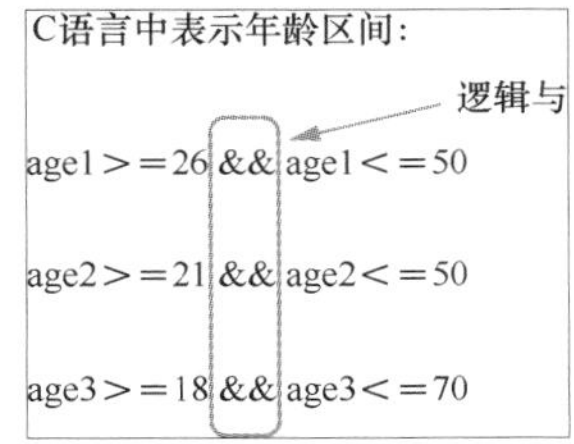

图 6.10　C 语言表示区间方式

图 6.10 所示的“&&”就是逻辑运算符，在 C 语言中，不止有“&&”一个逻辑运算符，接下来我们就来详细介绍 C 语言中的逻辑运算符和逻辑表达式。

6.6.1 “&&”运算符与表达式

“&&”运算符在 C 语言中表示逻辑与运算符，它通常与关系表达式一起用，“&&”表达式返回的结果是真值（1）或者假值（0）。在“&&”左右两侧都有关系表达式，当两个关系表达式都成立时，“&&”表达式的返回值是真值（1）；当两个关系表达式有一个成立时，“&&”表达式的返回值是假值（0）。

例如：

```
3>2&&2>1;
```

这行代码表示“3 大于 2 为真并且 2 大于 1 为真”，“&&”运算符两边的关系表达式结果都是真值，这时，这行代码最终返回的结果是真值。

说明

“&&”是双目运算符。

再如：

```
5>6&&2>1;
```

这行代码表示“5 大于 6 为假并且 2 大于 1 为真”，“&&”运算符有一侧的表达式的结果是假值，此时，这行代码最终返回的结果是假值。

再如：

```
5>6&&2>3;
```

这行代码表示“5 大于 6 为假并且 2 大于 3 为假”，“&&”运算符两侧表达式的结果都是假值，此时，这行代码最终返回的结果是假值。

综上所述，我们可总结“&&”（逻辑与）表达式最终返回的结果值，如表 6.6 所示。

表 6.6 “&&”（逻辑与）表达式的结果值

A	B	A&&B
0	0	0
0	1	0
1	0	0
1	1	1

说明

表 6.6 中 A 代表关系表达式 1 的结果，B 代表关系表达式 2 的结果；数字 1 表示真值，数字 0 表示假值。

说明

从表 6.6 中可总结出：对于“&&”（逻辑与）表达式来说，两个操作数中有一个操作数是 0，结果就是 0。

当然，“&&”运算符两侧也可以是变量，例如：

```
a>b&&n>m;
```

也可以变量和数字一起使用，例如：

```
a>5&&n>8;
```

以上带有操作数和“&&”运算符的式子都称为“&&”表达式，“&&”表达式最终返回的值是真值或假值，通常会用在选择控制语句和循环语句中。

6.6.2 “||”运算符与表达式

“||”运算符在 C 语言中表示逻辑或运算符，它通常与关系表达式一起用，“||”表达式返回的结果也是真值（1）或者假值（0）。在“||”左右两侧都有关系表达式，当两个关系表达式有一个成立时，“||”表达式的返回值是真值（1）；当两个关系表达式都不成立时，“||”表达式的返回值是假值（0）。

例如：

```
3>2&&2>1;
```

这行代码表示“3 大于 2 为真或者 2 大于 1 为真”，“||”运算符两侧表达式的结果都是真值，此时，这行代码最终返回的结果是真值。

> **说明**
>
> “||”也是双目运算符。

再如：

```
3>2&&5>6;
```

这行代码表示“3 大于 2 为真或者 5 大于 6 为假”，“||”运算符有一侧的关系表达式的结果是真值，这时，这行代码最终返回的结果是真值。

再如：

```
5>6&&2>3;
```

这行代码表示“5 大于 6 为假或者 2 大于 3 为假”，“||”运算符两侧表达式的结果都是假值，此时，这行代码最终返回的结果是假值。

综上所述，我们可总结“||”（逻辑或）表达式最终返回的结果值，如表 6.7 所示。

表 6.7 “||”（逻辑或）表达式的结果值

A	B	A||B
0	0	0
0	1	1
1	0	1
1	1	1

> **说明**
>
> 表 6.7 中 A 代表关系表达式 1 的结果，B 代表关系表达式 2 的结果；数字 1 表示真值，数字 0 表示假值。

> **说明**
>
> 从表 6.7 中可总结出：对于“||”（逻辑或）表达式来说，两个操作数中有一个操作数是 1，结果就是 1。

当然，“||”运算符两侧也可以是变量，例如：

```
a>b||n>m;
```

也可以变量和数字一起使用，例如：

```
a>5||n>8;
```

以上带有操作数和“||”运算符的式子都称为“||”表达式，“||”表达式最终返回的值是真值或假值，通常会用在选择控制语句和循环语句中。

6.6.3 “!”运算符与表达式

“!”运算符在 C 语言中表示逻辑非运算符，“!”表达式返回的结果也是真值（1）或者假值（0）。

说明

非 0 值就是真值，0 值就是假值。

例如：

```
!88;
```

这行代码表示 88 的逻辑非运算，88 是非 0 值，所以 88 是真值。因此这行代码最终返回的结果是假值。

说明

“!”是单目运算符，只有一个操作数。

再如：

```
!0;
```

这行代码表示 0 的逻辑非运算，数字 0 就是 0 值，是假值，因此这行代码最终返回的结果是真值。

综上所述，我们可总结“!”（逻辑非）表达式最终返回的结果值，如表 6.8 所示。

表 6.8　“!”（逻辑非）表达式的结果值

A	!A
0	1
1	0

说明

表 6.8 中 A 代表关系表达式 1 的结果；数字 1 表示真值，数字 0 表示假值。

当然，“!”运算符的操作数也可以是变量，例如：

```
!a;
```

也可以是各种表达式，例如：

```
!(a+b*c);
```

带变量的表达式，需要先通过计算确定它的真假性，再进行逻辑非运算。

以上带有操作数和“!”运算符的式子都称为“!”表达式，“!”表达式最终返回的值是真值或假值，通常会用在选择控制语句和循环语句中。

6.6.4 总结

根据 6.6.1~6.6.3 小节的介绍，可将这 3 种运算符统称为一个名字，叫作逻辑运算符，对应的 3 种表达式统称为逻辑表达式。逻辑运算符具体的符号和对应的含义、说明如表 6.9 所示。

表 6.9 逻辑运算符具体的符号和对应的含义、说明

符号	含义	说明
&&	逻辑与	对应数学中的“且”
||	逻辑或	对应数学中的“或”
!	单目逻辑非	对应数学中的“非”

6.6.5 优先级与结合性

“&&”和“||”是双目运算符，它们要求有两个操作数，结合方向自左至右；“!”是单目运算符，要求有一个操作数，结合方向自左向右。

逻辑运算符的优先级从高到低依次为单目逻辑非运算符“!”、逻辑与运算符“&&”和逻辑或运算符“||”。逻辑运算符的优先级与结合性如表 6.10 所示。

表 6.10 逻辑运算符的优先级与结合性

优先级	符号	含义	结合性
1	!	逻辑非运算符（单目运算符）	自左向右
2	&&	逻辑与运算符	自左向右
3	||	逻辑或运算符	自左向右

6.7 位运算符与位表达式

学 C 语言可能总会听见，int 占多少字节、char 占多少字节，可能很多人会有疑问，字节是什么意思？在 C 语言中，说到字节就不得不说位。位是计算机存储数据的最小单位。一个二进制位可以表示两种状态（0 和 1），多个二进制位组合起来便可表示多种信息。

一个字节通常由 8 位二进制数组成，当然有的计算机系统中由 16 位的组成，本书中提到的一个字节指的是由 8 位二进制数组成的。如图 6.11 所示，8 位占一个字节，16 位占两个字节。

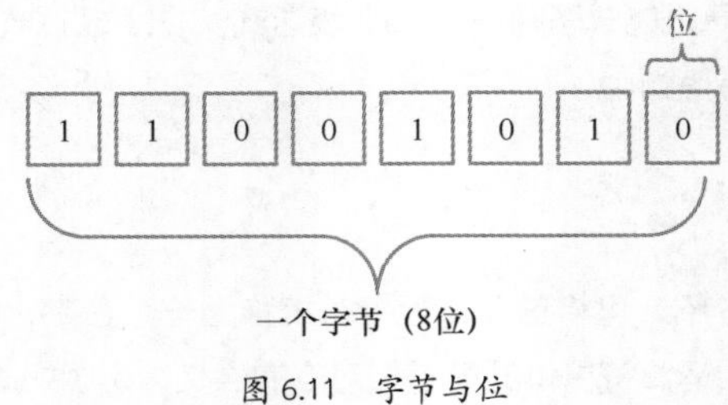

图 6.11　字节与位

了解了字节和位的关系，下面我们就来详细介绍位运算符和位运算表达式。

6.7.1　“&”运算符

与运算符“&”是双目运算符，功能是使参与运算的两个数各对应的二进制位进行与运算。只有对应的两个二进制位均为 1 时，结果才为 1，否则为 0。“&”的运算规则如表 6.11 所示，其中 a、b 是两个操作数。

表 6.11　“&”的运算规则

a	b	a&b
0	0	0
0	1	0
1	0	0
1	1	1

例如，89&38 的算式如下（为了方便观察，这里只给出每个数据的后 16 位）：

```
        0000000001011001        十进制数 89
(&)
        0000000000100110        十进制数 38
------------------------------
        0000000000000000        十进制数 0
```

通过上面的运算会发现按位与的一个用途就是清零，要使原数中为 1 的位置变为 0，只需使与其进行“与”操作的数所对应的位置为 0 便可实现。

“与”操作的另一个用途就是取特定位，可以通过“与”的方式取一个数中的某些指定位，如果取 22 的后 5 位则要使其与后 5 位均是 1 的数进行“与”运算。同样，要取后 4 位就使其与后 4 位都是 1 的数进行“与”运算即可。

6.7.2　“|”运算符

或运算符“|”是双目运算符，功能是使参与运算的两个数各对应的二进制位进行或运算，只要对应的两个二进制位有一个为 1，结果位就为 1，同为 0 结果位才是 0。“ | ”表达式的结果值如表 6.12 所示，其中 a、b 是两个操作数。

表 6.12 “|”表达式的结果值

a	b	a|b
0	0	0
0	1	1
1	0	1
1	1	1

例如，17|31 的算式如下：

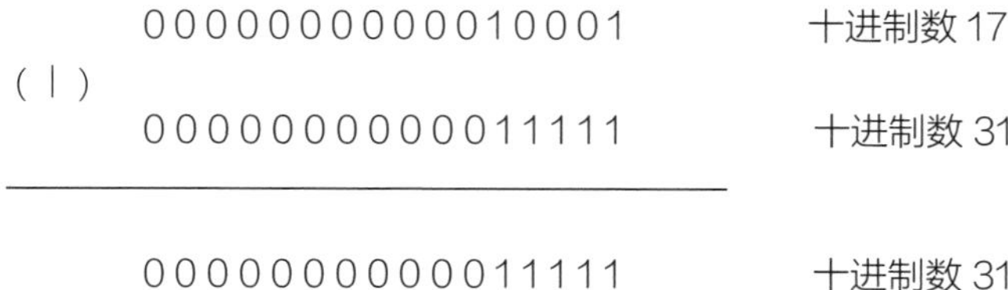

从上式可以发现十进制数 17 对应的二进制数的后 5 位是 10001，而十进制数 31 对应的二进制数的后 5 位是 11111，将这两个数进行或运算之后得到的结果是 31，也就是将 17 的二进制数的后 5 位中是 0 的位变成 1。因此可以总结出这样一个规律，即要想使一个数的后 6 位全为 1，只需和数据 63 的二进制数进行按位或运算。同理，若要使后 5 位全为 1，只需和数据 31 的二进制数进行按位或运算，其他以此类推。

6.7.3 “~”运算符

取反运算符“~”为单目运算符，具有右结合性。其功能是对参与运算的数的各二进制位按位求反，即将 0 变成 1、将 1 变成 0。如 ~83 是对 83 进行按位求反，算式如下：

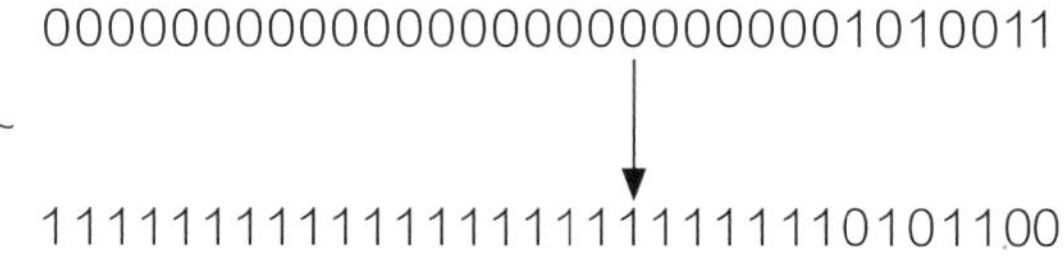

说明

在进行取反运算的过程中，切不可简单地认为一个数取反后的结果就是该数的相反数（即 ~25 的值是 -25），这是错误的。

6.7.4 “^”运算符

异或运算符“^”是双目运算符。其功能是使参与运算的两个数各对应的二进制位进行异或运算，当对应的两个二进制位的数相异时结果为 1，否则结果为 0。“^”表达式的结果值如表 6.13 所示，其中 a、b 是两个操作数。

表 6.13 “^”表达式的结果值

a	b	a^b
0	0	0
0	1	1
1	0	1
1	1	0

例如，107^127 的算式如下：

```
  0000000001101011    十进制数 107
^
  0000000001111111    十进制数 127
------------------
  0000000000010100    十进制数 20
```

从上面的算式可以看出，“异或”操作的一个主要用途就是使特定的位翻转，如果要将 107 的后 7 位翻转，只需使其与一个后 7 位都是 1 的数进行“异或”操作即可。

“异或”操作的另一个主要用途就是在不使用临时变量的情况下实现两个变量值的互换。

例如 x=9、y=4，将 x 和 y 的值互换可用如下方法实现：

```
x=x^y;
y=y^x;
x=x^y;
```

其具体运算过程如下：

```
  0000000000001001(x)
^
  0000000000000100(y)
---------------------
  0000000000001101(x)
^
  0000000000000100(y)
---------------------
  0000000000001001(y)
^
  0000000000001101(x)
---------------------
  0000000000000100(x)
```

说明

异或运算经常被用到一些比较简单的加密算法中。

实例6-2 给密码二次加密的公式是：二次加密结果 = 原始密码 ^ 加密算子。

具体代码如下：

```
#define _CRT_SECURE_NO_WARNINGS                    /* 解除 vs 安全性检测问题 */

#include <stdio.h>
int main()
{
    int password, operator,result; // 定义变量，用来表示原始密码、加密算子以及加密结果
    printf(" 请输入原始密码和加密算子：\n");          // 输出提示
    scanf("%d %d", &password, &operator);         // 输入原始密码和加密算子
    result = password ^ operator;  异或运算        // 进行加密
    printf(" 经过加密后的值是 :%d\n", result);      // 输出加密数据
    return 0;                                      // 程序结束
}
```

运行程序，结果如图 6.12 所示。

图 6.12　密码二次加密

6.7.5 “<<”运算符

左移运算符“<<”是双目运算符。其功能是把“<<”左边的运算数的各二进制位全部左移若干位，由“<<”右边的数指定移动的位数，高位丢弃，低位补 0。

如 a<<2，即把 a 的各二进制位向左移动两位。假设 a=39，a 在内存中的存储情况如图 6.13 所示。

0	0	0	0	0	0	0	0	0	0	0	0	0	0	0	0	0	0	0	0	0	0	0	0	0	0	1	0	0	1	1	1

图 6.13　a 在内存中的存储情况

若将 a 左移两位，则在内存中的存储情况如图 6.14 所示。a 左移两位后由原来的 39 变成了 156。

0	0	0	0	0	0	0	0	0	0	0	0	0	0	0	0	0	0	0	0	0	0	0	0	1	0	0	1	1	1	0	0

图 6.14　a 左移两位

说明

实际上左移一位相当于该数乘 2，将 a 左移两位相当于 a 乘 4，即 39 乘 4，但这种情况只限于移出位不含 1 的情况。若将十进制数 64 左移两位，则移位后的结果为 0，即二进制数从 01000000 变为 00000000，可以看出 64 在左移两位时将 1 移出了（注意这里的 64 是假设以一个字节即 8 位存储的）。

6.7.6 “>>”运算符

右移运算符“>>”是双目运算符。其功能是把“>>”左边的运算数的各二进制位全部右移若干位，“>>”右边的数指定移动的位数。

例如，a>>2，即把 a 的各二进制位向右移动两位，假设 a=00000110，右移两位后为 00000001，a 由原来的 6 变成了 1。

例如，将 30 和 -30 各右移 3 位，过程如下：

30 在内存中的存储情况如图 6.15 所示。

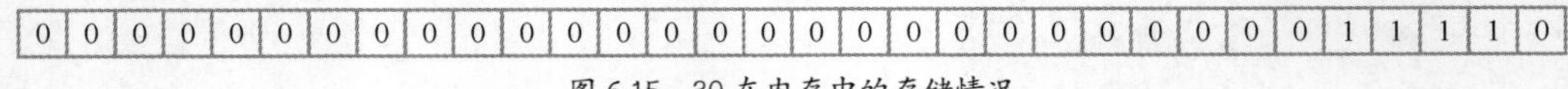

图 6.15 30 在内存中的存储情况

30 右移 3 位变成 3，其存储情况如图 6.16 所示

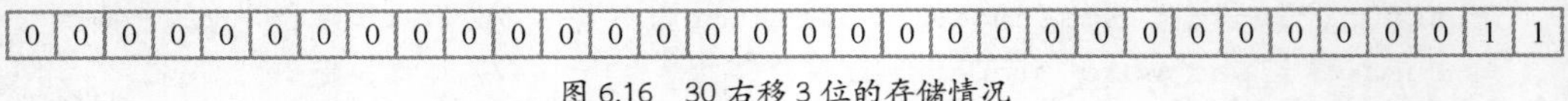

图 6.16 30 右移 3 位的存储情况

-30 在内存中的存储情况如图 6.17 所示。

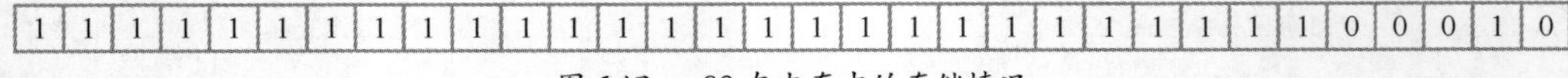

图 6.17 -30 在内存中的存储情况

-30 右移 3 位变成 -4，其存储情况如图 6.18 所示。

图 6.18 -30 右移 3 位的存储情况

3 右移两位变成 0，而 -4 右移两位则变成 -1。

> **说明**
>
> 在进行右移时对于有符号的数需要注意符号位问题，当为正数时，最高位补 0；而为负数时，最高位是补 0 还是补 1 取决于编译系统的规定。移入 0 的称为“逻辑右移”，移入 1 的称为“算术右移”。

6.7.7 总结

根据 6.7.1~6.7.6 小节的介绍，可将这 6 种运算符统称为一个名字，叫作位运算符，对应的 6 种表达式统称为位表达式。位运算符具体的符号和对应的含义如表 6.14 所示。

表 6.14 位运算符具体的符号和对应的含义

运算符	含义	运算符	含义
&	按位与	^	按位异或
|	按位或	<<	左移
~	取反	>>	右移

6.7.8 优先级与结合性

位运算符的优先级与结合性如表 6.15 所示。

表 6.15 位运算符的优先级与结合性

<table>
<tr><th>优先级</th><th>符号</th><th>含义</th><th>结合性</th></tr>
<tr><td>1</td><td>~</td><td>按位取反运算符（单目运算符）</td><td>自右向左</td></tr>
<tr><td>2</td><td><<、>></td><td>左移、右移运算符</td><td>自左向右</td></tr>
<tr><td>3</td><td>&</td><td>按位与运算符</td><td>自左向右</td></tr>
<tr><td>4</td><td>^</td><td>按位异或运算符</td><td>自左向右</td></tr>
<tr><td>5</td><td>|</td><td>按位或运算符</td><td>自左向右</td></tr>
</table>

6.8 逗号运算符与逗号表达式

逗号在我们心中是分隔符，例如有这样一句话：“救救我舅舅不救我舅舅我舅舅就没救了”。这句话看起来（读起来）有点晕，到底是救舅舅，还是不救舅舅？这时候可以加上逗号，改为“救救我舅舅，不救我舅舅，我舅舅就没救了”，如果这样写就能明确意思。逗号在这里起到了断句的作用，在 C 语言中，逗号不仅可以用作分隔符，还可以用在表达式中。

逗号表达式的一般形式如下：

```
表达式 1, 表达式 2,…, 表达式 n
```

逗号表达式的求解过程是：先求解表达式 1，再求解表达式 2，一直求解到表达式 n。整个逗号表达式的值是表达式 n 的值。逗号表达式称为顺序求值运算符。就像数学中常常求几何问题一样，需要按顺序写解题步骤。

例如下面使用逗号运算符的代码：

```
Value=1+3,1+2,15+27;
```

计算的表达式

上面代码中 Value 所得到的值为 4，而非 42。由于赋值运算符的优先级比逗号运算符的优先级高，因此先执行赋值的运算。如果要先执行逗号运算符的运算，则可以使用括号运算符，代码如下：

```
Value=(1+3,1+2,15+27);
```

计算的表达式

这句代码最终的结果是 42，因为使用了括号运算符，先计算括号内的表达式，然后执行赋值的运算。

6.9 复合赋值运算符

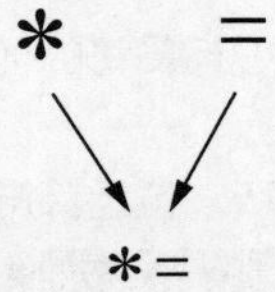

图 6.19 复合赋值运算符

复合赋值运算符是 C 语言中独有的，实际上是一种缩写形式，可使得变量操作的描述方式更为简洁。例如“*”和“=”复合，如图 6.19 所示。

如果在程序中为一个变量赋值，代码如下：

```
Value=Value*3 ;
```

这一行代码是对一个变量进行赋值操作，值为这个变量本身与一个整数常量 3 相乘的结果值。使用复合赋值运算符可以实现同样的操作。例如上面的代码可以改写成如下代码：

```
Value*=3;
```

这种描述更为简洁。关于上面两种实现相同操作的代码，使用复合赋值运算符相比使用赋值运算符的优点在于：

- 可简化程序，使程序更精练。
- 可提高编译效率。

表 6.16 所示的是其他复合赋值运算符。

表 6.16　其他复合赋值运算符

复合赋值运算符	含义	式子
+=	加法赋值	a+=b（等价于 a=a+b）
-=	减法赋值	a-=b（等价于 a=a-b）
*=	乘法赋值	a*=b（等价于 a=a*b）
/=	除法赋值	a/=b（等价于 a=a/b）
%=	模运算赋值	a%=b（等价于 a=a%b）
<<=	左移赋值	a<<=b（等价于 a=a<<b）
>>=	右移赋值	a>>=b（等价于 a=a>>b）
&=	位逻辑与赋值	a&=b（等价于 a=a&b）
|=	位逻辑或赋值	a|=b（等价于 a=a|b）
^=	位逻辑异或赋值	a^=b（等价于 a=a^b）

6.10 优先级与结合性的总结

数学中规定了优先级，如果没有规定，就会出现“争先恐后”先计算的情况。数学中规定：有括号先计算括号里的，没有括号先计算乘除再计算加减。C 语言中有这么多运算符，也需要进行规定，表 6.17 所示的是各个运算符的优先级与结合性，优先级 1 表示级别最高，优先级 15 表示级别最低。

表 6.17 运算符的优先级与结合性

<table>
<tr><th>优先级</th><th>运算符</th><th>含义</th><th>结合性</th></tr>
<tr><td rowspan="4">1</td><td>()</td><td>圆括号</td><td rowspan="4">自左向右</td></tr>
<tr><td>[]</td><td>方括号</td></tr>
<tr><td>-></td><td>指向结构体成员运算符</td></tr>
<tr><td>.</td><td>结构体成员运算符</td></tr>
<tr><td rowspan="8">2</td><td>!</td><td>逻辑非运算符（单目运算符）</td><td rowspan="8">自右向左</td></tr>
<tr><td>~</td><td>按位取反运算符（单目运算符）</td></tr>
<tr><td>++</td><td>自增运算符（单目运算符）</td></tr>
<tr><td>--</td><td>自减运算符（单目运算符）</td></tr>
<tr><td>-</td><td>负号运算符（单目运算符）</td></tr>
<tr><td>*</td><td>指针运算符（单目运算符）</td></tr>
<tr><td>&</td><td>取地址运算符（单目运算符）</td></tr>
<tr><td>sizeof</td><td>长度运算符（单目运算符）</td></tr>
<tr><td>3</td><td>*、/、%</td><td>乘法、除法、求余运算符</td><td rowspan="10">自左向右</td></tr>
<tr><td>4</td><td>+、-</td><td>加法、减法运算符</td></tr>
<tr><td>5</td><td><<、>></td><td>左移、右移运算符</td></tr>
<tr><td>6</td><td><、<=、>、>=</td><td>小于、小于或等于、大于、大于或等于运算符</td></tr>
<tr><td>7</td><td>==、!=</td><td>等于、不等于运算符</td></tr>
<tr><td>8</td><td>&</td><td>按位与运算符</td></tr>
<tr><td>9</td><td>^</td><td>按位异或运算符</td></tr>
<tr><td>10</td><td>|</td><td>按位或运算符</td></tr>
<tr><td>11</td><td>&&</td><td>逻辑与运算符</td></tr>
<tr><td>12</td><td>||</td><td>逻辑或运算符</td></tr>
<tr><td>13</td><td>?:</td><td>条件运算符（三目运算符）</td><td rowspan="2">自右向左</td></tr>
<tr><td>14</td><td>=、+=、-=、*=、/=、%=、>>=、<<=、&=、^=、|=</td><td>赋值运算符</td></tr>
<tr><td>15</td><td>,</td><td>逗号运算符（顺序求值运算符）</td><td>自左向右</td></tr>
</table>

6.11 练习题

（1）使用算术运算符编写一个显示支付宝年账单的代码，将 12 个月花费的金额数相加，运行结果如图 6.20 所示。

```
----------------------------------------------------------------------------
|  1~6月分别在支付宝上花费3588元、3000元、3888元、2100元、4565元、2509元   |
|  7~12月分别在支付宝上花费4551元、4839元、3609元、4142元、4895元、4981元  |
----------------------------------------------------------------------------

                   ★★★★★★★★★★★★
                   ★ 这一年在支付宝上总花费46667元 ★
                   ★★★★★★★★★★★★
```

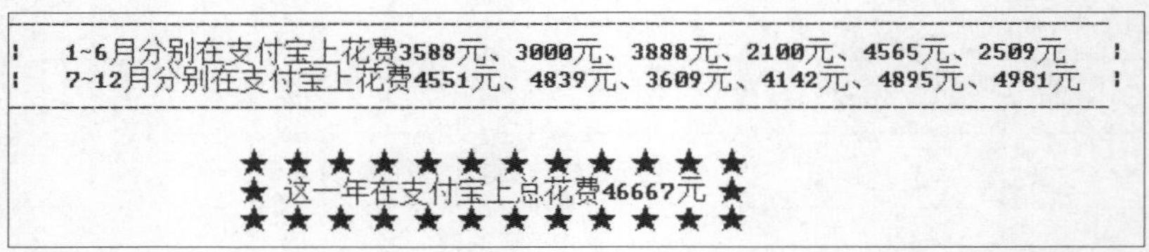

图 6.20　运行结果

（2）蚂蚁庄园是支付宝推出的网上公益活动，网友可以通过使用支付宝付款来领取鸡饲料，使用鸡饲料喂鸡之后可以获得鸡蛋，鸡蛋可用于进行爱心捐赠。模拟计算蚂蚁庄园一日产生的鸡饲料数量（提示：完成一次在线支付产生 240g 鸡饲料，完成一次到店支付产生 150g 鸡饲料），编写程序计算一共产生多少鸡饲料，运行结果如图 6.21 所示。

（3）港珠澳大桥是中国境内一座连接香港、珠海和澳门的大桥，位于广东省伶仃洋区域内，为珠江三角洲地区环线高速公路南环段，全长约 55 千米。请将港珠澳大桥的全长转换成中国古代的丈、尺（1 丈 =10 尺，3 尺 =1 米）数据表示出来，运行结果如图 6.22 所示。

```
请输入在线支付次数、到店支付次数：
1 2
▼▼▼▼▼▼▼▼▼▼▼▼▼
    今天蚂蚁庄园一共产生540g鸡饲料
▲▲▲▲▲▲▲▲▲▲▲▲▲
```

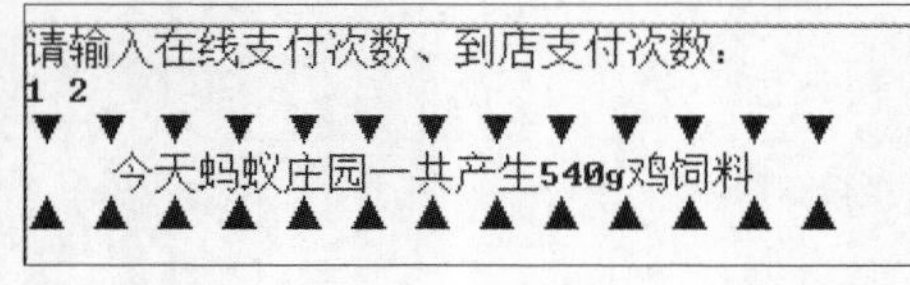

图 6.21　运行结果

```
港珠澳大桥全长165000尺
港珠澳大桥全长16500丈
```

图 6.22　运行结果

（4）已知一个直角三角形，它的两条直角边的边长是 6、8，利用勾股定理求出斜边的长度。实现效果如图 6.23 所示。［提示：使用平方函数 pow() 和开方函数 sqrt()］

```
☆☆☆☆☆☆☆☆☆☆☆☆☆
     此直角三角形的斜边是10
☆☆☆☆☆☆☆☆☆☆☆☆☆
```

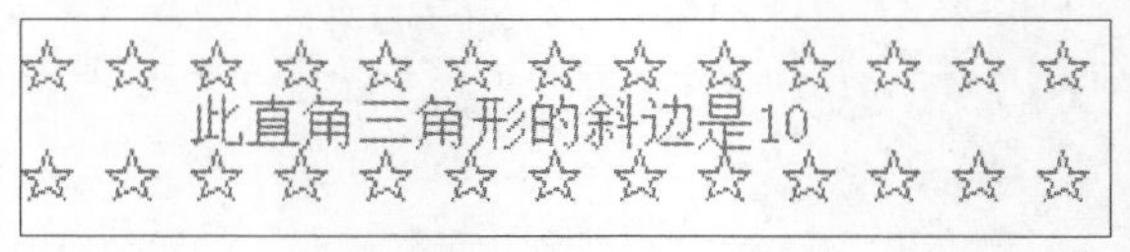

图 6.23　实现效果

（5）1964 年建成通车的日本东海道新干线的设计速度为 200km/h。后来随着技术进步，高铁的速度越来越快。目前我国运行中的高铁速度已经达到 350km/h。请编写一个程序，将用户输入的以 km/h 为单位的高铁速度数据转换成以 m/s 为单位的数据，输出结果如图 6.24 所示。（提示：使用运算符）

```
------------------------------
  请输入速度：100
  100.00km/h=27.78m/s
------------------------------
```

图 6.24　输出结果

条件判断语句

做任何事情都要遵循一定的原则。例如，到图书馆去借书，就必须要有借书证，并且借书证不能过期，这两个条件缺一不可。程序设计也是如此，需要利用流程控制实现与用户的交流，并根据用户的需求决定程序“做什么”和“怎么做”。

流程控制对于任何一门编程语言来说都是至关重要的，它提供了控制程序如何运行的方法。如果没有流程控制语句，整个程序将按照线性顺序来运行，而不能根据用户的需求决定程序运行的顺序。本章将对C语言流程控制语句中的条件判断语句进行详细讲解。

7.1 开篇实例：安全通行

当我们还是孩子时，父母就告诉我们记住“红灯停，绿灯行，黄灯等待”。其代表的是不同交通灯对应的交通状态：当交通灯为红灯时，表示要停止；当为绿灯时，表示可以行走；当为黄灯时，表示需要等待。

实例7-1 用代码来模拟交通灯的状况

具体代码如下：

```
#define _CRT_SECURE_NO_WARNINGS                    /* 解除 vs 安全性检测问题 */
#include<stdio.h>
int main()
{
    int light;
    printf(" 数字 1 表示红灯, 数字 2 表示黄灯 \n");
    printf(" 请输入目前交通灯的状态: \n");
    scanf("%d",&light);
    if (light==1) ——→if语句
```

```
    {
            printf(" 目前交通灯是红灯，请停车 \n");
    }
    else if (light == 2)  → else if 语句
    {
            printf(" 目前交通灯是黄灯，请减速观察慢行 \n");
    }
    else  → else 语句
    {
            printf(" 目前交通灯是绿灯，可以通行 \n");
    }
    return 0;
}
```

从代码中可以看到，“if 语句”“else if 语句”以及“else 语句”都是陌生的词汇，本章就来为大家一一解释它们是什么意思。

- if 语句：条件判断 if 语句。若 if 语句括号中的条件表达式结果为真值，就执行 if 下面花括号内的语句。
- else if 语句：条件判断 else if 语句。若 else if 语句括号中的条件表达式结果为真值，就执行 else if 下面花括号内的语句。
- else 语句：条件判断 else 语句。若 if 与 else if 语句括号中的条件表达式结果都为假值，就执行 else 下面花括号内的语句。

以上只简单介绍了这 3 种条件判断语句的功能，接下来进行详细介绍。

7.2 if 语句

if、if else、else if 语句都被称为条件判断语句，也被称为 if 语句，它们可以判断表达式的值，根据该值的情况控制程序流程。接下来就详细介绍这 3 种语句。

7.2.1 单个 if 语句

if 语句会对表达式进行判断，根据判断的结果决定是否进行相应的操作。如图 7.1 所示，它表达的意思是，买彩票，如果中奖了就买小汽车。中奖买小汽车的流程图如图 7.2 所示。

从图 7.1 中可以看到，if 语句的一般形式如下：

```
if(表达式)  语句块
```

有以下几点说明。

- if 是 C 语言条件判断语句中的关键字之一。

- 表达式是上面介绍过的检测条件，可以是关系表达式和逻辑表达式，也可以是数值。
- 语句块可以是一条语句，也可以是任意合法的复合语句（复合语句包含 {}）。

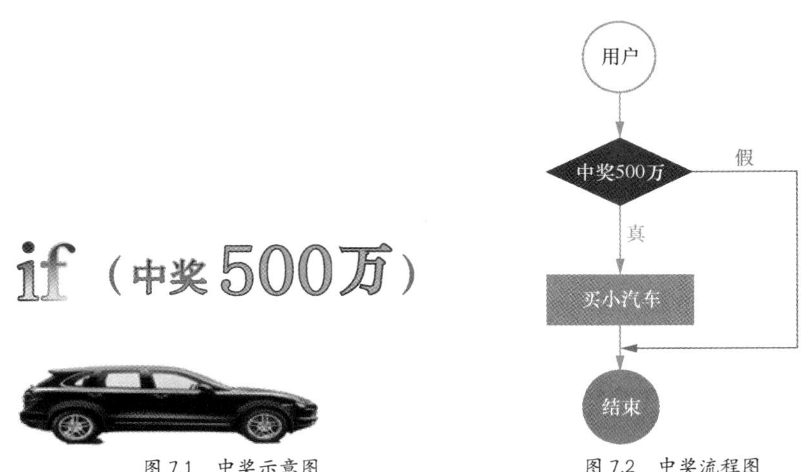

图 7.1 中奖示意图　　图 7.2 中奖流程图

if 语句的执行过程如下。

步骤 1：先计算括号中的表达式的值。

步骤 2：若表达式的值为真值（条件成立），执行 if 语句；否则（条件不成立），不执行 if 语句，而去执行下一条语句。

if 语句的执行流程图如图 7.3 所示。

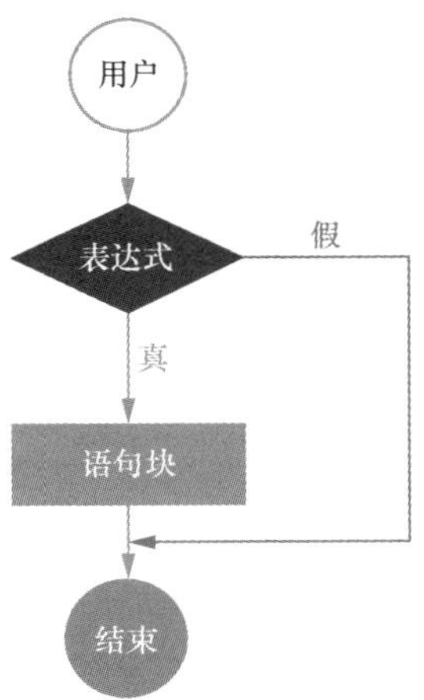

图 7.3 if 语句的执行流程图

例如下面的这行代码：

```
if(iNum) printf("这是真值");
```

上述代码会判断变量 iNum 的值，如果变量 iNum 的值为真值，则执行后面的语句；如果变量的值为假值，则不执行后面的语句。

在 if 语句的括号中，不仅可以判断一个变量的值是否为真值，也可以判断表达式的结果是否为真值，例如：

```
if(iSignal==1) printf("当前信号灯的状态是：%d:",iSignal);
```

这行代码的含义是：判断 iSignal==1 是否成立，如果条件成立，那么判断的结果是真值，则执行后面的输出语句；如果条件不成立，那么结果为假值，则不执行后面的输出语句。

从上面这两行代码可以看到 if 后面的执行部分只是调用了一条语句，如果是两条语句该怎么办呢？这时可以使用花括号标识执行部分使之成为语句块，例如：

```
if(iSignal==1)
{
    printf("当前信号灯的状态是：%d:\n",iSignal);
    printf("车需要停止");
}
```

将执行的语句都放在花括号中，这样当 if 语句判断条件为真时，就可以全部执行。使用这种方式的好处是可以更规范、清楚地表达出 if 语句所包含语句的范围，建议大家使用 if 语句时都使用花括号将执行语句标识在内。

☒ 常见错误

条件判断语句一定要把条件描述清楚，例如下面的这行语句是错误的。

```
if(i/6< >0){}
```

初学编程的人在程序中使用 if 语句时，常常会将下面两个判断弄混：

```
01  if(value){…}              /*判断变量值*/
02  if(value==0){…}           /*判断表达式的值*/
```

这两行代码中都有 value 变量，value 值虽然相同，但是判断的结果却不同。第一行代码表示判断的是 value 的值，第二行代码表示判断 value 等于 0 这个表达式是否成立。假定其中 value 的值为 0，那么在第一条 if 语句中，value 值为 0 即说明判断的结果为假，所以不会执行 if 后的语句。但是在第二条 if 语句中，判断的是 value 是否等于 0，因为假定 value 的值为 0，所以表达式成立，那么判断的结果就为真，会执行 if 后的语句。

7.2.2 if else 语句

除了可以指定在条件为真时执行某些语句外，还可以指定在条件为假时执行另外一段代码，这在 C 语言中是利用 else 语句来完成的，例如买彩票，如果中奖了就买小汽车，否则就买自行车，如图 7.4 所示。对应的流程图如图 7.5 所示。

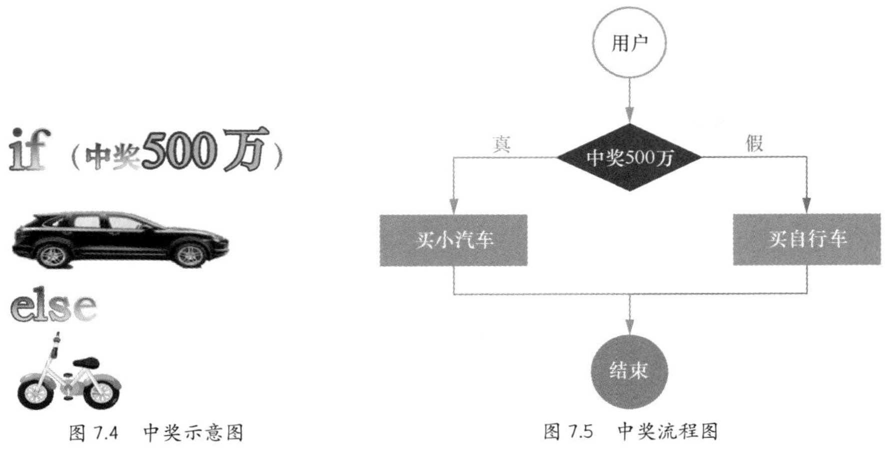

图 7.4　中奖示意图　　图 7.5　中奖流程图

从图 7.4 可以看出，if else 语句的一般形式如下：

```
if( 表达式 )
        语句块 1;
else
        语句块 2;
```

有以下几点说明。

- if 和 else 是 C 语言条件判断语句中的关键字。
- 表达式是上面介绍过的检测条件，可以是关系表达式和逻辑表达式，也可以是数值。
- 语句块 1 和语句块 2 可以是一条语句，也可以是任意合法的复合语句（复合语句包含 {}）。

if else 语句的执行过程如下。

步骤 1：先计算括号中的表达式的值。

步骤 2：若表达式的值为真值（条件成立），执行 if 语句；否则（条件不成立），执行 else 语句。

if else 语句的执行流程图如图 7.6 所示。

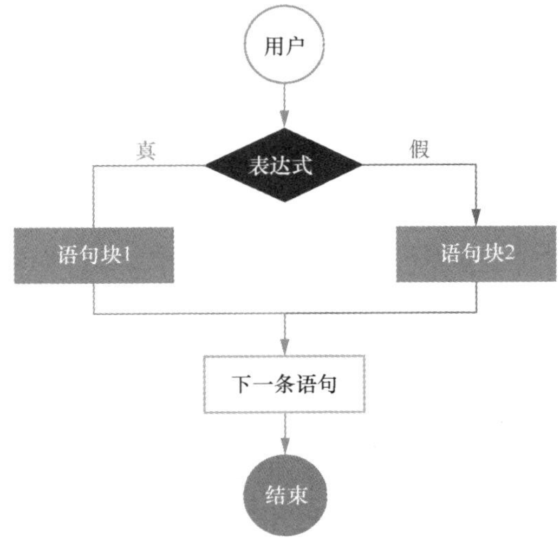

图 7.6　if else 语句的执行流程图

在 if 后的括号中判断表达式的结果，如果判断的结果为真值，则执行紧跟在 if 后的语句块中的内容；如果判断的结果为假值，则执行 else 语句后的语句块中的内容。例如：

```
if(value)
{
        printf(" 这个值为真值 ");
}
else
{
        printf(" 这个值为假值 ");
}
```

在上面的代码中，如果 if 判断变量 value 的值为真值，则执行 if 后面的语句块并进行输出。如果 if 判断的结果为假值，则执行 else 下面的语句块并进行输出。

注意

一个 else 语句必须跟在一个 if 语句的后面。

在使用 if 语句比较浮点数是否相等时，不要使用浮点值，否则会导致实际结果存在偏差，因为浮点值属于近似值，例如如下关键代码：

```
double d = 2 - 0.1 - 0.1 - 0.1 - 0.1 - 0.1;      // 计算的结果是 1.5
if (d == 1.5)                                    // 比较是否等于 1.5
{
    printf("d 的值是 1.5");                       // 输出结果
}
else                                             // 如果不等于 1.5
{
    printf("d 的值不是 1.5");                     // 输出结果
}
```

上述代码的运行结果如下：

```
d 的值不是 1.5
```

从代码运行结果来看，输出的是判断结果值不等于 1.5 对应的语句。因此，两个浮点值的相等测试并不可靠，建议读者朋友不要使用。

7.2.3 else if 语句

利用 if 和 else 关键字的组合可以实现 else if 语句，该语句可用于对一系列互斥的条件进行检验。例如，某商场举行大转盘抽奖活动，不同的中奖等级会获得不同的奖品，中奖的等级之间是互斥的，每次抽奖的结果都只能出现一个等级，如图 7.7 所示。要实现这个抽奖过程，可以使用 else if 语句。对应的流程图如图 7.8 所示。

```
if(中1等奖)
        获得一台手机
else if(中2等奖)
        获得一台微波炉
else if(中3等奖)
        获得200元优惠券
else
        再接再厉
```

图 7.7 抽奖活动

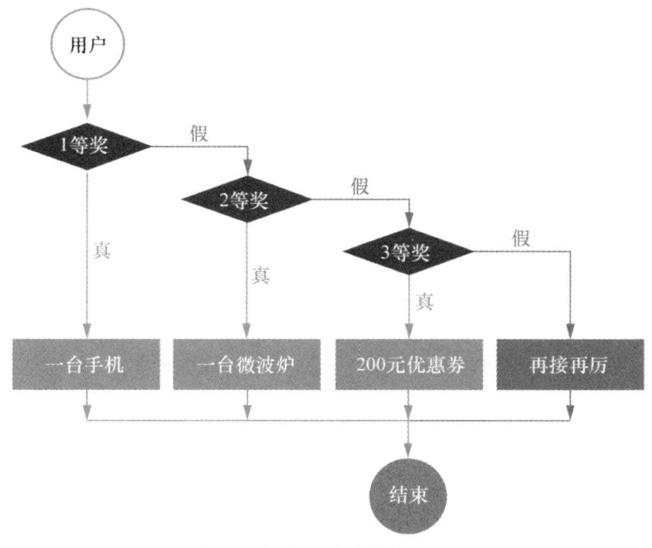

图 7.8 抽奖活动对应的流程图

从图 7.7 可以看出，else if 语句的一般形式如下：

```
if(表达式 1) 语句块 1
else if(表达式 2) 语句块 2
else if(表达式 3) 语句块 3
        …
else if(表达式 m) 语句块 m
else 语句块 n
```

有以下几点说明。

- if 和 else 是 C 语言条件判断语句中的关键字。
- 表达式 1、表达式 2 等是上面介绍过的检测条件，可以是关系表达式和逻辑表达式，也可以是数值。
- 语句块 1、语句块 2……语句块 n 可以是一条语句，也可以是任意合法的复合语句（复合语句包含 {}）。

else if 语句的执行过程如下。

步骤 1：先计算括号中的表达式 1 的值。

步骤 2：若表达式 1 的值为真值（条件成立），则执行 if 后紧跟的语句，忽略后面的 else if 和 else 后紧跟的语句。

步骤 3：若表达式 1 的值为假值（条件不成立），则计算表达式 2 的值；若表达式 2 的值为真值（条件成立），则会输出 else if 后紧跟的语句，会忽略 if 后紧跟的语句和 else 后紧跟的语句。如此循环，依次检测每个表达式的值。

else if 语句的执行流程图如图 7.9 所示。

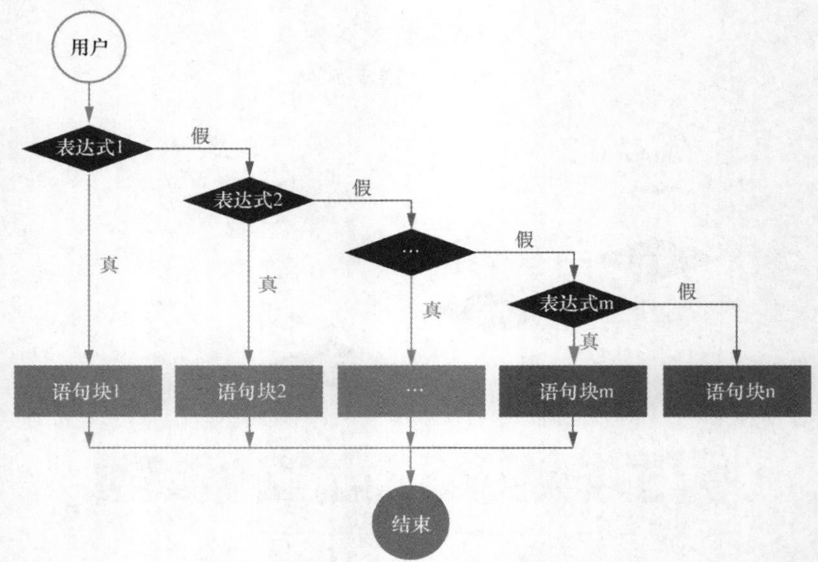

图 7.9　else if 语句的执行流程图

根据图 7.9 可知，首先对 if 语句中的表达式 1 进行判断，如果结果为真值，则执行后面跟着的语句块 1，然后跳过 else if 语句和 else 语句；如果结果为假值，那么判断 else if 语句中的表达式 2。如果表达式 2 的值为真值，则执行语句块 2 而不会执行后面的 else if 或者 else 语句。当所有的判断都不成立，也就是表达式的值都为假值时，执行 else 后的语句块。例如：

```
if(iSelection==1)
    {…}
else if(iSelection==2)
    {…}
else if(iSelection==3)
    {…}
else
    {…}
```

上述代码的含义如下。

（1）使用 if 语句判断变量 iSelection 的值是否为 1，如果为 1 则执行后面语句块中的内容，然后跳过之后的 else if 语句和 else 语句的执行。

（2）如果 iSelection 的值不为 1，那么通过 else if 语句判断 iSelection 的值是否为 2，如果值为 2，则条件为真，执行后面紧跟着的语句块，执行完后跳过之后的 else if 语句和 else 语句的操作。

（3）如果 iSelection 的值也不为 2，那么通过接下来的 else if 语句判断 iSelection 的值是否等于数值 3，如果等于 3，则执行后面语句块中的内容，否则执行 else 语句块中的内容。也就是说，当前面所有的判断条件都不成立（表达式的值为假值）时，执行 else 语句块中的内容。

☒ 常见错误

使用选择语句和其他的复合语句时，复合语句的花括号的使用不匹配。

7.3 if 语句的嵌套

嵌套可以理解为镶嵌、套用，例如我们熟悉的俄罗斯套娃，一个套着一个，这就可以叫作嵌套。if 嵌套就是在 if 语句中包含一条或多条 if 语句，一般形式如下：

```
if(表达式 1)
        if(表达式 2) 语句块 1
        else     语句块 2
else
        if(表达式 3) 语句块 3
        else     语句块 4
```

if 嵌套的功能是对判断的条件进行细化，方便进行相应的操作。

实例7-2 人们在生活中，每天早上醒来的时候可能会想一下今天是星期几，如果是周末就是休息日，如果不是周末就要上班。同时，休息日可能是星期六或者是星期日，是星期六就和朋友去逛街，是星期日就在家陪家人。

具体代码如下：

```
#define _CRT_SECURE_NO_WARNINGS                /* 解除 vs 安全性检测问题 */
#include<stdio.h>

int main()
{
    int iDay;     // 定义变量表示输入的内容代表星期几
    // 定义变量代表一周中的每一天
    int Monday = 1, Tuesday = 2, Wednesday = 3, Thursday = 4,
        Friday = 5, Saturday = 6, Sunday = 7;

    printf(" 请选择星期几 :\n");                // 提示信息
    scanf("%d", &iDay);                        // 输入星期信息

```

```
14      if (iDay>Friday)                              // 休息日的情况
15      {
16         if (iDay == Saturday)                      // 为星期六时
17         {
18         printf("和朋友去逛街\n");
19         }
20         else                                       // 为星期日时
21         {
22                printf("在家陪家人\n");
23       }
24      }
25      else                                          // 工作日的情况
26      {
27        if (iDay == Monday)          // 为星期一时
28       {
29            printf("开会\n");
30         }
31         else                        // 为其他星期情况时
32         {
33               printf("工作\n");
34       }
35      }
36      return 0;                      // 程序结束
37  }
```

if语句的嵌套

if语句的嵌套

运行程序，结果如图 7.10 所示。

上面的代码表示整个 if 语句嵌套的操作过程，首先判断为休息日的情况，然后根据判断的结果选择相应的具体判断或者操作，过程如下。

（1）通过第 14 行 if 语句判断今天是否为休息日。

（2）如果，判断出今天是休息日，则继续判断今天是不是星期六。如果第 16 行 if 语句判断为真，那么执行第 18 行语句；如果不为真，那么执行第 22 行语句。也就是如果为星期六就和朋友逛街，如果为星期日就在家陪家人。

（3）同理，外层的 else 语句表示工作日时的相应操作。

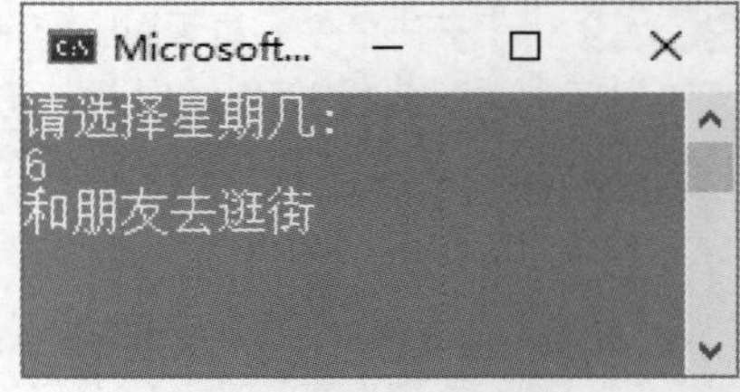

图 7.10　日期选择程序结果

注意

在使用 if 语句嵌套时，应注意 if 语句与 else 语句的配对情况。else 语句总是会与其上面最近未配对的 if 语句进行配对。

说明

嵌套的形式其实就是多分支选择。

7.4 条件运算符

自增、自减以及复合赋值运算符都是 C 语言中提供的“精简运算符”，关于条件选择也有一个精简的运算符——条件运算符(又称三目运算符)。条件运算符用于将 3 个表达式连接在一起，组成条件表达式。条件运算符的语法格式如下：

```
返回值 = 表达式 1 ? 表达式 2: 表达式 3;
```

有以下几点说明。

- 表达式 1、表达式 2、表达式 3 可以是任意合法的表达式。
- 它是 C 语言中唯一的三目运算符，其优先级高于赋值运算符，但低于关系运算符和算术运算符，结合方式是自右向左。
- 条件表达式最后的结果会赋给一个变量。

它的执行步骤如下。

步骤 1：首先判断表达式 1。

步骤 2：若表达式 1 的条件成立，则为真，计算表达式 2 的值，表达式 2 的值是整个条件表达式的值；若表达式 1 的条件不成立，则为假，计算表达式 3 的值，表达式 3 的值是整个条件表达式的值。

步骤 3：将最后的结果赋值给返回值。

说明

条件表达式的真或假需要进行判断，然后根据判断结果返回另外两个表达式中的一个。

条件表达式的执行流程图如图 7.11 所示。

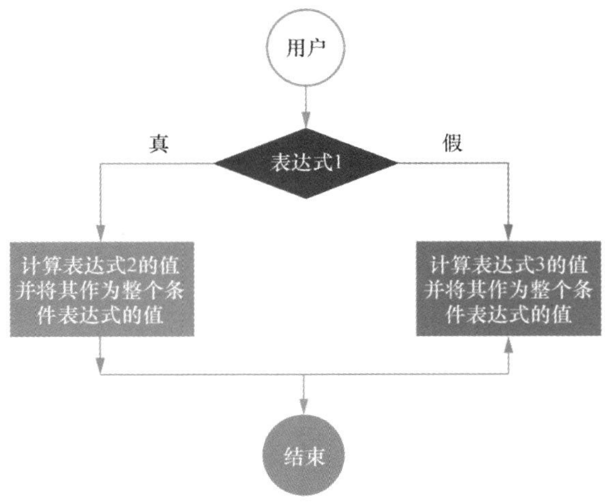

图 7.11　条件表达式的执行流程图

例如代码：

```
b=a>2?2:3;
```

这条语句的运算过程如图 7.12 所示。

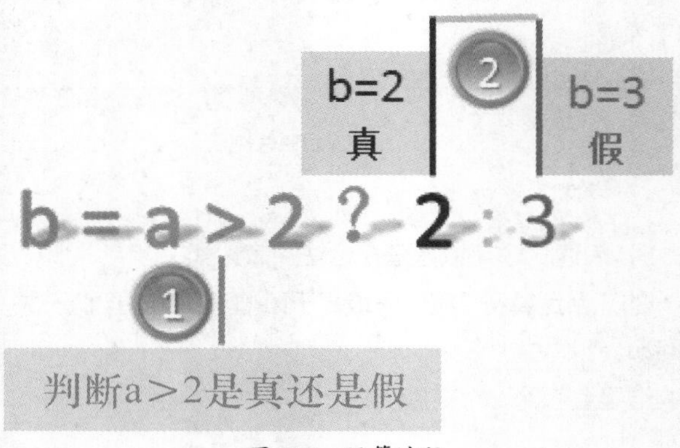

图 7.12　运算过程

上述代码等价于：

```
if(a>2)
{
    b = 2;
}
else
{
    b = 3;
}
```

实例7-3 模拟条件运算符实现输出送餐费用，假设消费 15 元就免配送费，否则要加 5 元的配送费。

具体代码如下：

```
#define _CRT_SECURE_NO_WARNINGS                    /* 解除 vs 安全性检测问题 */
#include<stdio.h>
int main()
{
    int food, fee;                                 // 定义变量存储餐费、总共费用
    printf(" 您的订单餐费是: \n");                  // 提示信息
    scanf("%d", &food);                            // 输入餐费
    fee = food >= 15 ? food : (food + 5);          // 利用条件运算符计算总费用
    printf(" 您的订单共计 %d 元，请支付 \n", fee);  // 输出总费用
    return 0;                                      // 程序结束
}
```

运行程序，图 7.13 所示是餐费小于 15 元的结果，图 7.14 所示是餐费大于 15 元的结果。

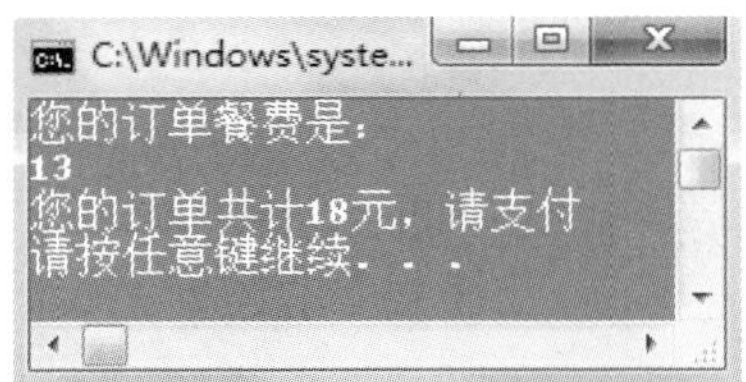

图 7.13　餐费小于 15 元的结果

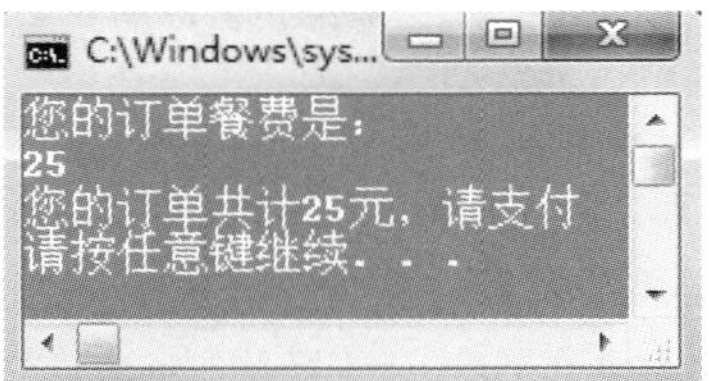

图 7.14　餐费大于 15 元的结果

7.5　switch 语句

根据 7.2 节的介绍可知，if 语句只有两个分支可供选择，而在实际问题中常需要用到多分支选择。就像买衣服，可以有多种选择。当然，使用嵌套的 if 语句也可以采用多分支实现买衣服的选择，但是分支较多，就会使得嵌套的 if 语句层数较多，程序会变得冗余并且可读性不好。在 C 语言中，可以使用 switch 语句直接处理像买衣服这种多分支选择的情况，以提高程序的可读性。

7.5.1　switch 语句的基本形式

switch 语句是多分支选择语句，它的一般形式如下：

```
switch(表达式)
{
        case 情况 1:
                语句块 1;
        case 情况 2:
                语句块 2;
        …
        case 情况 n:
                语句块 n;
        default:
                所有情况都不符合语句块;
}
```

有以下几点说明。

- switch 和 case 是条件分支语句中的关键字。
- switch 后面的表达式必须用圆括号标识，此表达式的结果值必须是整型或者字符型。switch 语句后面紧跟的 {} 标识的部分成为 switch 的语句块，其中的 {} 一定不能省略。
- case 后面必须是常量或者常量表达式，不能是变量。case 与常量或者常量表达式之间有空格，同时 case 和常量或者常量表达式的句末一定要用冒号。case 和紧跟的常量或者常量表达式合称为 case 语句标号，由它来检测该执行哪条 case 语句后的语句。
- 各 case 语句标号应该互不干扰，case 语句标号后的语句块 1、语句块 2 等可以是一条语句，也可以是复合语句。

- default 也起到标号作用，代表 case 语句标号之外的标号。default 标号可以出现在语句块的任何位置，并不会影响程序的运行。当然，switch 语句也可以没有 default 标号。

switch 语句的实现过程如下。

步骤 1：计算 switch 后圆括号内的表达式的值。

步骤 2：用这个值逐个与 case 后的常量或者常量表达式进行比较，当找到匹配的值时，就执行该 case 后面紧跟的语句块。若没有与 case 中的常量或者常量表达式匹配的值，就执行 default 后紧跟的语句。

switch 语句的执行流程图如图 7.15 所示。

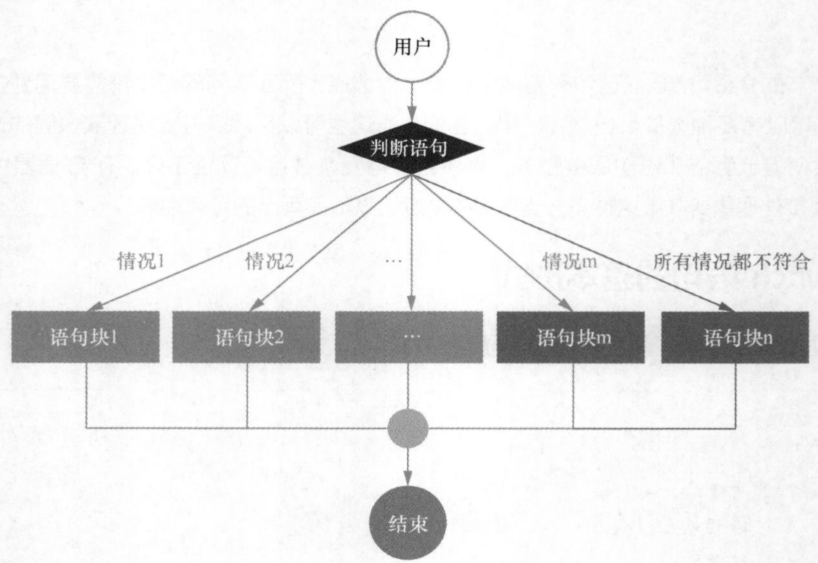

图 7.15 switch 语句的执行流程图

下面通过图 7.15 所示的流程图分析 switch 语句的一般形式。switch 语句后面的括号中的表达式就是要进行判断的条件。在 switch 的语句块中，使用 case 关键字表示检验条件符合的各种情况，其后的语句代表相应的操作。还有一个 default 关键字，如果没有符合条件的情况，那么执行 default 后的默认语句。

说明

switch 语句检验的必须是整型表达式，这意味着其中可以包含运算符和函数。而 case 语句检验的值必须是整型常量，即可以是常量表达式或者包含常量运算。

下面通过如下代码来分析 switch 语句的使用方法：

```
switch(selection)
  {
        case 1:
```

```
                printf("选择矿泉水\n");
                break;
            case 2:
                printf("选择旺仔\n");
                break;
            case 3:
                printf("选择脉动\n");
                break;
            default:
                printf("输入错啦！ \n");
                break;
    }
```

上述代码通过 switch 判断 selection 变量的值，利用 case 语句检验 selection 的值的不同情况。假设 selection 的值为 1，那么执行 case 1 时，就会输出“选择矿泉水”，执行后通过 break 跳出 switch 语句；假设 selection 的值为 2，就会输出“选择旺仔”，执行后通过 break 跳出 switch 语句；假设 selection 的值为 3，就会输出“选择脉动”，执行后通过 break 跳出 switch 语句；如果 selection 的值不符合 case 中所检验的情况，那么执行 default 中的语句，就会输出“输入错啦！”。在每一个 case 或 default 语句后都有一个 break 关键字。break 语句用于跳出 switch 语句，不再执行 switch 下面的语句。

注意

在使用 switch 语句时，如果没有一个 case 语句后面的值能匹配 switch 语句的条件，就执行 default 后面的语句。其中，任意两个 case 语句不能使用相同的常量值；并且每一个 switch 结构只能有一个 default 语句，而且 default 可以省略。

在使用 switch 语句时，每一个 case 中都要使用 break 语句，break 语句可实现执行完 case 语句后跳出 switch 语句。如果没有 break 语句，程序会将后面的内容全都执行。例如下面的代码，case 语句结束后不加 break:

```
printf("请查看口袋剩多少元钱\n");
    scanf("%d", &money);
    switch (money)
    {
    case 7:
          printf("还剩%d元，吃米饭套餐\n", money);
          //没有break语句
    case 12:
          printf("还剩%d元，吃米线\n", money);
          //没有break语句
    case 40:
          printf("还剩%d元，吃比萨\n", money);
          //没有break语句
```

```
    default:
        printf(" 没钱了 !!!\n");
    }
```

运行结果如图 7.16 所示。

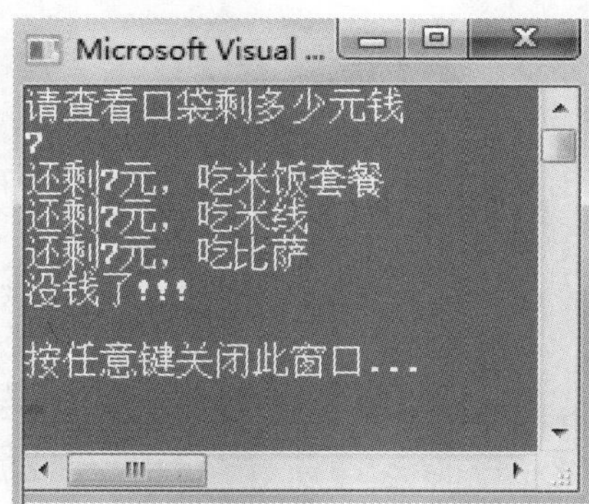

图 7.16　switch 省略 break 语句的结果

从图 7.16 可以看出，去掉 break 语句后，程序会将与 case 检验情况相符后的所有语句输出。因此，在这种情况下，break 语句在 case 语句中是不能缺少的。

7.5.2　多路开关模式的 switch 语句

在前面的实例中，将 break 语句去掉之后，会将符合检验条件后的所有语句都输出。利用这个特点，可以设计多路开关模式的 switch 语句，它的形式如下：

```
switch(表达式)
{
        case 1:
            语句 1
            break;
        case 2:
        case 3:
            语句 2
            break;
        …
        default:
            默认语句
            break;
}
```

从以上形式中可以看到，如果在 case 2 后不使用 break 语句，那么符合 case 2 检验时与符合 case 3 检验时的输出效果是一样的。也就是说，使用多路开关模式，可以使多种检验条件用一个语句块输出。

实例7-4 平年一年中的 12 个月，1、3、5、7、8、10、12 月是 31 天，4、6、9、11 月是 30 天，2 月是 28 天，如果在控制台上任意输入月份，就可以知道这个月有多少天。

具体代码如下:

```
#define _CRT_SECURE_NO_WARNINGS                          /* 解除 vs 安全性检测问题 */
#include<stdio.h>
int main()
{
    int month;
    printf(" 请输入月份: \n");
    scanf("%d", &month);
    switch (month)
    {
    // 多路开关模式
    case 1:
    case 3:
    case 5:
    case 7:
    case 8:
    case 10:
    case 12:
            printf("%d 月有 31 天 \n", month);
            break;
    // 多路开关模式
    case 4:
    case 6:
    case 9:
    case 11:
            printf("%d 月有 30 天 \n", month);
            break;
    case 2:
            printf("%d 月有 28 天 \n", month);
            break;
    default:
            printf(" 输入错啦, 没有这个月份 \n");
    }
    return 0;                                            // 程序结束
}
```

运行结果如图 7.17 所示。

图 7.17　多路开关模式结果

当参数的值与 case 语句后的值相匹配时，程序开始执行当前 case 语句后的语句序列；当遇到 break 关键字时，程序将跳出 switch 多分支语句。

default 部分是可以被省略的。以上述代码为例，去掉图 7.18 所示的 default 部分后，当控制台输入的值为 26 时，程序的运行结果如图 7.19 所示。

```
default: // 用户输入的个税百分比不是上述case语句后的值
    printf("查询无结果！\n请查阅个税百分比后，再输入……");
    break;
}
```

图 7.18　default 部分

图 7.19　去掉 default 部分后的运行结果

从图 7.19 可知，default 部分被省略后，当控制台输入的值与 case 语句后的值均不能匹配时，程序没有输出任何结果。因此，建议读者朋友们在设计程序的过程中尽量设计并保留 default 部分的功能代码。

7.6　if else 和 switch 的区别

if else 语句和 switch 语句都用于根据不同的情况检验条件并进行相应的判断。

if else 结构对判断次数较少的情况运行速度比较快，但是随着判断次数的增长，速度会逐渐变慢。使用 if else 结构可以判断表达式，但是不容易进行添加扩充。

在 switch 结构中，对其中每一项 case 的判断速度都是相同的，判断 default 情况比判断其他情况都快。

总而言之，当判断的次数较少时，if else 结构的判断速度比 switch 结构的快。也就是说，如果分支在 3 个或者 4 个以下，用 if else 结构比较好，否则选择 switch 结构。

7.7　练习题

（1）任意输入 3 个整数，编程实现对这 3 个整数进行从小到大排序并将排序后的结果显示在屏幕上。运行结果如图 7.20 所示。

```
please input a,b,c:
50
80
30
这3个数从小到大的顺序是:
30,50,80
```

图 7.20　3 个整数从小到大排序

（2）女生通常都喜欢玫瑰花，不同颜色的玫瑰花代表着不同的含义，例如：红玫瑰代表“我爱你、热恋，希望与你泛起激情的爱”；白玫瑰代表“纯洁、谦卑、尊敬，象征纯洁的爱情”；粉玫瑰代表“初恋，喜欢你那灿烂的笑容，年轻漂亮”；蓝玫瑰代表“憨厚、善良”。选择不同颜色的玫瑰，输出对应的含义，运行结果如图 7.21 和图 7.22 所示。

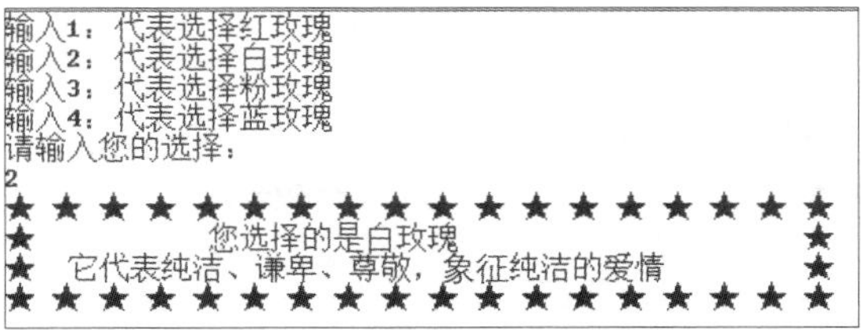

```
输入1：代表选择红玫瑰
输入2：代表选择白玫瑰
输入3：代表选择粉玫瑰
输入4：代表选择蓝玫瑰
请输入您的选择：
2
★★★★★★★★★★★★★★★★★★
★            您选择的是白玫瑰                ★
★   它代表纯洁、谦卑、尊敬，象征纯洁的爱情   ★
★★★★★★★★★★★★★★★★★★
```

图 7.21 输出白玫瑰的含义

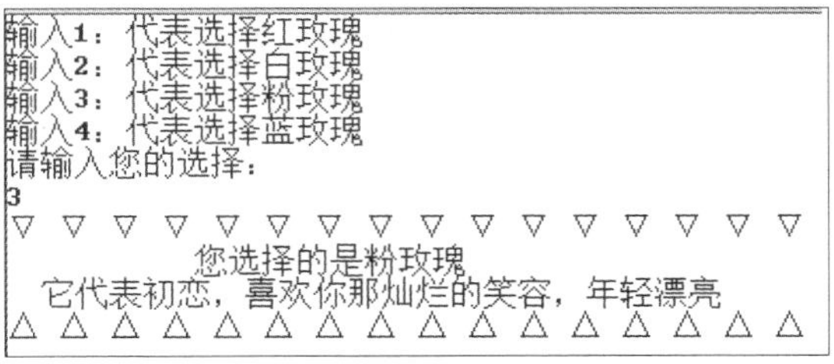

```
输入1：代表选择红玫瑰
输入2：代表选择白玫瑰
输入3：代表选择粉玫瑰
输入4：代表选择蓝玫瑰
请输入您的选择：
3
▽ ▽ ▽ ▽ ▽ ▽ ▽ ▽ ▽ ▽ ▽ ▽ ▽ ▽ ▽ ▽
            您选择的是粉玫瑰
   它代表初恋，喜欢你那灿烂的笑容，年轻漂亮
△ △ △ △ △ △ △ △ △ △ △ △ △ △ △ △
```

图 7.22 输出粉玫瑰的含义

（3）某电商平台配送产品的规定为，消费金额大于或等于 99 元就免配送费，如果小于 99 元就要多付 6 元的配送费。编写代码实现当用户输入消费金额后计算需要支付多少钱，运行结果如图 7.23 所示。

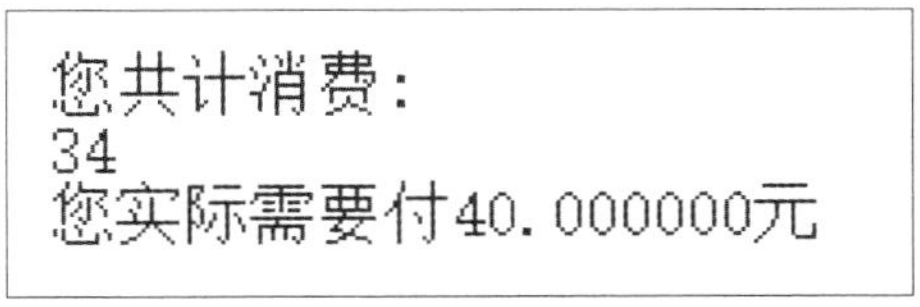

```
您共计消费:
34
您实际需要付40.000000元
```

图 7.23 运行结果

（4）编写程序实现选择喝 CocaCola（可口可乐）还是喝 coffee（咖啡）的功能，数字 1 代表喝 CocaCola，数字 2 代表喝 coffee。运行结果如图 7.24 和图 7.25 所示。（提示：使用 if 语句）

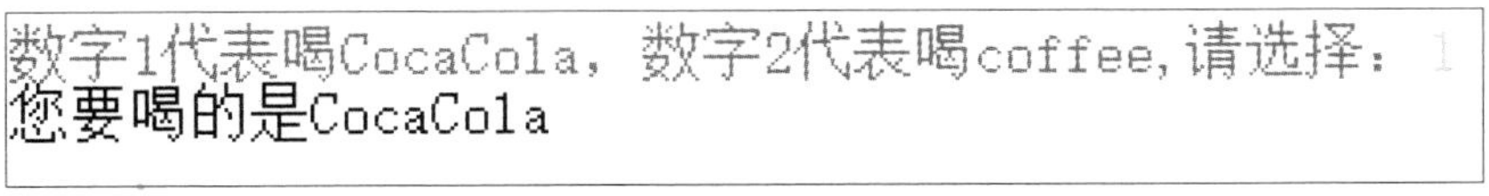

```
数字1代表喝CocaCola，数字2代表喝coffee,请选择：1
您要喝的是CocaCola
```

图 7.24 选择喝 cocacola

```
数字1代表喝CocaCola，数字2代表喝coffee,请选择：2
您要喝的是coffee
```

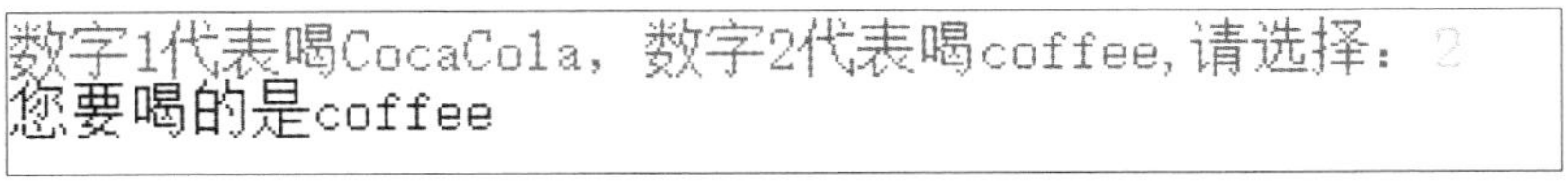

图 7.25 选择喝 coffee

（5）使用 if 嵌套实现判断，外层 if 语句判断是否为周末，里层 if 语句判断星期六、星期日每天的活动是什么，效果如图 7.26 和图 7.27 所示。该如何编写代码？（提示：使用 if 语句嵌套）

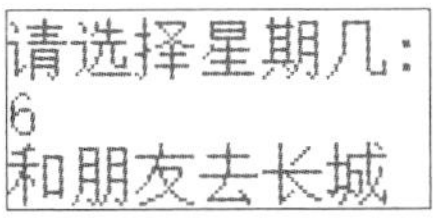

```
请选择星期几:
6
和朋友去长城
```

图 7.26 星期六的安排

```
请选择星期几:
2
工作
```

图 7.27 星期二的安排

循环语句

日常生活中总会有许多简单而重复的工作，完成这些必要的工作可能需要花费很多时间。编写程序的目的就是使工作变得简单，使用计算机来处理这些重复的工作是最好不过的了。

本章致力于使读者了解循环语句的特点，会分别介绍 while 语句结构、do while 语句结构和 for 语句结构 3 种循环语句结构，并且会对它们进行区分讲解，最后还介绍了转移语句的相关内容。

8.1 开篇实例：利用公积金贷款买房

住房公积金（以下简称公积金）是国家机关、国有企业、城镇集体企业、外商投资企业、城镇私营企业及其他城镇企业、事业单位、民办非企业单位、社会团体（以下统称单位）及其在职职工个人共同缴存的长期住房储金。使用公积金买房贷款的利息比商业贷款低很多，能够省下很大一笔钱。通常职工如果能用公积金贷款买房，都会选择使用公积金贷款买房。

实例8-1 模拟用公积金买房，计算月供的金额。

具体代码如下：

```
#define _CRT_SECURE_NO_WARNINGS                     /* 解除 vs 安全性检测问题 */
#include<stdio.h>
int main()
{
        double sum, m;
        int i = 0;
        printf(" 请输入你想要买的房子的总价格: ");
        scanf("%lf",&m);
        sum = m - 370000;  → 去掉首付，需要向银行借贷的金额
        printf(" 房子的总价是: %.1lf\n 首付 370000 元之后还剩 %.1lf 元 \n",m,sum);
```

```
        printf(" 将所剩的 %.1lf 元进行 30 年分期付款: \n",sum);
        for ( i = 0; i < 30; i++)
        {                                   → 利用循环结构计算本金和利息的总金额
                sum *= 1.049;
        }
        sum/= 30;        → 计算每年要还的金额
        sum = sum/12;    → 计算每月要还的金额
        printf(" 从买房子开始, 接下来的 30 年每个月需要还 %.2lf 元钱 \n",sum);
        return 0;
}
```

从代码中可以看到，有很多我们熟悉的单词，例如double、scanf、printf，还有很多运算符，除此之外，还有框中的“for”等，接下来我们简单介绍一下相关内容。

- for 语句：循环语句之一。它是这段循环的标志，出现 for 就意味着其下面的语句块要循环执行。
- 3 个 i：循环语句的条件。第 1 个 i 是循环的初值；第 2 个 i 是循环的长度；第 3 个 i 表示改变 i 的值，让改变后的值与第 2 个 i 进行比较。
- 花括号 {}：循环语句块的“分割标志”。循环部分就是花括号 {} 里的语句块部分，也就是上述代码中的“sum*=1.049;”这句代码。

以上简单介绍了 for 语句在开篇实例中的使用，具体的 for 语句用法我们会在后文详细讲解，当然除了 for 循环语句之外，还有其他的循环语句。接下来就来详解介绍每种循环语句的使用方法及对应的流程图。

8.2 while 语句

我们来举一个生活中的例子，例如给手机充电，当手机电量充到 100%（以下省略“%”）时，就不用充电了。图 8.1 所示是手机电量从 1 充到 100 的代码，对应的流程图如图 8.2 所示。

从图 8.1 中可以看到，代码中使用了 while 语句，while 语句可以执行循环结构，它的一般形式如下：

```
while( 表达式 )
{
语句块 ;
}
```

有以下几点说明。

- while 是循环结构中的关键字之一。
- 表达式可以是任意合法的表达式，由它来控制语句块的执行。
- 语句块可以是一条语句，也可以是任意合法的复合语句（复合语句包含 {}）。

从图 8.2 中可以看出 while 语句的执行流程图，如图 8.3 所示。

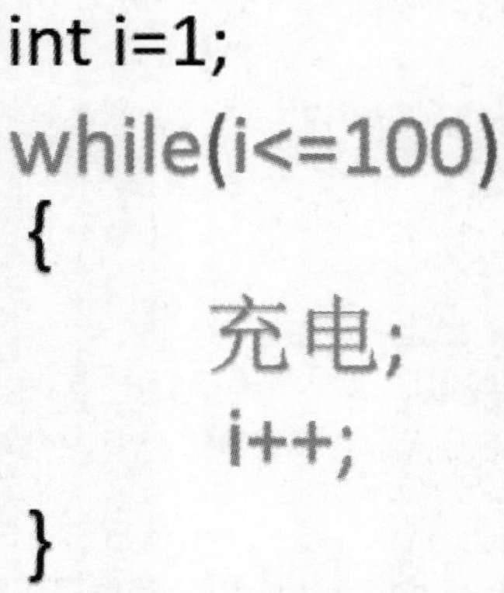

```
int i=1;
while(i<=100)
{
    充电;
    i++;
}
```

图 8.1　用 while 语句“充电”

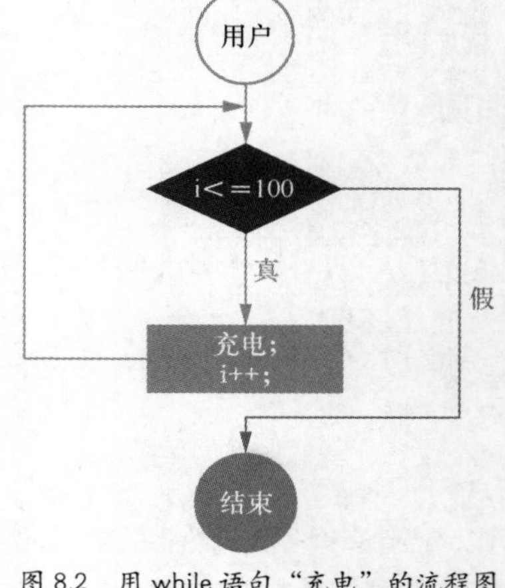

图 8.2　用 while 语句“充电”的流程图

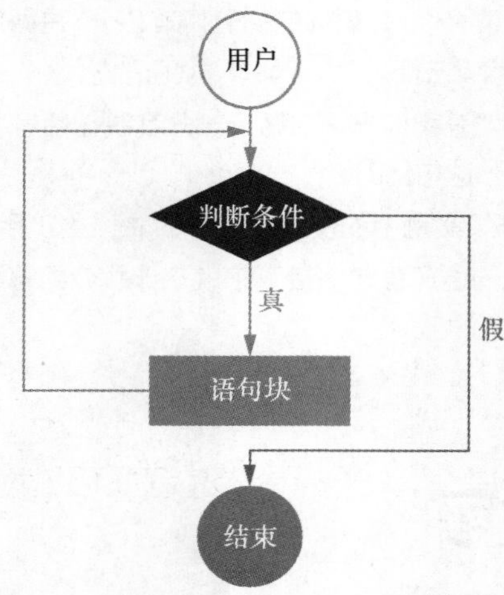

图 8.3　while 语句的执行流程图

根据图 8.3，可总结出 while 语句的如下执行步骤。

步骤 1：先计算表达式的结果。

步骤 2：若表达式的结果为真，执行步骤 3；若表达式的结果为假，执行步骤 5。

步骤 3：执行语句块中的内容。

步骤 4：再执行步骤 2。

步骤 5：结束循环，执行 while 循环之后的语句。

例如，判断条件为关系表达式，代码如下：

```
int num=1;
while(num>100)                         //判断条件为关系表达式（num 与 100 进行比较）
{
        num+=1;
}
```

例如，判断条件为逻辑表达式，代码如下：

```
int num1, num2;
while(num1&&num2)       // 判断条件为逻辑表达式（num1 和 num2 进行逻辑与运算）
{
            num+=1;
}
```

例如，判断条件为算术表达式，然后进行关系运算，代码如下：

```
int num=2;
while(num+2>100) // 判断条件为算术表达式，再进行比较
{
            num+=1;
}
```

例如，判断条件为单个变量，代码如下：

```
int num=1
while(num)                          // 判断条件为单个变量（判断 num 的值是否为真值）
{
            num+=1;
}
```

从上面这段代码可以看出，判断条件 num 永远为真，那么这个循环将会无止境地循环下去，这样的循环被称为死循环或者无限循环。常见的死循环还有一种形式，例如：

```
int num=1;
while(1)                              // 判断条件为 1，永远为真
{
            num+=1;
}
```

从上面这段代码可以看出，判断条件为 1，永远为真，这样的循环也称为死循环（无限循环）。

8.3 do while 语句

8.2 节介绍了 while 语句，本节介绍的循环语句比 while 多一个单词 do。do while 语句的作用是：不论条件是否满足，循环过程必须至少执行一次。do while 语句的特点就是先执行循环体语句的内容，然后判断循环条件是否成立。do while 语句的一般形式如下：

```
do
{
  语句块
}while(表达式);
```

有以下几点说明。

- do 和 while 是循环结构中的关键字。
- 表达式可以是任意合法的表达式，由它来控制循环的执行。
- 语句块可以是一条语句，也可以是任意合法的复合语句（复合语句包含 {}）。

do while 语句首先执行一次语句块中的内容，然后判断表达式，当表达式的结果为真时，返回重新执行语句块。执行循环，直到表达式的判断结果为假时为止，此时循环结束。do while 语句的执行流程图如图 8.4 所示。

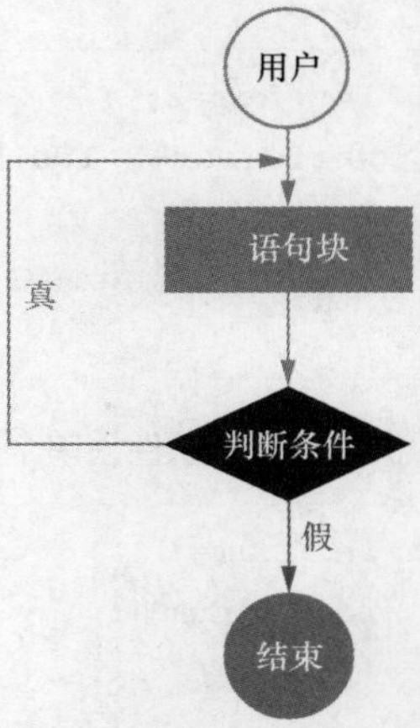

图 8.4　do while 语句的执行流程图

根据图 8.4，可总结出 do while 语句的如下执行步骤。

步骤 1：先执行 do 后的语句块。

步骤 2：计算 while 后一对圆括号内的表达式的值。当表达式的结果为真时，执行步骤 1；当表达式的结果为假时，执行步骤 3。

步骤 3：结束循环，执行 do while 循环之后的语句。

比较图 8.3 和图 8.4 可以得出 while 与 do while 语句的区别：do while 的循环体至少无条件执行一次，简单地说，do while 语句要比 while 语句多循环一次。

例如，判断条件为关系表达式，代码如下：

```
int num=1;
do
{
          num+=1;
} while(num>100);                //判断条件为关系表达式（num 与 100 进行比较）
```

例如，判断条件为逻辑表达式，代码如下：

```
int num1, num2;
do
{
          num+=1;
} while(num1&&num2);           //判断条件为逻辑表达式(num1 与 num2 进行逻辑与运算）
```

例如，判断条件为算术表达式，然后进行关系运算，代码如下：

```
int num=2;
do
```

```
{
            num+=1;
// 判断条件为算术表达式，再进行比较（计算 num+2 的值再将其与 100 进行比较）
} while(num+2>100);
```

例如，判断条件为单个变量，代码如下：

```
int num=1
do
{
            num+=1;
}while(num);                         // 判断条件为单个变量（判断 num 的值是否为真值）
```

这样的循环也被称为死循环或者无限循环。

例如，判断条件为 1，代码如下：

```
int num=1;
do
{
            num+=1;
} while(1);                          // 判断条件为 1，永远为真
```

这样的循环也称为死循环或者无限循环。

比较 while 语句和 do while 语句可以看出，这两种语句是可以相互转换的。

实例8-2 用 do while 语句编写一个程序，计算 1~20 的和。

具体代码如下：

```
#include<stdio.h>
int main()
{
    int number = 1;                  // 起始数字为 1
    int sum = 0;                     // 初始时和为 0
    do
    {
            sum = sum + number;      // 从 1 开始求和
            number++;                // 等价于 number = number + 1
    }while (number <= 20);// 如果 number 的值超过 20，do while 语句则会被终止
    printf("1~20 的和等于 %d\n",sum);
    return 0;                        // 程序结束
}
```

运行结果如下：

```
1~20 的和等于 210
```

实例8-3 用 while 语句编写一个程序，计算 1~20 的和。

具体代码如下：

```
#include<stdio.h>
int main()
{
    int number = 1;                          // 起始数字为 1
    int sum = 0;                             // 初始时和为 0
    while (number <= 20)                     // 如果 number 的值超过 20，循环终止
    {
          sum = sum + number;                // 从 1 开始求和
          number++;                          // 等价于 number = number + 1
    }
    printf("1~20 的和等于 %d\n",sum);
    return 0;                                // 程序结束
}
```

运行结果如下：

```
1~20 的和等于 210
```

从实例 8-2、实例 8-3 可以看出，实例程序运行结果是相同的，判断的条件也是相同的，只不过用的循环语句不同，由此可知，while 语句和 do while 语句是可以互换的。

> **注意**
>
> 在使用 do while 语句时，循环条件要放在 while 关键字后面的括号中，最后必须加上一个分号，这是许多初学者容易忘记的。

8.4 for 语句

在 C 语言中，使用 for 语句也可以控制循环，并且可在每一次循环时修改循环变量。在循环语句中，for 语句的应用极为灵活，它不仅可以用于循环次数已经确定的情况，而且可以用于循环次数不确定而只给出循环结束条件的情况。下面对 for 语句的循环结构进行详细的介绍。

8.4.1 for 语句的使用

我们同样以给手机充电为例进行介绍，使用 for 语句“充电”的代码如图 8.5 所示，对应的流程图如图 8.6 所示。

```
int i;
for(i=1;i<=100; i++)
{
      充电;
}
```

图 8.5 用 for 语句“充电”的代码

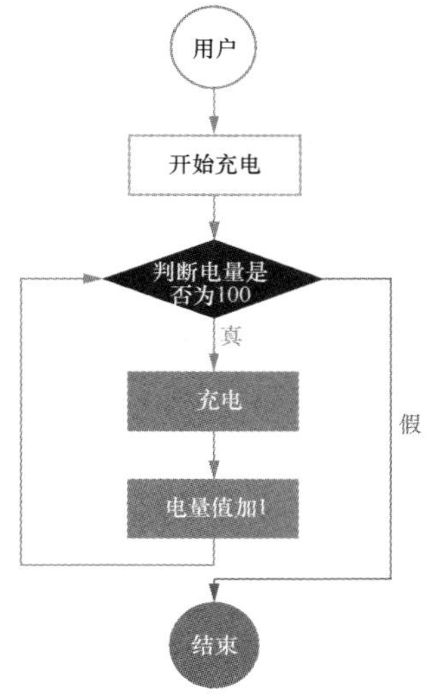

图 8.6 用 for 语句“充电”的流程图

从图 8.5 可以看出，for 语句的一般形式如下：

```
for( 表达式 1; 表达式 2; 表达式 3)
{
语句块 ;
}
```

有以下几点说明。

- for 是循环结构中的关键字之一。
- 表达式 1 通常用于给循环变量赋初值。当然，也允许在 for 语句外给循环变量赋初值，此时可以省略此表达式。
- 表达式 2 通常是循环检验的条件，用来决定是否继续执行 for 后紧跟的语句块，一般是关系表达式和逻辑表达式。表达式 2 也可以省略，要是省略表达式 2，这样的循环就会变成无限循环。
- 表达式 3 通常可用来修改变量的值，一般是赋值语句或自增 / 自减表达式。如果在语句块中写修改变量的语句，那么表达式 3 也可以省略。
- 语句块可以是一条语句，也可以是任意合法的复合语句（复合语句包含 {}）。
- 各表达式之间用分号隔开。

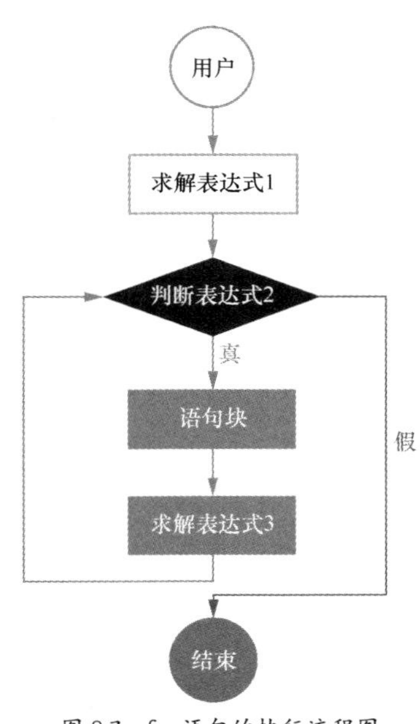

图 8.7 for 语句的执行流程图

从一般形式来看，每条 for 语句包含 3 个用分号隔开的表达式。这 3 个表达式用一对圆括号标识，其后紧跟着语句块。当执行到 for 语句时，程序首先会计算第 1 个表达式的值，接着计算第 2 个表达式的值。如果第 2 个表达式的值为真值，程序就执行循环体的内容，并计算第 3 个表达式；然后检验第 2 个表达式，执行循环，如此反复，直到第 2 个表达式的值为假值，退出循环。从图 8.6 可以看出 for 语句的执行流程图如图 8.7 所示。

通过图 8.7 和上面对 for 语句的介绍可知，for 语句和之前介绍的 while 和 do while 语句不同，for 语句里有 3 个表达式，它的执行步骤如下。

步骤 1：计算表达式 1 的值。

步骤 2：计算表达式 2 的值，若结果值是真值，执行步骤 3；若结果值是假值，执行步骤 5。

步骤 3：执行一次 for 后紧跟的语句块。

步骤 4：计算表达式 3 的值，执行步骤 2。

步骤 5：结束循环，执行 for 语句之外的语句。

for 语句简单的应用形式如下：

```
for(循环变量赋初值；循环条件；循环变量) {语句块；}
```

实例8-4 实现一个 for 语句循环操作，计算 1~20 的和。

具体代码如下：

```
#include<stdio.h>
int main()
{
    int number;   // 起始数字为 1
    int sum = 0; // 初始时和为 0
    for (number = 1; number <= 20; number++)   // 循环数字 1~20
    {
          sum = sum + number;                    // 从 1 开始求和
    }
    printf("1~20 的和等于 %d\n", sum);           // 输出最后相加的结果
    return 0;                                   // 程序结束
}
```

运行结果如下：

```
1~20 的和等于 210
```

从运行结果来看，实例 8-2~ 实例 8-4 这 3 个例子的结果都是一样的，也就是说只要正确使用循环条件，for 语句、while 语句、do while 语句之间是可以相互转换的。

> ☒ 常见错误
>
> 使用 for 语句时，初学者常常犯的错误是将 for 语句括号内的表达式用逗号隔开。

8.4.2 for 循环的变体

通过 8.4.1 小节的学习可知，for 语句的一般形式中有 3 个表达式。在实际的程序编写过程中，这 3 个表达式可以根据实际情况省略，接下来对不同情况进行讲解。

1. for 语句中省略表达式 1

for 语句中第一个表达式的作用是对循环变量设置初值。如果省略 for 语句中的表达式 1，就需要在

执行 for 语句之前给循环变量赋值。for 语句中省略表达式 1 的示例代码如下：

```
int number=1;
for( ;number<=20; number++) // 省略表达式 1
{         └──►分号不能省略
        sum = sum + number;
}
```

注意

省略表达式 1 时，其后的分号不能省略。

2. for 语句中省略表达式 2

如果省略表达式 2，即不判断循环条件，则循环将无止境地进行下去，即默认表达式 2 始终为真。例如：

```
int number;
for(number=1;; number++)      // 省略表达式 2
{                └►分号不能省略
          sum = sum + number;
}
```

上述 for 语句中表达式 2 是空缺的，这样就相当于使用 while 语句，代码如下：

```
int number=1;
while(1)──►循环条件永远为真
{
          sum = sum + number;
          number++;
}
```

从 while 语句的判断条件可以看出，如果表达式 2 空缺，则程序将无限循环下去。

3. for 语句中省略表达式 3

for 语句中的表达式 3 也可以省略。例如：

```
int number;
for(number=1; number<=20; ) // 省略表达式 3
{                         └►分号不能省略
          sum=sum+ number;
}
```

上面这段代码没有改变 number 变量值的代码，循环将会无止境地进行。如果想程序循环能正常结束，就应将代码改为如下形式：

```
int number;
for(number=1; number<=20;) // 省略表达式 3
```

```
{
        sum=sum+ number;
        number++;  ──►添加改变 number 值的代码
}
```

修改代码之后，程序循环就能正常结束。

8.4.3 for 语句中逗号的应用

在 for 语句中的表达式 1 和表达式 3 处，除了可以使用简单的表达式，还可以使用逗号表达式，即包含一个以上的简单表达式，中间用逗号分隔。例如，在表达式 1 处为变量 iSum 和 iCount 设置初值，代码如下：

```
for(iSum=0 , iCount=1; iCount<100; iCount++)
{            └──►用逗号隔开
        iSum=iSum+iCount;
}
```

或者执行两次循环变量自加操作，代码如下：

```
for(iCount=1;iCount<100;iCount++ , iCount++)
{
        iSum=iSum+iCount;          用逗号隔开
}
```

上述代码中表达式 1 和表达式 3 都可以是逗号表达式，在逗号表达式内会按照从左至右的顺序求解，整个逗号表达式的值为其中最右边的表达式的值。例如：

```
for(iCount=1;iCount<100;iCount++,iCount++)
```

它相当于：

```
for(iCount=1;iCount<100;iCount+=2)
```

for 语句的常见错误如下。

在 for 语句中，浮点数的误差是不可避免的。如果在 for 语句的条件表达式中使用浮点数，那么将导致数值错误。现编写一个程序，计算 0.01~1.0 的和，关键代码如下：

```
float sum = 0.0f; // 初始时和为 0
for (float f = 0.01f; f <= 1.0f; f = f + 0.01f)
{ // f 的取值范围为 0.01~1.0
    sum = sum + f; // 从 0.01 加到 1.0
}
```

上述代码的运行结果如下：

```
01  50.499977
```

可见结果是错误的，因此，建议读者朋友不要使用浮点数定义控制 for 语句的变量。

前面介绍了 3 种可以执行循环操作的语句，这 3 种循环语句都可用来解决同一问题。在一些情况下这种语句可以相互代替。

下面是这 3 种循环语句在不同情况下的对比说明。

（1）循环条件。while 和 do while 语句只在 while 后面指定循环条件，在语句块中应包含使循环趋于结束的语句（如 i++ 或者 i=i+1 等）。for 语句可以在表达式 3 中包含使循环趋于结束的语句。可以设置将语句块中的操作全部放在表达式 3 中，因此 for 语句的功能更强。while 语句能完成的，用 for 语句基本都能完成。

（2）循环初始化。用 while 和 do while 语句时，循环变量初始化的操作应在 while 和 do while 语句之前完成；而 for 语句可以在表达式 1 中实现循环变量的初始化。

（3）转移语句的使用。while 语句、do while 语句和 for 语句都可以用 break 语句跳出循环，用 continue 语句结束本次循环。

8.5 循环嵌套

“嵌套”这个词大家并不陌生，第 7 章中已经介绍过，条件嵌套指条件语句里包含另一个条件语句，同样的道理，循环嵌套就是一个循环体内包含另一个完整的循环结构。内嵌的循环中还可以嵌套循环，这就是多层循环。例如，在电影院找座位，需要知道第几排、第几列才能准确地找到，比如寻找图 8.8 所示的座位，首先寻找第 2 排，然后在第 2 排中寻找第 3 列，寻找座位的过程就类似循环嵌套。

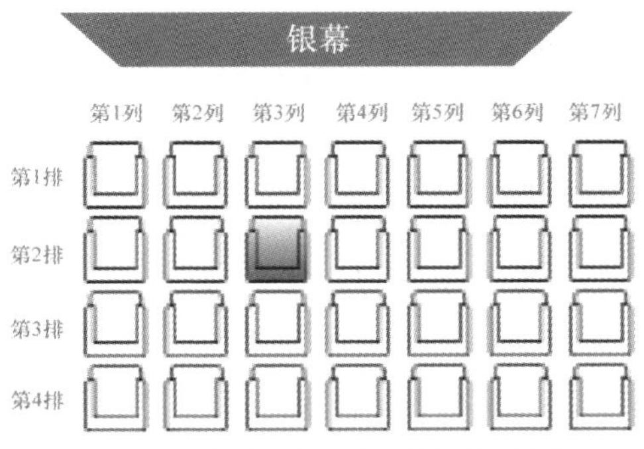

图 8.8 寻找座位的过程就类似循环嵌套

while 结构、do while 结构和 for 结构之间可以互相嵌套，下面几种嵌套方式都是正确的。

- while 结构中嵌套 while 结构，例如：

```
while( 表达式 )
```

```
{
        语句
        while(表达式)
        {
                语句
        }
}
```

- do while 结构中嵌套 do while 结构，例如：

```
do
{
        语句
        do
        {
                语句
        }while(表达式);
}while(表达式);
```

- for 结构中嵌套 for 结构，例如：

```
for(表达式;表达式;表达式)
{
        语句
        for(表达式;表达式;表达式)
        {
                语句
        }
}
```

- do while 结构中嵌套 while 结构，例如：

```
do
{
        语句
        while(表达式)
        {
                语句
        }
}while(表达式);
```

- do while 结构中嵌套 for 结构，例如：

```
do
{
        语句
        for(表达式;表达式;表达式)
        {
                语句
        }
}while(表达式);
```

以上是一些常见的循环结构的嵌套方式，当然还有不同的循环嵌套，在此不对每一项都进行列举，读者只要将每种循环结构的嵌套方式把握好，就可以正确写出循环嵌套语句。

实例8-5 利用嵌套循环输出金字塔形状，即三角形。输出一个三角形要考虑 3 点：首先要控制输出三角形的行数，其次要控制三角形的空白位置，最后要将三角形进行显示。

具体代码如下：

```
#include<stdio.h>
int main()
{
    int i, j, k;                            /*定义变量 i、j、k 为基本整型*/
    for (i = 1; i <= 5; i++)                /*控制行数*/
    {
            for (j = 1; j <= 5 - i; j++)    /*空格数*/
                    printf(" ");
            for (k = 1; k <= 2 * i - 1; k++)    /*输出*的数量*/
                    printf("*");
            printf("\n");
    }
    return 0;
}
```

运行程序，结果如图 8.9 所示。

图 8.9　使用嵌套语句输出金字塔形状

8.6 转移语句

转移语句包括 break 语句、continue 语句和 goto 语句。这 3 种语句可以转移执行流程。下面将对这 3 种语句的使用方式进行详细介绍。

8.6.1 break 语句

我们依然用给手机充电的例子来模拟实现 break 语句的功能。例如，你想把手机充满电，可是在充到电量为 73 的时候，你的朋友找你出去吃饭，这时你拔掉充电器，结束了给手机充电，拿着手机和朋友去吃饭，这个过程的代码如图 8.10 所示，对应的流程图如图 8.11 所示。

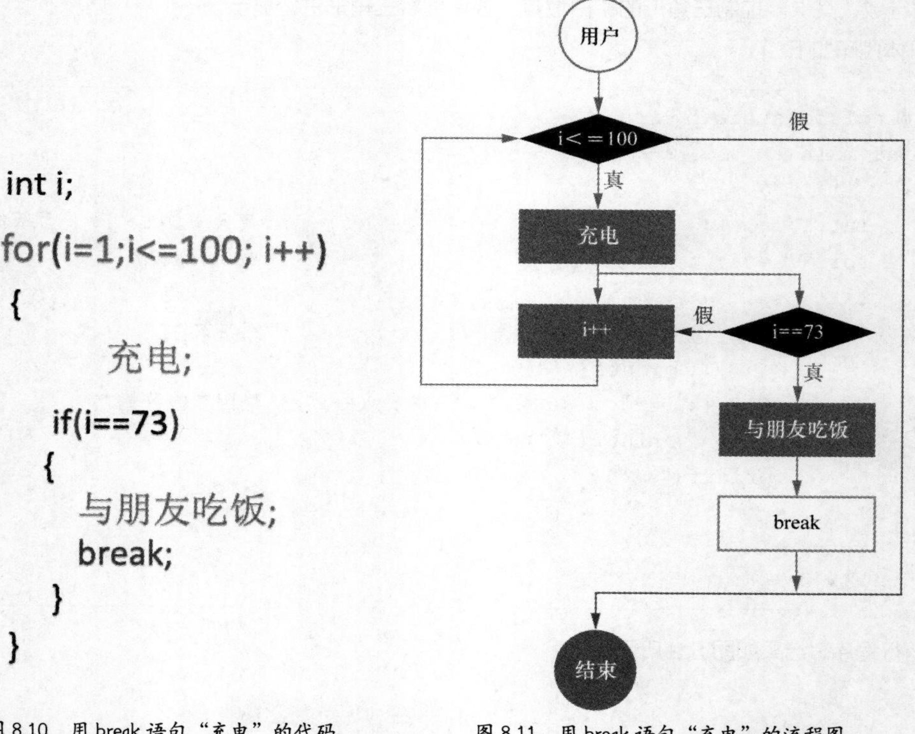

图 8.10　用 break 语句“充电”的代码　　图 8.11　用 break 语句“充电”的流程图

可以发现，break 语句的作用是终止并跳出循环。break 语句的一般形式如下：

```
break;
```

break 语句的流程图如图 8.12 所示。

在 C 语言中，break 语句只能用于循环语句和 switch 语句中。

例如，在 while 语句中使用 break 语句，代码如下：

```
while(1)
{
            printf("Break");
            break;  → break 语句
}
```

上面这段代码中，虽然 while 语句表示的是一个条件永远为真的循环，但是在其中使用 break 语句可以使程序跳出循环。

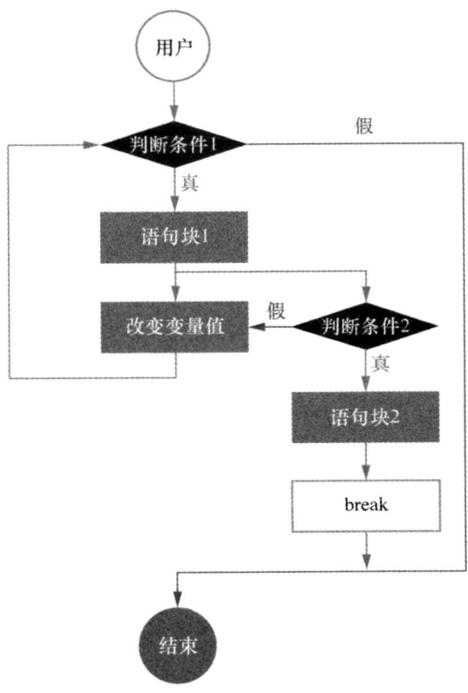

图 8.12 break 语句的流程图

例如，在 do while 语句中使用 break 语句，代码如下：

```
do
{
    printf("Break");
    break;  → break 语句
} while(1);
```

例如，在 for 语句中使用 break 语句，代码如下：

```
for(i=0;i<20;i++)
{
      if(i==10)
     {
            printf("Break");
```

```
            break;  →break 语句
        }
        printf("%d\n",i);
    }
```

例如，在 switch 语句中使用 break 语句，代码如下：

```
switch(i)
{
    case 'a':
        printf(" 字母 a\n");
        break;  →break 语句
    case 'b':
        printf(" 字母 b\n");
        break;  →break 语句
    case 'c':
        printf(" 字母 c\n");
        break;  →break 语句
    default:
        printf(" 字母无效 \n");
        break;  →break 语句
}
```

实例8-6 使用 for 语句输出 10 个数，输出到 5 时使用 break 语句跳出循环。

具体代码如下：

```
#include<stdio.h>

int main()
{
    int iCount;                                      /* 循环控制变量 */
    for (iCount = 0; iCount < 10; iCount++)          /* 执行 10 次循环 */
    {
            if (iCount == 5)         /* 判断条件，如果 iCount 等于 5 则跳出循环 */
            {
                    printf("  %d\n"  , iCount);        /* 输出循环的次数 */
                    break;                             /* 跳出循环 */
            }
            printf(" 数字 %d\n"  , iCount);
    }
    return 0;
}
```

运行结果如下：

```
数字 0
数字 1
数字 2
数字 3
数字 4
5
```

从运行结果来看，当数字等于 5 时就遇到了 break 语句，直接跳出循环，终止继续循环，这就是 break 语句的作用。

> **注意**
>
> 如果遇到循环嵌套的情况，break 语句将只会使程序跳出包含它的最内层的循环，只跳出一层循环。

8.6.2 continue 语句

依然使用手机充电的例子，例如，当你给手机充电到电量为 73 的时候你想要去超市买东西，且需要用手机支付，于是你拔掉充电器拿着手机去买东西，不久之后，从超市回来你又给手机继续充电，这个过程实现的代码如图 8.13 所示，对应的流程图如图 8.14 所示。

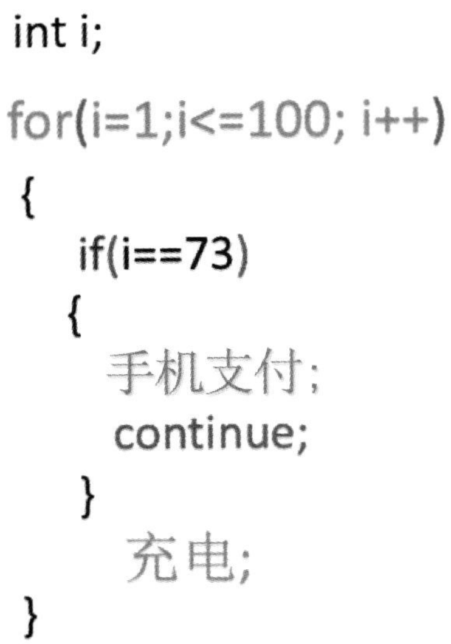
int i;
for(i=1;i<=100; i++)
{
if(i==73)
{
手机支付;
continue;
}
充电;
}

图 8.13 用 continue 语句“充电”的代码

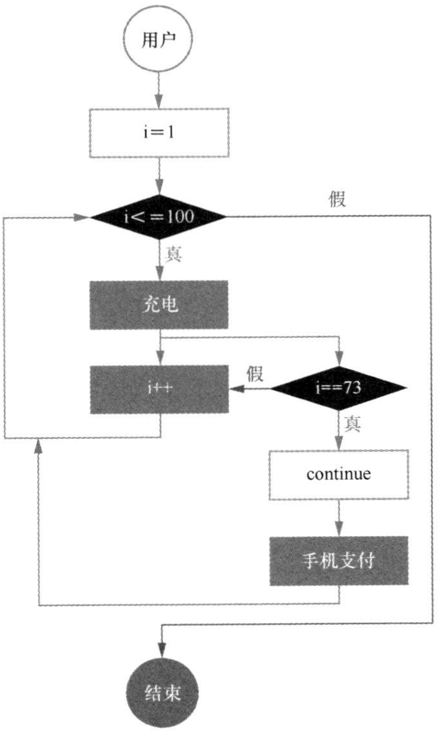
用户
i=1
i<=100
假
真
充电
i++
假
i==73
真
continue
手机支付
结束

图 8.14 用 continue 语句“充电”的流程图

从图 8.13 可以看到，代码中使用了 continue 语句，它的作用是结束本次循环，也就是跳过循环体中尚未执行的部分，接着执行下一次的循环操作。

continue 语句的一般形式如下：

```
continue;
```

根据图 8.14 可得到 continue 语句的流程图，如图 8.15 所示。

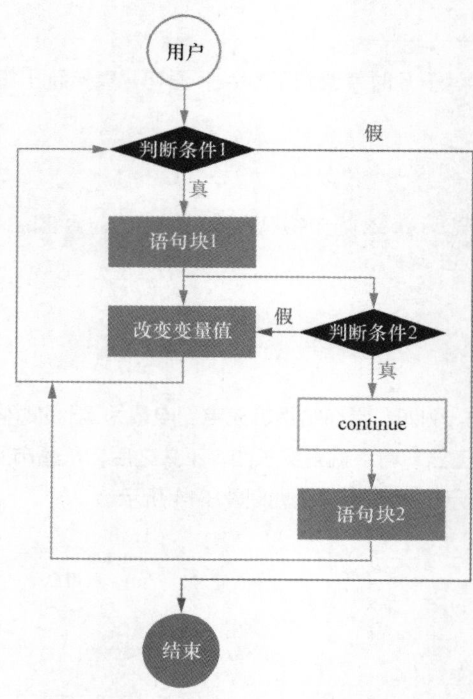

图 8.15　continue 语句的流程图

我们用一个实例来介绍 continue 语句的作用。

实例8-7 使用 for 语句输出 10 个数字，在数字等于 5 时，使用 continue 语句跳出当前循环。

具体代码如下：

```
#include<stdio.h>

int main()
{
    int iCount;                                    /* 循环控制变量 */
    for (iCount = 0; iCount < 10; iCount++)        /* 执行 10 次循环 */
    {
            if (iCount == 5)    /* 判断条件，如果 iCount 等于 5 则跳出当前循环 */
            {
                    printf(" 数字 %d\n", iCount);
                    continue;                      /* 跳出循环 */
            }
            printf("%d\n", iCount);                /* 输出循环的次数 */
```

```
    }
    return 0;
}
```

运行结果如下：

```
数字 0
数字 1
数字 2
数字 3
数字 4
5
数字 6
数字 7    ──→ 继续输出数字
数字 8
数字 9
```

从运行结果来看，数字等于 5 时，就会跳出当前循环，之后还会继续执行循环，这就是 continue 语句的作用。

8.6.3 goto 语句

我们依然使用手机充电的例子，假如给手机充电到电量为 73 的时候，你要拿手机去玩，描述这个过程的代码如图 8.16 所示，对应的流程图如图 8.17 所示。

```
int i;
for(i=1;i<=100; i++)
 {
    if(i==73)
    {
        goto Shaking;
    }
 }
Shaking:
  printf("拿手机去玩\n");
```

图 8.16　用 goto 语句"充电"的代码

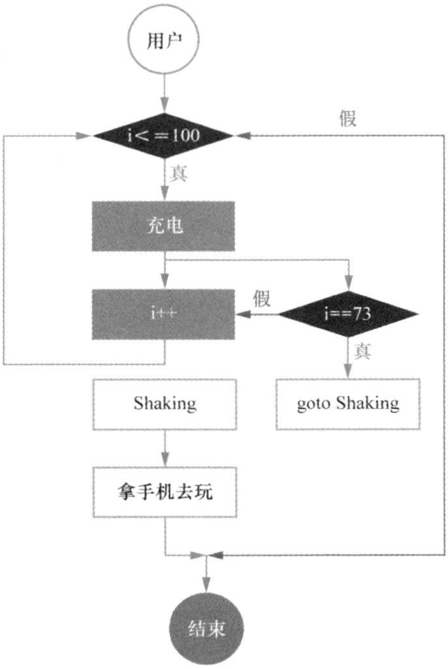

图 8.17　用 goto 语句"充电"的流程图

从图 8.16 所示的代码中可以看到，这里使用了 goto 语句，它是无条件转移语句。goto 语句的一般形式如下：

```
goto 标识符；
```

goto 关键字后面带一个标识符，该标识符是同一个函数内某条语句的标号。标号可以出现在任何可执行语句的前面，并且以一个冒号“:”结束，而这个标识符代表的就是要跳转的目标。

根据图 8.17，可以画出 goto 语句的流程图，如图 8.18 所示。

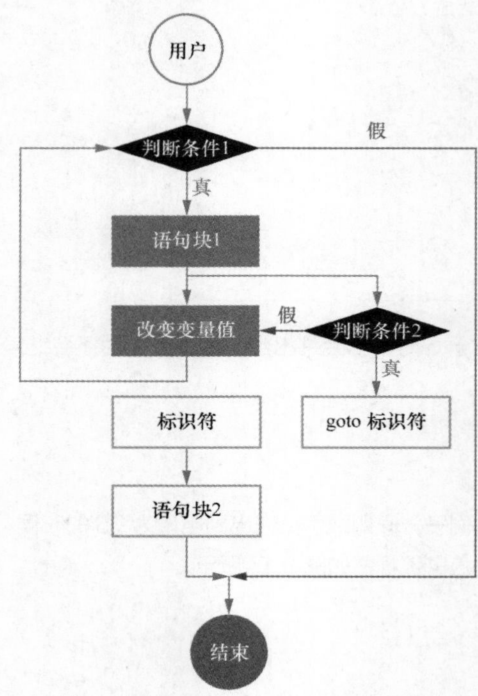

图 8.18　goto 语句的流程图

接下来我们用一个实例来介绍 goto 语句的作用。

实例8-8 使用 for 语句输出 10 个数，当数字等于 5 时，输出字母 a。

具体代码如下：

```
#include<stdio.h>

int main()
{
    int iCount;                                                /* 循环控制变量 */
    for (iCount = 0; iCount < 10; iCount++)                    /* 执行 10 次循环 */
    {
            if (iCount == 5)         /* 判断条件，如果 iCount 等于 5 则跳出循环 */
            {
                    goto  alphabet;   /* 跳转到 alphabet 标识符下的代码 */
```

```
            }
            printf(" 数字 %d\n", iCount);
        }
alphabet:        → 标识符
        printf(" 字母 a\n");
        return 0;
}
```

运行结果如下：

```
数字 0
数字 1
数字 2
数字 3
数字 4
字母 a        → 输出字母 a
```

从运行结果来看，当数字等于 5 时，goto 语句使程序无条件地跳转到 alphabet 标识符下的代码，这就是 goto 语句的作用。

> **注意**
>
> 跳转的方向可以是向前，也可以是向后；可以跳出一个循环，也可以跳入一个循环。

8.7 练习题

（1）你知道你的星座吗？请编写程序实现只要输入出生日期，就可以知道是什么星座，还可以知道对应的幸运数，图 8.19 所示是运行结果。

```
请输入你的出生日期:
7
你的星座是巨蟹座
幸运数是2
```

图 8.19　星座大揭秘

（2）利用 while 语句与 for 语句嵌套实现统计某塔上的灯的数量：假如一共有 8 层塔，每层需要的灯的数量是下一层的 2 倍，一共有 765 盏灯，计算第一层和第八层各需要几盏灯。运行结果如图 8.20 所示。

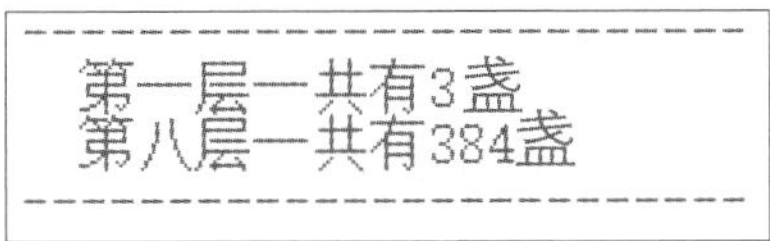

图 8.20　计算灯的数量

（3）使用 C 语言实现银行名称中英文对照，运行结果如图 8.21 所示。

```
1 对应银行为：  ICBC
2 对应银行为：  ABC
3 对应银行为：  CCB
4 对应银行为：  BOC
5 对应银行为：  CMB
6 对应银行为：  CEB
7 对应银行为：  CMBC
8 对应银行为：  CIB
9 对应银行为：  BCM
---------银行全称查询系统-----
请输入要查询的数据：
5
5 对应银行为：招商银行
请输入要查询的数据：
1
1 对应银行为：  中国工商银行
请输入要查询的数据：
9
9 对应银行为：  交通银行
请输入要查询的数据：
0
您的输入有误，请重新输入……
```

图 8.21　银行名称中英文对照

（4）10086 是中国移动的客户服务热线号码，用户可以拨打 10086 查询自己手机号码的套餐情况。编写代码模拟 10086 查询功能，运行结果如图 8.22 所示。

```
——————10086查询功能——————
输入1，查询当前余额
输入2，查询当前剩余流量
输入3，查询当前剩余通话时间
输入0，退出自助查询系统！请输入：
1
当前余额为：999元
请输入：
2
当前剩余流量为：5G
请输入：
3
当前剩余通话时间为：189分钟
请输入：
0
退出自助查询系统！
```

图 8.22　10086 查询功能

（5）《跳一跳》是微信推出的小游戏，在游戏中，玩家停留在不同的加分块上可以额外加分，例如，在中心可以增加 2 分、停留在音乐块上可以增加 30 分、停留在微信支付块上可以增加 10 分。编写代码

模拟《跳一跳》小游戏的加分块，运行结果如图 8.23 所示。（提示：使用 while 和 if else 语句）

```
---------------跳一跳--------------
欢迎回来，请开始游戏……
请输入（1:中心 2:音乐块 3:微信支付块）：
2
您选择的是音乐块。
您的分数为：30
请输入（1:中心 2:音乐块 3:微信支付块）：
1
您选择的是中心。
您的分数为：32
请输入（1:中心 2:音乐块 3:微信支付块）：
4
对不起，您的输入有误
```

图 8.23 《跳一跳》加分块

提高篇

数组

在编写程序的过程中，经常会遇到要使用很多数据的情况，处理每一个数据都要有一个相对应的变量。如果每一个变量都要单独进行定义则会很烦琐，使用数组就可以解决这种问题。

本章致力于使读者掌握一维数组和二维数组的作用，并能利用所学知识解决一些实际问题；掌握字符数组的使用方法及其相关操作；通过一维数组和二维数组了解有关多维数组的内容；最终能将数组应用于排序操作中。

9.1 开篇实例：购物车清单

随着互联网的高速发展，越来越多的人选择通过网络进行购物。

实例9-1 模拟列出某个购物车清单。

具体代码如下：

```
#include<stdio.h>
int main()
{
                        数组
        int i;
        char DailyUse[50] = { "抽纸，毛巾，收纳箱，水杯，垃圾袋，剪刀，挂钩，
                              拖鞋，小闹钟" };
        char MakeUp[200]  = { "保湿套装，气垫cc，隔离霜，防晒霜，眉粉，
                              眼影色盘，睫毛膏" };
        char Sports[50]   = { "蛋白粉，运动服，球鞋，护腕，护膝，护掌，排球，
                              瑜伽垫，瑜伽球" };
        char Health[100]  = { "眼部按摩仪，血压计，脚底按摩器" };
        printf(""淘宝"购物车清单:\n\n");
```

```
        printf("==== 生活用品类 :====\n");
        for (i = 0; i < 50; i++)
        {
                printf("%c", DailyUse[i]);
        }
        printf("\n\n");
        printf("==== 化妆品类 :====\n");
        for (i = 0; i < 200; i++)
        {
                printf("%c", MakeUp[i]);
        }
        printf("\n\n");
        printf("==== 运动类 :====\n");
        for (i = 0; i < 50; i++)
        {
                printf("%c", Sports[i]);
        }
        printf("\n\n");
        printf("==== 医疗器械类 :====\n");
        for (i = 0; i < 100; i++)
        {
                printf("%c", Health[i]);
        }
        printf("\n\n");
        return 0;
}
```

数组

从上述代码可以看到，被框出来的部分“长相类似”，都是一个标识符加一个方括号([])，这就是数组。接下来我们简单介绍一下数组的组成部分。

- DailyUse、MakeUp、Sports、Health：标识符。它们就是按照第 3 章介绍的标识符的命名规则而定义出的标识符，是由程序员自己定义的。
- []：方括号。它的作用就是标识数组的长度，方括号中间的内容就表示数组的长度。
- 100、50、200、i 等：数组的长度。该参数用于定义数组的长度。

根据上述内容可知，数组的形式就类似 a[10]，没错，这是数组的形式之一。接下来我们详细介绍数组，会讲解数组的作用以及如何定义数组、初始化数组和使用数组。

9.2 数组的概念

在开篇实例中可以看到：

```
01  char DailyUse[50] = { "抽纸，毛巾，收纳箱，水杯，垃圾袋，剪刀，挂钩，拖鞋，小闹钟" };
```

上面这行代码中，DailyUse[50] 表示多个字符型的变量，这些变量可以使用同一个名字 DailyUse，从而组成集合，这就是一个数组。

大家应该都知道，要想把数据放到内存中，就需要先分配内存，要想放入 4 个字符型数据，就得分配 4 个字符型的内存空间，例如：

```
02  char fruit[4];
```

这样我们就分配了 4 个字符型的内存空间，共计占 4x1=4 个字节，并为它们起了一个名字 fruit。我们把这样的一组数据的集合叫作数组。它所包含的每一个数据叫作数组元素，所包含的数据的个数称为数组长度。例如 char fruit[4]; 就定义了一个长度为 4 的字符数组，名字是 fruit。

数组均由连续的存储单元组成，最低地址对应于数组的第一个元素，最高地址对应于数组的最后一个元素；数组可以是一维数组，也可以是多维数组。

9.3 一维数组

一维数组就像月份，我们将 12 个月统称为 month，1 月 ~12 月就是数组 month 中的元素，示意图如图 9.1 所示。

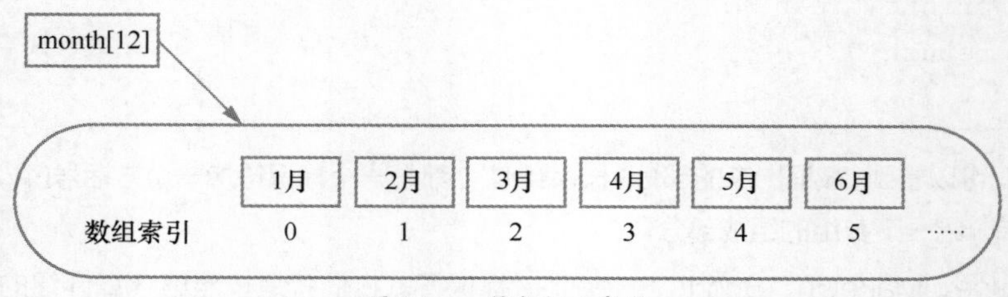

图 9.1　一维数组示意图

9.3.1 一维数组的定义

一维数组是用于存储顺序排列的数据的集合，它的一般形式如下：

```
类型说明符 数组标识符 [ 常量表达式 ];
```

有以下几点说明。

- 类型说明符表示数组中的所有元素的类型。
- 数组标识符表示该数组型变量的名称，命名规则与变量名的一致。
- 常量表达式定义数组中存放的数据元素的个数，即数组长度。例如 cArray[10]，10 表示数组中有 10 个元素，索引从 0 开始，到 9 结束。

例如，定义一个长度为 10 的字符型数组，代码如下：

```
char cArray[10];
```

上述代码中的 char 为数组元素的类型，而 cArray 表示的是数组变量名，括号中的 10 表示的是数组中包含的元素个数。

例如，定义一个长度为 5 的整型数组，代码如下：

```
int number[5];
```

例如，定义一个长度为 20 的浮点型数组，代码如下：

```
float decimal[20];
```

常见错误

int[5]={1,3,4,2,6}，这样定义是错误的。在定义数组时必须要有数组标识符。

对于定义数组，还有以下几点需强调。

（1）同一个数组的所有元素的数据类型都是相同的。

（2）数组名的书写规则应按照标识符的规定定义。

（3）允许在同一个类型说明中说明多个数组和多个变量，例如：

```
int i,j,k,n,m1[10],m2[20];
```

（4）方括号中的常量表达式表示数组元素的个数，如 number[5] 表示数组 number 有 5 个元素。其索引从 0 开始，5 个元素分别为 number[0]、number[1]、number[2]、number[3]、number[4]。

（5）数组名不能与其他变量名相同，例如：

```
int cArray;
float cArray[10];
```

这种定义数组的方式是错误的。

（6）方括号里可以用符号常量或常量表达式来表示元素的个数，不能用变量来表示元素的个数，例如：

```
#define AI 3                   //定义符号常量
int cArray[1+2];               //定义数组
int number[8+AI];              //定义数组
```

上面这段代码定义的数组是合法的。

```
int i=5;
int number[i];
```

上面这段代码定义的数组是错误的。

9.3.2 一维数组的初始化

一维数组的初始化就是给一维数组赋予初值。初始化的一般格式如下：

```
类型说明符 数组标识符 [ 常量表达式 ]={ 值 1, 值 2, 值 3, 值 4...};
```

其中的 {} 中间的各个值就是各元素的初值，各值之间用英文逗号隔开，定义结束后，在最后用英文分号结束，例如：

```
int number[5]={1,2,3,4,5};
```

上述代码表示：number[0]=1, number[1]=2, number[2]=3, number[3]=4, number[4]=5。

在 C 语言中，对一维数组的初始化可以用以下几种方法实现。

（1）在定义数组时直接对数组元素赋初值，例如：

```
int iArray[8]={1,2,3,4,5,6,7,8};
```

该方法是将数组中的元素值依次放在一对花括号中。经过上面的定义和初始化之后，数组中的元素 iArray[0]=1、iArray[1]=2、iArray[2]=3、iArray[3]=4、iArray[4]=5、iArray[5]=6、iArray[6]=7、iArray[7]=8。

（2）只给一部分元素赋值，未赋值的部分元素值为 0，例如：

```
int iArray[8]={1,2,3};
```

数组变量 iArray 包含 8 个元素，不过在初始化时只给出了 3 个值。数组中前 3 个元素的值对应括号中给出的值，数组中没有得到值的元素被默认赋值为 0，即数组中的元素 iArray[0]=1、iArray[1]=2、iArray[2]=3、iArray[3]=0、iArray[4]=0、iArray[5]=0、iArray[6]=0、iArray[7]=0。

（3）在对全部数组元素赋初值时不指定数组长度。

上面 3 个例子在定义数组时，都在数组变量后指定了数组的元素个数。C 语言还允许在定义数组时不指定长度，例如：

```
int iArray[]={1,2,3,4};
```

这一行代码的花括号中有 4 个元素，系统会根据给定的初始化元素值的个数来定义数组的长度，因此该数组变量的长度为 4。

注意

如果在定义数组时规定定义的长度为 10，就不能使用省略数组长度的定义方法，而必须写成：

```
int iArray[10]={1,2,3,4};
```

9.3.3 一维数组元素的引用

数组定义完成后就要使用该数组，可以通过引用数组元素的方式使用该数组中的元素。数组元素表示的一般形式如下：

```
数组标识符 [ 索引 ]
```

其中的索引可以是整型常量和整型表达式。如果为小数，C 编译器会自动取整，例如：

```
01 int iArray[8]={1,2,3,4,5,6,7,8};        // 定义数组
02 iArray[2]; ──→ 索引是整型常量            // 引用数组元素
```

上面这段代码的第 2 行是引用数组元素，其中 iArray 是数组变量的名称，2 为数组的索引。前面介绍过数组的索引是从 0 开始的，也就是说索引为 0 表示的是第 1 个数组元素。因此第 3 个元素的索引是 2，所以这句代码引用的是数组 iArray 的第 3 个元素。

在 C 语言中只能逐个地使用索引变量，而不能一次引用整个数组。例如，逐个输出数组元素，代码如下：

```
int i;
int iArray[8]={1,2,3,4,5,6,7,8};
for(i=0;i<8;i++)
  printf("%d\n", iArray[i]); ──→ 引用数组元素，索引是整型表达式
```

上面这段代码实现的功能是输出数组 iArray 的各个元素，使用 iArray[i] 引用数组元素是合法的。

```
int iArray[8]={1,2,3,4,5,6,7,8};
printf("%d\n", iArray); ──→ 不能输出数组元素
```

上面这段代码也是输出数组的各元素，但是它不是逐个输出，而是用一条语句输出，这样就是不合法的，不能输出数组的各个元素。

实例9-2 使用一维数组输出某高中某班级前 5 名的总成绩。

具体代码如下：

```
#define _CRT_SECURE_NO_WARNINGS                  /* 解除 vs 安全性检测问题 */
#include<stdio.h>                                // 包含头文件
int main()                                       // 主函数 main()
{
    int i;
    int grade[5];                                // 定义数组
    printf(" 请输入前 5 名学生的成绩: \n");
    for (i = 0; i < 5; i++)                      // 输入学生成绩
    {
           printf(" 第 %d 名成绩: ",i+1);
           scanf("%d",&grade[i]);
```

```
    }
    printf(" 前 5 各学生的成绩如下：\n");                //输出学生成绩
    for (i = 0; i < 5; i++)
    {
        printf(" 第 %d 名的成绩是：%d\n", i + 1, grade[i]);
    }
    return 0;
}
```

运行结果如图 9.2 所示。

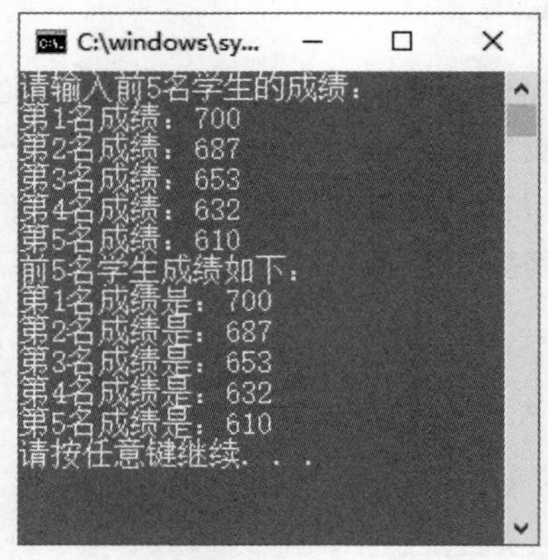

图 9.2　前 5 名学生的成绩

9.4　二维数组

9.3 节讲解了一维数组，一维数组的索引只有一个，如果索引是两个呢？在 C 语言中，将索引是两个的数组称为二维数组，例如 Array[m][n]，表示有 *m* 行 *n* 列的二维数组。例如，图 9.3 所示的书柜索引示意图就是一个图形化的二维数组，它包含了每个书柜所在行、列的位置信息。

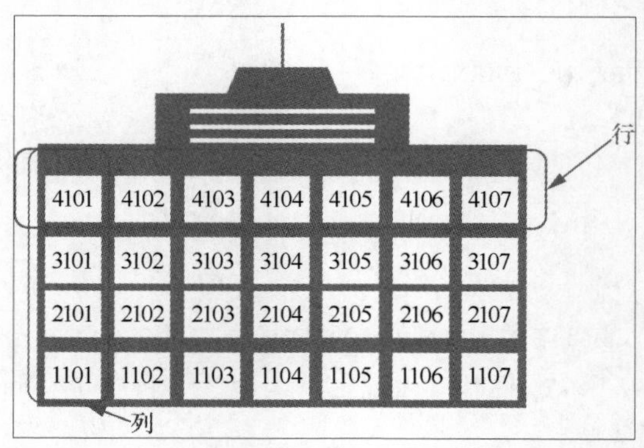

图 9.3　书柜索引示意图

9.4.1 二维数组的定义

二维数组的根本意义就是“一维数组的数组”，二维数组的第 1 维就是数据的起始地址，第 2 维就是某个数据中的某个值。例如，在图 9.3 中找到 4104 的位置，此时需要定义二维数组 iArray [3][3]，先找第 1 维的第 4 行，再找第 2 维的第 4 列，就可以准确找到位置。

二维数组的声明与一维数组的类似，一般形式如下：

```
数据类型 数组名[常量表达式1][常量表达式2];
```

其中，常量表达式 1 被称为行索引，常量表达式 2 被称为列索引。如果有二维数组 array[n][m]，则二维数组索引的取值范围如下。

- 行索引的取值范围为 0 ~ n-1。
- 列索引的取值范围为 0 ~ m-1。
- 二维数组索引最大的元素是 array[n-1][m-1]。

例如，定义一个 3 行 5 列的整型数组，代码如下：

```
01  int array[3][5];
```

这一行代码说明定义了一个 3 行 5 列的数组，数组名为 array，其索引为整型。该数组的索引共有 3×5 个，即 array[0][0]、array[0][1]、array[0][2]、array[0][3]、array[0][4]、array[1][0]、array[1][1]、array[1][2]、array[1][3]、array[1][4]、array[2][0]、array[2][1]、array[2][2]、array[2][3]、array[2][4]。

在 C 语言中，二维数组是按行排列的，即按行顺序存放，先存放 array[0] 行，再存放 array[1] 行。每行中的元素也是依次存放的。

9.4.2 二维数组的初始化

二维数组的初始化同样也是为二维数组各元素赋予初值，例如：

```
01  int array[2][2]={{5,2},{5,4}};
```

上述代码表示的二维数组形式如下：

```
5 2
5 4
```

对于各个元素值来说，array[0][0] 的值是 5、array[0][1] 的值是 2、array[1][0] 的值是 5、array[1][1] 的值是 4。

在 C 语言中，对二维数组的初始化可以用以下几种方法实现。

（1）可以将所有数据写在一个花括号内，按照数组元素排列顺序对元素赋值，例如：

```
01  int array[2][2]={1,2,3,4};
```

上述代码表示的二维数组形式如下：

```
1 2
3 4
```

对于各个元素值来说，array[0][0] 的值是 1、array[0][1] 的值是 2、array[1][0] 的值是 3、array[1][1] 的值是 4。

（2）在为所有元素赋初值时，可以省略行索引（不能省略列索引），例如：

```
int array[][3]={1,2,3,4,5,6};
```

系统会根据数据的个数进行分配，这里共有 6 个数据，而数组每行分为 3 列，当然可以确定数组为 2 行。

上述代码表示的二维数组形式如下：

```
1 2 3
4 5 6
```

对于各个元素值来说，array[0][0] 的值是 1、array[0][1] 的值是 2、array[0][2] 的值是 3、array[1][0] 的值是 4、array[1][1] 的值是 5、array[1][2] 的值是 6。

（3）也可以通过分行给数组元素赋值，例如：

```
int array[2][3]={{1,2,3},{4,5,6}};
```

上述代码表示的二维数组形式如下：

```
1 2 3
4 5 6
```

对于各个元素值来说，array[0][0] 的值是 1、array[0][1] 的值是 2、array[0][2] 的值是 3、array[1][0] 的值是 4、array[1][1] 的值是 5、array[1][2] 的值是 6。

（4）在分行赋值时，只对部分元素赋值，未被赋值的元素系统默认设置值为 0，例如：

```
int array[2][3]={{1,2},{4,5}};
```

上述代码表示的二维数组形式如下：

```
1 2 0
4 5 0
```

对于各个元素值来说，array[0][0] 的值是 1、array[0][1] 的值是 2、array[0][2] 的值是 0、array[1][0] 的值是 4、array[1][1] 的值是 5、array[1][2] 的值是 0。

（5）直接对数组元素赋值，例如：

```
int array[2][2];
array[0][0] = 1;
```

```
array[0][1] = 2;
array[1][0] = 1;
array[1][1] = 2;
```

上述代码表示的二维数组形式如下：

```
1 2
1 2
```

对于各个元素值来说，array[0][0] 的值是 1、array[0][1] 的值是 2、array[1][0] 的值是 1、array[1][1] 的值是 2；

这种赋值的方法就是引用（引用的内容会在 9.4.3 小节中具体介绍）数组中的元素。

9.4.3 二维数组元素的引用

二维数组元素引用的一般形式如下：

```
数组名 [ 索引 ][ 索引 ];
```

说明

二维数组的下标可以是整型常量或整型表达式。

例如：

```
01  int array[2][2]={{5,2},{5,4}};        // 定义二维数组
02  array[1][1];                          // 引用二维数组元素
```

上述代码的第 2 行表示的是对 array 数组中第 2 行的第 2 个元素进行引用。

这段代码表示的二维数组形式如下：

```
5 2
5 4 ——> 引用的数组元素
```

注意

不管是行下标还是列下标，都是从 0 开始的。

这里要注意索引越界的问题，例如：

```
int array[3][5];
…                                        /* 对数组元素赋值 */
array[3][5]=19;                          /* 错误的引用！ */
```

这段代码的表示方法是错误的。标识符 array 为 3 行 5 列的数组，它的行索引的最大值为 2、列索引的最大值为 4，所以 array[3][5] 超出了数组的范围，索引越界。

实例9-3 用二维数组求表 9.1 中各科的平均成绩。

表 9.1 成绩表

科目 \ 学生	宋小美	张大宝	高心心	彭果	邓丽
数学	93	87	90	76	70
语文	90	76	60	80	81
英语	70	88	72	77	96

具体代码如下：

```
#define _CRT_SECURE_NO_WARNINGS                        /* 解除 vs 安全性检测问题 */
#include <stdio.h>
int main()
{
  int i, j, s = 0, average, course[3], array[3][5]; // 定义变量和二维数组
  printf(" 请输入成绩: \n");
  for (i = 0; i < 3; i++)                               // 遍历二维数组行
  {
       for (j = 0; j < 5; j++)                          // 遍历二维数组列
       {
            printf("array[%d][%d]=",i,j);
            scanf("%d", &array[i][j]);                  // 输出成绩
            s = s + array[i][j];                        // 计算成绩
       }
       course[i] = s / 5;                               // 求每科的平均成绩
       s = 0;                                           // 重新赋值
  }
  printf(" 数学的平均成绩（取整数）是 :%d\n 语文的平均成绩（取整数）是 :%d\n 英语的
         平均成绩（取整数）是 :%d\n", course[0], course[1], course[2]);
  return 0;
}
```

运行结果如图 9.4 所示。

例如，定义一个二维数组，千万不能这样引用二维数组：

```
int a[2][3]={{1,4,2},{2,6,8}};
printf("%d",a[1,1]);  ——→ 错误引用二维数组
```

这种写法在其他语言（例如Basic）中可能是合法的，但是在C语言中，正确的引用方法是这样的：

```
printf("%d",a[1][1]);  ——→ 正确引用二维数组
```

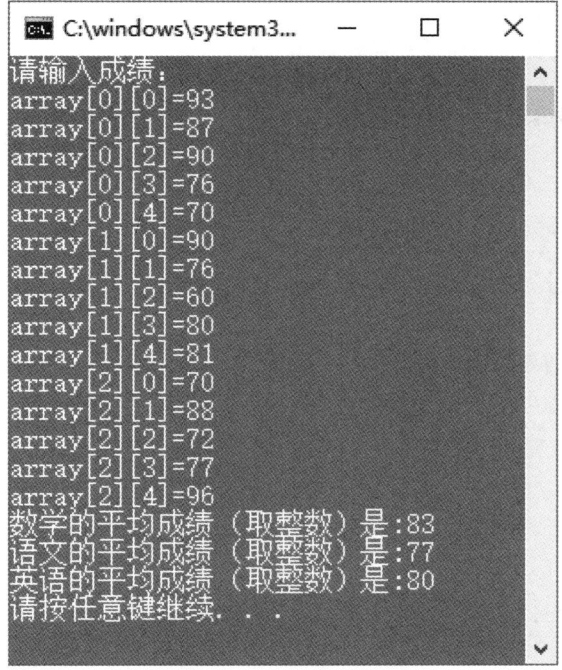

图 9.4　各科的平均成绩

9.5　多维数组

多维数组的声明和二维数组的相似，只是索引更多，一般形式如下：

```
数据类型 数组名[常量表达式1][常量表达式2]...[常量表达式n];
```

例如，声明多维数组的代码如下：

```
int iArray1[3][4][5];
```

```
int iArray2[4][5][7][8];
```

上面的代码中分别定义了一个三维数组 iArray1 和一个四维数组 iArray2。数组元素的地址可以通过偏移量计算。对于三维数组 a[m][n][p] 来说，元素 a[i][j][k] 所在的地址是距 a[0][0][0]（i*n*p+j*p+k）个单位的地址。

多维数组元素的引用方法和二维数组相似，只不过多了几个索引。

9.6 数组的排序算法

通过学习前面的内容，读者应该已经了解了数组的理论知识。虽然数组是一组有序数据的集合，但是这里的有序指的是数组元素在数组中所处的位置有序，而不是根据数组元素的数值大小进行排列。本节就来介绍将数组元素按照数值的大小进行排序的算法。

9.6.1 选择法排序

选择法排序指每次选择所要排序的数组中的最大值（由小到大排序则选择最小值）对应的数组元素，将这个数组元素的值与最前面没有进行排序的数组元素的值互换。下面以数字 9、6、15、4、2 为例，介绍采用选择法实现将数字按从小到大的顺序进行排列，如图 9.5 所示。

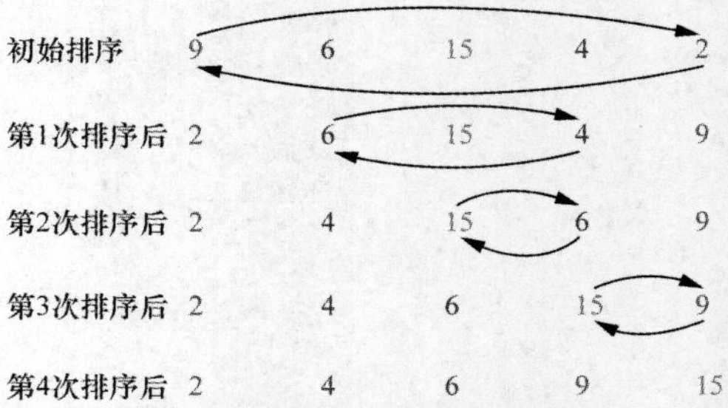

初始排序	9	6	15	4	2
第1次排序后	2	6	15	4	9
第2次排序后	2	4	15	6	9
第3次排序后	2	4	6	15	9
第4次排序后	2	4	6	9	15

图 9.5　选择法排序示意图

从图 9.5 可以发现，选择法排序的过程如下。

（1）第 1 次排序将第 1 个数字 9 和最小的数字 2 进行位置互换。

（2）第 2 次排序将第 2 个数字 6 和剩下的数字中最小的数字 4 进行位置互换。

（3）以此类推，每次都将下一个数字和剩余的数字中最小的数字进行位置互换，直到将一组数字按从小到大的顺序排列。

下面通过实例来介绍如何通过程序使用选择法实现数组元素按从小到大的顺序排列。

实例9-4 在本实例的代码中，声明了一个整型数组和两个整型变量，其中整型数组用于存储用户输入的数字，而两个整型变量用于存储数值最小的数组元素的值和该元素的位置，然后通过双层循环进行选择法排序，最后将排好序的数组输出。

具体代码如下：

```
#define _CRT_SECURE_NO_WARNINGS                  /* 解除 vs 安全性检测问题 */
#include <stdio.h>                               /* 包含头文件 */
int main()                                       /* 主函数 main()*/
{
    int i, j;                                    /* 定义变量 */
    int a[10];
    int iTemp;
    int iPos;
    printf(" 为数组元素赋值：\n");
    /* 通过键盘为数组元素赋值（成绩）*/
    for (i = 0; i<10; i++)
    {
            printf("a[%d]=", i);
```

```
        scanf("%d", &a[i]);
    }
    /* 从高到低排序 */
    for (i = 0; i<9; i++)                         /* 外层循环元素的索引为 0~8*/
    {
        iTemp = a[i];                             /* 设置当前元素为最大值 */
        iPos = i;                                 /* 记录元素位置 */
        for (j = i + 1; j<10; j++)                /* 内层循环元素的索引为 i+1~9*/
        {
            if (a[j]>iTemp)                       /* 如果当前元素的值比最大值还大 */
            {
                iTemp = a[j];                     /* 重新设置最大值 */
                iPos = j;                         /* 记录元素位置 */
            }
        }
        /* 交换两个元素值 */
        a[iPos] = a[i];
        a[i] = iTemp;
    }

    /* 输出数组 */
    for (i = 0; i<10; i++)
    {
        printf("%d\t", a[i]);                     /* 输出制表符 */
        if (i == 4)                               /* 如果是第 5 个元素 */
            printf("\n");                         /* 输出换行符 */
    }

    return 0;                                     /* 程序结束 */
}
```

运行程序，结果如图 9.6 所示。

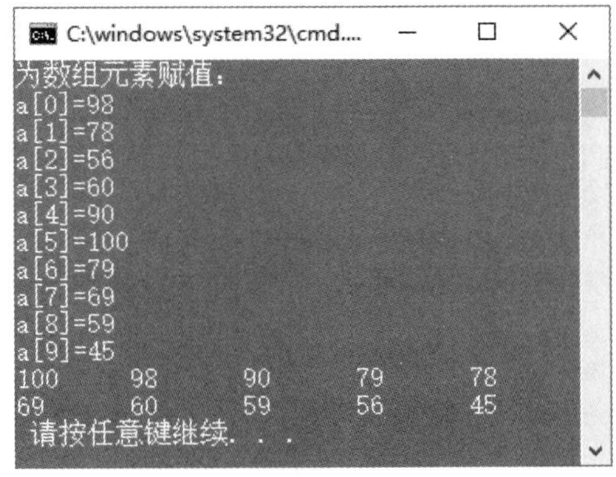

图 9.6　选择法排序运行结果

9.6.2 冒泡法排序

冒泡法排序指的是在排序时，每次比较数组中相邻的两个数组元素的值，将较小的数排在较大的数前面（从小到大排列）。下面仍以数字 9、6、15、4、2 为例，介绍采用冒泡法对这几个数字进行从小到大的排序，如图 9.7 所示。

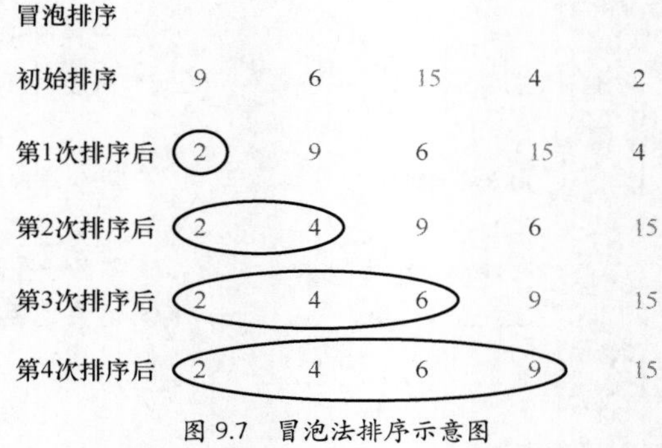

图 9.7 冒泡法排序示意图

从图 9.7 可以发现，冒泡法排序的过程如下。

（1）第 1 次排序将最小的数字 2 移动到第 1 的位置，并将其他数字依次向后移动。

（2）第 2 次排序从第 2 个数字 9 开始的剩余数字中选择最小的数字 4 并将其移动到第 2 的位置，将剩余数字依次向后移动。

（3）以此类推，每次都将剩余数字中的最小数字移动到当前剩余数字的最前方，直到将一组数字按从小到大的顺序排列为止。

下面通过实例来介绍如何通过程序使用冒泡法排序实现数组元素按从小到大的顺序排列。

实例9-5 在本实例的代码中，声明了一个整型数组和一个整型变量，其中整型数组用于存储用户输入的数字，而整型变量则作为两个元素交换时的中间变量，然后通过双层循环进行冒泡法排序，最后将排好序的数组进行输出。

具体代码如下：

```
#define _CRT_SECURE_NO_WARNINGS                    /* 解除 vs 安全性检测问题 */
#include<stdio.h>
int main()
{
    int i, j;
    int a[10];
    int iTemp;
    printf(" 为数组元素赋值：\n");
    /* 通过键盘为数组元素赋值 */
    for (i = 0; i<10; i++)
    {
            printf("a[%d]=", i);
            scanf("%d", &a[i]);
```

```
    }

    /* 从小到大排序 */
    for (i = 1; i<10; i++)                   /* 外层循环元素的索引为 1 ~ 9*/
    {
        for (j = 9; j >= i; j--)             /* 内层循环元素的索引为 i ~ 9*/
        {
            if (a[j]<a[j - 1])               /* 如果前一个数比后一个数大 */
            {
                /* 交换两个数组元素的值 */
                iTemp = a[j - 1];
                a[j - 1] = a[j];
                a[j] = iTemp;
            }
        }
    }

    /* 输出数组 */
    for (i = 0; i<10; i++)
    {
        printf("%d\t", a[i]);                    /* 输出制表符 */
        if (i == 4)                              /* 如果是第 5 个元素 */
            printf( “\n” );                      /* 输出换行符 */
    }

    return 0;                                    /* 程序结束 */
}
```

运行程序，结果如图 9.8 所示。

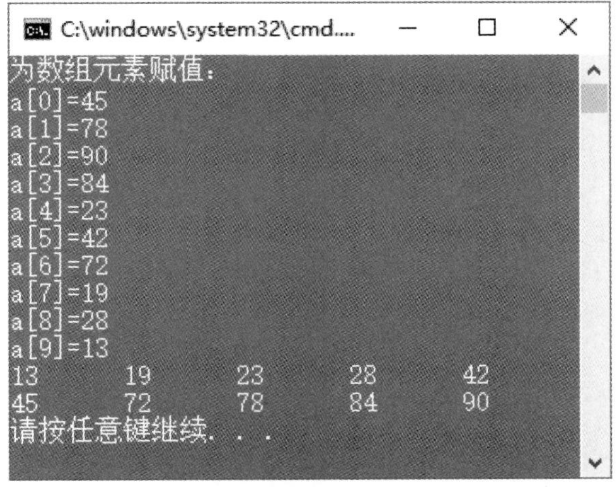

图 9.8 冒泡法排序运行结果

9.6.3 交换法排序

交换法排序是指将每一位数与其后的所有数一一比较，如果发现符合条件的数据则交换数据位置。

下面以数字 9、6、15、4、2 为例，介绍采用交换法实现将数字按从小到大的顺序进行排列，如图 9.9 所示。

初始排序	【9	6	15	4	2】
第1次排序后	2	【9	15	6	4】
第2次排序后	2	4	【15	9	6】
第3次排序后	2	4	6	【15	9】
第4次排序后	2	4	6	9	15

图 9.9　交换法排序示意图

例如图 9.9 所示的这组数据，交换法排序的过程（只介绍第 1 次排序的过程，第 2、3 次排序的过程可以此类推）如下。

（1）第 1 次排序将第 1 个数字与后边的数字依次进行比较。先比较 9 和 6，9 大于 6，交换两个数字的位置，这时数字 6 成为第 1 个数字。

（2）用 6 和第 3 个数字 15 进行比较，6 小于 15，保持原来的位置。

（3）用 6 和 4 进行比较，6 大于 4，交换两个数字的位置。

（4）再用当前数字 4 与最后的数字 2 进行比较，4 大于 2，交换两个数字的位置，从而得到图 9.9 中第 1 次排序后的结果。

（5）然后使用相同的方法，从当前第 2 个数字 9 开始，继续将其和后面的数字进行比较，如果遇到比当前数字小的数字则交换数字位置，以此类推，直到将一组数字按从小到大的顺序排列为止。

下面通过实例来介绍如何在程序中使用交换法实现数组元素按从小到大的顺序排列。

实例9-6 在本实例的代码中，声明了一个整型数组和一个整型变量，其中整型数组用于存储用户输入的数字，而整型变量则作为两个元素交换时的中间变量，然后通过双层循环进行交换法排序，最后将排好序的数组进行输出。

具体代码如下：

```
#define _CRT_SECURE_NO_WARNINGS                         /* 解除 vs 安全性检测问题 */
#include<stdio.h>
int main()
{
    int i, j;
    int a[10];
    int iTemp;
    printf(" 为数组元素赋值: \n");
    /* 通过键盘为数组元素赋值 */
    for (i = 0; i<10; i++)
    {
            printf("a[%d]=", i);
            scanf("%d", &a[i]);
    }

    /* 从小到大排序 */
```

```
    for (i = 0; i<9; i++)                       /* 外层循环元素的索引为 0 ~ 8*/
    {
        for (j = i + 1; j<10; j++)              /* 内层循环元素的索引为 i+1~9*/
        {
            if (a[j] < a[i])                    /* 如果当前值比其他值大 */
            {
                /* 交换两个数组元素的值 */
                iTemp = a[i];
                a[i] = a[j];
                a[j] = iTemp;
            }
        }
    }

    /* 输出数组 */
    for (i = 0; i<10; i++)
    {
        printf("%d\t", a[i]);                           /* 输出制表符 */
        if (i == 4)                                     /* 如果是第 5 个元素 */
            printf("\n");                               /* 输出换行符 */
    }

    return 0;                                           /* 程序结束 */
}
```

运行程序，结果如图 9.10 所示。

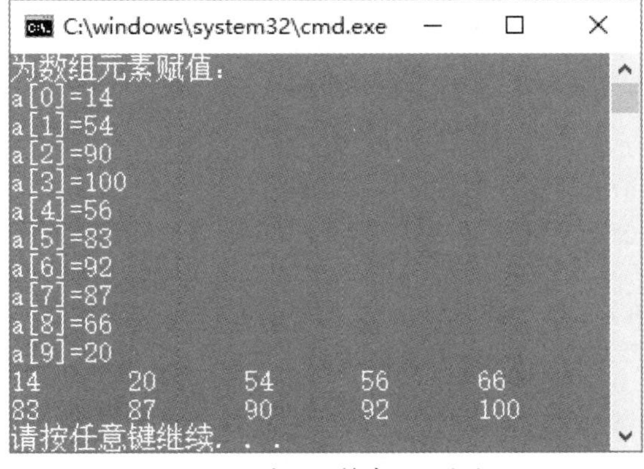

图 9.10　交换法排序运行结果

9.6.4　插入法排序

插入法排序较为复杂，其基本原理是抽出一个数据，在前面的数据中寻找相应的位置并将其插入，直到完成排序。下面以数字 9、6、15、4、2 为例，介绍采用插入法实现将数字按从小到大的顺序进行排列，如图 9.11 所示。

初始排序	【9	6	15	4	2】
第1次排序后	9				
第2次排序后	6	9			
第3次排序后	6	9	15		
第4次排序后	4	6	9	15	
第5次排序后	2	4	6	9	15

图 9.11　插入法排序示意图

从图 9.11 可以发现，插入法排序的过程如下。

（1）第 1 次排序将第 1 个数 9 取出来，并放置在最前面。

（2）取出第 2 个数 6，因为 6 小于 9，所以将 6 放在 9 之前。

（3）然后取出下一个数 15，先用 15 和 9 比较，因为 15 比 9 大，所以将 15 放在 9 的后面。

（4）以此类推，不断取出未进行排序的数字并将其与排好序的数字进行比较，然后将其插入相应的位置，直到将一组数字按从小到大的顺序排列为止。

下面通过实例来介绍如何通过程序使用插入法实现数组元素按从小到大的顺序排列。

实例9-7 在本实例的代码中，声明了一个整型数组和两个整型变量，其中整型数组用于存储用户输入的数字，而两个整型变量分别作为两个元素交换时的中间变量和记录数组元素位置的变量，然后通过双层循环进行插入法排序，最后将排好序的数组进行输出。

具体代码如下：

```
#define _CRT_SECURE_NO_WARNINGS                      /* 解除 vs 安全性检测问题 */
#include <stdio.h>                                   /* 包含头文件 */
int main()                                           /* 主函数 main()*/
{
   int i;                                            /* 定义变量 */
   int a[10];
   int iTemp;
   int iPos;
   printf(" 输入数据：\n");                           /* 提示信息 */
   for (i = 0; i<10; i++)                            /* 输入数据 */
   {
          printf("a[%d]=", i);
          scanf("%d", &a[i]);
   }

   /* 从大到小排序 */
   for (i = 1; i<10; i++)                            /* 循环数组中的元素 */
   {
          iTemp = a[i];                              /* 设置插入值 */
          iPos = i - 1;
          while ((iPos >= 0) && (iTemp<a[iPos]))     /* 寻找插入值的位置 */
          {
                 a[iPos + 1] = a[iPos];              /* 插入数值 */
```

```
                iPos--;
            }
            a[iPos + 1] = iTemp;
    }

    /* 输出数组 */
    for (i = 0; i<10; i++)
    {
        printf("%d\t", a[i]);                           /* 输出制表符 */
        if (i == 4)                                     /* 如果是第 5 个元素 */
            printf("\n");                               /* 输出换行符 */
    }
    printf("\n");

    return 0;                                           /* 程序结束 */
}
```

运行程序，结果如图 9.12 所示。

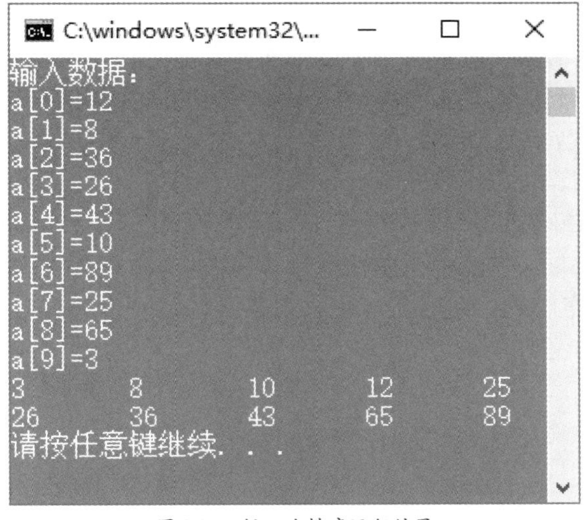

图 9.12　插入法排序运行结果

9.6.5 折半法排序

折半法排序又称为快速排序，是指选择一个中间值（在程序中使用数组中间值），即 middle，然后把比中间值小的数据放在左边、把比中间值大的数据放在右边（具体的实现是从两边找，找到一对数后进行交换）。接着对两边分别递归进行这样的操作。

说明

折半法又称二分法，对 n 个数排序，只需要排 $\log(n)$ 次。

下面以将数字 9、6、15、4、2 按从小到大的顺序排列为例，介绍对这几个数字进行折半法排序，如图 9.13 所示。

初始排序	【9	6	15	4	2】
第1次排序后	9	6	2	4	15
第2次排序后	6	2	4	9	15
第3次排序后	2	4	6	9	15

图 9.13　折半法排序示意图

折半法排序的过程如下。

（1）第 1 次排序首先获取数组中间值 15。

（2）从左侧取出数组元素与中间值进行比较，也就是取 9 与 15 进行比较，因为 9 比 15 小，所以位置不变。

（3）再取 6 与 15 进行比较，因为 6 比 15 小，所以位置依然不变。

（4）然后从右侧取出数组元素与中间值进行比较，也就是取 2 与 15 比较，2 比 15 小，2 与 15 互换位置。

（5）此时中间值是 2，取 4 与 2 进行比较，2 比 4 小，所以位置不变。这时第 1 次排序就完成了。

（6）然后看前 3 个数据（9、6、2），取中间值 6，再取 9 与 6 比较，9 比 6 大，所以交换位置。

（7）此时中间值是 9，然后取 2 与 9 比较，2 比 9 小，交换位置。

以此类推，按上面的比较方法继续进行比较，直到将一组数字按从小到大的顺序排列为止。

下面通过实例来介绍如何通过程序使用折半法实现数组元素按从小到大的顺序排列。

实例9-8 在本实例的代码中，声明了一个整型数组，用于存储用户输入的数字，还定义了一个函数，用于对数组元素进行排序，最后将排好序的数组进行输出。

具体代码如下：

注意

为了实现折半法排序，需要使用函数的递归，这部分内容将会在第 12 章进行介绍，读者可以参考后面的内容进行学习。

```
#define _CRT_SECURE_NO_WARNINGS                        /* 解除 vs 安全性检测问题 */
#include <stdio.h>                                     /* 包含头文件 */
/* 声明函数 */
void CelerityRun(int left, int right, int array[]);

int main()                                             /* 主函数 main()*/
{
    int i;                                             /* 定义变量 */
    int a[8];
```

```
    printf("输入数据：\n");
    for (i = 0; i<8; i++)                                   /*输入数据*/
    {
        printf("a[%d]=", i);
        scanf("%d", &a[i]);
    }

    /*从小到大排序*/
    CelerityRun(0, 7, a);
    printf("从小到大排序如下：\n");

    /*输出数组*/
    for (i = 0; i<8; i++)
    {
        printf("%d\t", a[i]);                               /*输出制表符*/
        if (i == 4)                                         /*如果是第5个元素*/
            printf("\n");                                   /*输出换行符*/
    }
    printf("\n");
    return 0;                                               /*程序结束*/
}

void CelerityRun(int left, int right, int array[])          /*定义函数*/
{
    int i, j;                                               /*定义变量*/
    int middle, iTemp;
    i = left;
    j = right;
    middle = array[(left + right) / 2];                     /*求中间值*/
    do
    {
        while ((array[i]<middle) && (i<right))              /*从左找小于中间值的数*/
            i++;
        while ((array[j]>middle) && (j>left))               /*从右找大于中间值的数*/
            j--;
        if (i <= j)                                         /*如果找到一对值*/
        {
            iTemp = array[i];                               /*交换这对值*/
            array[i] = array[j];
            array[j] = iTemp;
            i++;
            j--;
        }
```

```
    } while (i <= j);            /* 如果两边的索引相同，就停止（完成一次）*/
    /* 递归左边 */
    if (left<j)
        CelerityRun(left, j, array);
    /* 递归右边 */
    if (right>i)
        CelerityRun(i, right, array);
}
```

运行程序，结果如图 9.14 所示。

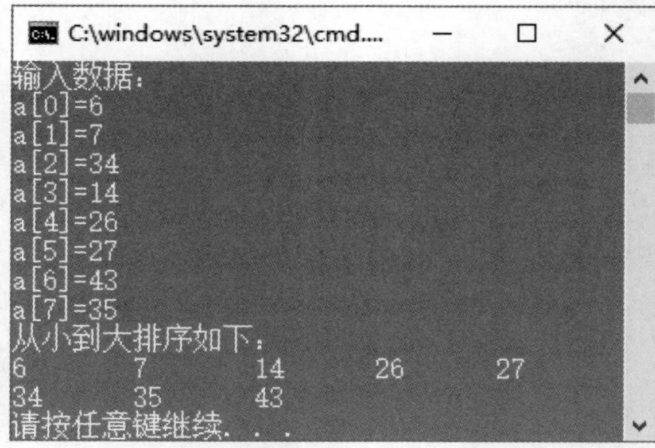

图 9.14　折半法排序运行结果

9.7　5 种排序方法的比较

前面已经介绍了 5 种排序方法，在进行数组排序时应该根据需要进行选择。在排列 n 个数据时，这 5 种排序方法的比较如表 9.2 所示。

表 9.2　5 种排序方法的比较

选择法排序	冒泡法排序	交换法排序	插入法排序	折半法排序
选择法排序在排序过程中一共需要进行 $n(n-1)/2$ 次比较，互相交换 $n-1$ 次。 选择法排序操作简单、容易实现，适用于数据较少的排序	最好的情况是正序，只比较一次即可；最坏的情况是逆序，需要比较 n^2 次。 冒泡法排序是稳定的排序方法，当待排序数据有序时，效果比较好	交换法排序和冒泡法排序类似，正序时排序数据最快，逆序排序数据最慢，排列有序数据时效果最好	使用此方法需要经过 $n-1$ 次插入，如果数据恰好应该插入序列的最后端，则不需要移动数据，可节省时间。因此若原始数据基本有序，使用此方法排序速度较快	当 n 较大时，折半法排序是速度最快的排序方法；但当 n 很小时，使用此方法往往比使用其他排序方法速度慢。折半法排序的效果是不稳定的

插入法排序、冒泡法排序、交换法排序的排序速度较慢，但参加排序的序列局部或整体有序时，这 3 种排序方法能达到较快的速度；在这种情况下，折半法排序反而会显得速度慢。当 n 较小时，对稳定性无要求宜用选择法排序，对稳定性有要求宜用插入法排序或冒泡法排序。

9.8 练习题

（1）图 9.15 所示为编者的 QQ 好友联系人列表，编写一个程序，用数组存储好友姓名（如编辑张四），其他信息不用输入。然后输出所有的好友姓名，输出效果如图 9.16 所示。

图 9.15 QQ 好友信息

我的好友
编辑张四，周音讯，李三，李永民，温瑞安，司机帮，张老师，客服

图 9.16 输出好友姓名

（2）大学英语六级考试，即 CET6，是由国家统一组织的评定应试人员英语能力的全国性考试。表 9.3 是几位大学生的英语六级考试成绩，请将某一位学生的成绩存储到数组中，然后用成绩报告单的

形式输出这位学生的成绩，效果如图 9.17 所示。（案例中的信息为虚构）

表 9.3　大学英语六级考试成绩信息

姓名	学校	考试级别	准考证号	总分	听力	阅读理解	翻译	写作
李友	北京师范大学	六级	340123090901	616	215	235	115	51
张弛	北京理工大学	六级	550123090901	609	212	240	107	50
王宾	北京邮电大学	六级	110423090901	543	174	203	111	55
马晓慧	北京林业大学	六级	320123090901	476	134	179	114	49

```
大学英语六级考试
成绩报告单
CET6
姓名：马晓慧
学校：北京林业大学
考试级别：六级
笔试成绩
准考证号：320123090901
总 分：476
```

图 9.17　输出大学英语六级考试成绩报告单

（3）输出以下形式的杨辉三角（要求输出 10 行）。

1

1 1

1 2 1

1 3 3 1

1 4 6 4 1

1 5 10 10 5 1

…

运行效果如图 9.18 所示。（提示：使用二维数组）

```
1
1    1
1    2    1
1    3    3    1
1    4    6    4    1
1    5   10   10    5    1
1    6   15   20   15    6    1
1    7   21   35   35   21    7    1
1    8   28   56   70   56   28    8    1
1    9   36   84  126  126   84   36    9    1
```

图 9.18　输出杨辉三角

（4）十二星座速配：由分数大小比较看巨蟹座与哪个星座匹配，匹配分数如下（星座名 / 匹配分数）：

白羊座 /50；金牛座 /90；双子座 /70；巨蟹座 /80；狮子座 /75；处女座 /89；天秤座 /55；天蝎座 /100；射手座 /40；摩羯座 /60；水瓶座 /45；双鱼座 /99。效果如图 9.19 所示。（提示：使用插入法排序）

```
巨蟹座与哪个星座匹配，匹配分数由低到高如下：
40        45        50        55        60
70        75        80        89        90
```

图 9.19　星座速配

（5）利用数组输出图 9.20 所示的电视剧的收视率信息。（提示：使用字符数组）

```
《Give up,hold on to me》                    收视率：1.4%
《The private dishes of the husbands》       收视率：1.343%
《My father-in-law will do martiaiarts》收视率：0.92%
《Distant distance》                         收视率:0.394%
```

图 9.20　实现效果

第 10 章

字符串处理函数

我们经常需要在计算机上撰写文本，通常会选用Word工具，因为Word工具有很多快捷方式，例如：为了简化重复输入文字的操作，Word 提供了复制、粘贴的功能；对于修改某些词语，Word 提供了查找、替换功能；对于统计撰写了多少字，Word 提供了统计字数的功能。除此之外，Word 还有其他功能，例如输入小写字母自动转换为大写字母等。其实，Word 的这些功能都类似于对字符串进行处理。在 C 语言中，同样提供了几个函数，可以用来处理字符串，本章将详细讲解相关的字符串处理函数，这些字符串处理函数都可通过 string.h 函数库来调用。

10.1 字符数组

简单来说，字符串就是由两个或两个以上的字符组成的。在 C 语言中，通常使用一个字符数组来存放一个字符串。字符数组实际上是一系列的字符集合，在某种程度上可以说就相当于字符串。字符数组就是字符数组，这种数组中的每个元素都是字符型的。字符数组中的每一个元素可以存放一个字符。字符数组的定义和使用方法与其他基本类型的数组相似。

例如定义一个字符数组 iArray[6]，按照图 10.1 所示的初始化形式定义，将会在控制台上输出“MingRi”。

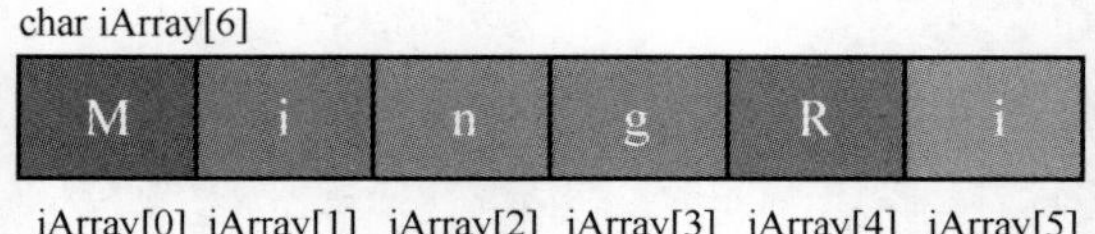

图 10.1　定义一个字符数组 iArray[6]

1. 字符数组的定义

字符数组的定义与其他数据类型的数组的定义类似，一般形式如下：

```
char 数组标识符 [ 常量表达式 ]
```

因为要定义的是字符型数据，所以在数组标识符前所用的是 char，后面括号中表示的是数组元素的数量。

例如，定义字符数组 cArray，代码如下：

```
char cArray[4];
```

其中，cArray 表示数组标识符，4 表示数组中包含 4 个字符型的元素。

2. 字符数组的引用

字符数组的引用与其他类型数组的引用一样，也是使用索引的形式。例如，引用定义的数组 cArray[4] 中的元素，代码如下：

```
cArray[0]='L';
cArray[1]='o';
cArray[2]='v';
cArray[3]='e';
```

上面的代码表示依次引用数组中的元素并为其赋值。

C 语言中并不存在字符串数据类型，只存在字符数据类型，如果想存放字符串，就需要字符数组，多个单个字符组合在一起构成字符串。当然，也可以使用字符型指针，同样可以存放字符串，关于指针的内容将会在第 13 章详细介绍。

10.2 使用字符串

10.2.1 初始化

对字符数组进行初始化操作有以下几种方法。

（1）逐个字符赋给数组中的各元素。

这是很容易理解的初始化字符数组的方法。例如，初始化一个字符数组，代码如下：

```
char cArray[4]={'L','o','v','e'};
```

上述代码定义包含 4 个元素的字符数组，花括号中的每一个字符对应赋值一个数组元素，使用字符数组输出一个字符串。

（2）在定义字符数组时进行初始化，省略数组长度。

如果初值个数与预定的数组长度相同，在定义时可以省略数组长度，系统会自动根据初值个数来确定数组长度。例如，初始化字符数组的代码可以写成如下形式：

```
char cArray[]={'L','o','v','e'};
```

可见，代码中定义的 cArray[] 中没有给出数组的长度，但是根据初值的个数可以确定数组的长度为 4。

（3）利用字符串给字符数组赋初值。

通常用一个字符数组来存放一个字符串。例如，用字符串对数组进行初始化，代码如下：

```
char cArray[]={"Love"};
```

或者将“{}”去掉，写成如下形式：

```
char cArray[]="Love";
```

10.2.2 结束标志

在 C 语言中，使用字符数组保存字符串，也就是使用一个一维数组保存字符串中的每一个字符，此时系统会自动为其添加“\0”作为结束标志。例如，初始化一个字符数组，代码如下：

```
char cArray[]={'L','o','v','e','\0'};    结束标志
```

通常字符串会以“\0”作为结束标志，当把一个字符串存入一个数组时，也就是把结束标志“\0”存入数组，并将此作为该字符串是否结束的标志。

注意

有了“\0”后，字符数组的长度就不那么重要了。当然在定义字符数组时应估计字符串的实际长度，保证数组长度始终大于字符串实际长度。如果在一个字符数组中先后存放多个不同长度的字符串，则应使数组长度大于最长的字符串的长度。

用字符串方式赋值比用字符逐个赋值要多占一个字节，多占的这个字节用于存放字符串结束标志“\0”。上面的字符数组 cArray 在内存中的实际存放情况如图 10.2 所示。

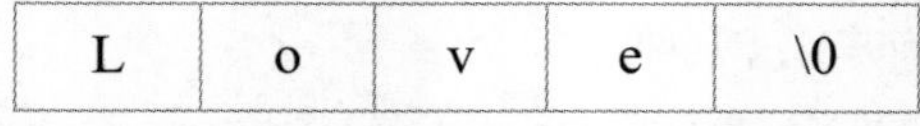

图 10.2 cArray 在内存中的实际存放情况

字符数组并不要求最后一个字符为“\0”，甚至可以不包含“\0”。例如，下面的写法也是合法的。

```
char cArray[4]={'L','o','v','e'};
```

是否加“\0”，完全由开发人员的需求决定。

10.2.3 输入和输出

字符数组的输入和输出有以下两种方法。

（1）使用格式字符“%c”进行输入或输出。

可以使用格式字符“%c”实现字符数组中字符的逐个输入或输出。例如，循环输出字符数组中的元素，代码如下：

```
for(i=0;i<5;i++)                                   /* 进行循环 */
{
        printf("%c",cArray[i]);                    /* 输出字符数组中的元素 */
}
```

其中变量 i 为循环的控制变量，并且在循环中作为数组的索引来实现循环输出。

（2）使用格式字符“%s”进行输入或输出。

可以使用格式字符“%s”将整个字符串依次输入或输出。例如，输出一个字符串，代码如下：

```
char cArray[]="GoodDay!";                          /* 初始化字符数组 */
printf("%s",cArray);                               /* 输出字符串 */
```

使用格式字符“%s”将字符串进行输出需注意以下几种情况。

- 输出字符不包括结束标志“\0”。
- 用“%s”格式输出字符串时，printf() 函数中的输出项是字符数组名 cArray，而不是数组中的元素名 cArray[0] 等。
- 如果数组长度大于字符串实际长度，则只输出到“\0”。
- 如果一个字符数组中包含多个“\0”，则在遇到第一个“\0”时输出就结束。

可能有的读者会有疑惑，字符串是存放在字符数组中的吗？根本没有这回事。可以这样说：字符数组可以存放字符串。但不能说字符串是存放在字符数组中的。例如：“你好”是一个字符串，但它并不是存放在某个字符数组中的。例如图 10.3 所示的代码。

```
char *p;                           ← 字符指针
p = malloc(80 * sizeof(char));     ← 分配内存大小
strcpy(p, "你好");
puts(p);
```

图 10.3 字符数组存放字符串

这里的字符串不是存放在字符数组中的，而是存放在字符指针 p 中的。

10.3 字符串复制

在编写程序时，经常需要对字符和字符串进行操作，如转换字符的大小写、求字符串长度等，这些都可以使用字符函数和字符串函数来解决。C 语言标准函数库专门提供了一系列处理函数。在编写程序的过程中合理、有效地使用这些函数可以提高编程效率，同时也可以提高程序性能。本节将对字符串处理函数进行介绍。

在字符串操作中，字符串复制是比较常用的操作之一。例如，登录账号时，可能会忘记登录密码，如图 10.4 所示，这时我们可采取的方法是重新设置密码，这实际上就是字符串复制。

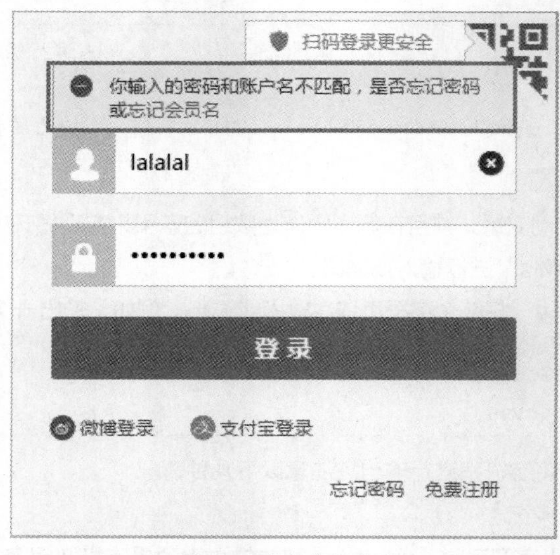

图 10.4　忘记登录密码

在 C 语言中，可使用 strcpy() 函数完成上述重新设置密码的操作，strcpy() 函数的作用是复制特定长度的字符串到另一个字符串中。其语法格式如下：

```
strcpy(目的字符数组名，源字符数组名);
```

功能：把源字符数组中的字符串复制到目的字符数组中。字符串结束标志“\0”也一同复制。

注意

开发环境 Visual Studio 2019 认为 strcpy() 函数不安全，因此在该环境中需要将 strcpy 写成 strcpy_s。语法格式如下：

```
strcpy_s(目的字符数组名，缓冲区大小，源字符数组名);
```

说明

（1）目的字符数组应该有足够的长度，否则不能全部装入所复制的字符串。

（2）目的字符数组名必须写成数组名形式；而源字符数组名可以是字符数组名，也可以是一个字符串常量，这相当于把一个字符串赋予一个字符数组。

（3）不能用赋值语句将一个字符串常量或字符数组直接赋给一个字符数组。

实例10-1 使用 strcpy() 函数更新招牌内容，将原来的“包子一元一个”，修改为“包子壹圆壹个”。

具体代码如下：

```
#define _CRT_SECURE_NO_WARNINGS                              /* 解除 vs 安全性检测问题 */
#include<stdio.h>                                            // 包含输入输出函数库
#include<string.h>                                           // 包含字符串复制函数库

int main()                                                   // 主函数 main()
{
// 定义字符数组用来存储招牌的新旧内容
   char old[30] = " 包子一元一个 ", new[30] = " 包子壹圆壹个 ";
   printf(" 原来的招牌的内容是: \n");                          // 输出旧招牌内容提示信息
   printf("%s\n", old);                                       // 输出旧招牌内容
   strcpy(old, new);                     // 利用 strcpy() 函数将新招牌盖掉旧招牌
   printf(" 经过处理之后的招牌的内容是 :\n");                  // 输出新招牌内容提示信息
   printf("%s\n", old);                                      // 输出新招牌内容
   return 0;                                                 // 程序结束
}
```

运行程序，结果如图 10.5 所示。

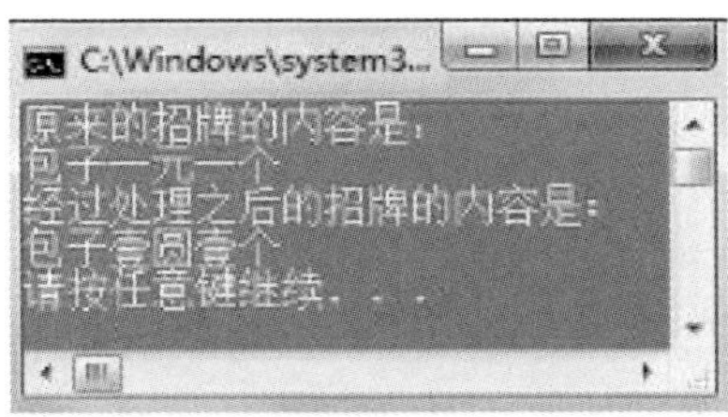

图 10.5　更新公告的内容

从作用上看，上述代码的本质就是字符串替换，用源字符数组替换目的字符数组。例如：

```
char old[30] = "I love you", new[30] = " 我爱你 ";
printf(" 原来内容是: \n");
printf("%s\n", old);
strcpy(old, new);
printf(" 经过处理之后内容是 :\n");
printf("%s\n", old);
```

运行结果如下：

```
原来内容是:
I love you
经过处理之后内容是 :
我爱你
```

从结果来看，使用 strcpy() 就是用“我爱你”替换“I love you”，最终输出字符串“我爱你”。

10.4 字符串连接

字符串连接就是将一个字符串连接到另一个字符串的末尾，使其组合成一个新的字符串。在字符串处理函数中，strcat() 函数就具有字符串连接的功能。其语法格式如下：

```
strcat(目的字符数组名，源字符数组名)
```

功能：把源字符数组中的字符串连接到目的字符数组中字符串的后面，并删去目的字符数组中原有的结束标志“\0”。

注意

开发环境 Visual Studio 2019 认为 strcat() 函数不安全，因此在该环境中需要将 strcat 写成 strcat_s。语法格式如下：

```
strcat_s(目的字符数组名，缓冲区大小，源字符数组名);
```

说明

要求目的字符数组应有足够的长度，否则不能装下连接后的字符串。

说明

字符串复制实质上是用源字符数组中的字符串覆盖目的字符数组中的字符串，而字符串连接则不存在覆盖的问题，只是单纯地将源字符数组中的字符串连接到目的字符数组中的字符串的后面。

实例10-2 通过 strcat() 函数将课程名称和上课时间连接起来输出某一天的课程表。

具体代码如下。

```
#define _CRT_SECURE_NO_WARNINGS                    /*解除vs安全性检测问题*/
#include<stdio.h>                                  //包含头文件
#include<string.h>                                 //包含字符串连接函数头文件
int main()                                         //主函数main()
{
    //定义字符数组保存课程名称
    char course1[30] = "    物理", course2[30] = "  数学", course3[30] = "  英语", course4[30] = "  语文";
    //定义字符数组保存上课时间
    char time1[30] = "8:00-9:40", time2[30] = "10:00-11:40";
    char time3[30] = "13:00-14:40", time4[30] = "15:00-16:00";
    strcat(time1, course1);
    //分别调用strcat()函数将上课时间和课程名称连接起来
```

```
    strcat(time2, course2);
    strcat(time3, course3);
    strcat(time4, course4);
    printf("今天课程如下:\n");                    // 输出提示信息
    puts(time1);                                   // 输出连接后的课程表
    puts(time2);
    puts(time3);
    puts(time4);
    return 0;                                      // 程序结束
}
```

运行程序，结果如图 10.6 所示。

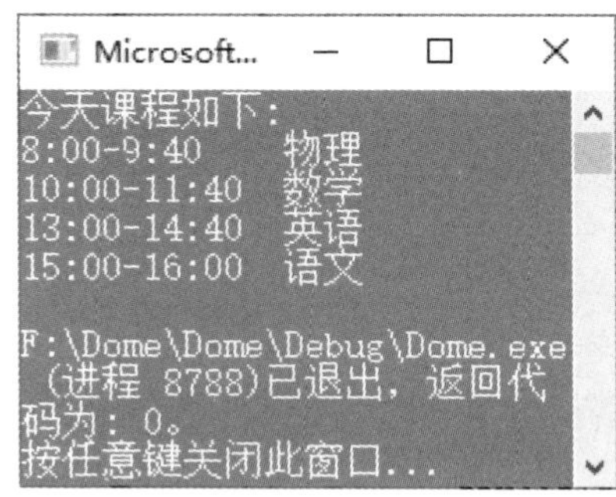

图 10.6　输出课程表

10.5　字符串比较

字符串比较就是将一个字符串与另一个字符串从首字母开始，按照 ASCII 值的顺序进行逐个比较。在 C 语言中，可使用 strcmp() 函数来实现字符串比较功能。strcmp() 函数语法格式如下：

```
strcmp(字符数组名 1, 字符数组名 2)
```

功能：按照 ASCII 值的顺序比较两个数组中的字符串，并由函数返回值来表示比较结果。

返回值说明如下：

- 字符串 1= 字符串 2，返回值为 0；
- 字符串 1> 字符串 2，返回值为正数；
- 字符串 1< 字符串 2，返回值为负数。

说明

当两个字符串进行比较时，若出现不同的字符，则以第一个不同的字符的比较结果作为整个比较的结果。

☒ 常见错误

对于字符串比较，绝对不能使用关系运算符，也不能使用赋值运算符进行赋值得到数据。例如，下面的两行语句都是错误的。

```
if(str[2]==mingri)…
str[2]=mingri;…
```

实例10-3 使用 strcmp() 来模拟登录明日学院的账号。

具体代码如下：

```
#include<stdio.h>                                    //包含头文件
#include<string.h>                                   //包含 strcmp() 函数头文件

int main()                                           //主函数 main()
{
    char shezhimima[20] = "mingrikeji";              //定义字符数组存储账号
    char mima[20];                                   //定义登录时输入的账号
    printf("请输入你的明日学院 VIP 账号：\n");        //提示信息
    gets(mima);                                      //登录时输入的账号
    printf("你的明日学院 VIP 账号是：\n");            //提示信息
    puts(mima);                                      //输出登录时输入的账号
    if (strcmp(shezhimima, mima) == 0) //如果登录时输入的账号与注册的账号相同
    {
            printf("你登录成功了!^_^\n");             //输出登录成功信息
    }
    else                              //如果登录时输入的账号与注册的账号不相同
    {
            printf("你登录失败!!-_-\n");              //输出登录失败信息
    }
    return 0;                                        //程序结束
}
```

运行程序，结果如图 10.7 所示。

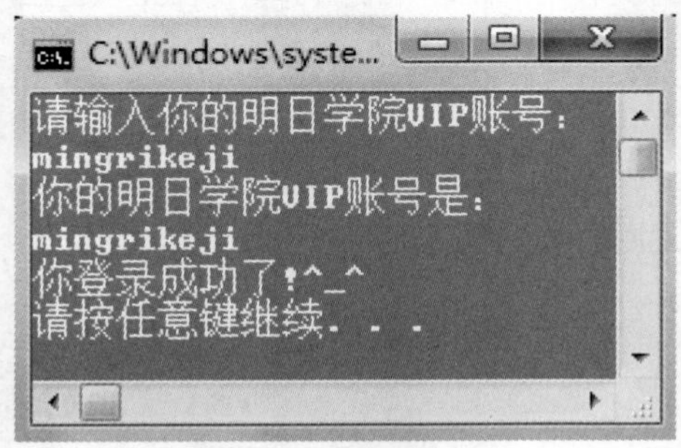

图 10.7　登录账号

10.6 字符串大小写转换

我们常常会注册一些账号，注册时通常有一项是输入验证码，如图 10.8 所示，这时会遇到字符串大小写转换的情况。在注册时，会将验证码大小写自动转换，因此输入 yynd 或 YYND 都是可以的。在 C 语言中，有相应的函数能够完成字符串的大小写转换，那就是 strupr() 和 strlwr() 函数。

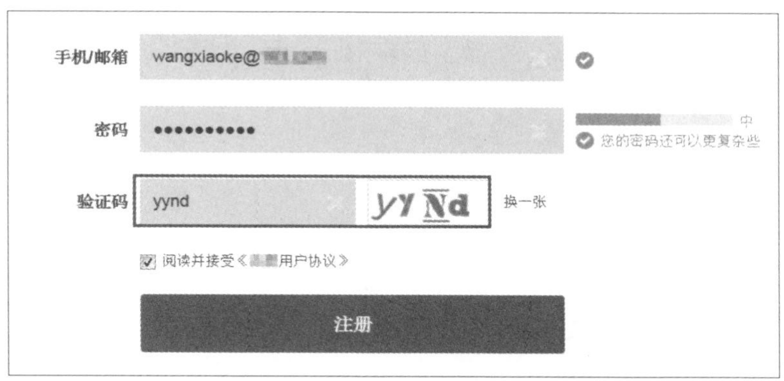

图 10.8 注册账号

strupr() 函数的语法格式如下：

```
strupr( 字符串 )
```

功能：将字符串中的小写字母转换成大写字母，其他字母不变。

strlwr() 函数的语法格式如下：

```
strlwr( 字符串 )
```

功能：将字符串中的大写字母转换成小写字母，其他字母不变。

注意

开发环境 Visual Studio 2019 认为 strupr()、strlwr() 函数不安全，因此在该环境中需要将 strupr、strlwr 写成 _strupr_s、_strlwr_s。语法格式分别如下：

```
_strupr_s( 字符串 , 缓冲区大小 );
_strlwr_s( 字符串 , 缓冲区大小 );
```

实例10-4 使用字符串大小写转换函数来实现验证码的自动转换。

具体代码如下：

```
#define _CRT_SECURE_NO_WARNINGS                /* 解除 vs 安全性检测问题 */
#include<stdio.h>                              // 包含头文件
#include<string.h>                             // 包含 strupr() 和 strlwr() 函数
```

```

int main()                                    // 主函数 main()
{
    char verification[5] = "yyNd";            // 定义字符数组存储验证码
    printf("验证码是%s:\n", verification);    // 输出要求输入的验证码
    _strupr_s(verification,5);                // 将验证码转换成大写
    printf("验证码转换成大写为: %s\n", verification);    // 输出转换成大写的字母
    _strlwr_s(verification,5);                           // 将验证码转换成小写
    printf("验证码转换成小写为: %s\n", verification);    // 输出转换成小写的字母
    return 0;                                            // 程序结束
}
```

运行程序，结果如图 10.9 所示。

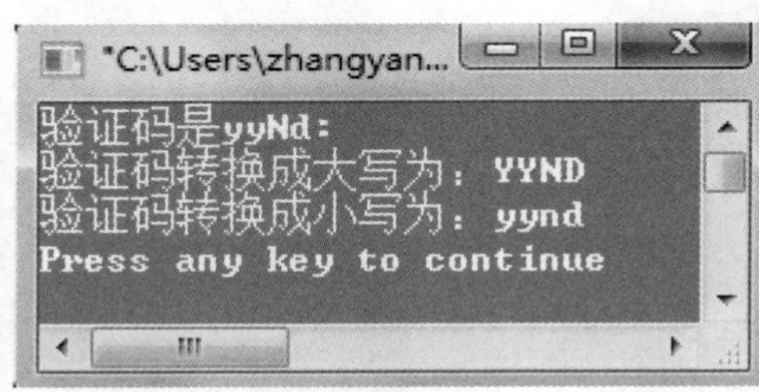

图 10.9　验证码转换

10.7　获得字符串长度

在使用字符串时，有时需要动态获得字符串的长度，例如注册账号时常常会遇到图 10.10 所示的情况，要求输入的密码必须为 6 ~ 16 个字符。那么我们如何才能获取字符串长度？

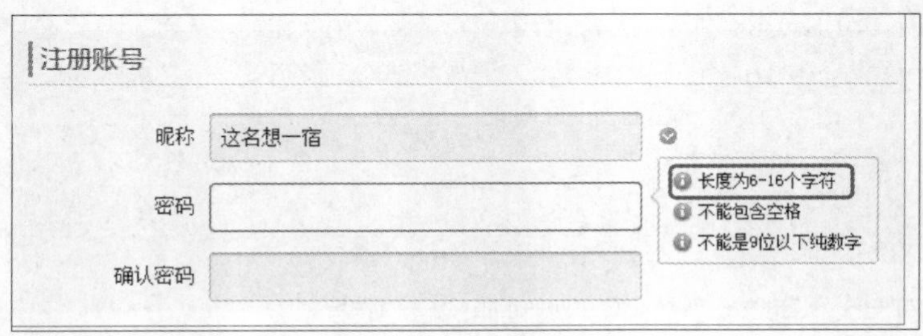

图 10.10　注册账号

在 C 语言中，虽然通过循环来判断字符串结束标志“\0”也能获得字符串的长度，但是实现起来相对烦琐，在 string.h 头文件中可以使用 strlen() 函数来计算字符串的长度。strlen() 函数的语法格式如下：

```
strlen(字符数组名)
```

功能：计算字符串的实际长度（不含字符串结束标志“\0”），函数的返回值为字符串的实际长度。

实例10-5 使用 strlen() 来判断注册的明日学院账号是否符合要求。

具体代码如下：

```
#define _CRT_SECURE_NO_WARNINGS                    /* 解除 vs 安全性检测问题 */
#include <stdio.h>                                 // 包含输入输出函数库
#include <string.h>                                // 包含 strlen() 函数

int main()
{
   char text[20];                                  // 定义字符数组保存账号
   printf("请输入您想注册的明日学院账号:\n");        // 输出信息提示
   scanf("%s", &text);                             // 输入注册的账号
   // 比较字符串的长度，要求为 4~12 个字符
   if (strlen(text) >= 4 && strlen(text) <= 12)
   printf("注册成功\n");                            // 输出成功提示
   else
   printf("您输入的账号不符合要求，请重新输入！ \n");   // 输出失败提示
   return 0;                                       // 程序结束
}
```

运行程序，结果如图 10.11 所示。

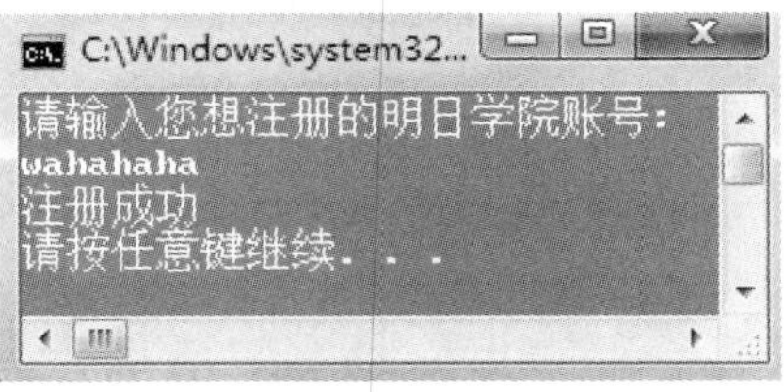

图 10.11　注册明日学院账号

10.8　练习题

（1）使用 strlen() 函数来判断注册的明日学院账号是否符合要求，运行结果如图 10.12 所示。

```
请输入您想注册的明日学院账号:
mingrikeji
注册成功
```

图 10.12　注册明日学院账号

（2）编写一个程序输出上联，用户对出下联，然后输出上联和下联，实现效果如图 10.13 所示。

```
上联：拳打南山斑斓虎
我的下联是：脚踢北海混江龙
------------------------------
:  上联：拳打南山斑斓虎  :
:  下联：脚踢北海混江龙  :
------------------------------
```

图 10.13　实现效果

（3）下象棋需要先了解如下的象棋口诀：

马走日，象走田

车走直路炮翻山

士走斜线护将边

小卒一去不回还

利用字符串连接函数输出象棋口诀，效果如图 10.14 所示。（提示：使用字符串连接函数）

（4）“被 @”是常有的事，在群里要是找某个人有急事，就会 @ 他。编写程序输出被 @ 的列表，效果如图 10.15 所示。（提示：使用字符串连接函数）

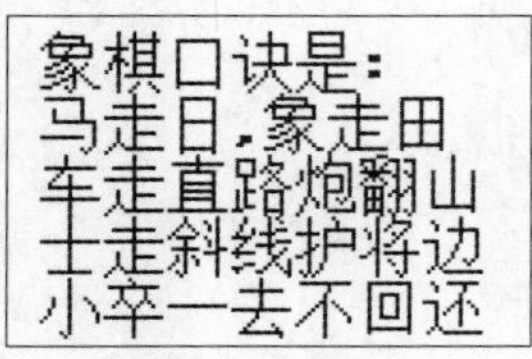

图 10.14　输出象棋口诀

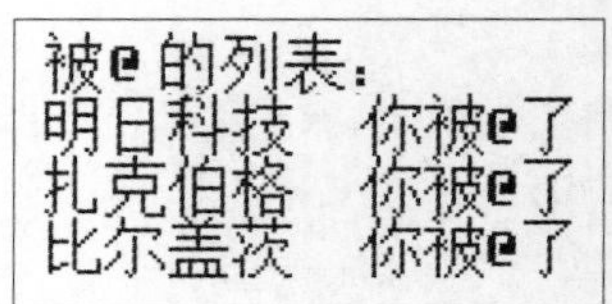

图 10.15　被 @ 的列表

（5）根据车牌号可以知道车牌的归属地，利用字符串比较函数判断车牌的归属地，效果如图 10.16 所示。（提示：使用字符串比较函数）

```
车牌归属地查询：

津 A·12345 这个车牌的归属地是：天津
沪 A·23456 这个车牌的归属地是：上海
京 A·34567 这个车牌的归属地是：北京
```

图 10.16　车牌号归属地查询

输入验证

在实际开发中，用户不一定会按照程序的设定行事。用户的输入可能会不尽如人意，会和程序期望的输入形式不匹配，这会导致程序运行失败。例如程序规定输入数字，而用户偏偏输入字符等。作为开发者，应该预料到各种可能出现的错误输入，本章就通过介绍几个函数详细讲解输入的验证。

11.1 英文字母验证

英文字母验证是常见的验证方式，例如要求输入英文字母，而用户却输入数字等。要判断输入的字符是否为英文字母，可以使用 isalpha() 函数来判断。它的语法格式如下：

```
int isalpha(int ch);
```

isalpha() 函数的说明如下。

- 参数 ch 为一个待验证的字符。
- 对于 isalpha() 函数的返回值：若不是英文字母则返回 0，是则返回非 0 数据。

注意

isalpha() 函数存放在头文件 ctype.h 中。

实例11-1 在 A、B、C、D 这 4 个选项中选择正确答案（假定答案是 C）。

具体代码如下：

```
#define _CRT_SECURE_NO_WARNINGS                    /* 解除 vs 安全性检测问题 */
#include<stdio.h>
```

```
#include<ctype.h>
int main()
{
    char c;                                          //定义输入答案为字符型变量
    printf("请选择您的答案：\n");                      //提示
    scanf("%c",&c);                                  //输入字符
    if(isalpha(c))                                   //如果字符为英文字母
    {
            printf("您选择的答案是：%c   选择格式正确\n",c);  //提示
            if (c=='C')                                    //如果选择答案为C
            {
             printf("您的答案是正确的 \n");              //提示
            }
            else                                     //如果选择答案不为C
            {
                printf("但是您的答案是错误的\n");      //提示
            }
    }
    else                                             //如果字符不是英文字母
    {
            printf("您选择的答案不符合要求\n");          //提示
    }
    return 0;
}
```

运行结果如图 11.1~ 图 11.3 所示。

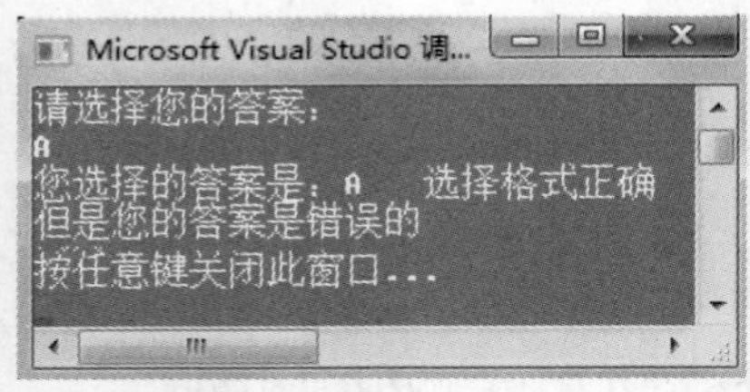

图 11.1　输入 A 答案

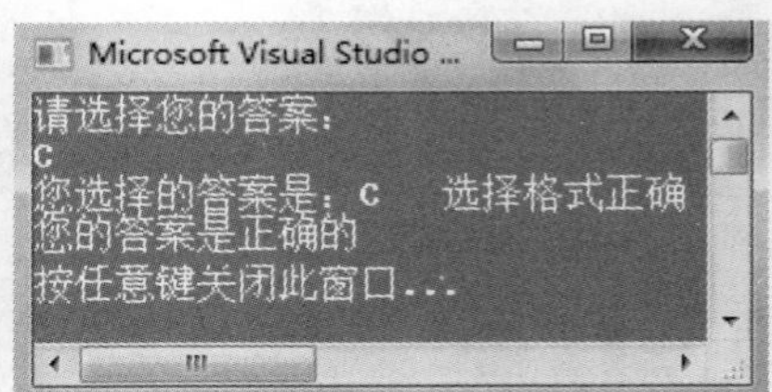

图 11.2　输入 C 答案

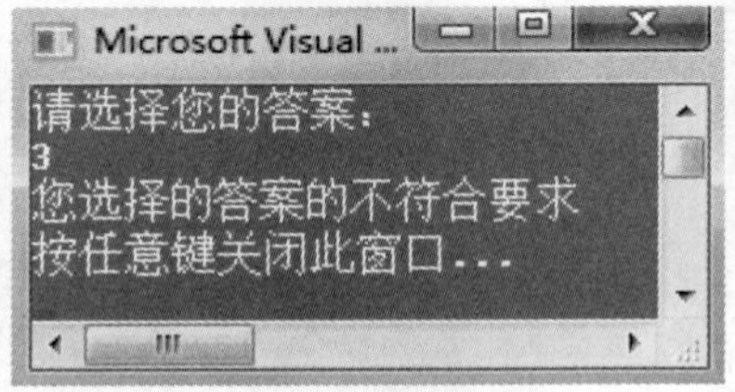

图 11.3　输入 3 答案

11.2 小写字母验证

11.1 节介绍了英文字母验证，它只能验证是否为英文字母，而不能验证是小写字母还是大写字母，本节将介绍小写字母验证。在 C 语言中可以使用 islower() 函数来验证小写字母。

它的语法格式如下：

```
int islower(int ch);
```

islower() 函数的说明如下。

- 参数 ch 为一个待验证的字符。
- 对于 islower() 函数的返回值，若不是小写字母则返回 0，是则返回非 0 数据。

注意

islower() 函数存放在头文件 ctype.h 中。

实例11-2 判断输入的音节是否为拼音里的单韵母。

具体代码如下：

```
#define _CRT_SECURE_NO_WARNINGS                /* 解除 vs 安全性检测问题 */
#include<stdio.h>
#include<ctype.h>
int main()
{
    char vowel;                                 // 定义变量
    printf(" 请输入音节：");                    // 提示
    scanf("%c",&vowel);                         // 输入音节
    if (islower(vowel))                         // 如果是小写字母
    {
            // 如果是韵母
            if (vowel=='a'|| vowel == 'o'|| vowel == 'e'|| vowel ==
                'i'|| vowel == 'u'|| vowel == 'v')
            {
                    printf(" 您输入的音节是韵母 \n");
            }
            else                                // 如果不是韵母
            {
                    printf(" 您输入的音节是声母 \n");
            }
    }
    else                                        // 如果不是小写字母
    {
            printf(" 您输入的不是正确格式的音节 \n");
```

```
    }
    return 0;
}
```

运行结果如图 11.4~ 图 11.6 所示。

图 11.4　输入韵母

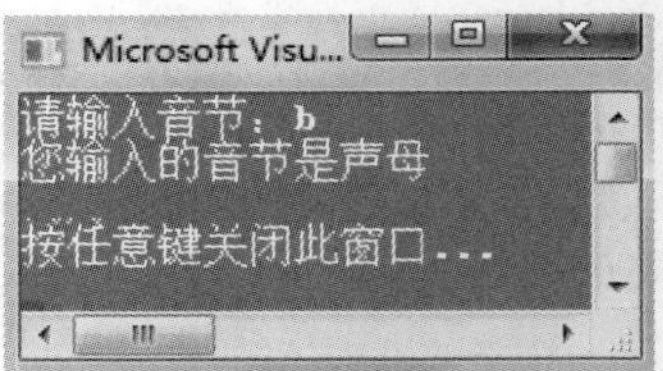

图 11.5　输入声母

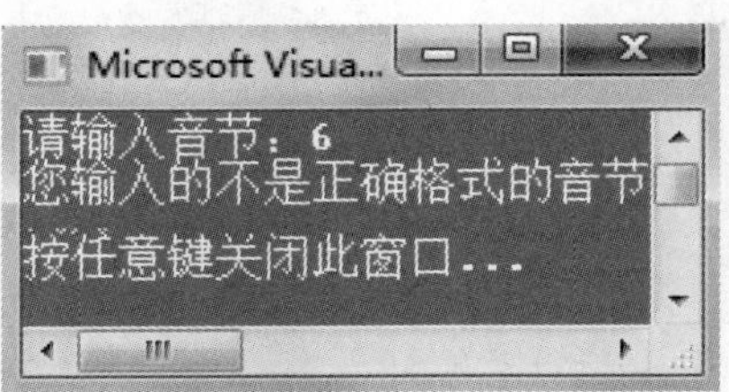

图 11.6　输入错误音节

11.3　大写字母验证

11.2 节介绍了小写字母验证，与之对应的就是大写字母验证。同样在 C 语言中，存在一个函数可用于判断字符是否为大写字母，它就是 isupper() 函数。

它的语法格式如下：

```
int isupper (int ch);
```

isupper() 函数的说明如下。

- 参数 ch 为一个待验证的字符。
- 对于 isupper() 函数的返回值，若不是大写字母则返回 0，是则返回非 0 数据。

注意

isupper() 函数存放在头文件 ctype.h 中。

实例11-3 4.5.4 小节中使用大写字母定义字符常量，编写代码判断定义的字符常量是否为大写字母。

具体代码如下：

```
#define _CRT_SECURE_NO_WARNINGS                      /* 解除 vs 安全性检测问题 */
#include<stdio.h>
#include<ctype.h>
int main()
{
   char symbol;  // 定义变量
   printf(" 请输入你要定义的符号常量: ");  // 提示
   scanf("%c",&symbol);  // 输入变量
   if (isupper(symbol))  // 如果为大写字母
   {
          printf(" 您输入的符号常量符合定义规则 \n 定义成功 \n"); // 提示定义成功

   }
   else// 如果不为大写字母
   {
          printf(" 您输入的符号常量不符合定义规则 \n 定义失败 \n"); // 提示定义失败
   }
   return 0;
}
```

运行结果如图 11.7 和图 11.8 所示。

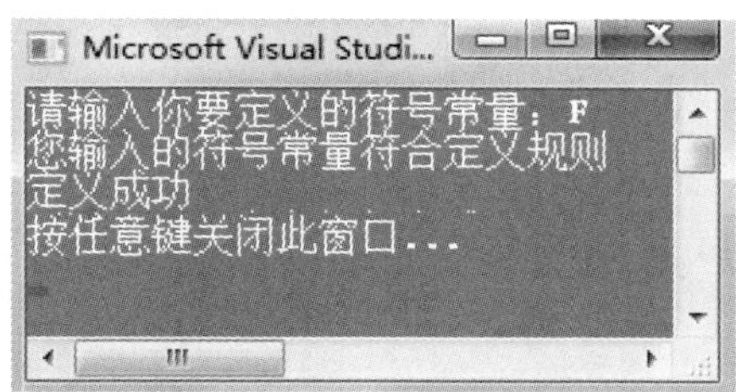

图 11.7　定义大写字母形式的符号常量

图 11.8　定义其他符号常量

11.4　标点符号验证

标点符号是我们常用于表明停顿和语气的符号，它在 C 语言中也是字符。当然也有判断标点符号的函数，它就是 ispunct() 函数。它的语法格式如下：

```
int ispunct(int ch);
```

ispunct() 函数的说明如下。

- 参数 ch 为一个待验证的字符。
- 对于 ispunct() 函数的返回值，若不是标点符号则返回 0，是则返回非 0 数据。

注意

ispunct() 函数存放在头文件 ctype.h 中。

实例11-4 判断标识符是否以下画线开头。

具体代码如下：

```
#define _CRT_SECURE_NO_WARNINGS                          /* 解除 vs 安全性检测问题 */
#include<stdio.h>
#include<ctype.h>
int main()
{
    char symbol;                                         // 定义变量
    printf("请输入定义的标识符：");                       // 提示
    scanf("%c",&symbol);                                 // 输入标识符
    if (ispunct(symbol))                                 // 如果是标点符号
    {
            if (symbol=='_')                             // 如果是 _
            {
                    printf("标识符以 _ 开头 \n");         // 提示
            }
            else                                         // 如果没有 _
            {
                    printf("标识符格式错误 \n");          // 提示
            }

    }
    else                                                 // 如果不是标点符号
    {
            printf("标识符不以 _ 开头");
    }
    return 0;
}
```

运行结果如图 11.9~ 图 11.11 所示。

图 11.9　以 _ 开头的标识符

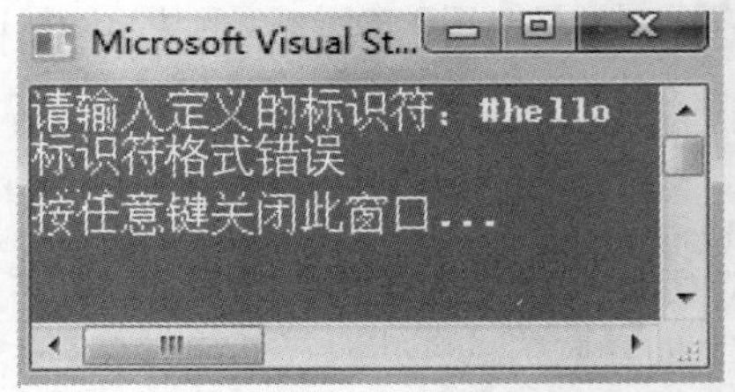

图 11.10　标识符格式错识

图 11.11　不以 _ 开头的标识符

11.5　字母或数字验证

11.1 节中介绍的 isalpha() 函数只会判断是否为英文字母，而有时我们不仅需要判断是否为字母，还需要判断是否为数字。这就需要使用 C 语言中提供的另外一个函数——isalnum() 函数。它的语法格式如下：

```
int isalnum(int ch);
```

isalnum() 函数的说明如下。

- 参数 ch 为一个待验证的字符。
- 对于 isalnum() 函数的返回值，若不是字母或数字则返回 0，是则返回非 0 数据。

> **注意**
>
> isalnum() 函数存放在头文件 ctype.h 中。

实例11-5 用快递将货物寄走，快递收费标准：2kg 以内收取 12 元，超过 2kg 的部分每千克收取 2 元。根据货物质量（重量）计算快递费。

具体代码如下：

```
#define _CRT_SECURE_NO_WARNINGS                 /* 解除 vs 安全性检测问题 */
#include<stdio.h>
#include<ctype.h>
int main()
{
    char num;                                   // 定义变量
    int weight,money;
    printf("请输入货物重量：");                   // 提示
    scanf("%c",&num);                           // 输入字符
    if (isalnum(num))                           // 如果为数字或字母
    {
          weight = num - '0';                   // 将数字字符转化为数值
          // 计算快递费
          money = weight < 2 ? 12 : 12+(weight - 2) * 2;
```

```
        // 输出信息
        printf(" 用快递将 %d 千克重的货物邮走，花费 %d 元。\n",weight,money);

    }
    else                                                    // 如果不为数字或字母
    {
        printf(" 输入的格式不正确 \n");                     // 输出提示
    }
    return 0;
}
```

运行结果如图 11.12 和图 11.13 所示。

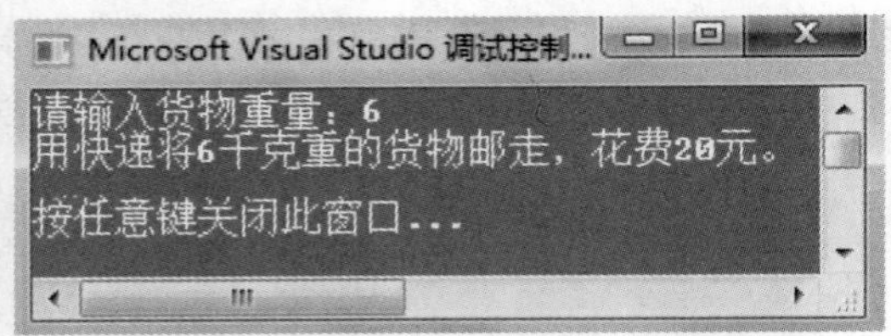

图 11.12　货物超过 2 千克的快递费

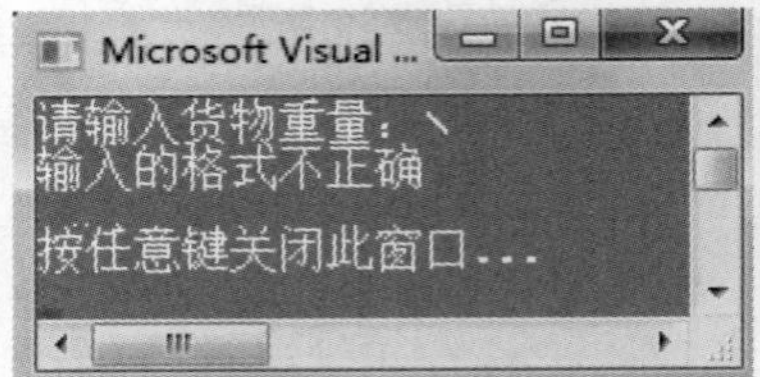

图 11.13　错误输出格式

11.6　除空格外的字符验证

空格的作用是进行间隔，但是有时不需要空格，C 语言提供了验证除空格外的字符的函数——isgraph() 函数。

它的语法格式如下：

```
int isgraph(int ch);
```

isgraph() 函数的说明如下。

- 参数 ch 为一个待验证的字符。
- 对于 isgraph() 函数的返回值，不是除空格外的字符则返回 0，是则返回非 0 数据。

注意

isgraph() 函数存放在头文件 ctype.h 中。

实例11-6 使用 isgraph() 函数判断输入的字符是否有空格。

具体代码如下：

```
#define _CRT_SECURE_NO_WARNINGS                       /* 解除 vs 安全性检测问题 */
#include<stdio.h>
```

```
#include<ctype.h>
int main()
{
    char c;                                          // 定义变量
    printf(" 请输入要验证的字符: ");                  // 提示
    scanf("%c",&c);                                  // 输入字符
    if (isgraph(c))                                  // 如果是除空格外的字符
    {
            printf(" 没有空格字符 \n");               // 提示没有空格字符
    }
    else                                             // 如果是空格字符
    {
            printf(" 有空格字符 \n");                 // 提示有空格字符
    }
    return 0;
}
```

运行结果如图 11.14 和图 11.15 所示。

图 11.14 存在空格字符

图 11.15 不存在空格字符

11.7 空格验证

空格起间隔的作用，容易“一不小心”打出空格，所以有必要进行空格验证。C 语言中提供了一个可以验证空格的函数——isspace() 函数。它的语法格式如下：

```
int isspace(int ch)
```

isspace() 函数的说明如下。

- 参数 ch 为一个待验证的字符。
- 对于 isspace() 函数的返回值，若不是空格字符则返回 0，是则返回非 0 数据。

注意

isspace() 函数存放在头文件 ctype.h 中。

实例11-7 对于换行输入内容，为了美观，会在换行时输出空格，编写代码来判断输入内容是否符合格式要求。

具体代码如下：

```
#define _CRT_SECURE_NO_WARNINGS                       /* 解除 vs 安全性检测问题 */
#include<stdio.h>
#include<ctype.h>
int main()
{
   char sym;                                          // 定义变量
   printf("请换行输入内容：");                         // 提示
   scanf("%c",&sym);                                  // 输入内容
   if (isspace(sym))                                  // 如果为空格
   {
          printf("段前空格，格式正确\n");              // 提示格式正确

   }
   else                                               // 如果不为空格
   {
          printf("格式不正确 需要段前空格\n");// 提示格式不正确
   }
   return 0;
}
```

运行结果如图 11.16 和图 11.17 所示。

图 11.16　格式正确句子

图 11.17　格式错误句子

11.8 练习题

（1）在互联网上，使用表情也是用户间交流的一种方式，能加深人与人之间的感情。其实我们常用的标点符号也能拼出表情，图 11.18 所示是手机端的部分表情。本题就用 ispunct() 来判断用户输入的是否是标点符号。效果如图 11.19、图 11.20 所示。（提示：使用 ispunct() 函数）

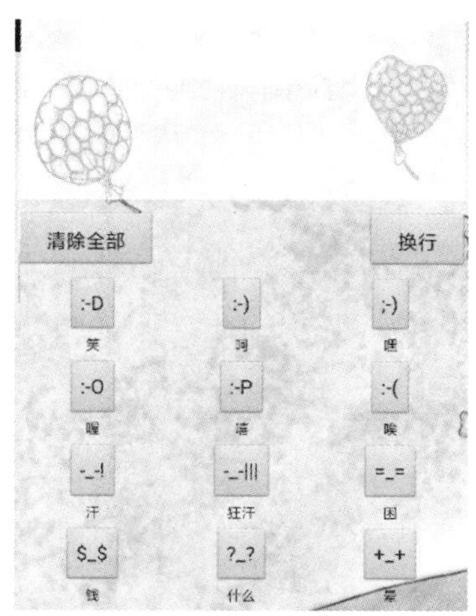

图 11.18　表情

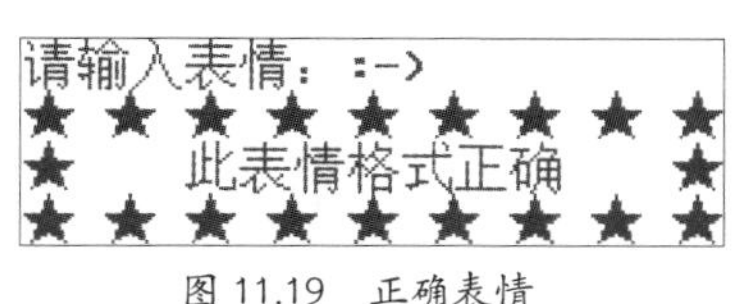

图 11.19　正确表情

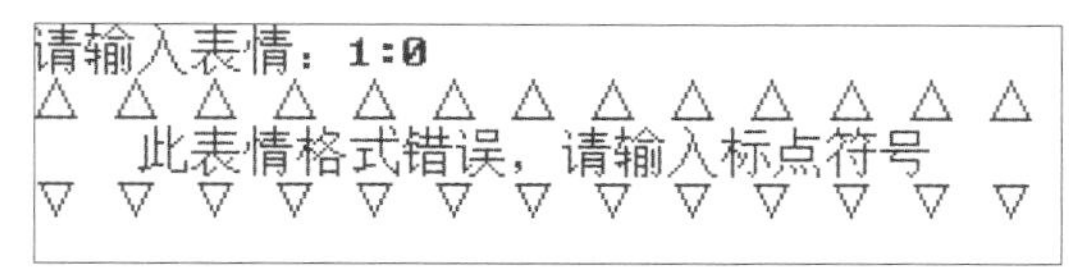

图 11.20　错误表情

（2）使用 isalnum () 来判断座位号是否符合是数字的要求，运行结果如图 11.21 和图 11.22 所示。（提示：使用 isalnum() 函数）

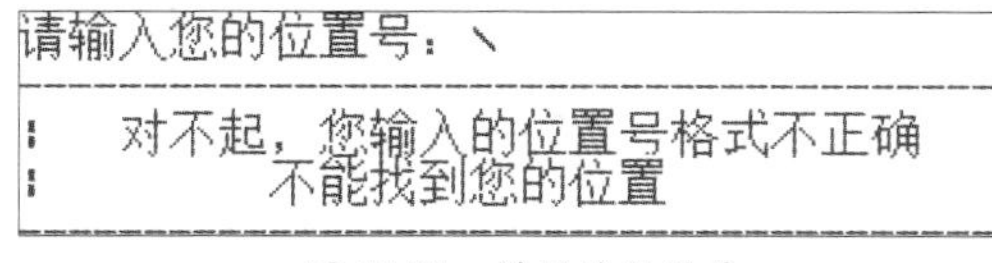

图 11.21　错误的位置号

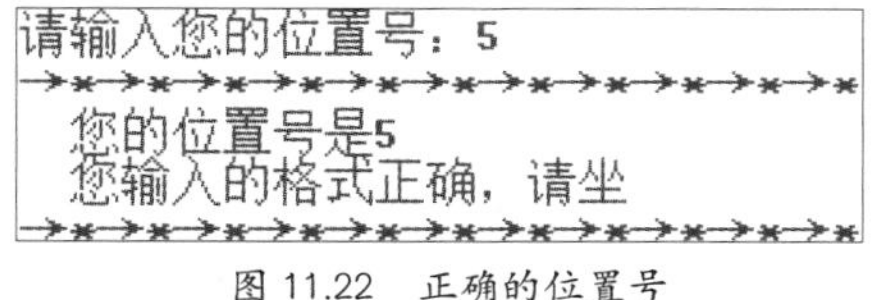

图 11.22　正确的位置号

（3）通常使用键盘打字有两种方法，一种是拼音输入，另一种是五笔输入。如今大多数人都使用拼音输入，拼音输入就是通过按键盘中的字母来拼出汉字。本题就来实现通过键盘输入汉字拼音的首字母，使用 isalpha() 函数判断输入的是否为拼音字母。效果如图 11.23 和图 11.24 所示。（提示：使用 isalpha() 函数）

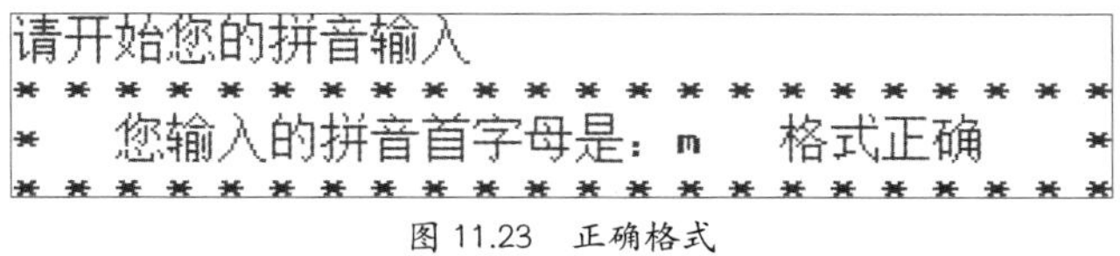

图 11.23　正确格式

```
请开始您的拼音输入
≈ ≈ ≈ ≈ ≈ ≈ ≈ ≈ ≈ ≈ ≈ ≈ ≈ ≈ ≈ ≈ ≈
    您输入的拼音首字母是：1    格式错误
≈ ≈ ≈ ≈ ≈ ≈ ≈ ≈ ≈ ≈ ≈ ≈ ≈ ≈ ≈ ≈ ≈
```

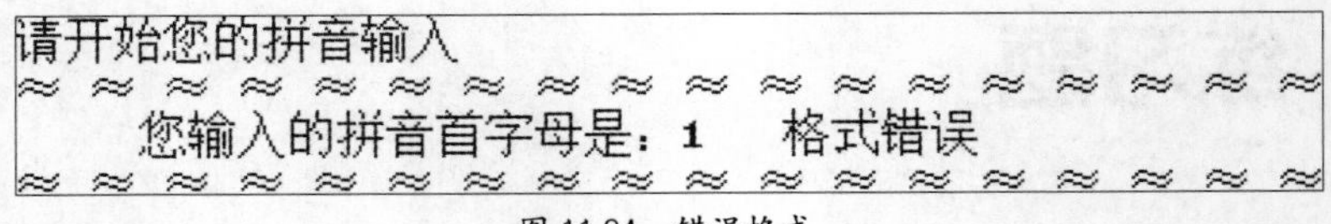

图 11.24 错误格式

（4）某机场 T2 航站楼登机指引如图 11.25 所示。请编写一个程序，分别用列表存储各岛的航空公司信息，另外用一个列表存储各岛的名称，如“A 岛”。然后按图 11.26 所示输出各岛航空公司的出发登机指引。

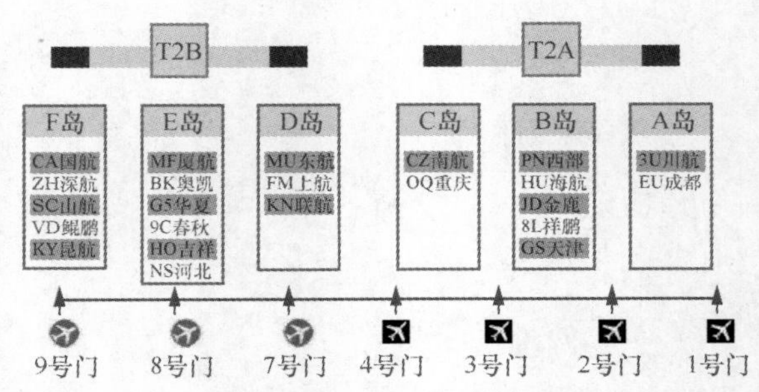

图 11.25 某机场 T2 航站楼登机指引

```
A岛：川航--3U，成都--EU
B岛：西部--PN，海航--HU，金鹿--JD，祥鹏--8L，天津--GS
C岛：南航--CZ，重庆--OQ
D岛：东航--MU，上航--FM，联航--KN
E岛：厦航--MF，奥凯--BK，华夏--G5，春秋--9C，吉祥--HQ，河北--NS
F岛：国航--CA，深航--ZH，山航--SC，鲲鹏--VD，昆航--KY
```

图 11.26 输出某机场 T2 航站楼登机指引

（5）假设古装戏中有这样一个桥段，一名秀才进京赶考，途中饿了，看见一家包子馆，招牌上写着“包子一元一个”，秀才进去吃包子，迎接他的是包子铺的老板。他和老板说你这牌子有问题啊，包子铺老板惊讶，我这哪儿有问题呀？秀才说，哪天有个淘气的小孩，往你这招牌上添一笔，就变成了“包子一元十个”，这你还怎么做生意。老板听见秀才这样一说，觉得还真有点道理，就问那怎么办呀？秀才说，你改一下招牌，改成“包子壹圆壹个”，这样不就没办法修改了。于是老板就让伙计修改了招牌。现在我们来更新一下这个招牌。实现的效果如图 11.27 所示。（提示：使用字符串复制函数）

```
原来的招牌的内容是：
------------------------------
    包子一元一个
------------------------------
经过处理之后的招牌的内容是：
-*-*-*-*-*-*-*-*-*-*-*-*-*-*-*
    包子壹圆壹个
-*-*-*-*-*-*-*-*-*-*-*-*-*-*-*
```

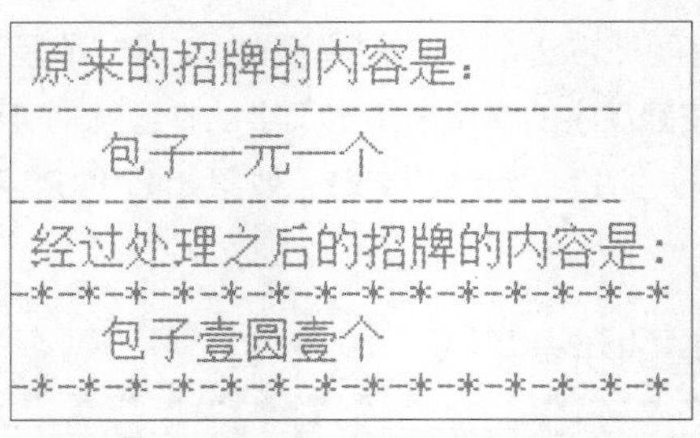

图 11.27 更新招牌

函数

一个较大的程序一般应分为若干个程序模块，每一个模块用来实现一个特定的功能。一般高级语言中都会涉及子程序，用来实现模块的功能。在 C 语言中，子程序的作用是由函数定义的。

本章致力于使读者了解关于函数的概念，掌握函数的定义及其组成部分；熟悉函数的调用方式；了解内部函数和外部函数的作用域，能区分局部变量和全局变量；最终能将函数应用于程序中。

12.1 函数概述

提到函数，大家应该会想到数学函数，函数是数学中很重要的一个部分。在 C 语言中，函数是构成 C 语言程序的基本单元，函数中包含程序的可执行代码。

每个 C 语言程序的入口和出口都位于 main() 函数中。编写程序时，并不是将所有内容都放到主函数 main() 中。为了方便规划、组织、编写和调试，一般的做法是将一个程序划分成若干个程序模块，每一个程序模块都能实现一部分功能。这样，不同的程序模块可以由不同的人来编写，从而可以提高软件开发的效率。

也就是说，主函数可以调用其他函数，其他函数之间也可以相互调用。如果在 main() 函数中调用其他函数，这些函数执行完毕之后又会返回到 main() 函数中。通常把这些被调用的函数称为下层函数。函数调用发生时，立即执行被调用的函数，而调用者则进入等待的状态，直到被调用函数执行完毕。函数可以有参数和返回值。

12.2 函数的定义

在程序中编写函数时，需要让编译器知道函数的功能。定义的函数包括函数头和函数体两部分。

12.2.1 函数定义的形式

编写程序时，C 语言的库函数是可以直接调用的，如 printf() 输出函数。而自定义函数则必须由用户对其进行定义，函数的定义中需包括函数特定的功能，这样函数才能被其他函数调用。

一个函数可分为函数头和函数体两个部分。函数定义的语法格式如下：

```
返回值类型  函数名（参数列表）
{
        函数体（函数实现特定功能的过程）;
}
```

例如，定义一个函数，代码如下：

```
int MulTwoNumber(int iNum1, int iNum2)          /*函数头部分*/
{
    /*函数体部分，实现函数的功能*/
    int result;                                 /*定义整型变量*/
    result = iNum1 * iNum2;                     /*进行乘法操作*/
    return result;                              /*返回操作结果，结束*/
}
```

下面通过代码来分析函数的两个部分：函数头和函数体。

1. 函数头

函数头用来标识函数代码的开始，这是函数的入口处。函数头分成返回值类型、函数名和参数列表 3 个部分。

对于上面的代码，函数头如图 12.1 所示。

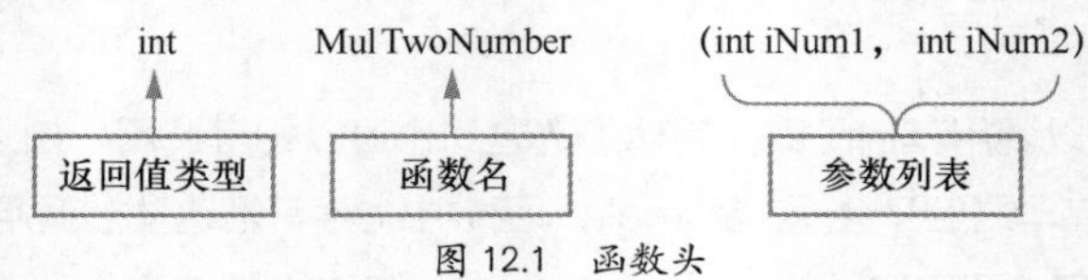

图 12.1 函数头

2. 函数体

函数体位于函数头的下方，由一对花括号标识，花括号决定了函数体的范围。函数要实现的特定功能都是在函数体部分通过代码语句来设置的，最后通过 return 语句返回实现的结果。

现在已经了解了定义一个函数应该使用怎样的语法格式。还有如下几种特殊的函数。

- 无参函数。

无参函数也就是没有参数的函数。无参函数的语法格式如下：

```
子返回值类型 函数名 ()
{
    函数体
}
```

下面通过代码来说明无参函数。例如，使用上面的语法定义一个无参函数，代码如下：

```
void Show ()                                        /*函数头*/
{
    printf("Nothing is impossible!");          /*显示一条信息*/
}
```

- 空函数。

顾名思义，空函数就是没有任何内容的函数，它也没有什么实际作用。在实际的开发过程中，程序员往往会使用空函数进行占位，等以后再用编好的函数取代它。空函数的语法格式如下：

```
类型说明符 函数名 ()
{
}
```

12.2.2 定义与声明

在程序中编写函数时，要先对函数进行声明，再对函数进行定义。声明函数是让编译器知道函数的名称、参数、返回值类型等信息。就像请假一样，一定要告诉上级领导一声，他才知道你为什么没来，这就相当于声明。而定义函数是让编译器知道函数的功能，就像说明请假要做的事情一样。

声明函数的格式如下，包括返回值类型、函数名、参数列表和分号 4 个部分。

```
返回值类型  函数名 ( 参数列表 );
```

注意

声明时最后要有分号“;”作为语句的结尾。例如，声明一个函数的代码如下：

```
int ShowNum (int iNumber1, int iNumber2);
```

如果将定义函数的代码放在调用函数的代码之前，就不需要进行函数声明，此时函数的定义就包含了函数的声明。例如下面的代码：

```
#include<stdio.h>
```

```
int made()
{
    int i;
    int a[10] = { 1,1,2,3,4,5,6,7,15,10 };  → 在 main() 函数之前定义
    for (i = 0; i < 10; i++)
        printf( “"%d\n", a[i]);
    return 0;
}
int main()
{
    made();  → 调用函数
    return 0;
}
```

> **说明**
>
> 虽然这种方式可以不用进行声明，而是直接定义，但是在实际的编程中不推荐使用这种方式。

12.3 返回语句

返回结果就像主管向下级职员下达命令，职员去做，最后将结果报告给主管。怎样将结果返回？在 C 语言程序函数的函数体中常会有这样一句代码：

```
return 0;
```

上面的语句就是返回语句之一。返回语句有两种形式：

```
return 表达式 ;
```

或者

```
return;
```

返回语句有以下两种主要用途。

- 利用返回语句能立即从所在的函数中退出，即返回到调用的程序中。
- 返回语句能返回值。可将返回值赋给调用的表达式，当然有些函数可以没有返回值，例如，返回值类型为 void 的函数就没有返回值。

12.3.1 有返回值的函数

通常程序最终会希望能调用其他函数得到一个确定的值，而最后得到的值就是函数的返回值。例如

下面的代码:

```
int Add(int iNumber1, int iNumber2)
{
    int iResult;                        /* 定义一个整型变量用来存储返回的结果 */
    iResult = iNumber1 + iNumber2;      /* 进行加法计算，得到计算结果 */
    return iResult;                     /* 通过 return 语句返回计算结果 */
}
int main()
{
    int iResult;                        /* 定义一个整型变量 */
    /* 进行 521+520 的加法计算，并将结果赋给变量 iResult*/
    iResult = Add (521, 520);
    return 0;                           /* 程序结束 */
}
```

从上面的代码可以看到，首先定义了一个进行加法计算的函数 Add()，在 main() 主函数中通过调用 Add() 函数将计算的加法结果赋给在 main() 函数中定义的变量 iResult。

下面对函数进行说明。

（1）函数的返回值都通过函数中的 return 语句获得，return 语句将被调用函数中的一个确定值返回到调用函数中，例如上面代码中 Add() 自定义函数最后就是使用 return 语句将计算的结果返回到主函数 main() 调用的位置。

说明

return 语句后面的括号是可以省略的，例如 return 0 和 return(0) 是相同的含义，本书的实例中都将括号进行了省略。

（2）既然函数有返回值，那么这个值当然应该是属于某一种确定的类型，因此应当在定义函数时明确指出函数返回值的类型。

（3）如果函数返回值的类型和 return 语句中表达式的值的类型不一致，则以函数返回值的类型为准。数值型数据可以自动进行类型转换，即函数定义的返回值类型决定最终返回值的类型。

常见错误

编程时容易在程序的最后忘记使用 return 语句返回一个对应类型的数据。

12.3.2 无返回值的函数

从调用函数返回原函数是返回语句的一个主要作用。在程序中，有两种方法可以终止调用函数的执行，并返回到原函数中调用函数的位置。第一种方法就是使用跳转语句或者使用程序终止函数，第二种方法是在函数体中，从第一句一直执行到最后一句，当所有语句都执行完时，程序遇到结束符号“}”后返回。

例如，下面的代码定义了一个无返回值函数：

```
void Post();                    /* 声明函数 */
void Post()                     /* 自定义函数输出 */
{
    printf(" 鹅 \n");
    printf(" 鹅 \n");
    printf(" 鹅 \n");
    printf(" 曲项向天歌 ")
    printf(" 白毛浮绿水 ")
    printf(" 红掌拨清波 ")
}
```

当开发人员不需要函数返回数值时就可以将函数定义为无返回值函数。

12.4 函数参数

函数参数的作用是传递数据给函数使用，函数利用接收的数据进行具体的操作处理。如图 12.2 所示，在定义函数时函数参数应放在函数名的后面。

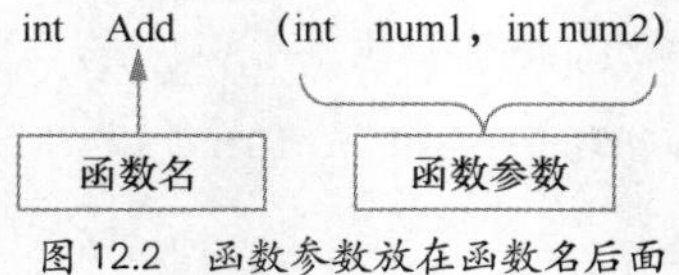

图 12.2 函数参数放在函数名后面

12.4.1 形式参数与实际参数

在使用函数时，经常会用到形式参数和实际参数。二者都叫作参数，对于它们之间的区别，下面将通过形式参数与实际参数的名称和作用来进行讲解，并会通过比喻进行深入介绍。

（1）通过名称理解。

- 形式参数：按照其名称进行理解就是形式上存在的参数。
- 实际参数：按照其名称进行理解就是实际存在的参数。

（2）通过作用理解。

- 形式参数：在定义函数时，函数名后面括号中的变量为形式参数。在调用函数之前，传递给函数的值将被复制到这些形式参数中。
- 实际参数：在调用函数时，也就是真正使用函数时，函数名后面括号中的参数为实际参数。

例如：我们定义一个选择午餐吃什么的函数，如图 12.3 所示，自定义的函数中的 lunch 是形式参数，而主函数中的 eat1 和 eat2 是实际参数。

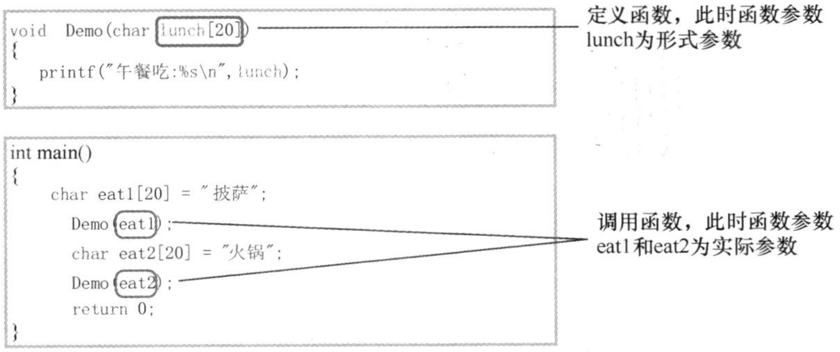

```
void  Demo(char lunch[20])
{
   printf("午餐吃:%s\n", lunch);
}
```

定义函数，此时函数参数lunch为形式参数

```
int main()
{
    char eat1[20] = "披萨";
      Demo(eat1);
      char eat2[20] = "火锅";
      Demo(eat2);
      return 0;
}
```

调用函数，此时函数参数eat1和eat2为实际参数

图 12.3　形式参数与实际参数

> **说明**
>
> 形式参数简称为形参，实际参数简称为实参。

（3）通过比喻来理解形式参数和实际参数。定义函数时列表的参数就是形式参数，而调用函数时传递进来的参数就是实际参数，就像选剧本主角一样，剧本的角色相当于形式参数，而扮演角色的演员就相当于实际参数。

> **说明**
>
> 实际参数可以是常量、变量、数组、指针等，也可以是表达式。

12.4.2　数组作为函数参数

本小节将讨论数组作为实参传递给函数的特殊情况。将数组作为函数参数进行传递，不同于标准的赋值调用的参数传递方法，说明如下。

（1）当数组作为函数的实参时，只传递数组的地址，而不是将整个数组赋值到函数中。

（2）当用数组作为实参调用函数时，指向该数组的第一个元素的指针会被传递到函数中。

此时声明函数参数时必须使用和数组相同的数据类型，根据这一点，下面将对函数参数的各种情况进行详细的讲解。

1. 数组名作为函数参数

可以用数组名作为函数参数。

实例 12-1 使用数组名作为函数的实参和形参。编写函数 int fun(int lim,int aa[])，其功能是求出小于或等于 lim 的所有素数，并放在 aa 数组里，输出所有素数。

具体代码如下：

```
#include <stdio.h>                        /* 包含头文件 */
int fun(int lim, int aa[])                /* 自定义函数 */
{
    int i, j = 0, k = 0;                  /* 定义数组下标 */
```

```
    for (i = 2; i<lim; i++)                    /* 判断是否为素数 */
    {
        for (j = 2; j<i; j++)
            if (i%j == 0)
                break;
            if (j == i)
                aa[k++] = i;

    }
    return k;                                  /* 程序结束 */

}
int main()                                     /* 主函数 main()*/
{
    int aa[100], i;                            /* 定义变量 */
    fun(100, aa); ──> 数组作为参数              /* 调用 fun() 函数 */
    printf("100 以内的素数有: \n");             /* 输出信息 */
    for (i = 0; i<25; i++)                     /* 循环判断数组中的所有数 */
    {

        printf("%d\t", aa[i]);                 /* 输出满足条件的数 */

    }
    printf("\n");                              /* 换行输出 */
    return 0;                                  /* 程序结束 */
}
```

运行程序，结果如图 12.4 所示。

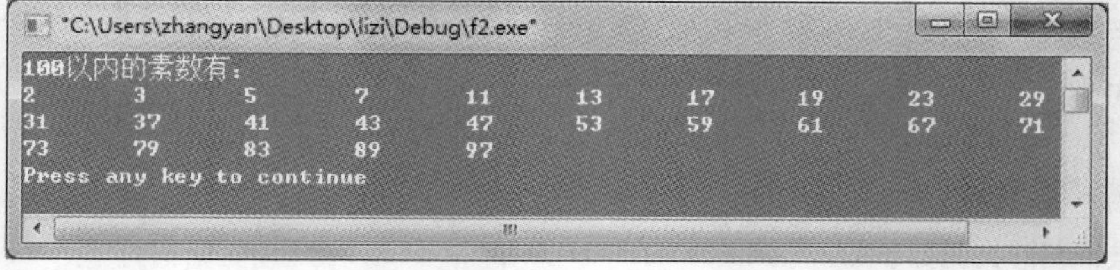

图 12.4　输出满足条件的素数

注意

使用数组作为函数参数时，一定要注意函数调用时参数的传递顺序。

2. 可变长度数组作为函数参数

可以将函数的参数声明成长度可变的数组。例如如下代码：

```
void  Fun(char Name[]);              /* 声明函数 */
char CName[10];                       /* 定义整型数组 */
Fun(CName);                           /* 将数组作为实参进行传递 */
```

从上面的代码可以看到，在定义和声明一个函数时将数组作为函数参数，并且没有指明数组此时的长度，这样就可将函数参数声明为长度可变的数组。

3. 指针作为函数参数

还可将函数参数声明为指针。指针作为参数和数组作为参数起同样的作用。

> **说明**
>
> 将函数参数声明为指针的方法，也是 C 语言程序比较专业的写法。

例如，声明函数参数为指针，代码如下：

```
void  Fun(int* p);                    /* 声明函数 */
int iArray[10];                       /* 定义整型数组 */
Fun(iArray);                          /* 将数组作为实参进行传递 */
```

从上面的代码可以看到，指针在声明 Fun() 函数时作为函数参数。在调用函数时，可以将数组作为函数的实参进行传递。

12.4.3 main() 函数的参数

前面介绍函数定义的内容中，在讲解函数体时提到过主函数 main() 的相关内容，下面在此基础上对 main() 函数的参数进行介绍。

在运行程序时，有时需要将必要的参数传递给主函数。主函数 main() 的形参如下：

```
main(int argc, char* argv[])
```

两个特殊的内部形参 argc 和 argv 是用来接收命令行实参的，这是只有主函数 main() 才具有的参数。

- argc 参数保存命令行的参数个数，是整型变量。这个参数的值至少是 1，因为至少程序名就是第一个实参。
- argv 参数是一个指向字符数组的指针，这个数组中的每一个元素都指向命令行实参。所有命令行实参都是字符串，任何数字都必须由程序转换成适当的格式。

12.5 函数的调用

在生活中，为了能完成某项特殊的工作，可能需要使用具有特定功能的工具。在使用工具之前需要先制作这个工具，工具制作完成后，才可以使用。函数就像要实现某项功能的工具，而使用函数的过程就是函数的调用。

12.5.1　函数的调用方式

一种工具可能不止有一种使用方式，就像雨伞一样，它既可以遮雨也可以遮阳光，函数的调用也是如此。函数的调用方式有 3 种，包括函数语句调用、函数表达式调用和函数参数调用。下面对这 3 种方式进行介绍。

1. 函数语句调用

把函数调用作为一条语句就称为函数语句调用。函数语句调用是常使用的调用函数的方式。

实例 12-2 定义一个函数，使用函数语句调用方式，通过调用函数实现输出一条信息的功能，进而观察函数语句调用的使用方式。

具体代码如下：

```
#include<stdio.h>                    /* 包含头文件 */

void Display()                       /* 定义函数 */
{
/* 输出一条信息的功能 */
   printf(" 三人行，必有我师焉，择其善者而从之，其不善者而改之 \n");
}

int main()                           /* 主函数 main()*/
{
   Display(); ——→调用函数输出语句            /* 函数语句调用 */
   return 0;                                  /* 程序结束 */
}
```

> **说明**
>
> 在介绍定义与声明函数时曾说明过，如果在使用函数之前定义函数，那么此时的函数定义包含函数声明。

运行程序，结果如图 12.5 所示。

图 12.5　输出一条信息

2. 函数表达式调用

函数出现在一个表达式中，这时会要求函数必须返回一个确定的值，这个值则作为参加表达式运算的一部分。

实例 12-3 定义一个函数，其功能是利用欧姆定律（*R=U/I*）计算电阻值，并在表达式中调用该函数，使得函数的返回值参加运算得到新的结果。

具体代码如下：

```
#include<stdio.h>                                             /* 包含头文件 */

/* 声明函数，进行计算 */
void TwoNum(float iNum1, float iNum2);

int main()
{
    TwoNum(5, 10);  ──► 调用函数计算表达式的值              /* 调用函数 */
    return 0;                                                 /* 程序结束 */
}

void TwoNum(float iNum1, float iNum2)                     /* 定义函数 */
{
    float iTempResult;                                    /* 定义整型变量 */
/* 进行计算，并将结果赋给 iTempResult*/
    iTempResult = iNum1 / iNum2;
    printf(" 电阻值是 %f\n", iTempResult);       /* 输出电阻值 */
}
```

运行程序，结果如图 12.6 所示。

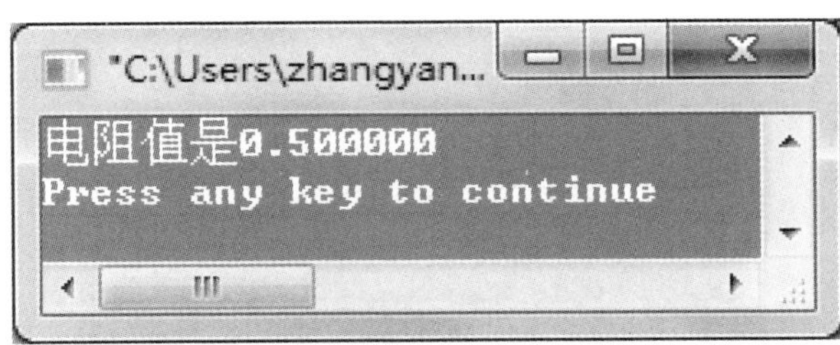

图 12.6　输出电阻值

3. 函数参数调用

将函数作为另一个函数的实参调用，这样将函数返回值作为实参传递到函数中使用。函数出现在一个表达式中，这时要求函数返回一个确定的值，这个值会参加表达式的运算。

实例 12-4 编写 getTemperature() 函数返回体温，将返回的结果传递给 judgeTemperature() 函数。把函数作为参数使用，在程序中定义 getTemperature() 函数，又定义 judgeTemperature() 函数，而 judgeTemperature() 的参数是 getTemperature()。

具体代码如下：

```
#define _CRT_SECURE_NO_WARNINGS                          /* 解除 vs 安全性检测问题 */
#include<stdio.h>                                        /* 包含头文件 */

void judgeTemperature(int temperature);                  /* 声明函数 */
int getTemperature();                                    /* 声明函数 */

int main()                                               /* 主函数 main()*/
{
   judgeTemperature(getTemperature());                   /* 调用函数 */
   return 0;                                             /* 程序结束 */
}
int getTemperature()                                     /* 定义体温函数 */
{
   int temperature;                                      /* 定义整型变量 */
   printf("please input a temperature:\n");              /* 输出提示信息 */
   scanf("%d", &temperature);                            /* 输入体温 */
   printf(" 当前体温是：%d\n", temperature);              /* 输出当前体温 */
   return temperature;                                   /* 返回体温 */
}

void judgeTemperature(int temperature)                   /* 自定义体温正常函数 */
{
   if (temperature <= 312.3f&& temperature >= 36)        /* 判断体温是否正常 */
         printf(" 体温正常 \n");
   else
         printf(" 体温不正常 \n");
}
```

函数作为参数使用

运行程序，结果如图 12.7 所示。

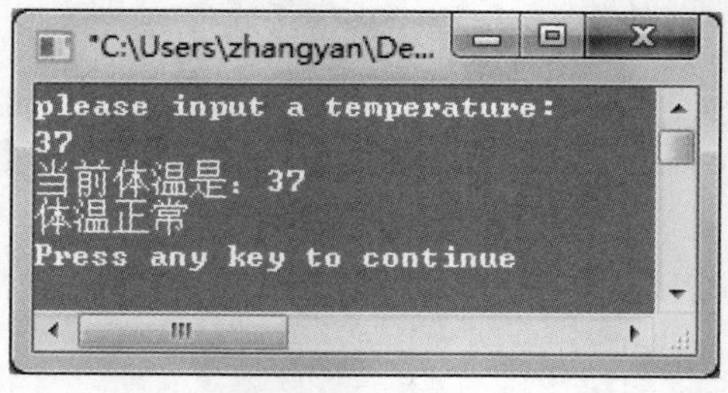

图 12.7　运行结果图

12.5.2　嵌套调用

在 C 语言中，函数的定义都是互相平行、独立的，也就是说在定义函数时，一个函数体内不能包含定义的另一个函数。例如，下面的代码是错误的：

```
int main()
{
    void Display()                         /* 错误！！！不能在函数内定义函数 */
    {
            printf("I want to show the Nesting function");
    }
    return 0;
}
```

从上面的代码可以看到，在主函数 main() 中定义了一个 Display() 函数，目的是输出一句提示信息。但 C 语言是不允许进行嵌套定义的，因此编译时就会出现图 12.8 所示的错误提示。

```
error C2143: syntax error : missing ';' before '{'
```

图 12.8 错误提示

虽然 C 语言不允许进行嵌套定义，但是可以嵌套调用函数，也就是说，在一个函数体内可以调用另外一个函数。例如，使用下面的代码进行函数的嵌套调用：

```
void ShowMessage()                         /* 定义函数 */
{
    printf("The ShowMessage function");
}

void Display()
{
    ShowMessage();                         /* 正确，在函数体内进行函数的嵌套调用 */
}
```

嵌套过程如下。

（1）从主函数 main() 入口进入程序，执行 main() 函数开头部分。

（2）执行到调用 Display() 函数时，程序转向执行 Display() 函数。

（3）执行 Display() 函数，从 Display() 函数头开始执行，执行到调用 ShowMessage() 函数，程序转向执行 ShowMessage() 函数。

（4）执行 ShowMessage() 函数，从函数头开始执行，如果没有其他嵌套函数，则完成 ShowMessage() 函数的全部操作。

（5）转向执行 Display() 函数中尚未执行的部分，直到 Display() 函数执行结束。

（6）返回 main() 函数中调用 Display() 函数的调用处。

（7）继续执行 main() 函数剩余部分，直到 main() 函数执行结束。

可用一个例子来理解嵌套过程，某公司的 CEO 决定该公司要完成一个方向的目标，但是要完成这个目标就需要将其讲给公司的经理，公司中的经理需将要做的内容再传递给下级的副经理，副经理再讲给下属职员，职员按照上级的指示进行工作，最终完成目标。其过程如图 12.9 所示。

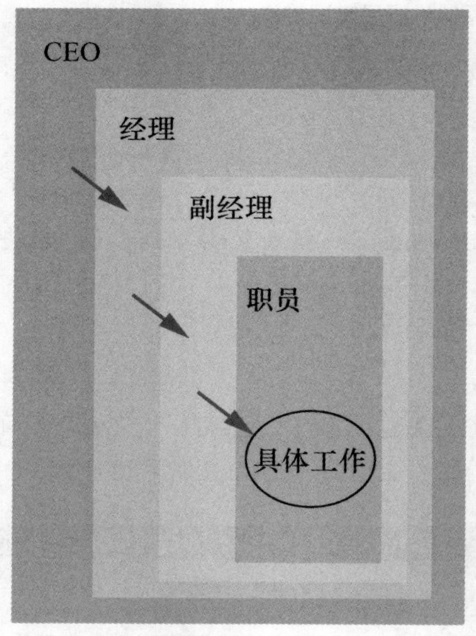

图 12.9　嵌套过程

> **注意**
>
> 在嵌套调用函数时，一定要在使用前进行原型声明。

实例 12-5 利用嵌套函数模拟上述比喻中描述的过程，将每一个位置的人要做的事情封装成一个函数，通过调用函数完成最终目标。

具体代码如下：

```
#include<stdio.h>
void CEO();                                         /* 声明函数 */
void Manager();
void AssistantManager();
void Clerk();
int main()
{
   CEO();                                           /* 调用 CEO 的作用函数 */
   return 0;
}
void CEO()
{
   /* 输出信息，表示调用 CEO() 函数进行相应的操作 */
   printf("CEO 下达命令给经理 \n");
   Manager();                                       /* 调用经理的作用函数 */
}
void Manager()
```

```
{
    /* 输出信息，表示调用 Manager() 函数进行相应的操作 */
    printf(" 经理下达命令给副经理 \n");
    AssistantManager();                 /* 调用副经理的作用函数 */
}
void AssistantManager()
{
    /* 输出信息，表示调用 AssistantManager() 函数进行相应的操作 */
    printf(" 副经理下达命令给职员 \n");
    Clerk();                            /* 调用职员的作用函数 */
}
void Clerk()
{
    /* 输出信息，表示调用 Clerk() 函数进行相应的操作 */
    printf(" 职员执行命令 \n");
}
```

运行程序，结果如图 12.10 所示。

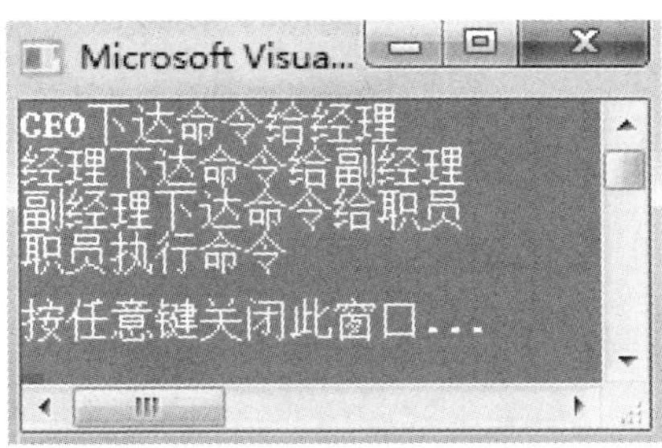

图 12.10　执行命令的运行结果

12.5.3　递归调用

在调用函数的过程中又直接或间接地调用其本身，称为函数的递归调用。递归调用分为直接递归调用和间接递归调用两种。

直接递归调用过程如图 12.11 所示。

间接递归调用，是指在递归函数调用的下层函数中再调用原函数。间接递归调用过程如图 12.12 所示。

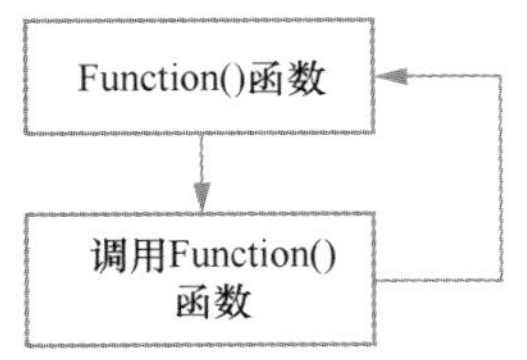

图 12.11　直接递归调用过程

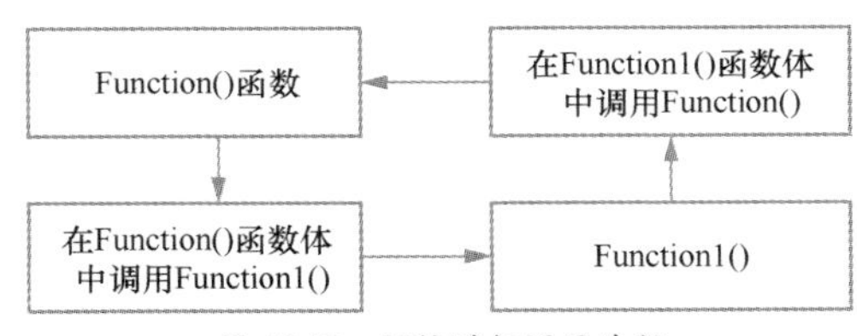

图 12.12　间接递归调用过程

从图 12.11 和图 12.22 可以看出，这两种递归调用都是无止境地调用自身。程序不应该出现这样无止境的循环，应该有结束条件。通常可在函数内部加一个条件判断语句，在满足条件时停止递归调用，然后逐层返回。

这种机制是目前大多数程序设计语言实现子程序结构的基础，这也使得递归成为可能。假定某个调用函数调用了一个被调用函数，再假定被调用函数又反过来调用了调用函数，那么第二个调用就称为调用函数的递归，它发生在调用函数的当前执行过程结束之前。而且，因为原先的调用函数、现在的被调用函数在栈中较低的位置有独立的一组参数和自变量，原先的参数和变量将不受任何影响，所以递归能正常进行。

说明

计算机中的“栈”是一种内存的数据结构，采用“后进先出”的特性存储数据。

例如：有 5 个人坐在一起，猜第 5 个人的年龄。戊说比丁大 2 岁，问丁的岁数；丁说比丙大 2 岁，问丙的岁数；丙说比乙大 2 岁，问乙的岁数；乙说比甲大 2 岁，问甲的岁数；甲说他 10 岁。图 12.13 所示是岁数的示意图，一层调用一层。

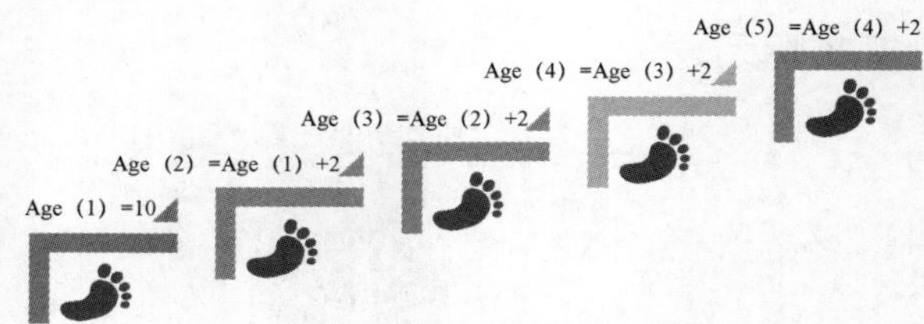

图 12.13　递归调用示意图

实例 12-6 用递归的方式求上述例子中戊的年龄。

具体代码如下：

```
#include<stdio.h>
int getage(int n);                          // 声明函数
int main()
{
  int age;                                  // 定义整型变量，存储年龄
  age = getage(5);                          // 调用函数计算年龄
  printf(" 戊的年龄是: %d 岁 \n", age);    // 输出戊的年龄
  return 0;                                 // 程序结束
}
int getage(int n)                           // 自定义函数
{
  if (n==1)                                 // 如果是甲
  {
          return 10;                        // 返回 10 岁
  }
  return 2 + getage(n - 1);          // 递归调用，调用 getage() 函数本身，同时加 2
}
```

运行程序，结果如图 12.14 所示。

图 12.14　输出戊的年龄

12.6　内部函数和外部函数

函数是 C 语言程序中的最小单位，往往可把一个函数或多个函数保存为一个文件，这个文件称为源文件。函数本质上是全局的，因为一个函数要被另外的函数调用，也可以指定函数只能被源文件调用，而不能被其他源文件调用。根据函数能否被其他源文件调用，可将函数分为内部函数和外部函数。

12.6.1　内部函数

定义一个函数，如果希望这个函数只被所在的源文件使用，那么称这样的函数为内部函数。内部函数又称为静态函数。使用内部函数，可以使函数只局限在函数所在的源文件中，如果在不同的源文件中有同名的内部函数，则这些同名的函数是互不干扰的。例如图 12.15 所示的两个重名的小朋友，虽然名字相同，但是他们所在的班级不同，所以他们互不干扰。

图 12.15　重名小朋友

在定义图 12.15 所示的两个小朋友的名字函数时，要在返回值类型前面加上关键字 static 进行修饰，形式如下：

```
static  返回值类型  函数名(参数列表);
```

例如，定义其中的一个小朋友名字的内部函数，代码如下：

```
static char  *Name1(char *str1);
```

在函数的返回值类型 char 前加上关键字 static，就表示将原来的函数修饰成内部函数。

多学两招

使用内部函数的好处是，不同的开发者可以分别编写不同的函数，而不必担心所使用的函数会与其他源文件中的函数同名。因为内部函数只可以在其所在的源文件中使用，所以即使不同的源文件中有名字相同的函数也没有关系。

实例12-7 使用内部函数，通过一个函数对字符串进行赋值，再通过一个函数对字符串进行输出。

具体代码如下：

```
#include<stdio.h>

static char* GetString(char* pString)          /* 定义赋值函数 */
{
    return pString;                             /* 返回字符串 */
}

static void ShowString(char* pString)          /* 定义输出函数 */
{
    printf("%s\n", pString);                    /* 输出字符串 */
}

int main()
{
    char* pMyString;                            /* 定义字符串变量 */
    pMyString = GetString("Hello MingRi!");     /* 调用函数为字符串变量赋值 */
    ShowString(pMyString);                      /* 输出字符串 */

    return 0;
}
```

运行程序，结果如图 12.16 所示。

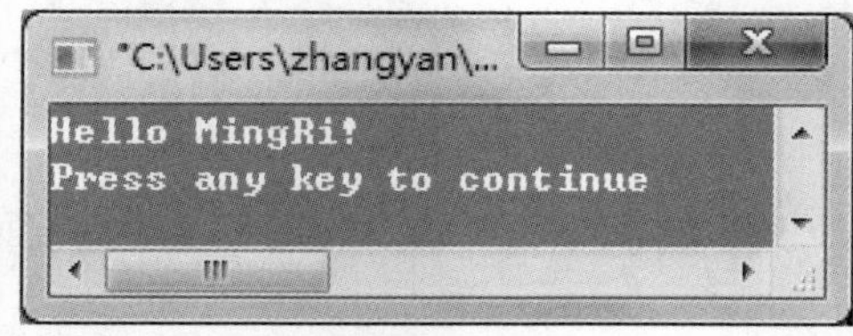

图 12.16　内部函数运行结果

12.6.2 外部函数

与内部函数相对应的就是外部函数，外部函数是可以被其他源文件调用的函数。定义外部函数需使用关键字 extern 进行修饰。在使用一个外部函数时，要先用 extern 声明所用的函数是外部函数。

例如，函数头可以写成下面的形式：

```
extern int Add(int iNum1, int iNum2);
```

这样，Add() 函数就可以被其他源文件调用来进行加法运算。

注意

在 C 语言中定义函数时，如果不指明函数是内部函数还是外部函数，那么会默认将函数指定为外部函数，也就是说，定义外部函数时可以省略关键字 extern。本书中的多数实例所使用的函数都为外部函数。

12.7 局部变量和全局变量

在讲解有关局部变量和全局变量的知识之前，先来介绍一些有关作用域的内容。作用域就是用来决定程序中的哪些语句是可用的，换句话说，就是决定语句在程序中的可见性。作用域包括局部作用域和全局作用域，局部变量具有局部作用域，而全局变量具有全局作用域。接下来会具体介绍有关局部变量和全局变量的内容。

12.7.1 局部变量

在一个函数的内部定义的变量是局部变量。上述所有实例中绝大多数的变量都是局部变量，这些变量声明在函数内部，无法被其他函数所使用。其作用域仅限于函数内部的所有语句块。局部变量的作用域就像我们连的 Wi-Fi，如图 12.17 所示，只有在 Wi-Fi 的覆盖范围内才可以成功连接 Wi-Fi。

图 12.17 连接 Wi-Fi

说明

在语句块内声明的变量仅在该语句块内部起作用，当然也包括嵌套在其中的子语句块。

图 12.18 表示的是不同情况下局部变量的作用域。

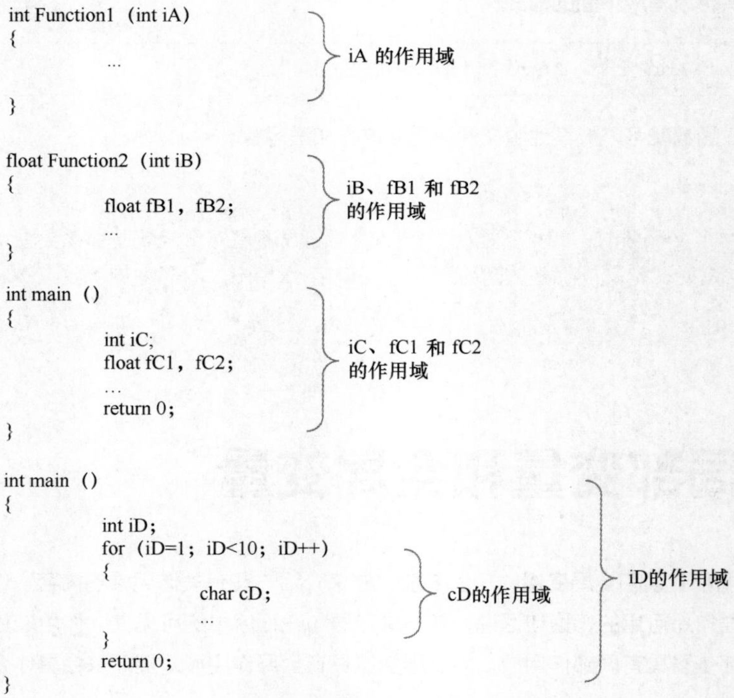

```
int Function1 (int iA)          ┐
{                               │
        ...                     ├ iA 的作用域
                                │
}                               ┘

float Function2 (int iB)        ┐
{                               │ iB、fB1 和 fB2
        float fB1, fB2;         ├ 的作用域
        ...                     │
}                               ┘

int main ()                     ┐
{                               │
        int iC;                 │ iC、fC1 和 fC2
        float fC1, fC2;         ├ 的作用域
        ...                     │
        return 0;               │
}                               ┘

int main ()
{
        int iD;
        for (iD=1; iD<10; iD++)
        {
                char cD;          cD的作用域
                ...                                 iD的作用域
        }
        return 0;
}
```

图 12.18　局部变量的作用域

在 C 语言中位于不同作用域的变量可以使用相同的标识符，也就是可以为变量起相同的名称。如果内层作用域中定义的变量和已经声明的某个外层作用域中的变量有相同的名称，在内层作用域中使用这个变量名，那么内层作用域中的变量将屏蔽外层作用域中的那个变量，直到结束内层作用域的操作为止。这就是局部变量的屏蔽作用。

12.7.2　全局变量

程序的编译单位是源文件，通过 12.7.1 小节的介绍可以了解到在函数中定义的变量称为局部变量。如果一个变量在所有函数的外部声明，那么这个变量就是全局变量。顾名思义，全局变量是可以在程序中的任何位置进行访问的变量。就像某学校的校长，他可以管理这个学校的每个班级，他就相当于一个全局变量。

> **注意**
>
> 全局变量不属于某个函数，而属于整个源文件。如果外部文件要使用它，则要用 extern 关键字进行引用修饰。

定义全局变量的作用是增加函数间数据联系的通道。由于同一个文件中的所有函数都能引用全局变量的值，因此如果在一个函数中改变了全局变量的值，那么会影响到其他函数，相当于各个函数间有直接联系的通道。

12.8 数学库函数

为了能快速编写程序，编译系统通常会提供一些库函数。不同的编译系统所提供的库函数可能不完全相同，其中可能函数名称相同但是实现的功能不同，也有可能实现同一功能但是函数名称却不同。ANSI C 标准建议提供的标准库函数包括目前多数 C 编译系统所提供的库函数，下面就介绍常用的数学库函数。

在程序中经常会进行一些数学运算或者使用数学公式，这里首先介绍有关数学的常用函数。

> **注意**
>
> 在使用数学库函数时，要为程序添加头文件——#include<math.h>。

1. abs() 函数

该函数的功能是求整数的绝对值。函数定义如下：

```
int abs(int i);
```

例如，求一个负数的绝对值的代码如下：

```
int iAbsolute;                    /* 定义整型变量 */
int iNumber=-15;                  /* 定义整型变量，为其赋值 -15*/
iAbsolute=abs(iNumber);           /* 将 iNumber 的绝对值赋给 iAbsolute 变量 */
```

2. labs() 函数

该函数的功能是求长整型数据的绝对值。函数定义如下：

```
long labs(long n);
```

例如，求一个长整型数据的绝对值的代码如下：

```
long iResult;                     /* 定义长整型变量 */
long lNumber=-8764837893L;        /* 定义长整型变量，为其赋值 -8764837893*/
iResult=labs(lNumber);            /* 将 lNumber 的绝对值赋给 iResult 变量 */
```

3. fabs() 函数

该函数的功能是返回浮点数的绝对值。函数定义如下：

```
double fabs(double x);
```

例如，求一个浮点数的绝对值的代码如下：

```
double fResult;                     /* 定义浮点型变量 */
double fNumber=-6438.0;             /* 定义浮点型变量，为其赋值 -6438.0*/
fResult=fabs(fNumber);              /* 将 fNumber 的绝对值赋给 fResult 变量 */
```

4. sin() 函数

该函数的功能是求正弦值。函数定义如下：

```
double  sin(double x);
```

例如，求正弦值的代码如下：

```
double fSin;                        /* 定义浮点型变量 */
double fsin = 0.5;                  /* 定义浮点型变量，并进行赋值 */
fSin = sin(fsin);                   /* 使用正弦函数 */
```

5. cos() 函数

该函数的功能是求余弦值。函数定义如下：

```
double cos(double x);
```

例如，求余弦值的代码如下：

```
double fCos;                        /* 定义浮点型变量 */
double fcos = 0.5;                  /* 定义浮点型变量，并进行赋值 */
fCos = cos(fcos);                   /* 使用余弦函数 */
```

6. tan() 函数

该函数的功能是求正切值。函数定义如下：

```
double tan(double x);
```

例如，求正切值的代码如下：

```
double fTan;                        /* 定义浮点型变量 */
double ftan = 0.5;                  /* 定义浮点型变量，并进行赋值 */
fTan = tan(ftan);                   /* 使用正切函数 */
```

12.9 练习题

（1）在源文件中定义一个全局变量 pinetree，并为它赋值。再定义一个 christmastree() 函数，在这个函数里定义名称为 pinetree 的局部变量，并输出。最后在主函数中调用 christmastree() 函数，并输出全局变量 pinetree 的值。效果如图 12.19 所示。

```
下雪了……
============开始做梦……==============
挂上彩灯、礼物…… @^.^@
============梦醒了……================
我身上落满雪花，我是一棵松树 -_-
```

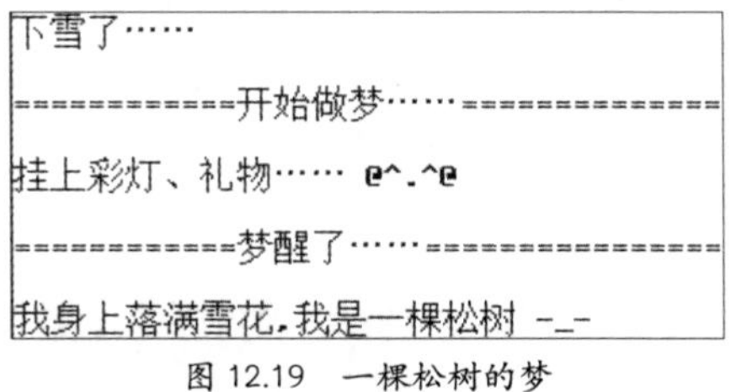

图 12.19　一棵松树的梦

（2）某导演有一个剧本，需要找演员来演对应的角色。利用函数的实参和形参来编写代码，实现为剧本选女主角的功能。运行结果如图 12.20 所示。

```
导演选定女主角是：钱多多
→*→*→*→*→*→*→*→*→*→*→*
    钱多多开始参演李美丽角色
→*→*→*→*→*→*→*→*→*→*→*
```

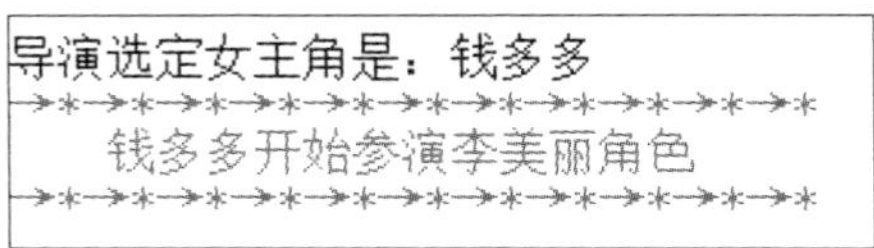

图 12.20　确定女主角

（3）假如我们想在某网络课堂上找到对应的 C 语言课程，一般可以根据分类查找，C 语言属于“IT—互联网—编程语言—C 语言”，实现结果如图 12.21 所示。（提示：使用函数的嵌套）

```
(1) 找到IT分类
(2) 找到互联网分类
(3) 找到编程语言分类
(4) 找到C语言课程
```

图 12.21　找到 C 语言课程

（4）时光荏苒，日月如梭，2019 年已成为过去。请编写一个程序，实现输入 2019 年的任意年月日数据，计算出这是 2019 年的第几天，如输入 2019 02 03，则提示这是 2019 年的第 34 天。实现效果如图 12.22 所示。

```
----------------------------
    请输入年月日
    2019 02 03
----------------------------
☆ ☆ ☆ ☆ ☆ ☆ ☆ ☆ ☆ ☆ ☆
    这是2019年的第34天
☆ ☆ ☆ ☆ ☆ ☆ ☆ ☆ ☆ ☆ ☆
----------------------------
```

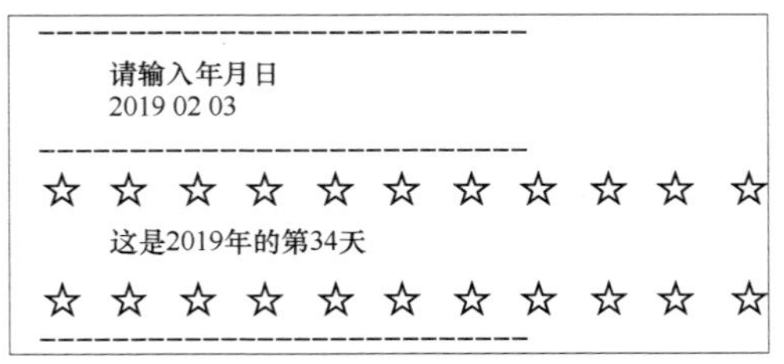

图 12.22　实现效果

（5）请编写程序实现将美元转换成人民币，美元与人民币之间的汇率经常变更，此处按 1 美元等于 6.28 人民币计算，效果如图 12.23 所示。

```
您要兑换的美元金额：500

* * * * * * * * * * * * * * * * *
*  兑换成人民币金额是：3140.00  *
* * * * * * * * * * * * * * * * *
```

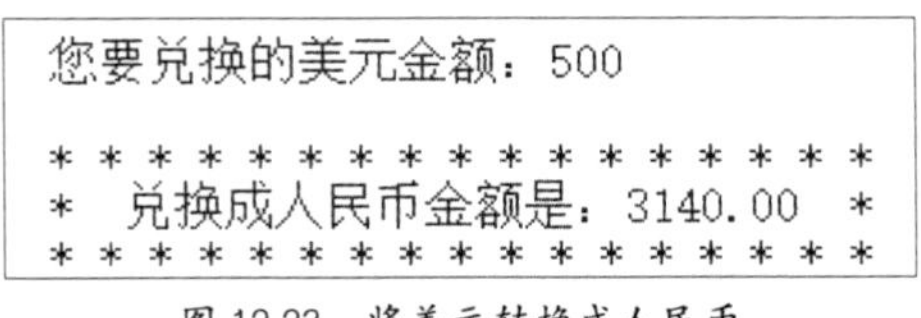

图 12.23　将美元转换成人民币

指针的使用

指针是 C 语言的一个重要组成部分，是 C 语言的核心、精髓，用好指针可以让 C 语言编程事半功倍。一方面，使用指针可以提高程序的编译效率和执行速度以及实现动态的存储分配；另一方面，使用指针可使程序更灵活，便于表示各种数据结构，还可编写出高质量的程序。

13.1 指针相关概念

指针是 C 语言显著的特点之一，其使用起来十分方便而且能提高某些程序的效率，不过如果使用不当则很容易造成系统错误。许多程序“挂死”（程序崩溃）往往都是由于错误地使用指针造成的。

13.1.1 地址与指针

系统的内存就好比带有编号的小房间，如果想使用内存就需要得到房间编号。图 13.1 定义了一个整型变量 i，i 的内容是数据 0，一个整型变量需要 4 个字节，所以编译器为变量 i 分配的编号为 2000 ~ 2003。

地址就是内存区中每个字节的编号，图 13.1 所示的 2000、2001、2002 和 2003 就是地址，下面通过图 13.2 来进一步说明。

图 13.2 所示的 2000、2004 等就是内存单元的地址，而 0、1 就是内存单元的内容，换种说法就是基本整型变量 i 在内存中的地址从 2000 开始。因为基本整型变量占 4 个字节，所以变量 j 在内存中的起始地址为 2004。变量 i 的内容为 0，变量 j 的内容为 1。

如图 13.3 所示，这里仅将指针看作内存中的一个地址（变量 P），多数情况下，这个地址是内存中另一个变量（例如变量 i）的位置。

在程序中定义一个变量，在进行编译时就会给该变量在内存中分配一个地址，通过访问这个地址可以找到所需的变量，这个变量的地址称为该变量的“指针”。图 13.3 所示的地址 2000 是变量 i 的指针。

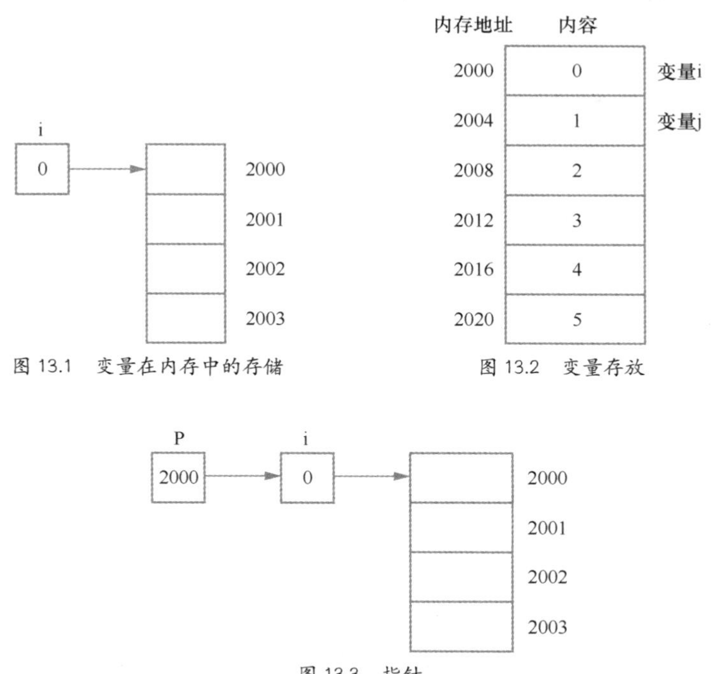

图 13.1 变量在内存中的存储

图 13.2 变量存放

图 13.3 指针

13.1.2 变量与指针

变量的地址是变量和指针二者之间连接的纽带，如果一个变量包含另一个变量的地址，则可以理解成第一个变量指向第二个变量。“指向”就是通过地址来体现的。例如，将变量 i 的地址存放到指针变量 p 中，p 就指向 i，其关系如图 13.4 所示。可以把 i 看成一间房间，把 p 看成一把钥匙，这把钥匙 p 指向的就是 i 这个房间，而其中的 10 就是房间里的内容。

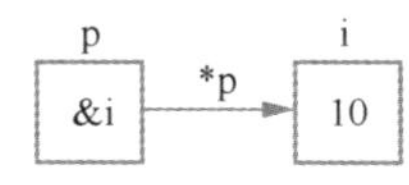

图 13.4 地址与指针

在程序代码中是通过变量名对内存单元进行存取操作的，代码经过编译后已经将变量名转换为该变量在内存中的存放地址，对变量值的存取都是通过地址进行的。如对图 13.2 所示的变量 i 和变量 j 进行如下操作：

```
i+j;
```

其含义是：根据变量名与地址的对应关系，找到变量 i 的地址 2000，然后从 2000 开始读取 4 个字节的数据并将其放到 CPU 寄存器中，再找到变量 j 的地址 2004，从 2004 开始读取 4 个字节的数据并将其放到 CPU 的另一个寄存器中，通过 CPU 的加法中断计算出结果。

在汇编语言中是直接通过地址来访问内存单元的，在高级语言中一般使用变量名访问内存单元，但 C 语言作为高级语言提供了通过地址来访问内存单元的方式。

13.1.3 指针变量

一个变量的地址称为该变量的指针。如果有一个变量专门用来存放另一个变量的地址，它就是指针变量。指针变量与变量在内存中的关系如图 13.5 所示。通过 1000 这个地址能访问地址为 2000 的内存单元，再通过地址是 2000 找到对应的数据，以此类推。还是以房间和钥匙来比喻，假设你要外出，为了方便就把钥匙放到朋友 A 家，突然你的朋友 B 想要在你家借宿一晚，这时候朋友 B 需要找到朋友 A 家，然后拿着钥匙再去你家。朋友 A 家地址就是 1000，你家地址就是 2000，而钥匙就是指针 p。而你家里的设施就是 1.13 这个数据。

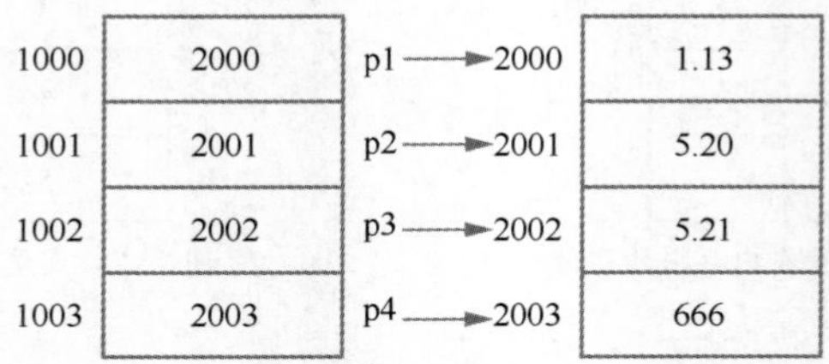

图 13.5　指针变量与变量在内存中的关系

在 C 语言中有专门用来存放内存单元地址的变量，即指针变量。下面将针对如何定义一个指针变量、如何为一个指针变量赋值及如何引用指针变量等方面的内容进行介绍。

1. 定义指针变量的一般形式

如果有一个变量专门用来存放另一个变量的地址，则它称为指针变量。图 13.4 所示的 p 就是一个指针变量。如果一个变量包含指针（指针等同于一个变量的地址），则必须对它进行说明。定义指针变量的一般形式如下：

```
类型说明 * 变量名
```

其中，“*”表示该变量是一个指针变量，“*”是一个单目运算符；变量名即定义的指针变量名，类型说明表示该指针变量所指向的变量的数据类型。例如：

```
int *p;
```

这句代码定义了一个指针变量 p，其中 int 是类型说明，p 是变量名。

2. 指针变量的赋值

指针变量和普通变量一样，使用之前不仅需要定义，还必须赋予具体的值。未经赋值的指针变量不能使用。给指针变量所赋的值与给其他变量所赋的值不同，给指针变量赋值只能赋予地址，而不能赋予任何其他数据，否则将引起错误。C 语言中提供了地址运算符“&”来表示变量的地址。其一般形式为：

```
& 变量名 ;
```

运算符“&”是一个返回操作数地址的单目运算符，叫作取地址运算符，例如：

```
p=&i;
```

上述代码就是将变量 i 的内存地址赋给 p，这个地址是该变量在计算机内部的存储位置。

如 &a 表示变量 a 的地址，&b 表示变量 b 的地址。给一个指针变量赋值可以有以下两种方法。

（1）定义指针变量的同时进行赋值，例如：

```
int a;
int *p=&a;
```

（2）先定义指针变量再赋值，例如：

```
int a;
int *p;
p=&a;
```

注意

在定义完指针变量再赋值时注意不要加“*”。

常见错误

把一个数值赋给指针变量，错误示例如下：

```
int *p;
p=1002;
```

3. 指针变量的引用

引用指针变量是对变量进行间接访问的一种形式。对指针变量进行引用的形式如下：

```
* 指针变量
```

其含义是引用指针变量所指向的值。

4. “&*”和“*&”的区别

通过两条语句来分析“&*”和“*&”的区别，代码如下：

```
int a;
p=&a;
```

“&”和“*”的运算符优先级相同，按自右而左的方向结合。因此“&*p”先进行“*”运算，“*p”相当于变量 a；再进行“&”运算，“&*p”就相当于取变量 a 的地址。“*&a”先进行“&”运算，“&a”就是取变量 a 的地址，然后进行“*”运算，“*&a”就相当于取变量 a 所在地址的值，实际就是变量 a。

指针就是一个地址吗？这是初学者常常会疑惑的。指针确实是用来表示地址的，然而指针这种数据类型的含义并不仅限于“地址”，指针的类型能说明很多东西，例如下面的代码：

```
int i=1234,*p_i;
char *p_c;
p_i=&i;
p_c=(char *)&i;
printf("p_i=%p  p_c=%p \n",p_i,p_c);
printf("p_i+1=%p  p_c+1=%p \n",p_i+1,p_c+1);
printf("*p_i=%d  *p_c=%d \n",*p_i,*p_c);
```

上述代码用 printf() 语句输出 4 个变量的值，结果如下：

```
p_i = 001FFC44  p_c = 001FFC44
p_i + 1 = 001FFC48  p_c + 1 = 001FFC45
*p_i = 1234  *p_c = -46
```

如果按照“指针就是地址”的观点推下去，那么 p_c 和 p_i 的值是一样的，但是从结果可以看出 p_c 和 p_i 之间是有区别的，所以不能说指针就是地址。但有一种类型的指针是可以这样说的，那就是 void* 类型的指针，这种指针不指向任何数据对象，也不指向任何函数，所以不包含数据对象或函数类型的信息。

什么是“野指针”？没有初始化的指针变量俗称“野指针”。这种没有初始化的指针变量并非不能使用，使用这种指针变量是有一定危害（不合法的内存空间）的，为了防止出现这种危害，良好的编程习惯是在定义指针变量时就将其初始化为 NULL，由于 NULL 处禁止写入，所以一旦有错误，可以将错误造成的危害降到最小。

13.1.4 指针自增自减运算

指针的自增自减运算不同于普通变量的自增自减运算，也就是说其并非简单地加 1 或减 1，这里通过下面的实例进行具体分析。

实例 13-1 定义一个指针变量，使这个变量进行自增运算，利用 printf() 函数将地址输出。

具体代码如下：

```
#define _CRT_SECURE_NO_WARNINGS                 /* 解除 vs 安全性检测问题 */
#include<stdio.h>                               /* 包含头文件 */
void main()                                     /* 主函数 main()*/
{
   int i;                                       /* 定义整型变量 */
   int *p;      →定义整型指针变量                 /* 定义指针变量 */
   printf("please input the number:\n");        /* 提示信息 */
   scanf("%d", &i);                             /* 输入数据 */
   p = &i;                                      /* 将变量 i 的地址赋给指针变量 */
   printf("the result1 is: %d\n", p);           /* 输出 p 的地址 */
   p++;                                         /* 地址加 1，这里的 1 并不代表一个字节 */
```

```
    printf("the result2 is: %d\n", p);    /* 输出 p++ 后的地址 */
}
```

程序运行结果如图 13.6 所示。

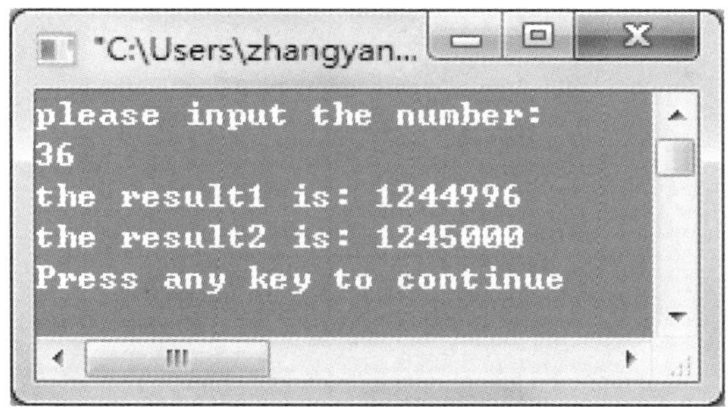

图 13.6　整型指针变量自增自减运行结果

实例13-2 修改实例 13-1 的代码。

具体代码如下：

```
#define _CRT_SECURE_NO_WARNINGS      /* 解除 vs 安全性检测问题 */
#include<stdio.h>
void main()
{
    short i;
    short *p;            → 定义短整型指针变量
    printf("please input the number:\n");
    scanf("%hu", &i);
    p = &i;                          /* 将变量 i 的地址赋给指针变量 */
    printf("the result1 is: % hu\n", p);
    p++;                             /* 地址加 1，这里的 1 并不代表一个字节 */
    printf( "the result2 is: % hu\n" , p);
}
```

程序运行结果如图 13.7 所示。

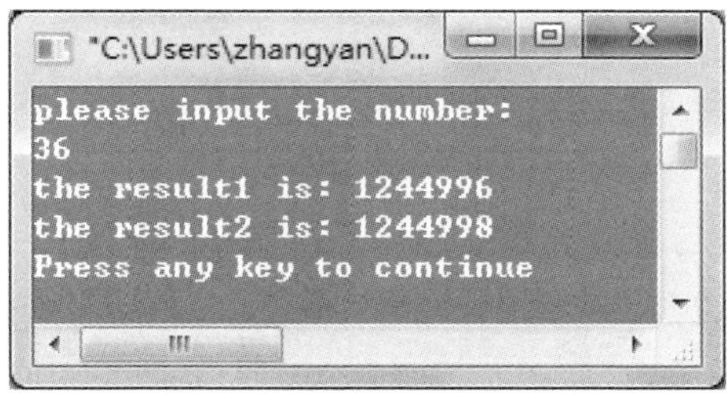

图 13.7　短整型指针变量自增自减运行结果

短整型变量 i 在内存中占 4 个字节，指针 *p 是指向变量 i 的地址的，这里的 p++ 不是简单地在地址上加 1，而是指向下一个存放短整型数的地址。

指针都按照它所指向的数据类型的直接长度进行增或减的操作。可以用图 13.8 来形象地表示实例 13-2。

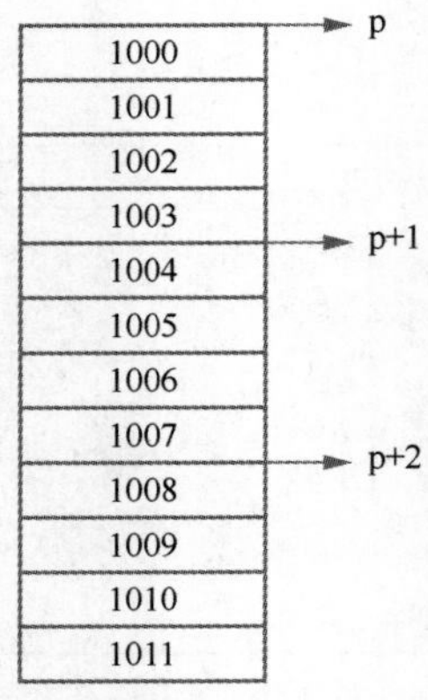

图 13.8　指向整型变量的指针

13.2　数组与指针

系统需要提供一定量的连续的内存来存储数组中的各元素，内存都有地址，指针变量就是存放地址的变量，如果把数组的地址赋给指针变量，就可以通过指针变量来引用数组。指针数组就是数组，其元素均为指针类型的数据。也就是说，指针数组中的每一个元素都相当于一个指针变量。下面就来介绍如何用指针变量来引用一维数组及二维数组元素。

13.2.1　一维数组与指针变量

一维数组的定义形式如下：

```
类型名 *数组名 [ 数组长度 ]
```

当定义一个一维数组时，系统会在内存中为该数组分配一个存储空间，数组的名称就是数组在内存中的首地址。若再定义一个指针变量，并将数组的首地址传给指针变量，则该指针就会指向这个一维数组。例如：

```
int *p,array[5];        //定义指针变量和数组
p=array;                //通过数组名将首地址赋给指针变量
```

这里的 array 是数组名，也就是数组的首地址，将它赋给指针变量 p，也就是将数组 array 的首地址赋给 p。也可以写成如下形式：

```
int *p,array[5];     //定义指针变量和数组
p=&array[0];         //通过数组的首个元素将首地址赋给指针变量
```

上面的语句是将数组 array 中的首个元素的地址赋给指针变量 p。由于 array[0] 的地址就是数组的首地址，因此两段赋值操作的代码的效果完全相同。

通过指针变量的方式来引用一维数组中的元素，代码如下：

```
int *p,array[5]; // 定义指针变量和数组
p=&array;         // 引用一维数组的元素来给指针变量赋值
```

实例13-3 使用指针变量输出数组中的每个元素。

具体代码如下：

```
#define _CRT_SECURE_NO_WARNINGS                /* 解除 vs 安全性检测问题 */
#include<stdio.h>                              /* 包含头文件 */
void main()                                    /* 主函数 main()*/
{
    int *p, *q, a[5], b[5], i;                 /* 定义变量 */
    p = &a[0];                                 /* 将数组元素赋给指针变量 */
    q = b;
    printf(" 请输入数组 a:\n");                  /* 提示输入数组 a*/
    for (i = 0; i < 5; i++)
            scanf("%d", &a[i]);                /* 输入数组 a*/
    printf(" 请输入数组 b:\n");                  /* 提示输入数组 b*/
    for (i = 0; i < 5; i++)                    /* 输入数组 b*/
            scanf("%d", &b[i]);
    printf(" 数组 a 的元素如下 :\n");             /* 提示输出数组 a 中的元素 */
    for (i = 0; i < 5; i++)
            printf("%5d", *(p + i));           /* 利用指针变量输出数组 a 中的元素 */
    printf("\n");
    printf(" 数组 b 的元素如下 :\n");             /* 提示输出数组 b 中的元素 */
    for (i = 0; i < 5; i++)
            printf("%5d", *(q + i));
    printf("\n");                              /* 换行 */
}
```

程序运行结果如图 13.9 所示。

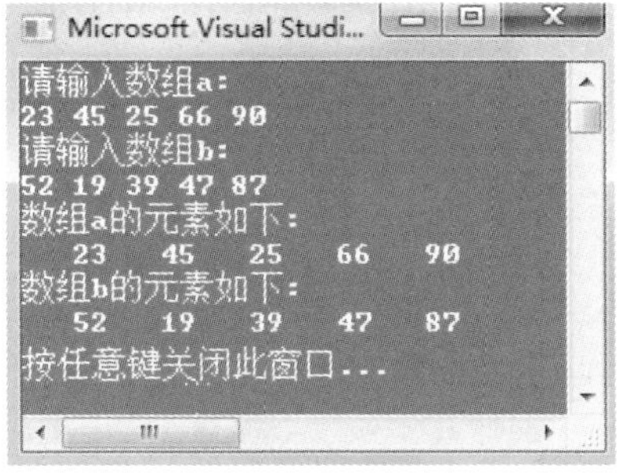

图 13.9　输出数组元素

实例 13-3 的代码中有如下两条语句：

```
p=&a[0];
q=b;
```

上述代码中的两种表示方法都表示将数组首地址赋给指针变量。

通过指针变量的方式来引用一维数组中的元素，有以下语句：

```
int *p,a[5];
p=&a;
```

例如语句：

```
printf("%5d",*(p+i));
```

和语句：

```
printf("%5d",*(q+i));
```

上述两条语句分别表示输出数组 a 和数组 b 中对应的元素。

针对上面的语句按以下几方面进行介绍。

- p+n 与 array+n 表示数组元素 array[n] 的地址，即 &array[n]。对整个 array 数组来说，共有 5 个元素，n 的取值为 0 ~ 4，则数组元素的地址就可以表示为 p+0 ~ p+4 或 array +0 ~ array +4。
- 表示数组中的元素用到了前面介绍的数组元素的地址，用 *(p+n) 和 *(array+n) 来表示数组中的各元素。

使用指针变量指向一维数组及通过指针变量引用数组元素的过程可以通过图 13.10 和图 13.11 来表示。

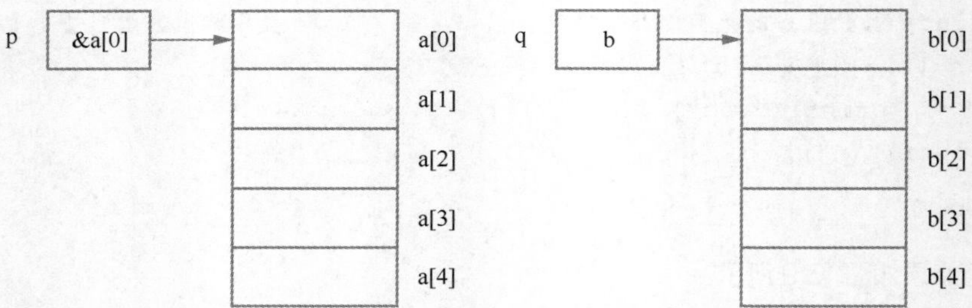

图 13.10　使用指针变量指向一维数组

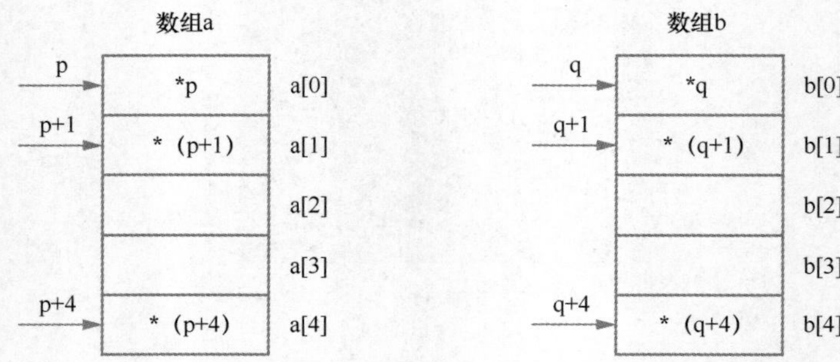

图 13.11　通过指针变量引用数组元素

在 C 语言中可以用 a+n 表示数组元素的地址，*(a+n) 表示数组元素。

13.2.2 二维数组与指针变量

定义一个 3 行 5 列的二维数组，其在内存中的存储形式如图 13.12 所示。

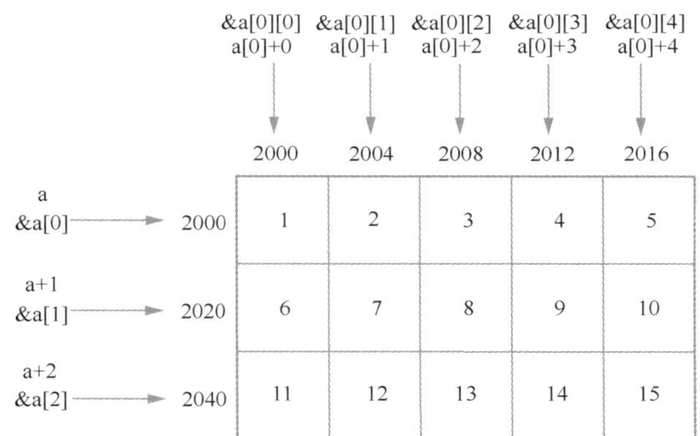

图 13.12　二维数组在内存中的存储形式

从图 13.12 中可以看到几种表示二维数组中元素地址的方法，下面逐一进行介绍。

&a[0][0] 既可以看作数组 1 行 1 列的首地址，也可以看作二维数组的首地址。&a[m][n] 就是第 m+1 行 n+1 列元素的地址。a[0]+n 表示第 1 行第 n+1 个元素的地址。

多学两招

利用指针变量引用二维数组的关键是要记住 *(a+i) 与 a[i] 是等价的。

13.2.3 字符串与指针

访问字符串可以采用两种方式，一种方式是使用字符数组来存放字符串，从而实现对字符串的操作；另一种方式是下面将要介绍的使用字符型指针变量指向字符串，此时可以不定义数组。

实例 13-4 定义一个字符型指针变量，并将这个指针变量初始化，再将初始化内容输出。

具体代码如下：

```
#include<stdio.h>                                      /* 包含头文件 */
int main()                                             /* 主函数 main()*/
{
    char *string = "A day is a miniature of eternity";     /* 定义指针变量并初始化 */
    printf("%s", string);                              /* 输出字符串 */
    printf("\n");                                      /* 换行 */
    return 0;                                          /* 程序结束 */
}
```

程序运行结果如图 13.13 所示。

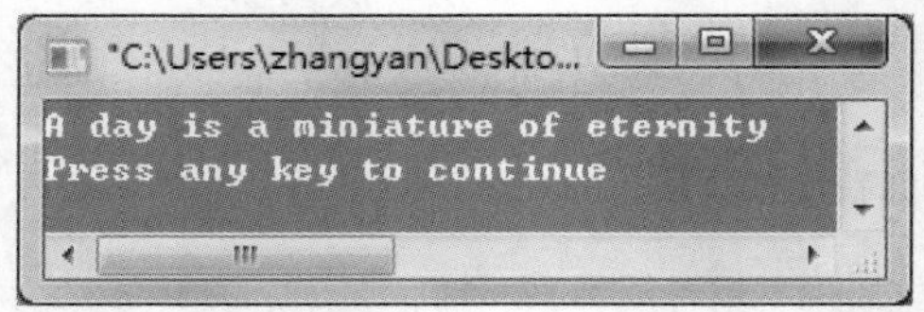

图 13.13　输出格言

13.2.4 字符串数组

前面介绍了字符数组，这里提到的字符串数组有别于字符数组。字符数组是一个一维数组，而字符串数组是以字符串作为数组元素的数组，可以将其看成一个二维字符数组。例如，定义一个简单的字符串数组，代码如下：

```
char country[5][20]=
{
            "China",
            "Japan",
            "Russia",
            "Germany",
            "Switzerland"
}
```

字符型数组变量 country 被定义为含有 5 个字符串的数组，每个字符串的长度要小于 20（这里要考虑字符串最后的“\0”）。

通过观察上面代码中定义的字符串数组可以发现，像“China”和“Japan”这样的字符串的长度仅为 5，加上字符串结束标志长度也仅为 6，而内存中却要给它们分别分配一个 20 字节的空间，这样就会造成资源浪费。为了解决这个问题，可以使用指针数组，使每个指针指向所需要的字符常量，这种方法虽然需要在数组中保存字符指针，而且也占用空间，但所需的空间要远少于字符串数组需要的空间。

13.3 指向指针的指针

一个指针变量可以指向整型变量、浮点型变量和字符型变量，当然也可以指向指针类型的变量。当这种指针变量用于指向指针类型的变量时，则称为指向指针变量的指针变量。这种指针变量如图 13.14 所示。

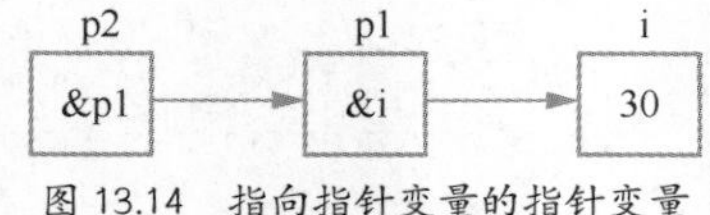

图 13.14　指向指针变量的指针变量

整型变量 i 的地址是 &i，将其值传递给指针变量 p1，则 p1 指向 i；同时，将 p1 的地址 &p1 传递给 p2，则 p2 指向 p1。这里的 p2 就是前面讲到的指向指针变量的指针变量，即指向指针的指针。指向指针变量的指针变量定义如下：

```
类型标识符 ** 指针变量名 ;
```

例如：

```
int **p;
```

上述代码的含义为定义一个指针变量 p，它指向另一个指针变量，该指针变量又指向一个基本整型变量。由于运算符“*”是自右至左结合的，所以上述定义相当于：

```
int *(*p);
```

既然知道了如何定义指向指针变量的指针变量，那么可以将图 13.14 用图 13.15 更形象地表示。

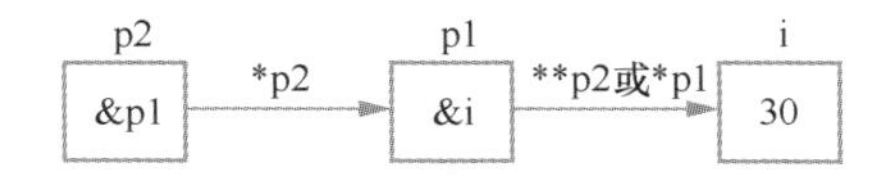

图 13.15　指向指针变量的指针变量的另一种表示

13.4　指针变量作为函数参数

整型变量、浮点型变量、字符型变量、数组名和数组元素等均可作为函数参数。此外，指针变量也可以作为函数参数，这里进行具体介绍。

下面通过实例来介绍如何将指针变量作为函数参数。

实例 13-5 利用指针变量自定义一个交换函数，在主函数中，利用指针变量使用户输入数据，并将输入的数据进行交换。

具体代码如下：

```
#define _CRT_SECURE_NO_WARNINGS              /* 解除 vs 安全性检测问题 */
#include <stdio.h>                           /* 包含头文件 */
void swap(int *a, int *b)                    /* 自定义交换函数 */
{
    int tmp;
    tmp = *a;
    *a = *b;        → 交换两个数
    *b = tmp;
}
void main()                                  /* 主函数 main()*/
```

```
{
    int x, y;                                        /* 定义两个整型变量 */
    int *p_x, *p_y;                                  /* 定义两个指针变量 */
    printf("请输入两个数：\n");
    scanf("%d", &x);                                 /* 输入数值 */
    scanf("%d", &y);
    p_x = &x;                                        /* 将地址赋给指针变量 */
    p_y = &y;
    swap(p_x, p_y);                                  /* 调用函数 */
    printf("x=%d\n", x);                             /* 输出结果 */
    printf("y=%d\n", y);
}
```

程序运行结果如图 13.16 所示。

图 13.16　交换两个数的值

下面来介绍嵌套的函数调用是如何使用指针变量作为函数参数的。这里也通过一个实例来说明。

实例 13-6 使用嵌套函数实现功能，在定义的排序函数中嵌套了自定义交换函数，实现了数据能够从大到小进行排序的功能。

具体代码如下：

```
#define _CRT_SECURE_NO_WARNINGS                     /* 解除 vs 安全性检测问题 */
#include<stdio.h>
void swap(int *p1, int *p2)                         /* 自定义交换函数 */
{
    int temp;
    temp = *p1;
    *p1 = *p2;
    *p2 = temp;
}
void exchange(int *pt1, int *pt2, int *pt3)         /*3 个数从大到小排序 */
{
    if (*pt1 <  *pt2)
```

```
        swap(pt1, pt2);              /* 调用 swap() 函数 */
    if (*pt1 <  *pt3)
        swap(pt1, pt3);
    if (*pt2 <  *pt3)
        swap(pt2, pt3);
}
void main()
{
    int a, b, c, *q1, *q2, *q3;
    puts( "Please input three key numbers you want to rank:" );
    scanf("%d,%d,%d", &a, &b, &c);
    q1 = &a;                         /* 将变量 a 的地址赋给指针变量 q1*/
    q2 = &b;
    q3 = &c;
    exchange(q1, q2, q3);            /* 调用 exchange() 函数 */
    printf("\n%d,%d,%d\n", a, b, c);
}
```

程序运行结果如图 13.17 所示。

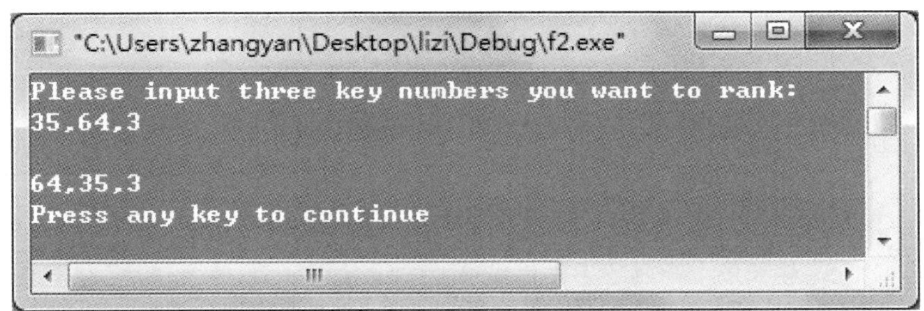

图 13.17　将输入的 3 个数从大到小输出

从该实例代码和运行结果可以看出如下内容。

（1）程序创建了一个自定义交换函数 swap()，用于实现交换两个变量的值；还创建了一个 exchange() 函数，其作用是将 3 个数由大到小排序。在 exchange() 函数中还调用了前面自定义的 swap() 函数，这里的 swap() 和 exchange() 函数都是以指针变量作为形参的。

（2）程序运行时，通过键盘输入 3 个数 a、b、c，分别将 a、b、c 的地址赋给 q1、q2、q3。调用 exchange() 函数，将指针变量作为实参，将实参变量的值传递给形参变量，此时 q1 和 pt1 都指向变量 a，q2 和 pt2 都指向变量 b，q3 和 pt3 都指向变量 c。在 exchange() 函数中又调用了 swap() 函数，当执行 swap(pt1,pt2) 时，pt1 指向变量 a，pt2 指向变量 b。这一过程如图 13.18 所示。

C 语言中实参变量和形参变量之间的数据传递是单向的“值传递”方式。指针变量作为函数参数也是如此，调用函数不可能改变实参指针变量的值，但可以改变实参指针变量所指向的变量的值。

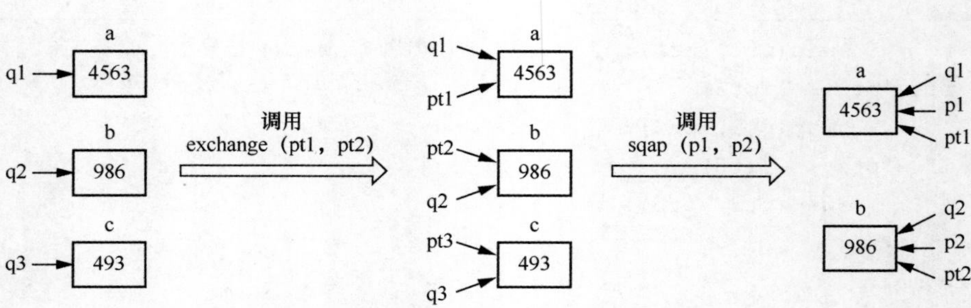

图 13.18　嵌套调用时指针变量的指向情况

13.5　返回指针值的函数

指针变量也可以指向一个函数。一个函数在编译时会被分配一个入口地址，该入口地址就称为函数的指针。可以用一个指针变量指向函数，然后通过该指针变量调用此函数。

函数可以返回整数、字符、浮点数等，也可以返回指针类型的数据，即地址。返回指针值的函数简称为指针函数。

定义指针函数的一般形式为：

```
类型名 *函数名(参数列表);
```

定义指针函数的示例如图 13.19 所示。

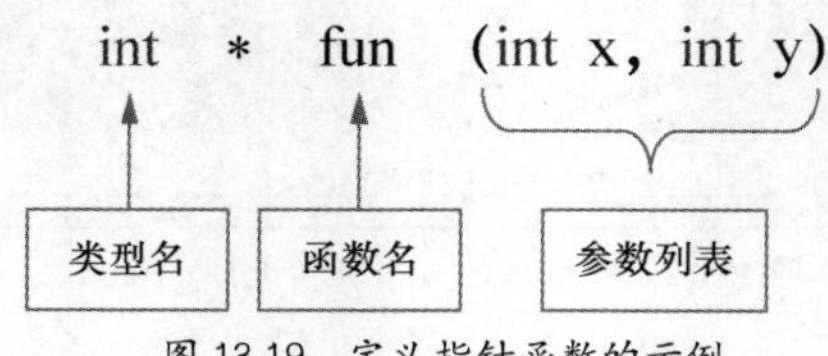

图 13.19　定义指针函数的示例

13.6　指针数组作为 main() 函数的参数

前面讲过的程序中几乎都会出现 main() 函数，它是所有程序运行的入口。main() 函数是由系统调用的，当处于操作命令状态下时，输入 main() 所在的文件名，系统即调用 main() 函数，在所有文件中对 main() 函数始终作为主调函数进行处理，即允许 main() 调用其他函数并传递参数。

下面先看一下 main() 函数带参数的形式：

```
main(int argc, char *argv[])
```

从函数参数的形式上看，该函数包含一个整型参数和一个指针数组。当一个 C 的源程序经过编译、链接后，会生成扩展名为 .exe 的可执行文件，这是可以在操作系统下直接运行的文件。对于 main() 函数来说，其实参和命令是一起给出的，也就是在一个命令行中包括命令名和需要传给 main() 函数的参数。命令行的一般形式为：

```
命令名      参数 1      参数 2 … 参数 n
```

例如，输出命令行参数的代码如下：

```
#include<stdio.h>
int main(int argc, char* argv[])
{
    int i, n;   /*n 赋值为命令行参数的个数 */
    n = argc;
    for (i = 0; i < n; i++)
        printf("%s\n",argv[i]);
    return 0;
}
```

运行程序，生成 .exe 文件。打开命令提示符窗口，用命令（例如命令 e:）切换到系统盘目录下，然后进入 .exe 目录（例如：cd 程序 \ 例子 \Debug.exe），再运行程序并输入字符串（例如：例子 .exe file1 happy bright glad），最后的运行结果如图 13.20 所示。

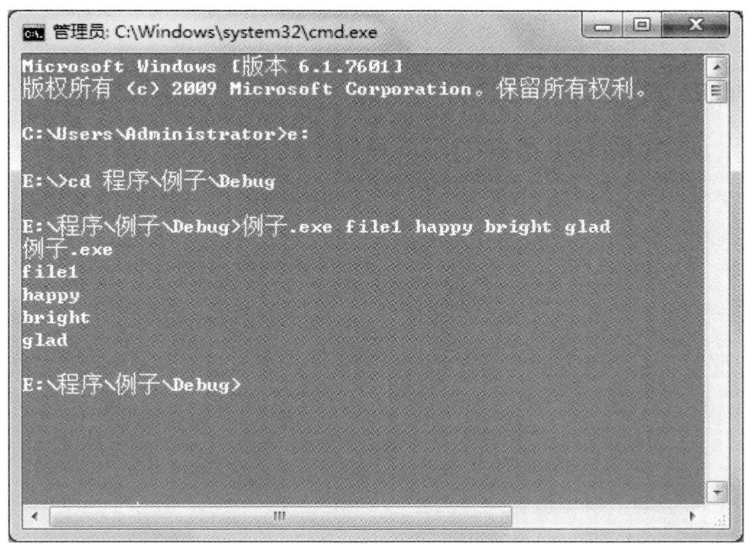

图 13.20 运行结果

注意

每次输入完命令按 <Enter> 键，表示结束输入。

下面来分析这段程序。

（1）在命令行中输入 4 个参数，所以 argc 的值就是 4。

（2）命令行中的 4 个参数分别是：file1、happy、bright、glad，它们存储在指针 argv 中，存储形式如图 13.21 所示。

（3）各个参数用空格符或者制表符隔开。

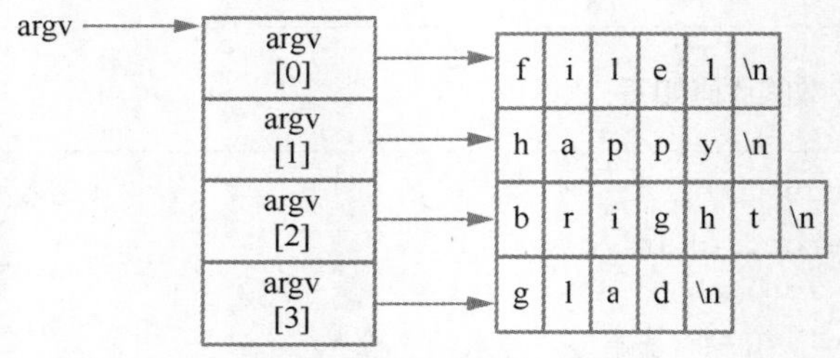

图 13.21　命令行中的参数传递

说明

参数字符串的长度不是固定的，并且参数字符串的长度不需要统一；参数的数目也是任意的，并不规定具体个数。

13.7　练习题

（1）一个班会有很多座位，通常第 3 排是较好的座位，编写程序输出班级较好的座位号，结果如图 13.22 所示。

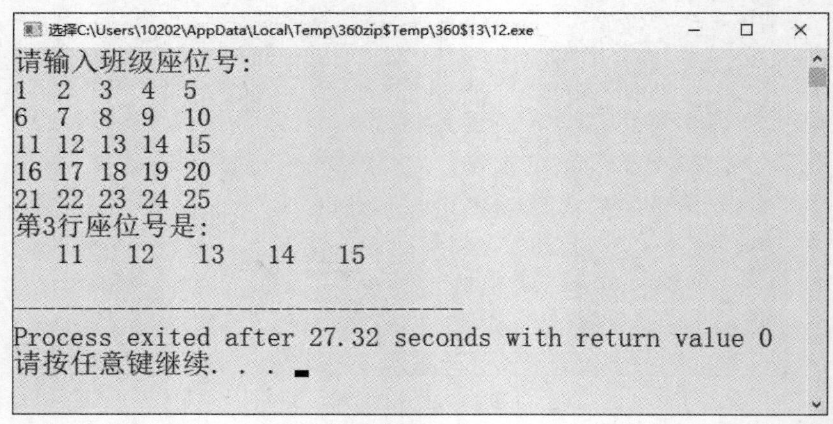

图 13.22　班级较好的座位的座位号

（2）假设数字 0 表示灯泡没亮，数字 1 表示灯泡亮着，有 6 个灯泡排列成一行，相当于组成一个一维数组 a [1,0,0,1,0,0]，查找倒数第一个亮着的灯泡的位置，并显示该灯泡前一个灯泡是否亮着，结果如图 13.23 所示。（提示：利用指针自减）

```
0表示灯灭，1表示灯亮
倒数第一个亮着的灯泡是:倒数第3个
前一个灯泡没亮
```

图 13.23 灯泡亮了

（3）使用指针寻找字符串“Life is brief, and then you die, you know？”中“,”的位置。运行结果如图 13.24 所示。

```
※ ※ ※ ※ ※ ※ ※ ※ ※ ※ ※
       ，的位置是：14
※ ※ ※ ※ ※ ※ ※ ※ ※ ※ ※

※ ※ ※ ※ ※ ※ ※ ※ ※ ※ ※
       ，的位置是：31
※ ※ ※ ※ ※ ※ ※ ※ ※ ※ ※
```

图 13.24 寻找,的位置

（4）用指针求出剩余的电影票数（提示：1 表示有座，0 表示没座，1 的数量就是剩余的电影票数），电影院售票情况如下。

0	1	1	0
1	1	1	1
1	0	1	1
1	1	1	1

效果如图 13.25 所示。

```
请输入电影院售票情况:
0 1 1 0
1 1 1 1
1 0 1 1
1 1 1 1
剩余的票数是：13
```

图 13.25 电影票剩余票数统计

（5）使用指针数组创建一个含有月份英文单词的字符串数组，并使用指向指针变量的指针变量指向这个字符串数组，实现输出数组中的字符串。运行程序后，输入要显示英文单词的月份，将输出该月份对应的英文单词。运行结果如图 13.26 所示。

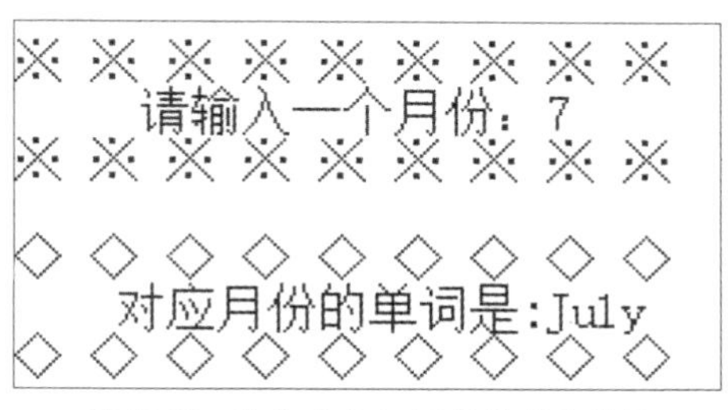

图 13.26 输出对应 1~12 月的英文单词

高级篇

第 14 章 复合数据类型及链表

至此，本书介绍的程序中所用的都是基本类型数据。在编写程序时，简单的变量类型是不能满足程序中各种复杂的数据要求的，因此 C 语言还提供了构造类型数据。构造类型数据是由基本类型数据按照一定规则构成的。

本章致力于使读者了解结构体的知识，学会定义结构体数组、结构体指针以及包含结构的结构；熟悉链表结构，了解链表的基本操作；掌握共用体和枚举类型，学会如何定义共用体变量及枚举变量，了解共用体和枚举类型的数据特点。

14.1 结构体

之前所介绍的数据类型大部分都是基本数据类型，如整型、字符型等，也介绍了数组这种构造类型，数组中的各元素属于同一种类型。

但是在一些情况下，这些基本数据类型是不能满足要求的。此时，程序员可以将一些有关的变量组织起来定义成一个结构（structure），以表示一个有机的整体或一种新的类型，程序就可以像处理内部的基本数据那样对结构进行各种操作。

14.1.1 结构体类型的概念

结构体是一种构造类型，它是由若干“成员”组成的，其中的每一个成员可以是基本数据类型也可以是构造类型。既然结构体是一种新的类型，就需要先对其进行构造，这里称这种操作为声明结构体。声明结构体的过程就好比生产商品的过程，只有商品生产出来才可以使用该商品。

假如在程序中要使用“水果”这样一种类型，一般的水果具有名称、颜色、价格和产地等信息，如图 14.1 所示。

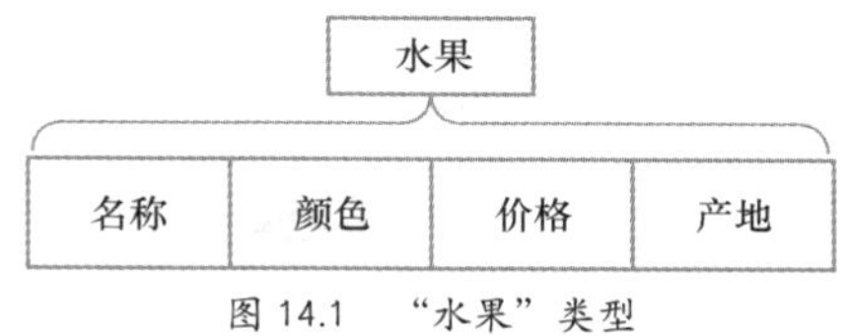

图 14.1 “水果”类型

从图 14.1 可知，“水果”这种类型并不能使用之前学习过的任何一种类型来表示，这时就要自定义一种新的类型，将这种自己指定的结构称为结构体。

声明结构体时使用的关键字是 struct，其一般形式如下：

```
struct 结构体名
{
    成员列表
};
```

关键字 struct 表示声明结构体，其后的结构体名表示该结构的类型名。花括号中的变量构成结构的成员，也就是一般形式中的成员列表。

> **注意**
>
> 在声明结构体时，要注意花括号最后有一个分号“;”，在编程时千万不要忘记。

例如，声明图 14.1 所示的结构体，代码如下：

```
struct Fruit
{
    char cName[10];                                    /* 名称 */
    char cColor[10];                                   /* 颜色 */
    int iPrice;                                        /* 价格 */
    char cArea[20];                                    /* 产地 */
};
```

上面的代码使用关键字 struct 声明一个名为 Fruit 的结构体，在结构体中定义的变量是 Fruit 结构体的成员，这些变量分别表示名称、颜色、价格和产地，可以根据成员结构不同的作用选择与其相对应的类型。

14.1.2 结构体变量的定义

14.1.1 小节中介绍了如何使用 struct 关键字来构造一个新的结构类型以满足程序的设计要求。使用构造出来的类型才是构造新类型的目的。

声明一个结构体表示的是创建一种新的类型名，要用新的类型名定义变量。定义的方式有以下几种。

（1）先声明结构体类型，再定义变量。

这种方式的一般形式如下：

```
struct 结构体名
{
    成员列表;
};                          //定义结构体类型
struct 结构体名 变量名;       //定义结构体变量
```

这里值得说明的内容有很多，我们对一般形式从上往下介绍。

- struct 是声明结构体使用的关键字。
- 结构体名是用户自定义的标识符。结构体名是这个结构体类型的名字。
- “成员列表”包含“数据类型 1、数据类型 2……数据类型 n”，不仅可以是基本数据类型（整型、浮点型等），还可以是构造数据类型（数组、指针等）。

“结构体成员列表 1、结构体成员列表 2……、结构体成员列表 n”是用户自定义的标识符。每个“结构体成员列表”都可以包含多个同类型的成员，它们之间用“,”隔开。

> **说明**
>
> 在同一个结构体声明中，不能有相同名字的变量，但在不同结构体声明中成员可以同名，并且结构体成员可以和程序中的其他变量同名。

例如，14.1.1 小节中就是先声明 Fruit 结构体类型，然后用 struct Fruit 定义结构体变量，如图 14.2 所示。

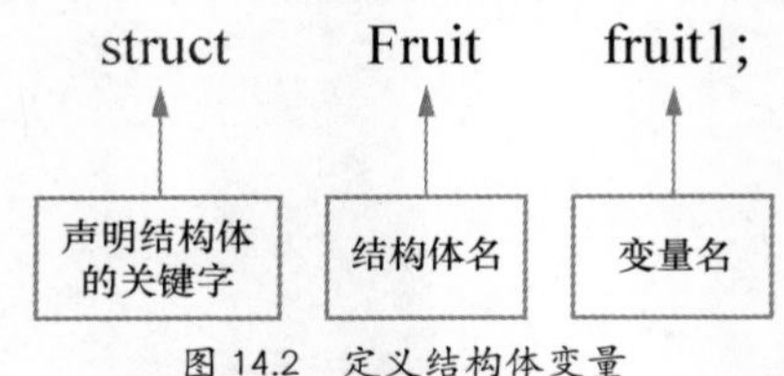

图 14.2 定义结构体变量

> **多学两招**
>
> 为了使规模较大的程序更便于修改和使用，常常会将结构体类型的声明放在一个头文件中，这样在其他源文件中如果需要使用该结构体类型，则可以用 #include 命令将该头文件包含到源文件中。

（2）在声明结构体类型的同时定义变量。

这种定义变量的方式的一般形式如下：

```
struct 结构体名
{
    成员列表;
}变量名列表;
```

可以看到，在一般形式中将定义的变量的名称放在声明结构体的末尾处。但需要注意的是，变量的名称要放在最后的分号的前面。

对一般形式的说明如下。

- 成员列表是结构体成员的列表。
- 变量名列表是定义的一系列变量名，每个变量名都是合法的标识符，每两个变量名用“,”隔开。

例如，声明 struct Fruit 结构体的同时定义变量，代码如下：

```
struct Fruit
{
    char cName[10];                     /* 名称 */
    char cColor[10];                    /* 颜色 */
    int iPrice;                         /* 价格 */
    char cArea[20];                     /* 产地 */
}fruit1;                                /* 定义结构体变量 */
```

> 说明
>
> 定义的变量不是只能有一个，可以定义多个变量。

（3）直接定义结构体变量。

其一般形式如下：

```
struct
{
    成员列表
} 变量名列表 ;
```

从上述代码可以看出这种方式没有给出结构体名称，如定义图 14.1 中“水果”类型的变量 fruit，代码如下：

```
struct
{
    char cName[10];                     /* 名称 */
    char cColor[10];                    /* 颜色 */
    int iPrice;                         /* 价格 */
    char cArea[20];                     /* 产地 */
}fruit;                                 /* 定义结构体变量 */
```

（4）使用 typedef 说明结构体类型名，再用新类型名定义变量。

使用 typedef 这种定义方式的一般形式如下：

```
typedef struct
{
    成员定义表 ;
} 新类型 ;
新类型 变量名表 ;
```

例如：

```
typedef struct
{
    char cName[10];                          /*名称*/
    char cColor[10];                         /*颜色*/
    int iPrice;                              /*价格*/
    char cArea[20];                          /*产地*/
} Fruit;
Fruit fruit1;
```

14.1.3 结构体类型的初始化

结构体类型与其他基本数据类型一样，也可以在定义结构体变量时指定初值，例如：

```
struct People
{
    char cName[20];
    char cSex;
    int iGrade;
}student1={"HanXue",'W',3};              /*定义变量并设置初值*/
```

注意

在初始化时，定义的变量后面要使用等号，然后将其初始化的值放在花括号中，并且每一个数据要与结构体的成员列表的顺序一一对应。

14.1.4 结构体变量的引用

定义完结构体变量以后，当然可以引用这个变量。例如水果，既然生产出水果，就可用它做点儿什么，以充分体现水果的价值。

对结构体变量进行赋值、存取或运算，实质上就是对结构体成员进行操作。引用结构体成员的一般形式如下：

```
结构体变量名.成员名
```

在引用结构体成员时，可以在结构体变量名的后面加上成员运算符“.”和成员名，例如：

```
fruit.cName="apple";
fruit.iPrice=5;
```

上面的赋值语句就是对 fruit 结构体变量中的成员 cName 和 iPrice 进行赋值。

☒ 常见错误

不能直接将一个结构体变量作为一个整体进行输入和输出。例如，不能将 fruit 进行以下输出，代码如下：

```
printf("%s%s%s%d%s",fruit);
```

实例 14-1 利用结构体输出 vivo NEX 的基本信息。

具体代码如下：

```
#include<stdio.h>

struct telephone                                    // 声明手机基本信息结构体
{
    char brandName[20];                             // 产品名称
    int price;                                      // 官方报价
    char screen[20];                                // 屏幕类型
    char processor[20];                             //CPU 型号
    int battery;                                    // 电池容量
}telephone1 = { "vivo NEX",4998," 双面屏 "," 高通 骁龙 845",4000};
// 定义变量并设置初值
int main()
{
// 将结构体中的第 1 个数据输出，即产品名称
   printf(" 产品名称 :%s\n", telephone1.brandName);
// 将结构体中的第 2 个数据输出，即官方报价
   printf(" 官方报价 :%d 元 \n", telephone1.price);
// 将结构体中的第 3 个数据输出，即屏幕类型
   printf(" 屏幕类型 :%s\n", telephone1.screen);
// 将结构体中的第 4 个数据输出，即 CPU 型号
   printf("CPU 型号 :%s\n", telephone1.processor);
// 将结构体中的第 5 个数据输出，即电池容量
   printf(" 电池容量 :%dmAh\n", telephone1.battery);
   return 0;
}
```

运行程序，结果如图 14.3 所示。

图 14.3 输出手机基本信息

14.2 结构体数组

结构体变量中可以存放一组数据，14.1 节的例子中只显示了一款手机的信息，如果要显示多款手机的信息应怎么办？在程序中同样可以使用数组的形式，这时称数组为结构体数组。

结构体数组与之前介绍的数组的区别就在于，数组中的元素是根据要求定义的结构体类型，而不是基本数据类型。

14.2.1 定义结构体数组

定义结构体数组的方式与定义结构体变量的方式相似，只是将结构体变量替换成数组。定义结构体数组的方式有 3 种。

（1）先定义结构体类型，再定义结构体数组，一般形式如下：

```
struct 结构体名
{
    成员列表;
};      //定义结构体类型
struct 结构体名 数组名[数组长度]; //定义结构体数组
```

例如，定义 5 个手机基本信息结构体数组，代码如下：

```
struct telephone                          //声明手机基本信息结构体
{
      char brandName[20];                 //品牌名
      int price;                          //官方报价
      char screen[20];                    //主屏尺寸
      char processor[20];                 //CPU 型号
      int battery;                        //电池容量
}; //定义结构体数组
```

这种定义结构体数组的方式是先定义结构体类型，然后再定义结构体数组，代码如下：

```
struct telephone telephone1[5];                    /* 定义结构体数组 */
```

（2）定义结构体类型的同时，定义结构体数组，一般形式如下：

```
struct 结构体名
{
    成员列表;
}数组名[数组长度];      //定义结构体数组
```

同样定义 5 个手机基本信息结构体数组，代码如下：

```
struct telephone                          // 声明手机基本信息结构体
{
    char brandName[20];                   // 品牌名
    int price;                            // 官方报价
    char screen[20];                      // 主屏尺寸
    char processor[20];                   // CPU 型号
    int battery;                          // 电池容量
} telephone1[5];
```

（3）不给出结构体名，直接定义结构体数组，一般形式如下：

```
struct
{
   成员列表 ;
} 数组名 [ 数组长度 ];       // 定义结构体数组
```

同样定义 5 个手机基本信息结构体数组，代码如下：

```
struct                                    // 声明手机基本信息结构体
{
     char brandName[20];                  // 品牌名
     int price;                           // 官方报价
     char screen[20];                     // 主屏尺寸
     char processor[20];                  //CPU 型号
     int battery;                         // 电池容量
} telephone1[5];
```

数组中各数据在内存中的存储是连续的，如图 14.4 所示。

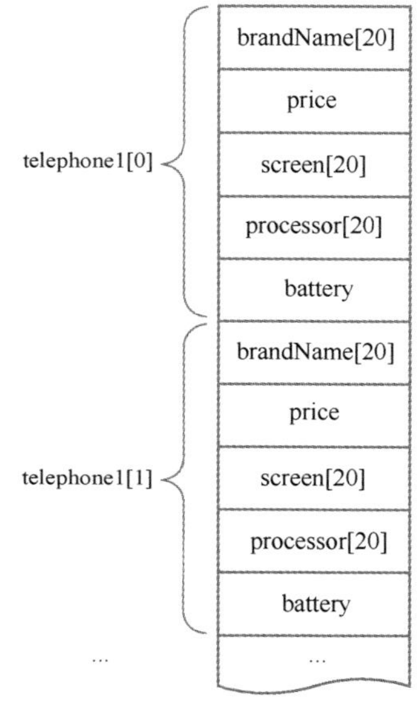

图 14.4　数组数据在内存中的存储形式

14.2.2 初始化结构体数组

与初始化基本数据类型的数组相同，也可以为结构体数组进行初始化操作。初始化结构体数组的一般形式如下：

```
struct 结构体名
{
    成员列表;
} 数组名={初值列表};
```

例如，对手机信息结构体数组进行初始化操作，代码如下：

```
struct telephone                              //声明手机基本信息结构体
{
    char brandName[20];                       //品牌名
    int price;                                //官方报价
    char screen[20];                          //主屏尺寸
    char processor[20];                       // CPU 型号
    int battery;                              //电池容量
} telephone1[5]={ {"vivo NEX",4998,"6.59英寸","高通 骁龙845",4000},
                { "oppo R17",2999,"6.4英寸","高通 骁龙670",3500},
                { "华为 Mate 20",3999,"6.53英寸","海思 Kirin 980",4000},
                { "小米 MIX 3",3299,"6.33英寸","骁龙845”,3100},
                { "iPhone Xr",6499,"6.1英寸","苹果A12",2942}};
```

对数组进行初始化时，最外层的花括号表示所列出的是数组中的元素。因为每一个元素都是结构类型的，所以每一个元素使用花括号标识，其中包含每一个结构体元素的成员数据。

在定义数组 telephone1 时，也可以不指定数组中的元素个数，这时编译器会根据数组后面的初始化值列表中给出的元素个数来确定数组中的元素个数，例如：

```
telephone1[ ]={...};
```

定义结构体数组时，可以先声明结构体类型，再定义结构体数组。

实例14-2 定义一个汽车结构体并初始化，输出汽车的品牌名和报价。

具体代码如下：

```
#define _CRT_SECURE_NO_WARNINGS
#include<stdio.h>                                /*包含头文件*/
struct car                                       /*汽车结构体*/
{
     char cName[20];                             /*汽车品牌名*/
     int  iNumber;                               /*汽车报价*/
} car[5]={{"宝马",491000},                       /*定义数组并初始化*/
```

```
             {" 大众" ,80000},
             {" 路虎" ,1150000},
             {" 五菱 ",50000},
             {" 一汽 ",107800}};
int main()                                      /* 主函数 main()*/
{
    int i;                                      /* 循环控制变量 */
    for(i=0;i<5;i++)                            /* 使用 for 进行循环 */
    {
       printf("NO%d car:\n",i+1);
       iNumber);                                /* 输出数组中的元素数据 */
       printf(" 名字是 : %s, 最低报价 : %d 元 \n",car[i].cName,car[i].
       printf("\n");                            /* 换行 */
      }
      return 0;                                 /* 程序结束 */
}
```

运行程序，结果如图 14.5 所示。

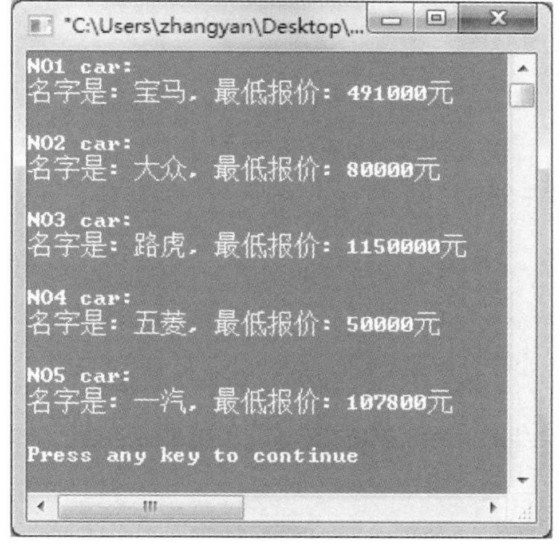

图 14.5　输出汽车信息

从该实例代码和运行结果可以看出如下内容。

（1）将汽车所需要的信息声明为 struct car 结构体类型，同时定义结构体数组 car，并对其初始化数据。需要注意的是，所给出数据的类型要与结构体中的成员变量的类型相符合。

（2）定义的数组包含 5 个元素，使用 for 语句进行循环输出。其中，定义变量 i 为循环控制变量。因为数组的索引是从 0 开始的，所以为变量 i 赋值 0。

说明

在同时进行定义和初始化结构体数组时，可以省略数组长度。

14.3 结构体指针

一个指向变量的指针表示的是变量所占内存的起始地址。如果一个指针指向结构体变量，那么该指针指向的是结构体变量的起始地址。同样指针也可以指向结构体数组中的元素。

14.3.1 指向结构体变量的指针

由于指针指向结构体变量的地址，因此可以使用指针来访问结构体中的成员。定义结构体指针的一般形式如下：

```
结构体类型 *指针名;
```

例如，定义一个指向 struct telephone 结构体类型的 pStruct 指针变量，代码如下：

```
struct telephone *pStruct;
```

使用指向结构体变量的指针访问成员有两种方法，pStruct 为指向结构体变量的指针。

（1）第一种方法是使用“.”运算符引用结构成员，代码如下：

```
(*pStruct).成员名
```

结构体变量可以使用“.”运算符对其中的成员进行引用。*pStruct 表示指向的结构体变量，因此使用“.”运算符可以引用结构体中的成员变量。

注意

pStruct 一定要使用括号进行标识，因为“.”运算符的优先级是最高的，如果不使用括号，就会先执行“.”运算然后才执行“”运算。

例如，pStruct 指针指向 telephone 结构体变量，引用其中的成员，代码如下：

```
(*pStruct).price=3299;
```

实例14-3 声明书架结构体，为结构体定义变量并进行初始化赋值，然后使用指针指向该结构体变量，最后通过指针引用变量中的成员进行输出。

具体代码如下：

```
#define _CRT_SECURE_NO_WARNINGS
#include<stdio.h>                                /*包含头文件*/
struct Book                                      /*定义书架结构体*/
{
    char cName[20];                              /*书架类别*/
    int  iNumber;                                /*书架编号*/
```

```
    char cS[20];                            /* 图书编号 */
}book={"electric",56,"134-467"};            /* 对结构体变量初始化 */
int main()                                  /* 主函数 main()*/
{
    struct  Book* pStruct;                  /* 定义结构体类型的指针 */
    pStruct=&book;                          /* 指针指向结构体变量 */
    printf("-----the bookcase's information-----\n");      /* 提示信息 */
    /* 使用指针输出结构体成员 */
    printf(" 书架类别 : %s\n",(*pStruct).cName);
    printf(" 书架编号 : %d\n",(*pStruct).iNumber);
    printf(" 图书编号 : %s\n",(*pStruct).cS);
    return 0;                               /* 程序结束 */
}
```

运行程序，结果如图 14.6 所示。

从该实例代码和运行结果可以看出如下内容。

首先在程序中声明结构类型，同时定义变量 book，对变量进行初始化的操作。定义结构体指针变量 pStruct，然后执行“pStruct=&book;”操作使指针指向 book 变量。

输出消息提示，然后在 printf() 函数中使用指向结构变量的指针引用成员变量，将书架的信息输出。

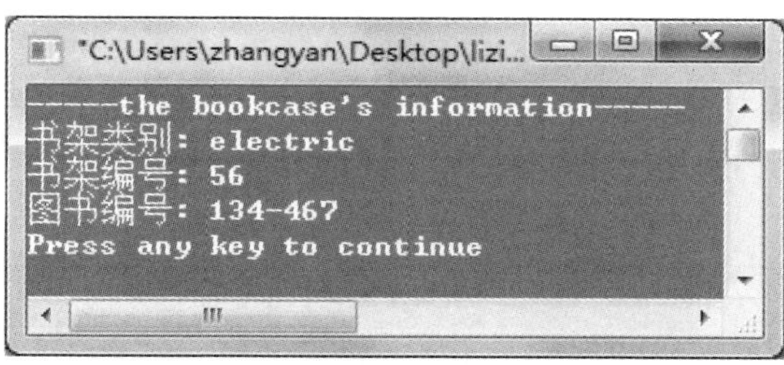

图 14.6 输出书架信息

（2）第二种方法是使用“->”运算符引用结构成员，代码如下：

```
pStruct -> 成员名 ;
```

例如，使用“->”运算符引用一个变量的成员，代码如下：

```
pStruct->price=3299;
```

假如 telephone 为结构体变量，pStruct 为指向结构体变量的指针，以下 3 种形式的效果是等价的。

- telephone. 成员名。
- (*pStruct). 成员名。
- pStruct-> 成员名。

在使用“->”引用成员时，要注意分析以下情况。

- pStruct->price，表示指向结构体变量中成员 price 的值。
- pStruct-> price ++，表示指向结构体变量中成员 price 的值，使用后该值加 1。

- ++pStruct-> price，表示指向结构体变量中成员 price 的值加 1，计算后再进行使用。

实例 14-4 定义结构体变量但不对其进行初始化操作，使用指针指向结构体变量并对其成员进行赋值操作。

具体代码如下：

```
#define _CRT_SECURE_NO_WARNINGS
#include<stdio.h>                                /* 包含头文件 */
#include<string.h>

struct Sweat                                     /* 定义衣服结构体 */
{
    char cName[20];                              /* 衣服种类 */
    int  iNumber;                                /* 衣服价格 */
    char cColor[20];                             /* 衣服颜色 */
}sweat;                                          /* 定义变量 */

int main()                                       /* 主函数 main() */
{

    struct Sweat* pStruct;                       /* 定义结构体类型的指针 */
    pStruct=&sweat;                              /* 指针指向结构体变量 */
    strcpy(pStruct->cName,"毛呢外套");           /* 为种类赋值 */
    pStruct->iNumber=599;                        /* 为价格赋值 */
     strcpy(pStruct->cColor,"粉色");             /* 为颜色赋值 */

    printf("-----the sweat's information-----\n");        /* 提示信息 */
    printf("种类：%s\n",sweat.cName);            /* 输出结构体成员 */
    printf("价格：%d 元\n",sweat.iNumber);
    printf("颜色：%s\n",sweat.cColor);
    return 0;                                    /* 程序结束 */
}
```

运行程序，结果如图 14.7 所示。

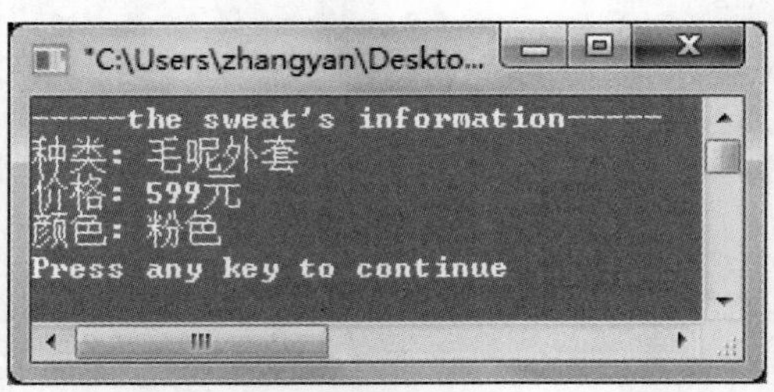

图 14.7　某网站主页毛呢外套信息

从该实例代码和运行结果可以看出以下内容。

在程序中使用了 strcpy() 函数将一个字符串常量复制到成员变量中，使用该函数要在程序中包含头文件 string.h。

在为成员赋值时，使用的是“->”运算符引用的成员变量，在程序的最后使用结构体变量和“.”运算符直接将成员的数据输出。输出的结果表示使用“->”运算符为成员变量赋值成功。

14.3.2 指向结构体数组的指针

结构体指针变量不但可以指向结构体变量，还可以指向结构体数组，此时指针变量的值就是该结构体数组的首地址。

结构体指针变量也可以直接指向结构体数组中的元素，这时指针变量的值就是该结构体数组元素的首地址。例如，定义一个结构体数组 telephone[5]，使用结构体指针指向该数组，代码如下：

```
struct telephone* pStruct;
pStruct=telephone1;
```

因为数组不使用索引时表示的是数组的第一个元素的地址，所以指针指向数组的首地址。如果想使指针指向第三个元素，则在数组名后附加索引，然后在数组名前使用取地址符号“&”，例如：

```
pStruct=&telephone1[2];
```

实例 14-5 声明学生结构体类型并定义结构体数组，然后对其进行初始化操作。通过指向该数组的指针，将其中的元素数据进行输出。

具体代码如下：

```
#define _CRT_SECURE_NO_WARNINGS
#include<stdio.h>

struct Student                                          /* 定义学生结构体 */
{
        char cName[20];                                 /* 姓名 */
        int iNumber;                                    /* 学号 */
        char cSex;                                      /* 性别 */
        int iGrade;                                     /* 年级 */
}student[5]={{"WangJiasheng",12062212,'M',3},
        {"YuLongjiao",12062213,'W',3},
        {"JiangXuehuan",12062214,'W',3},
        {"ZhangMeng",12062215,'W',3},
        {"HanLiang",12062216,'M',3}};                  /* 定义数组并设置初值 */

int main()
{
        struct Student* pStruct;
        int index;
        pStruct=student;
```

```
    for(index=0;index<5;index++,pStruct++)
    {
        printf("NO%d student:\n",index+1);      /* 首先输出学生的学号 */
        /* 使用变量 index 作为索引，输出数组中的元素 */
        printf("Name: %s, Number: %d\n",pStruct->cName,pStruct-
              >iNumber);
        printf("Sex: %c, Grade: %d\n",pStruct->cSex,
              pStruct->iGrade);
        printf("\n");                            /* 换行 */
    }
    return 0;
}
```

运行程序，结果如图 14.8 所示。

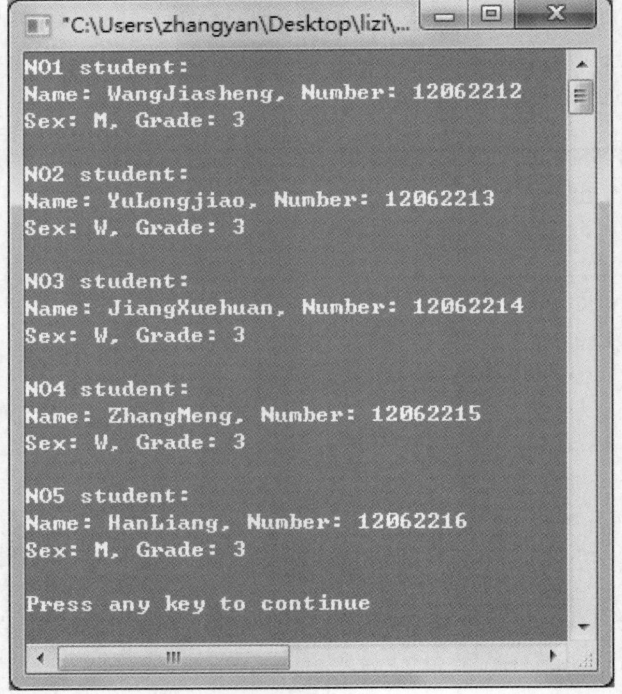

图 14.8　输出学生信息

从该实例代码和运行结果可以看出如下内容。

（1）代码中定义了一个结构体数组 student[5]，定义结构体指针变量 pStruct 指向该数组的首地址。使用 for 语句，对数组元素进行循环。

（2）在循环语句块中，pStruct 刚开始时指向数组的首地址，也就是第一个元素的地址，因此 pStruct-> 引用的是第一个元素中的成员。使用输出函数输出成员变量表示的数据。

（3）当一次循环结束之后，循环变量进行自加操作，同时 pStruct 也执行自加运算。这里需要注意的是，pStruct++ 表示 pStruct 自加的值为一个数组元素的大小，也就是说 pStruct++ 表示的是数组中的第二个元素 student[1]。

14.3.3 结构体作为函数参数

函数是有参数的，可以将结构体变量的值作为函数的参数。使用结构体作为函数的参数有 3 种形式：使用结构体变量作为函数参数，使用指向结构体变量的指针作为函数参数，使用结构体变量的成员作为函数参数。

1. 使用结构体变量作为函数参数

使用结构体变量作为函数的实参时，采取的是“值传递”，它会将结构体变量所占内存单元的内容全部按顺序传递给形参，形参必须是同类型的结构体变量，例如：

```
void Display(struct telephone tel);          //使用结构体变量作为函数的参数
```

在形参的位置使用结构体变量，但是函数调用期间，形参也要占用内存单元。这种传递方式在空间和时间上开销都比较大。

另外，根据函数参数传值方式可知，如果在函数内部修改了变量中成员的值，则改变的值不会返回到主调函数中。

实例14-6 声明一个简单的结构体类型表示学生成绩，编写一个函数，将该结构体变量作为函数的参数。

具体代码如下：

```
#define _CRT_SECURE_NO_WARNINGS
#include<stdio.h>

struct Student                                       /*定义学生结构体*/
{
        char cName[20];                              /*姓名*/
        float fScore[3];                             /*分数*/
}student={"SuYuQun",98.5f,89.0,93.5f};               /*定义变量*/

void Display(struct Student stu)                     /*形参为结构体变量*/
{
        printf("-----Information-----\n");           /*提示信息*/
        printf("Name: %s\n",stu.cName);              /*引用结构成员*/
        printf("Chinese: %.2f\n",stu.fScore[0]);
        printf("Math: %.2f\n",stu.fScore[1]);
        printf( “"English: %.2f\n",stu.fScore[2]);
        /*计算平均分数*/
        printf("Average score:%.2f\n",(stu.fScore[0]+stu.fScore[1]+stu.
                fScore[2])/3);
}

```

```
int main()
{
        Display(student);       /* 调用函数，将结构体变量作为实参进行传递 */
        return 0;
}
```

运行程序，结果如图 14.9 所示。

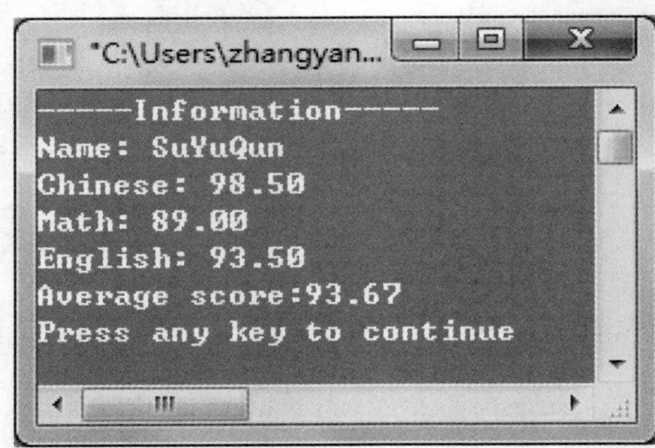

图 14.9　输出学生成绩

从该实例代码和运行结果可以看出以下内容。

（1）在程序中声明了一个简单的结构体表示学生的分数信息，在这个结构体中定义了一个字符数组表示名称，还定义了一个浮点型数组表示 3 个学科的分数。

（2）在声明结构的最后同时定义变量，并进行初始化。之后定义一个名为 Display 的函数，用结构体变量作为函数的形参。

（3）在函数体中，使用参数 stu 引用结构体中的成员，输出学生的姓名和 3 个学科的分数，并在最后通过表达式计算出平均分数。在主函数 main() 中，使用 student 结构体变量作为参数，调用 Display() 函数。

2. 使用指向结构体变量的指针作为函数参数

在使用结构体变量作为函数参数时，在传值的过程中空间和时间的开销比较大，有一种更好的传递方式，就是使用结构体变量的指针作为函数参数进行传递。

在传递结构体变量的指针时，只是将结构体变量的首地址进行传递，并没有将变量的副本进行传递。例如，声明一个传递结构体变量的指针的函数，代码如下：

```
void Display(struct Student *stu);
```

这样使用形参 stu 指针就可以引用结构体变量中的成员了。这里需要注意的是，因为传递的是变量的地址，如果在函数中改变成员中的数据，那么返回主调用函数时变量会发生改变。

实例 14-7 因失误某位同学的英语成绩被录错，编写程序修改英语成绩。本实例使用结构体变量的指针作为函数的参数，并且在函数中改动结构体成员的数据，最后对其进行输出。

具体代码如下：

```
#define _CRT_SECURE_NO_WARNINGS
#include<stdio.h>

struct Student                                  /* 定义学生结构体 */
{
        char cName[20];                         /* 姓名 */
        float fScore[3];                        /* 分数 */
}student={"SuYuQun",98.5f,89.0,93.5f};          /* 定义变量 */

void Display(struct Student* stu)               /* 形参为结构体变量的指针 */
{
        printf("-----Information-----\n");  /* 提示信息 */
        printf("Name: %s\n",stu->cName);   /* 使用指针引用结构体变量中的成员 */
        printf("English: %.2f\n",stu->fScore[2]); /* 输出英语的分数 */
        stu->fScore[2]=90.0f;                   /* 更改成员变量的值 */
}

int main()
{
        struct Student* pStruct=&student;   /* 定义结构体变量指针 */
        Display(pStruct);         /* 调用函数，将结构体变量作为实参进行传递 */
        printf("Changed English: %.2f\n",pStruct->fScore[2]);
        return 0;
}
```

运行程序，结果如图 14.10 所示。

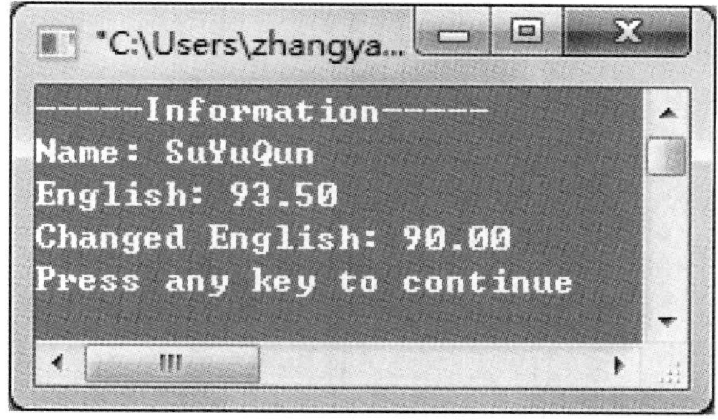

图 14.10　修改英语成绩

从该实例代码和运行结果可以看出以下内容。

（1）函数的参数是结构体变量的指针，因此在函数体中要通过使用“->”引用成员的数据。为了简化操作，只将英语成绩进行输出，并且在最后更改成员的数据。

（2）在主函数 main() 中，先定义结构体变量指针，并将结构体变量的地址传递给指针，将指针作为函数的参数进行传递。函数调用完后，再输出变量中的成员数据。

（3）通过输出结果可以看到，在函数中通过指针改变成员的值时，会改变返回主调用函数中的值。

> **注意**
>
> 在程序中为了直观地看出函数传递的参数是结构体变量的指针，定义了一个指针变量指向结构体。实际上可以直接传递结构体变量的地址作为函数的参数，如“Display(&student);”。

3. 使用结构体变量的成员作为函数参数

使用这种方式为函数传递参数与将普通的变量作为实参效果是一样的，是以传值的方式传递，例如：

```
Display(student.fScore[0]);
```

> **注意**
>
> 传值时，实参要与形参类型一致。

14.4 包含结构体的结构体

在介绍有关结构体变量的定义时，曾经说明结构体中的成员不仅可以是基本数据类型，也可以是结构体类型。就像图14.11所示的汽车里的零件，可以把汽车看成一个结构体，也可以把零件看成一个结构体，就相当于汽车结构体包含零件结构体。

图 14.11　包含结构体的结构体示意图

又如，定义一个学生信息结构体类型，其中的成员包括姓名、学号、性别、出生日期。成员出生日期就属于一个结构体类型，因为出生日期包括年、月、日这 3 个成员。这样，学生信息这个结构体类型就是包含结构体的结构体。

实例14-8 编写代码，定义两个结构体类型，一个表示日期，另一个表示学生的个人信息。其中，日期是个人信息中的成员。

具体代码如下：

```
#include<stdio.h>

struct date                                     /* 定义时间结构体 */
{
   int year;                                    /* 年 */
   int month;                                   /* 月 */
   int day;                                     /* 日 */
};

struct student                                  /* 定义学生信息结构体 */
{
   char name[30];                               /* 姓名 */
   int num;                                     /* 学号 */
   char sex;                                    /* 性别 */
   struct date birthday;                        /* 出生日期 */
}student = { "SuYuQun",12061212,'W',{1986,12,6} };
/* 对结构体变量进行初始化 */
int main()
{
   printf("-----Information-----\n");
   printf("Name: %s\n", student.name);          /* 输出结构体成员 */
   printf("Number: %d\n", student.num);
   printf("Sex: %c\n", student.sex);
   printf("Birthday: %d,%d,%d\n", student.birthday.year,
          student.birthday.month, student.birthday.day);  /* 将成员数据输出 */
   return 0;
}
```

运行程序，结果如图 14.12 所示。

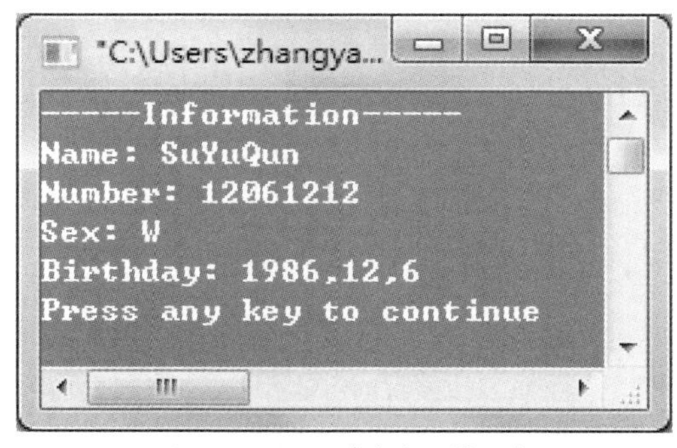

图 14.12　显示学生生日等信息

14.5 链表

数据是信息的载体，是描述客观事物属性的数字、字符以及所有能输入计算机并被计算机程序识别和处理的集合。数据结构是指数据对象以及其中的相互关系和构造方法。数据结构中有一种线性存储结构称为线性表，本节将会根据结构体的知识介绍有关线性表的链式存储结构，也称其为链表。

14.5.1 链表概述

链表是一种常见的数据结构。前面介绍过使用数组存放数据，使用数组时要先指定数组中包含元素的个数，即数组的长度。如果向这个数组中加入的元素个数超过数组的长度，便不能将内容完全保存。例如，在定义一个班级的人数时，如果小班是 30 人，普通班级是 50 人，且定义班级人数时使用的是数组，那么定义数组的大小应为最大人数，也就是最少为 50 个元素，否则不满足最大时的情况。这种方式非常浪费空间。

这时就希望有一种存储方式，其存储元素的个数是不受限制的，当添加元素时存储元素的个数就会随之改变，这种存储方式就是链表。

链表结构的示意图如图 14.13 所示。

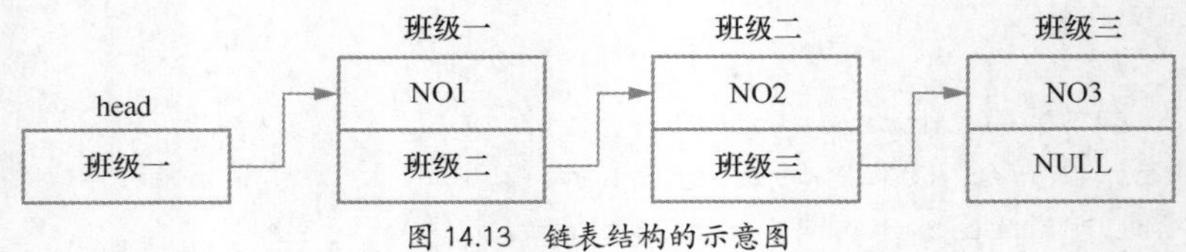

图 14.13 链表结构的示意图

从图14.13可以看到，head（头）节点指向第1个元素，第1个元素中的指针又指向第2个元素的地址，第 2 个元素的指针又指向第 3 个元素的地址，第 3 个元素的指针指向空。

注意

链表这种数据结构必须利用指针才能实现，因此链表中的节点应该包含一个指针变量来保存下一个节点的地址。

例如，设计一个链表表示一个班级，其中链表中的节点表示学生，代码如下：

```
struct Student
{
    char cName[20];                          /* 姓名 */
    int iNumber;                             /* 学号 */
    struct Student* pNext;                   /* 指向下一个节点的指针 */
};
```

可以看到学生的姓名和学号属于数据部分，而 pNext 就是指针部分，用来保存下一个节点的地址。

14.5.2 创建动态链表

从本小节开始讲解与链表相关的具体操作，从 14.5.1 小节中可以看出，链表并不是一开始就设定好大小的，而是根据节点的多少确定的，因此链表的创建过程是一个动态的过程。动态创建节点时，要为其分配内存。在介绍如何创建链表前先来了解一些进行动态分配时会使用的函数。

1. malloc() 函数

malloc() 函数的原型如下：

```
void *malloc(unsigned int size);
```

该函数的功能是在内存中动态地分配一块内存空间。malloc() 函数会返回一个指针，该指针指向分配的内存空间，如果出现错误则返回 NULL。

2.calloc() 函数

calloc() 函数的原型如下：

```
void *calloc(unsigned int size);
```

该函数的功能是在内存中动态分配 n 个长度为 size 的连续内存空间数组。calloc() 函数会返回一个指针，该指针指向动态分配的连续内存空间地址。当分配空间出现错误时，返回 NULL。

3. free() 函数

free() 函数的原型如下：

```
void free(void *ptr);
```

该函数的功能是使用由指针 ptr 指向的内存区，使部分内存区能被其他变量使用。ptr 是最近一次调用 calloc() 或 malloc() 函数时返回的值。free() 函数无返回值。

至此，动态分配的相关函数介绍完了，现在开始介绍如何建立动态链表。

所谓建立动态链表就是指在程序运行过程中从无到有地建立链表，即一个一个地分配节点的内存空间，然后输入节点中的数据并建立节点间的相连关系。

例如，前面介绍过可以将一个班级里的学生作为链表中的节点，然后将所有学生的信息存放在链表结构中。学生链表如图 14.14 所示。

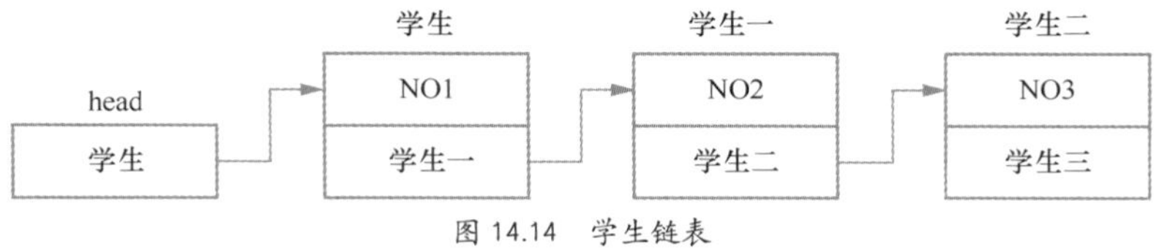

图 14.14 学生链表

首先创建节点结构，表示每一个学生，代码如下：

```
struct Student
{
   char cName[20];                          /* 姓名 */
   int iNumber;                             /* 学号 */
   struct Student* pNext;                   /* 指向下一个节点的指针 */
};
```

然后定义一个 Create() 函数，用来创建链表。该函数会返回链表的头指针，代码如下：

```
int iCount;                                 /* 全局变量表示链表长度 */

struct Student* Create()
{
   struct Student* pHead = NULL;            /* 初始化链表头指针，使其为空 */
   struct Student* pEnd, *pNew;
   iCount = 0;                              /* 初始化链表长度 */
   pEnd = pNew = (struct Student*)malloc(sizeof(struct Student));
   printf("please first enter Name ,then Number\n");
   scanf("%s", &pNew->cName);
   scanf("%d", &pNew->iNumber);
   while (pNew->iNumber != 0)
   {
          iCount++;
          if (iCount == 1)
          {
                 pNew->pNext = pHead;              /* 使得指向为空 */
                 pEnd = pNew;                      /* 跟踪新加入的节点 */
                 pHead = pNew;                     /* 头指针指向首节点 */
          }
          else
          {
                 pNew->pNext = NULL;             /* 新节点的指针为空 */
                 pEnd->pNext = pNew;             /* 原来的尾节点指向新节点 */
                 pEnd = pNew;                    /*pEnd 指向新节点 */
          }
          pNew = (struct Student*)malloc(sizeof(struct Student));
         /* 再次分配节点内存空间 */
          scanf("%s", &pNew->cName);
          scanf("%d", &pNew->iNumber);
   }
   free(pNew);                              /* 释放没有用到的空间 */
   return pHead;
}
```

从上述代码中可以看出以下内容。

（1）Create() 函数的功能是创建链表，在 Create() 的外部有一个整型的全局变量 iCount，这个变量的作用是表示链表中节点的数量。在 Create() 函数中，首先定义需要用到的指针变量，pHead 表示头节点，pEnd 指向原来的尾节点，pNew 指向新创建的节点。

（2）使用 malloc() 函数分配内存，先使 pEnd 和 pNew 两个指针都指向第一个分配的内存，然后输出提示信息，先输入一个学生的姓名，再输入学生的学号。使用 while 语句进行判断，如果学号为 0，则不执行循环语句。

（3）在 while 循环语句中，iCount++ 自加操作表示链表中节点的增加。然后要判断新加入的节点是否为第一次加入的节点，如果为第一次加入的则运行 if 语句块中的代码，否则运行 else 语句块中的代码。

（4）在 if 语句块中，因为第一次加入节点时其中没有节点，所以新节点即首节点，也为最后一个节点，并且要将新加入的节点的指针指向空，即 pHead 的指向。else 语句块实现的是链表中已经有节点存在时的操作。

（5）首先将新节点 pNew 的指针指向空，然后将原来最后一个节点的指针指向新节点，最后将 pEnd 的指针指向最后一个节点。这样节点创建完之后，要再次分配内存，然后向其中输入数据，通过 while 语句再次判断输入的数据是否符合节点的要求。当不符合要求时，调用 free() 函数将不符合要求的节点空间进行释放。这样链表就通过动态分配内存空间的方式创建完成了。

注意

使用动态分配函数时，可以使用 free() 函数释放空间。在程序运行结束后，释放空间是一个好习惯。

14.5.3 输出链表

链表已经被创建出来，构建数据结构就是为了使用它，以将保存的信息进行输出。接下来介绍如何将链表中的数据输出。代码如下：

```
void print(struct Student* pHead)
{
    struct Student *pTemp;                          /* 循环所用的临时指针 */
    int iIndex = 1;                                 /* 表示链表中节点的序号 */

    printf("----the List has %d members:----\n", iCount); /* 提示信息 */
    printf("\n");                                   /* 换行 */
    pTemp = pHead;                                  /* 指针得到首节点的地址 */

    while (pTemp != NULL)
    {
            printf("the NO%d member is:\n", iIndex);
            printf("the name is: %s\n", pTemp->cName);      /* 输出姓名 */
```

```
        printf("the number is: %d\n", pTemp->iNumber); /* 输出学号 */
        printf("\n");                                   /* 换行 */
        pTemp = pTemp->pNext;                     /* 移动临时指针到下一个节点 */
        iIndex++;                                 /* 进行自加运算 */
    }
}
```

结合创建链表和输出链表的过程，运行程序，结果如图 14.15 所示。

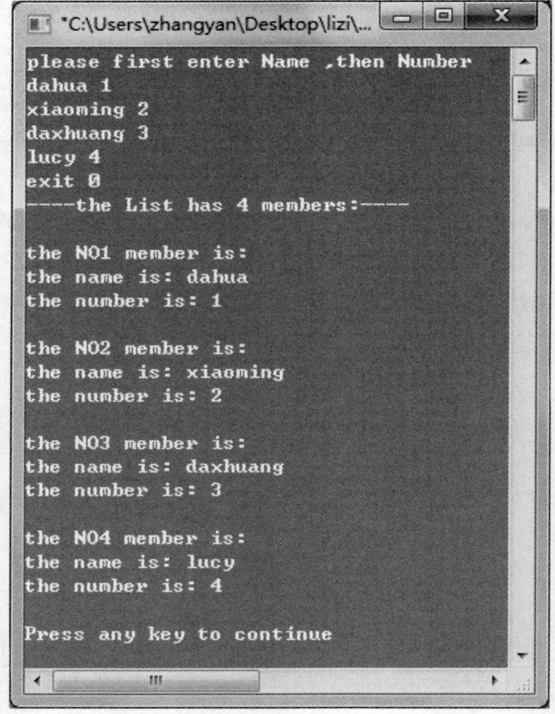

图 14.15　输出链表

print() 函数用来将链表中的数据进行输出。在函数的参数中，pHead 表示一个链表的头节点。在函数中，定义一个临时的指针 pTemp 用来进行循环操作。定义一个整型变量表示链表中的节点序号。然后使用临时指针变量 pTemp 保存首节点的地址。

使用 while 语句将所有节点中保存的数据都输出。每输出一个节点的数据后，就移动 pTemp 指针指向下一个节点的地址。当为最后一个节点时，其所有的指针指向空，此时循环结束。

14.6　链表相关操作

本节将介绍如何对链表的功能进行完善，使其具有插入、删除节点的功能。这些操作都是在 14.5 节中所声明的结构和链表的基础上添加的。

14.6.1 链表的插入操作

链表的插入操作可以在链表的头节点位置进行，也可以在某个节点的位置进行，或者可以像创建结构一样在链表的后面添加节点。这 3 种插入操作的思路都是一样的。下面主要介绍第一种插入操作，即在链表的头节点位置插入节点，如图 14.16 所示。

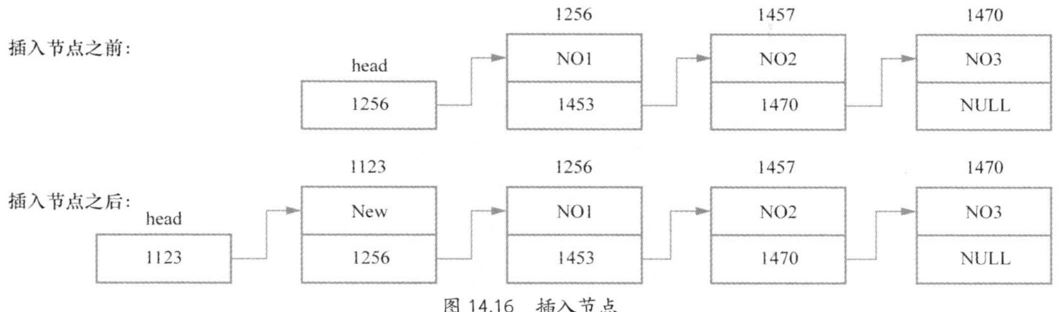

图 14.16 插入节点

插入节点的过程就如手拉手的小朋友连成一条线，这时又来了一个小朋友，他要站在第一位小朋友的前面，那么他只需要牵原来第一位小朋友的手就可以了。这样，这条连成的线还是连在一起的。设计一个函数用来向链表中添加节点，代码如下：

```
struct Student* Insert(struct Student* pHead)
{
    struct Student* pNew;                           /* 指向新分配的空间 */
    printf("----Insert member at first----\n");     /* 提示信息 */
    pNew = (struct Student*)malloc(sizeof(struct Student));
    /* 分配内存空间，并返回指向该内存空间的指针 */
    scanf("%s", &pNew->cName);
    scanf("%d", &pNew->iNumber);
    pNew->pNext = pHead;                        /* 新节点指针指向原来的首节点 */
    pHead = pNew;                               /* 头指针指向新节点 */
    iCount++;                                   /* 增加链表节点数量 */
    return pHead;                               /* 返回头指针 */
}
```

上述代码插入节点的步骤如下。

（1）为要插入的新节点分配内存，然后向新节点中输入数据，这样一个节点就创建完成了。

（2）将新节点的指针指向原来的首节点，保存首节点的地址，然后将头指针指向新节点，这样就完成了节点的连接操作。

主函数 main() 的代码如下：

```
int main()
{
    struct Student* pHead;                          /* 定义头节点 */
    pHead = Create();                               /* 创建节点 */
```

```
    pHead = Insert(pHead);                                /* 插入节点 */
    Print(pHead);                                         /* 输出链表 */
    return 0;                                             /* 程序结束 */
}
```

运行程序，结果如图 14.17 所示。

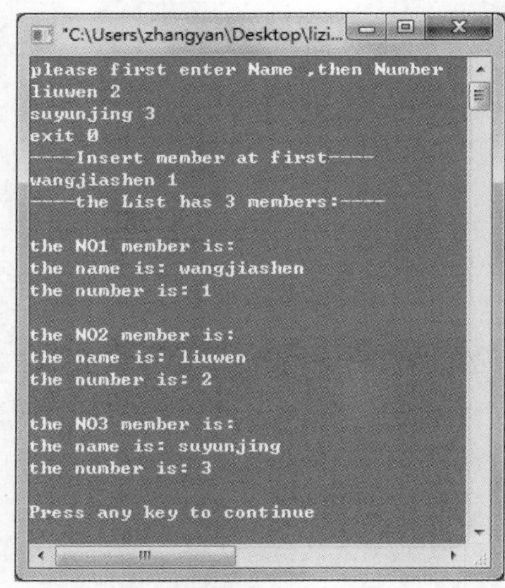

图 14.17　链表插入节点运行结果

14.6.2　链表的删除操作

之前介绍的操作是向链表中添加节点，当希望删除链表中的节点时，应该怎么办呢？还是通过前文中小朋友手拉手的例子进行介绍。例如，队伍中的一个小朋友想离开，使这个队伍不会断开的方法是他两边的小朋友将手拉起来。

例如，在一个链表中删除其中的一个节点，如图 14.18 所示。通过图 14.18 可以发现，要删除一个节点，先要找到这个节点的位置。例如要删除 NO2 节点，首先要找到 NO2 节点，然后删除该节点，将 NO1 节点的指针指向 NO3 节点，最后释放 NO2 节点的内存空间，这样就完成了节点的删除。

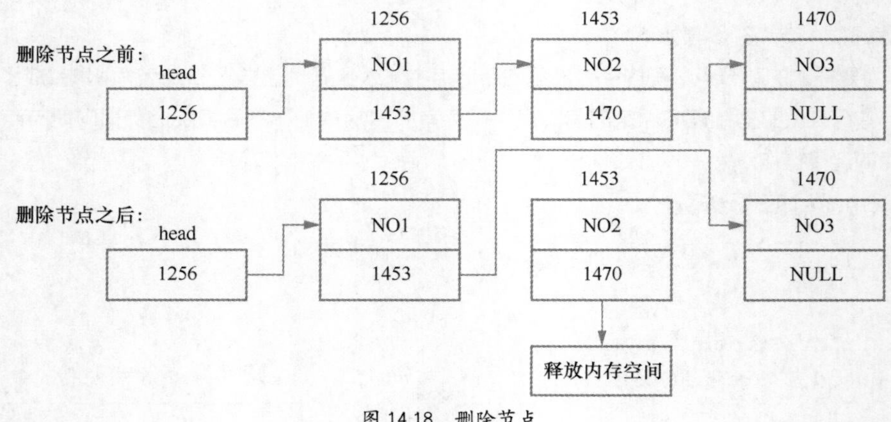

图 14.18　删除节点

根据这种思想编写删除链表节点的函数，代码如下：

```
void Delete(struct Student* pHead, int iIndex)
/*pHead 表示头节点，iIndex 表示要删除的节点索引 */
{
    int i;                                    /* 控制循环的变量 */
    struct Student* pTemp;                    /* 临时指针 */
    struct Student* pPre;                     /* 表示要删除的节点前的节点 */
    pTemp = pHead;                            /* 得到头节点 */
    pPre = pTemp;

    printf("----delete NO%d member----\n", iIndex);         /* 提示信息 */
    /*for 循环使得 pTemp 指向要删除的节点 */
    for (i = 1; i<iIndex; i++)
    {
            pPre = pTemp;
            pTemp = pTemp->pNext;
    }
    pPre->pNext = pTemp->pNext;               /* 连接要删除的节点两边的节点 */
    free(pTemp);                              /* 释放要删除的节点的内存空间 */
    iCount--;                                 /* 减少链表中的元素个数 */
}
```

为 Delete() 函数传递两个参数，pHead 表示链表的头节点，iIndex 表示要删除的节点的索引。定义整型变量 i 用来控制循环的次数，然后定义两个指针，分别用来表示要删除的节点和这个节点之前的节点。

输出一行提示信息表示要进行删除操作，之后利用 for 语句进行循环操作，找到要删除的节点，使用 pTemp 保存要删除节点的地址，pPre 保存前一个节点的地址。找到要删除的节点后，连接要删除的节点两边的节点，并使用 free() 函数将 pTemp 指向的内存空间释放。接下来在 main() 函数中添加代码执行删除操作，将链表中的第二个节点删除。代码如下：

```
int main()
{
    struct Student* pHead;                    /* 定义头节点 */
    pHead = Create();                         /* 创建节点 */
    pHead = Insert(pHead);                    /* 插入节点 */
    Delete(pHead, 2);                         /* 删除第二个节点的操作 */
    Print(pHead);                             /* 输出链表 */
    return 0;                                 /* 程序结束 */
}
```

运行程序，通过运行结果可以看到第二个节点中的数据被删除，结果如图 14.19 所示。

注意

每个链表都有一个头指针 head，用于存放第一个节点的地址，这样可以顺着第一个节点的地址找到第二个节点的地址，可以逐一访问每个节点。

```
"C:\Users\zhangyan\Desktop\li...
please first enter Name ,then Number
WangJun 2
LiXin 3
exit 0
----Insert member at first----
XuMing 1
----delete NO2 member----
----the List has 2 members:----

the NO1 member is:
the name is: XuMing
the number is: 1

the NO2 member is:
the name is: LiXin
the number is: 3

Press any key to continue
```

图 14.19　删除链表节点运行结果

14.7　共用体

共用体看起来很像结构体，只不过关键字由 struct 变成了 union。共用体和结构体的区别在于：结构体定义了一个由多个数据成员组成的特殊类型，而共用体定义了一块被所有数据成员共享的内存。例如，有 3 个圆相互叠放，效果如图 14.20 所示，其中 3 个圆都相交的区域就可以理解为这 3 个圆的共用体。

图 14.20　共用体示意图

14.7.1　共用体的概念

共用体也称为联合体，它可使几种不同类型的变量存放到同一内存单元中。定义共用体变量有以下 3 种方式。

（1）先声明共用体类型，再定义变量。一般形式如下：

```
union 共用体名
{
   成员列表；
};                              // 定义共同体类型
union 共用体名 变量名；     // 定义共用体变量
```

例如：

```
union DataUnion
{
    int iInt;
    char cChar;
    float fFloat;
};
union DataUnion variable;              /* 定义共用体变量 */
```

（2）声明共用体类型的同时定义变量。一般形式如下：

```
union 共用体名
{
    成员列表 ;
} 变量名 ;
```

例如：

```
union DataUnion
{
    int iInt;
    char cChar;
    float fFloat;
}variable;                             /* 定义共用体变量 */
```

（3）直接定义共用体变量。一般形式如下：

```
union
{
    成员列表
} 变量名 ;
```

例如：

```
union
{
    int iInt;
    char cChar;
    float fFloat;
}variable;                             /* 定义共用体变量 */
```

注意

可以看到共用体定义变量的方式与结构体定义变量的方式很相似。不过要注意的是，结构体变量的大小是其所包括的所有数据成员大小的总和，其中每个成员分别占有自己的内存单元；而共用体的大小取决于所包含的数据成员对应的最大内存的大小。

14.7.2 共用体变量的初始化

在定义共用体变量时，可以同时对变量进行初始化操作。初始化的值放在一对花括号中。一般形式如下：

```
union 共用体名
{
    成员列表；
} 变量名 ={ 初始化内容 }；
```

例如：

```
union DataUnion
{
     int iInt;
     char cChar;
     float fFloat;
}variable={5,'a',4.2f};
```

注意

对共用体变量进行初始化时，只需要一个初始化值就足够了，其类型必须和共用体的第一个成员的类型一致。

14.7.3 共用体变量的引用

共用体变量定义完成后，就可以引用其中的成员数据来进行使用。引用的一般形式如下：

```
共用体变量 . 成员名 ;
```

例如，引用前面定义的 variable 变量中的成员数据，代码如下：

```
variable.iInt;
variable.cChar;
variable.fFloat;
```

注意

不能直接引用共用体变量，如“printf("%d",variable);”的写法是错误的。

实例 14-9 定义“季节”的共用体，同时进行初始化操作，并将引用变量的值输出。

具体代码如下：

```
#define _CRT_SECURE_NO_WARNINGS                    /* 解除 vs 安全性检测问题 */
```

```
#include "stdio.h"                /* 包含头文件 */
#include <string.h>

struct sea                              /* 声明季节的结构体 */
{
   char name[64];
};
union season                            /* 声明季节的共用体 */
{
   struct sea p;
};
int main()                                    /* 主函数 main()*/
{
   union season s;                            /* 定义共用体变量 */
   strcpy(s.p.name, "夏季");
   printf("现在是 %s\n", s.p.name);          /* 输出信息 */
   return 0;                                  /* 程序结束 */
}
```

运行结果如图 14.21 所示。

图 14.21 使用共用体的运行结果

说明

如果共用体的第一个成员是结构体类型，则初始化值中可以包含多个用于初始化该结构的表达式。

实例14-10 将玻璃罐头瓶设为一个共用体，这个罐头瓶可以装桃，可以装椰子，也可以装山楂。在本实例中定义共用体变量，通过定义的函数引用共用体中的数据成员。

具体代码如下:

```
#define _CRT_SECURE_NO_WARNINGS
#include "stdio.h"                          /* 包含头文件 */
#include<string.h>
/* 声明桃结构体 */
struct peaches
{
```

```
    char name[64];
};
/* 声明椰子结构体 */
struct coconut
{
    char name[64];
};
/* 声明山楂结构体 */
struct hawthorn
{
    char name[64];
};
/* 声明罐头共用体 */
union tin
{
    struct  peaches p;
    struct  coconut c;
    struct  hawthorn h;
};
int main()                                  /* 主函数 main()*/
{
    union tin t;                            /* 定义一个共用体 */
    strcpy(t.p.name, " 桃 ");               /* 将相应的名字复制给相应的变量 */
    strcpy(t.c.name, " 椰子 ");
    strcpy(t.h.name, " 山楂 ");
    printf(" 这个罐头瓶装 %s\n", t.p.name);  /* 输出信息 */
    return 0;                               /* 程序结束 */
}
```

运行程序，结果如图 14.22 所示。

图 14.22　罐头瓶所装类型运行结果

14.7.4 共用体类型的数据特点

在使用共用体类型时，需要注意以下几点。

- 同一内存可以用来存放几种不同类型的成员，但是每一次只能存放其中一种，而不是同时存放所有类型的成员。也就是说在共用体中，只有一个成员起作用，其他成员不起作用。
- 共用体变量中起作用的成员是最后一次存放的成员，存入一个新的成员后原有的成员就失去作用。
- 共用体变量的地址和它的各成员的地址是一样的。
- 不能对共用体变量赋值，也不能引用变量名来得到一个值。

结构体和共用体的区别如下。

（1）关键字方面。

结构体的关键字是 struct，共用体的关键字是 union。

（2）所占空间大小方面。

结构体是由相同类型和不同类型的数据构成的数据集合，空结构体占的空间是 1 字节，一般结构体的大小是变量大小的整数倍。

共用体维护足够的空间来放置多个类型中的一种成员，而不是为每个成员都配置空间，共用体内所有的成员共用一个空间，同一时间只能存储一个成员，所有的成员具有相同的起始地址，不能引用共用体变量，只能引用共用体成员。

14.8 枚举类型

在程序中，可能需要由若干个有限数据元素组成的集合，可将这些集合定义为枚举类型。利用关键字 enum 可以声明枚举类型，这也是一种数据类型。使用该类型可以定义枚举变量，一个枚举变量包含一组相关的标识符，其中每个标识符都对应一个整数值，称为枚举常量。例如，图 14.23 所示的果盘可以定义成一个枚举类型。

图 14.23 果盘

将果盘定义成一个枚举类型变量，其中每个标识符都对应一个整数值，代码如下：

```
enum Fruits(Watermelon,Mango,Grape,Orange,Apple);
```

Fruits 就是定义的枚举类型变量，括号中的第一个标识符对数值 0，第二个标识符对应数值 1，以此类推。

注意

每个标识符都必须是唯一的，而且不能采用关键字或当前作用域内的其他相同的标识符。

在定义枚举类型的变量时，可以为某个特定的标识符指定其对应的整型值，紧随其后的标识符对应的值依次加 1，例如：

```
enum Fruits(Watermelon=1,Mango,Grape,Orange,Apple);
```

其中，Watermelon 的值为 1、Mango 的值为 2、Grape 的值为 3、Orange 的值为 4、Apple 的值为 5。

注意

枚举变量只可以在枚举常量中选择。

实例14-11 选择自己喜欢的颜色。通过定义枚举类型观察其使用方式，其中每个枚举常量在声明的作用域内都可以看作一个新的数据类型。

具体代码如下：

```
#define _CRT_SECURE_NO_WARNINGS
#include<stdio.h>

enum Color { Red = 1, Blue, Green } color;   /*定义枚举变量，并初始化*/
int main()
{
    int icolor;                               /*定义整型变量*/
    scanf("%d", &icolor);                     /*输入数据*/
    switch (icolor)                           /*判断 icolor 的值*/
    {
    case Red:                                 /*枚举常量，Red 表示 1*/
        printf("the choice is Red\n");
        break;
    case Blue:                                /*枚举常量，Blue 表示 2*/
        printf("the choice is Blue\n");
        break;
    case Green:                               /*枚举常量，Green 表示 3*/
        printf("the choice is Green\n");
        break;
```

```
    default:
        printf("???\n");
        break;
    }
    return 0;
}
```

运行程序，结果如图 14.24 所示。

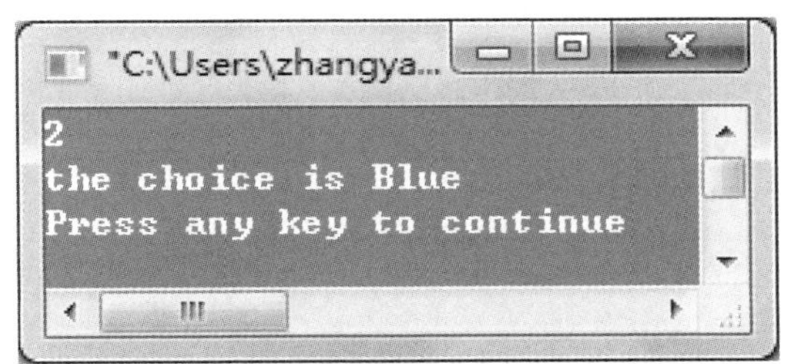

图 14.24 选择颜色运行结果

从该实例代码和运行结果可以看出以下内容。

程序中定义的枚举变量在初始化时，为第一个枚举常量赋值 1，这样 Red 被赋值为 1 后，之后的枚举常量的值就会依次加 1。使用 switch 语句判断输入的数据与哪个标识符的值符合，然后执行 case 语句中的操作。

枚举类型什么时候使用？在实际中，有些变量的值被限定在一个有限的范围内，例如，一个星期有 7 天，一年有 12 个月等。如果把这些量声明为整型、字符型或其他类型显然是不妥的，为此，C 语言提供了枚举类型，枚举类型是一种基本数据类型，它不可能再分解为其他类型。

14.9 练习题

（1）利用结构体输出手机的基本信息，包括产品名称、官方报价、主屏尺寸、CPU 型号以及电池容量等信息，运行结果如图 14.25 所示。

```
产品名称:vivo NEX 双面屏
官方报价:4998元
主屏尺寸:6.39英寸
CPU型号:高通 骁龙845
电池容量:3500mAh
```

图 14.25 输出手机基本信息

（2）利用结构体数组输出某月的商品销售明细数据，包括商品编号、商品名称以及销售数量，效果如图 14.26 所示。

```
5月份的商品销售明细如下。
商品编号：T0001   商品名称：笔记本计算机   销售数量：2台

商品编号：T0002   商品名称：华为荣耀6X   销售数量：10台

商品编号：T0003   商品名称：iPad   销售数量：2台

商品编号：T0004   商品名称：华为荣耀V9   销售数量：20台

商品编号：T0005   商品名称：MacBook   销售数量：5台
```

图 14.26　输出销售明细数据

（3）定义一个结构体数组来输出无人商店产品基本信息，效果如图 14.27 所示。

```
第1种产品：
名字：方便面，单价：2.50元

第2种产品：
名字：矿泉水，单价：2.00元

第3种产品：
名字：玉米肠，单价：3.00元

第4种产品：
名字：薯片，单价：3.00元

第5种产品：
名字：核桃奶，单价：2.50元
```

图 14.27　输出无人商店产品基本信息

（4）利用共用体模拟改答案，实现效果如图 14.28 所示。

（5）设计一个枚举类型 weekday，为这个枚举类型写它的枚举值（星期一至星期日的英文），根据枚举数据的特性输出其各自代表的数值，运行结果如图 14.29 所示。

```
改之前我选择的答案是：A
改之后我选择的答案是：D
```

图 14.28　实现效果

```
一星期有以下几天：
Monday=1
Tuesday=2
Wednesday=3
Thursday=4
Friday=5
Saturday=6
Sunday=7
```

图 14.29　一星期有 7 天

预处理命令

预处理功能是 C 语言特有的功能，是 C 语言和其他高级语言的区别之一。预处理程序包含许多有用的功能，如宏定义、条件编译等。使用预处理功能可方便程序的修改、阅读、移植和调试，也可方便实现模块化程序设计。

15.1　宏定义

在前面的学习中经常遇到用 #define 命令定义符号常量的情况，其实 #define 命令就是用于定义可替换的宏。宏定义是预处理命令的一种，它提供了一种可以替换源码中的字符串的机制。宏定义类似于图 15.1 所示的 Word 文档中的替换功能一样，图中 3.14 用 PI 替换。

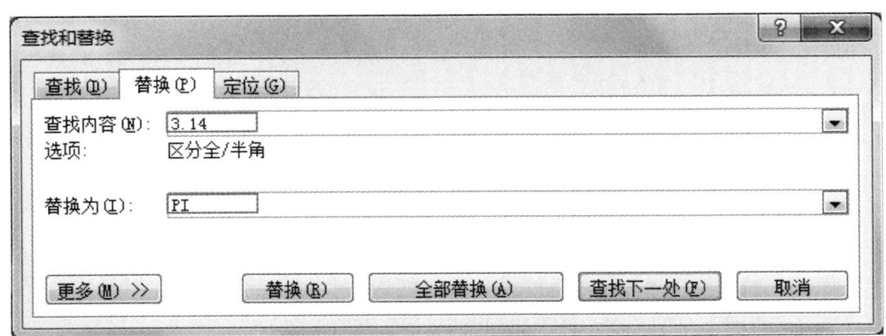

图 15.1　文档中的替换功能

根据宏定义中是否有参数，可以将宏定义分为不带参数的宏定义和带参数的宏定义两种，下面分别进行介绍。

15.1.1 不带参数的宏定义

宏定义命令 #define 用来定义一个标识符和一个字符串，就是用标识符来替代字符串。宏定义相当于给指定的字符串起一个别名。

宏定义不带参数的一般形式如下：

```
#define  宏名  字符序列
```

有以下几点说明。

- #：表示这是一条预处理命令。
- 宏名：一个标识符，必须符合 C 语言标识符的规定。
- 字符序列：可以是常数、表达式、格式字符串等。

例如，语句如下：

```
#define  PI  3.14159
```

该语句的作用是用 PI 替代 3.14159，在编译预处理时，每当在源程序中遇到 PI 就自动用 3.14159 代替。

说明

使用 #define 进行宏定义的好处是，需要改变一个常量时只需改变 #define 命令行，整个程序的常量都会随之改变，大大提高了程序的灵活性。宏名要简单且意义明确，一般习惯用大写字母表示，以便与变量名进行区分。

注意

宏定义语句不是 C 语句，不需要在行末加分号。

宏名定义后，其即可成为其他宏名定义中的一部分。例如，下面的代码定义了正方形的边长 SIDE、周长 PERIMETER 及面积 AREA 的值。

```
#define  SIDE  6
#define  PERIMETER  4*SIDE
#define  AREA  SIDE*SIDE
```

宏替换是以字符串代替标识符。因此，如果希望定义一个标准的邀请语，可编写如下代码：

```
#define  STANDARD  "Come on baby, join us."
printf(STANDARD);
```

编译程序遇到标识符 STANDARD 时，就用“You are welcome to join us.”替换。

关于不带参数的宏定义有以下几点需要强调。

（1）如果字符串中含有宏名，则不进行替换。

实例 15-1 演示字符串中含有宏名的情况。

具体代码如下：

```
#include<stdio.h>
#define TEST " Come on baby, join us."
void main()
{
    char exp[30] = "This TEST is not that TEST";   /*定义字符数组并赋初值*/
    printf("%s\n", exp);
}
```

该段代码的输出结果如图 15.2 所示。

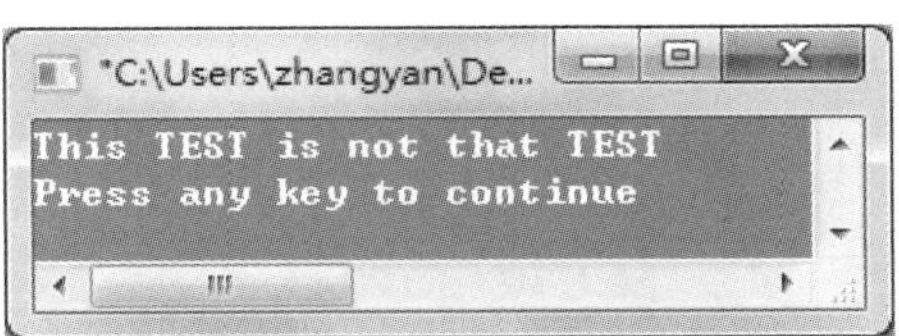

图 15.2　不进行替换的运行结果

可以看到输出结果中的 TEST 并没有用“Come on baby, join us.”替换，因此如果字符串中含有宏名（这里的宏名是 TEST），则不进行替换。

（2）如果字符串长于一行，则可以在该行末尾用反斜杠“\”来表示续行。

（3）#define 命令出现在程序中函数的外面，宏名的有效范围为定义命令之后到此源文件结束。

注意

在编写程序时通常会将所有的 #define 放到文件的开始处或独立的文件中，而不是将它们分散放到整个程序中。

（4）可以用 #undef 命令取消之前宏定义的作用域，例如：

```
#include<stdio.h>
#define TEST " Come on baby, join us."
void main()
{
    printf(TEST);
    #undef TEST
}
```

（5）宏定义用于预处理命令，它不同于定义的变量，只用作字符替换，不分配内存空间。

15.1.2　带参数的宏定义

带参数的宏定义不只是进行简单的字符串替换，还要进行参数替换。其一般形式如下：

```
#define 宏名（参数表）字符序列
```

实例 15-2 定义一个带参数的宏，实现的功能是比较 15 和 9 这两个数值，并且返回最小值。

具体代码如下：

```
#include<stdio.h>                                                    /* 包含头文件 */
#define MIX(x,y)    (x<y?x:y)                                        /* 定义一个宏 */
int main()                                                           /* 主函数 main()*/
{
    int x = 15, y = 9;                                               /* 定义变量 */
    printf("x,y 为 :\n");                                            /* 提示输出 */
    printf("%d,%d\n", x, y);                                         /* 输出 */
    printf("the min number is:%d\n", MIX(x, y));                     /* 宏定义调用 */
    return 0;                                                        /* 程序结束 */
}
```

运行结果如图 15.3 所示。

图 15.3 输出最小值

说明

用宏替换代替函数的一个好处是宏替换提高了代码的运行速度，因为不存在函数调用。但提高速度也有代价：重复编码导致增加了程序长度。

对于带参数的宏定义有以下几点需要强调。

（1）进行宏定义时参数要加括号，如不加括号，则有时结果是正确的，有时结果是错误的。下面具体介绍。

例如，定义一个宏定义 SUM(x,y)，实现参数相加的功能，代码如下：

```
#define SUM(x,y)   x+y
```

在参数加括号的情况下调用 SUM(x,y)，可以正确地输出结果；在参数不加括号的情况下调用 SUM(x,y)，则输出的结果是错误的。

（2）宏扩展必须使用括号来保护表达式中低优先级的运算，以确保调用时达到想要的效果。例如，如果每个参数不加括号，这样调用：

```
5*SUM(x,y)
```

则会被扩展为：

```
5*x+y
```

而本意是希望得到:

```
5*((x)+(y))
```

解决的办法就是在对 SUM(x,y) 进行宏扩展时加上括号，这样就能避免这种错误发生。

（3）对带参数的宏的展开，只是用语句中的宏名后面括号内的实参字符串代替 #define 命令行中的形参。

（4）在进行宏定义时，宏名与带参数的括号之间不可以加空格，否则会将空格以后的字符都作为替代字符串的一部分。

（5）在带参数的宏定义中，形参不分配内存单元，因此不必进行类型定义。

15.2 #include 命令

在一个源文件中使用 #include 命令可以将另一个源文件的全部内容包含进来，也就是将另外的文件包含到本文件之中。#include 使编译程序将另一源文件嵌入带有 #include 的源文件，被读入的源文件必须用双引号或角括号标识，例如:

```
#include "stdio.h"
#include <stdio.h>
```

这两行代码均使用 C 编译程序读入并编译，用于处理磁盘文件库的子程序。

上面给出了用双引号和角括号标识的形式，两者之间的区别是：用角括号时，系统到存放 C 库函数头文件所在的目录中寻找要包含的文件，这是标准方式；用双引号时，系统先在用户当前目录中寻找要包含的文件，若找不到，再到存放 C 库函数头文件所在的目录中寻找要包含的文件。通常情况下，如果是调用库函数用 #include 命令来包含相关的头文件，可改为用角括号，这样可以节省查找的时间。如果要包含的是用户自己编写的文件，一般用双引号，用户自己编写的文件通常在当前目录中。如果文件不在当前目录中，用双引号可得到文件路径。

将文件嵌入 #include 命令中的文件内是可行的，这种方式称为嵌套的嵌入文件，嵌套层次取决于具体情况，如图 15.4 所示。

在文件头部的文件经常被称为“标题文件”或“头部文件”，一般以 .h 结尾。一般情况下应将如下内容放到 .h 文件中。

- 宏定义。
- 结构、联合和枚举声明。
- typedef 声明。
- 外部函数声明。

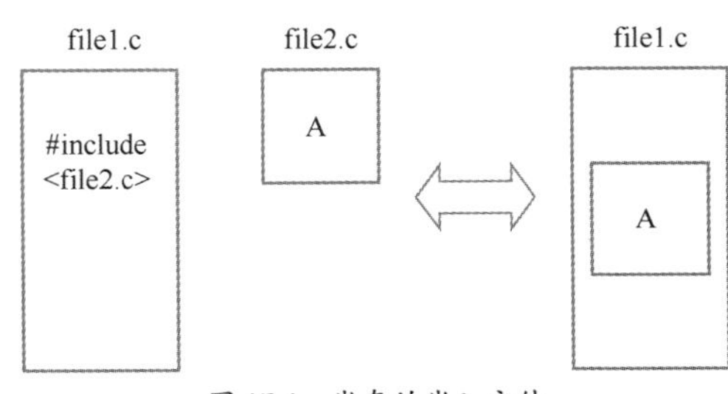

图 15.4　嵌套的嵌入文件

- 全局变量声明。

使用头部文件为进行程序修改提供了方便，当需要修改一些参数时不必修改每个程序，只需修改一个头部文件即可。

注意

关于头部文件有以下几点需要注意。

（1）一个 #include 命令只能指定一个头部文件。

（2）头部文件是可以嵌套的，即在一个头部文件中还可以包含另一个头部文件。

（3）若 file1.c 中包含头部文件 file2.h，那么在预编译后它们就成为一个文件而不是两个文件。这时如果 file2.h 中有全局静态变量，则该全局静态变量在 file1.c 文件中也有效，这时不需要再用 extern 声明。

15.3 条件编译

预处理器提供了条件编译功能。一般情况下，源程序中所有的行都参加编译，但是有时我们可能希望只对其中一部分内容在满足一定条件时才进行编译，这时就需要使用一些条件编译命令。使用条件编译命令可方便地处理程序的调试版本和正式版本，同时还会提高程序的可移植性。

15.3.1 #if 命令

#if 的基本含义是，如果 #if 命令后的常数表达式为真，则编译 #if 到 #endif 之间的语句块，否则跳过这段代码。#endif 命令用来表示 #if 语句块的结束。其功能和第 7 章介绍的 if 条件语句的功能类似。

#if 命令的一般形式如下：

```
#if 常数表达式
语句块
#endif
```

如果常数表达式为真，则该段代码被编译，否则跳过这段代码不编译。

实例 15-3 利用宏和 #if 语句实现与 50 比较大小的功能。

具体代码如下：

```
#include<stdio.h>                                    /*包含头文件*/
#define NUM 50                                       /*定义宏，表示 NUM 替代 50*/
void main()                                          /*主函数 main()*/
{
    int i = 0;                                       /*定义变量*/
            #if NUM>50                               /*判断 NUM 是否大于 50*/
            i++;                                     //大于 50 则输出 1
```

```
#endif
#if NUM==50                                   /*判断 NUM 是否等于 50*/
    i = i + 50;                               //等于 50 则输出 50
#endif
#if NUM<50                                    /*判断 NUM 是否小于 50*/
    i--;                                      //小于 50 则输出 -1
#endif
    printf("Now i is:%d\n", i);               /*输出结果*/
}
```

程序运行结果如图 15.5 所示。

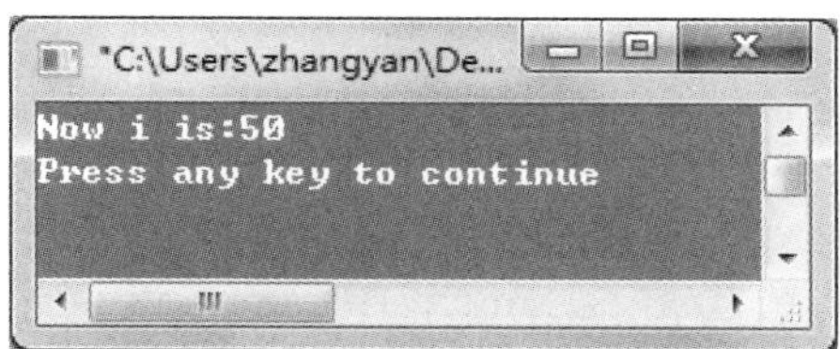

图 15.5 #if 的应用

15.3.2 #elif 命令

#elif 命令用来建立一种“如果……或者如果……”这样的阶梯状多重编译操作选择结构，这与多分支 if 语句中的 else if 类似。

#elif 的一般形式如下：

```
#if 表达式
    语句块
#elif 表达式 1
    语句块
#elif 表达式 2
    语句块
...
#elif 表达式 n
    语句块
#endif
```

15.3.3 #ifdef 及 #ifndef 命令

在 15.3.1 小节介绍过的 #if 条件编译命令中，需要判断符号常量所定义的具体值，但有时并不需要判断具体值，只需要知道这个符号常量是否被定义了。这时就不需要使用 #if，而应采用另一种条件编译的方法，即采用 #ifdef 与 #ifndef 命令，它们分别表示“如果有定义”及“如果无定义”。下面就对这两个命令进行介绍。

> 说明
>
> #ifdef 及 #ifndef 命令需要和宏定义搭配使用。

#ifdef 的一般形式如下：

```
#ifdef 宏替换名
    语句块
#endif
```

上述代码的含义是，如果宏替换名已被定义过，则对语句块进行编译；如果未定义 #ifdef 后面的宏替换名，则不对语句块进行编译。

#ifdef 可与 #else 连用，一般形式如下：

```
#ifdef 宏替换名
    语句块 1
#else
    语句块 2
#endif
```

上述代码的含义是，如果宏替换名已被定义过，则对语句块 1 进行编译；如果未定义 #ifdef 后面的宏替换名，则对语句块 2 进行编译。

#ifndef 的一般形式如下：

```
#ifndef 宏替换名
    语句块
#endif
```

上述代码的含义是，如果未定义 #ifndef 后面的宏替换名，则对语句块进行编译；如果定义了 #ifndef 后面的宏替换名，则不执行语句块。

同样，#ifndef 也可以与 #else 连用，一般形式如下：

```
#ifndef 宏替换名
    语句块 1
#else
    语句块 2
#endif
```

上述代码的含义是，如果未定义 #ifndef 后面的宏替换名，则对语句块 1 进行编译；如果定义了 #ifndef 后面的宏替换名，则对语句块 2 进行编译。

15.3.4 #undef 命令

15.1.1 小节介绍 #define 命令时提到过 #undef 命令，使用 #undef 命令可以删除事先定义的宏。

#undef 命令的一般形式如下：

```
#undef 宏替换名
```

例如：

```
#define MAX_SIZE 100
char array[MAX_SIZE];
#undef  MAX_SIZE
```

上述代码中，使用 #define 将 100 替换为 MAX_SIZE，直到遇到 #undef 语句之前，MAX_SIZE 的定义都是有效的。但是在执行 #undef 语句之后，就不能够进行替换。

> **说明**
>
> #undef 的主要作用是将宏名局限在仅需要它们的代码片段中。

15.3.5 #pragma 命令

1. #pragma 命令

#pragma 命令的作用是设定编译器的状态，或者指示编译器完成一些特定的操作。#pragma 命令的一般形式如下：

```
#pragma 参数
```

参数可分为以下几种。

- message 参数：能够在编译信息输出窗口中输出相应的信息。
- code_seg 参数：设置程序中函数代码存放的代码片段。
- once 参数：保证头文件被编译一次。

2. 预定义宏替换名

ANSI 标准说明了以下 5 个预定义宏替换名。

- __LINE__：表示当前被编译的代码的行号。
- __FILE__：表示当前源程序的文件名称。
- __DATE__：表示当前源程序的创建日期。
- __TIME__：表示当前源程序的创建时间。
- __STDC__：用来判断当前编译器是否为标准 C 编译器，若其值为 1 则表示是标准 C 编译器，否则表示不是标准 C 编译器。

如果编译器不是标准的，则可能仅支持以上预定义宏替换名中的几个，或根本不支持。编译程序有时还提供其他的预定义宏替换名。

⚡ 注意

预定义宏替换名的书写比较特别，书写时两边都要有两个下画线。

15.4 练习题

（1）编写程序，将计算圆面积的宏定义存储在一个头文件中，实现输入半径便可得到圆的面积。运行结果如图 15.6 所示。

（2）利用宏定义求 1~100 的偶数和，定义一个宏来判断一个数是否为偶数。运行结果如图 15.7 所示。

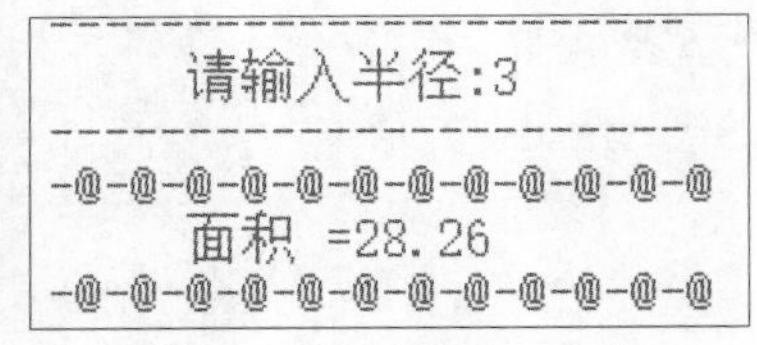

图 15.6　输出圆面积

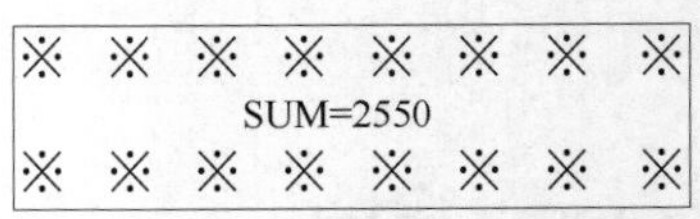

图 15.7　利用宏定义求偶数和

（3）某个摄影工作室拍摄写真的定价标准如下：清纯型 235 元，异域风情 399 元，双人照（姐妹照、情侣照等）599 元，婚纱照 1999 元。利用 #elif 编写程序模拟输出此定价标准。运行结果如图 15.8 所示。

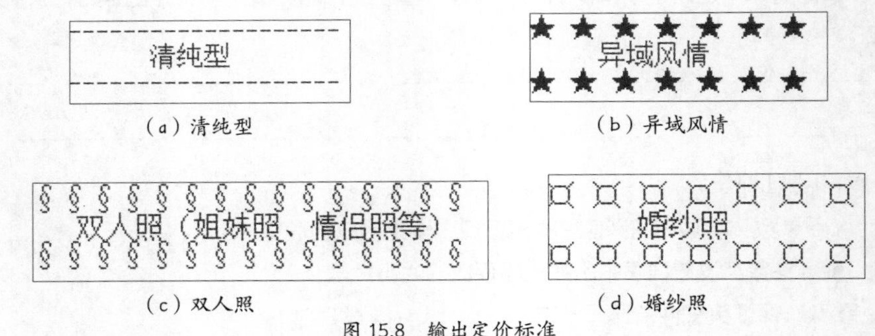

（a）清纯型　（b）异域风情

（c）双人照　（d）婚纱照

图 15.8　输出定价标准

（4）新车碰撞测试（New Car Assessment Program，NCAP）的具体内容一般包括两个方面：正面和侧面碰撞。碰撞测试成绩则用星级（★）表示，通常共有 5 个星级，星级越高表示该车的碰撞安全性能越好。我国的 C-NCAP 于 2006 年正式启动，目前已成为国内权威的第三方新车安全评价规程。编写程序，用宏定义一个数字，输出对应数字数量的★。运行结果如图 15.9（a）和图 15.9（b）所示。（提示：使用 #if）

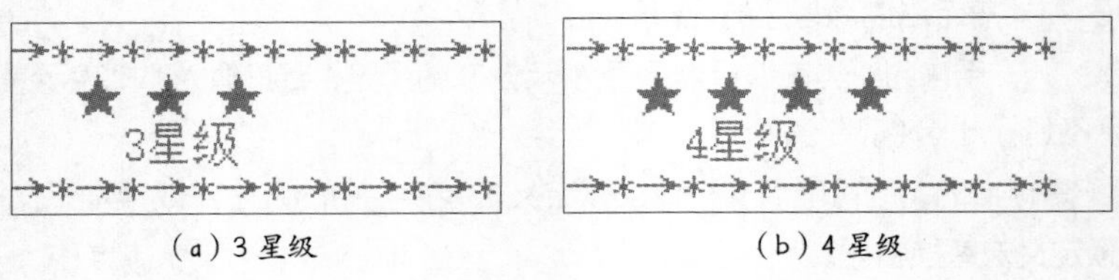

（a）3 星级　（b）4 星级

图 15.9　输出星级

（5）北京市自 2012 年开始在特定时段按机动车尾号实行限行，每 13 周换一次限行尾号。2019 年 4 月 8 日至 2019 年 7 月 7 日，星期一至星期五限行机动车车牌尾号分别为 0 和 5、1 和 6、2 和 7、3 和 8、4 和 9，尾号为英文字母按 0 号管理。限行时间为 7 时至 20 时，周末不限行，如图 15.10 所示。限行范围为五环路以内道路（不含五环路），纯电动小客车不受尾号限行影响。2019 年 4 月 8 日至 2020 年 4 月 5 日期间限行规则如下：

① 2019 年 4 月 8 日至 2019 年 7 月 7 日，限行车牌尾号为 0 和 5、1 和 6、2 和 7、3 和 8、4 和 9；

② 2019 年 7 月 8 日至 2019 年 10 月 6 日，限行车牌尾号为 4 和 9、0 和 5、1 和 6、2 和 7、3 和 8；

③ 2019 年 10 月 7 日至 2020 年 1 月 5 日，限行车牌尾号为 3 和 8、4 和 9、0 和 5、1 和 6、2 和 7；

④ 2020 年 1 月 6 日至 2020 年 4 月 5 日，限行车牌尾号为 2 和 7、3 和 8、4 和 9、0 和 5、1 和 6。

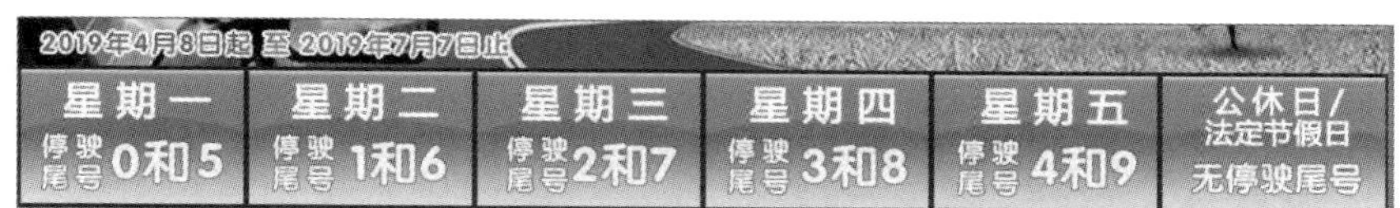

图 15.10　2019 年 4 月 8 日至 2019 年 7 月 7 日限行规则

请编写一个程序，模拟输入星期数据就会输出限行信息。效果如图 15.11 所示。（提示：使用 #if）

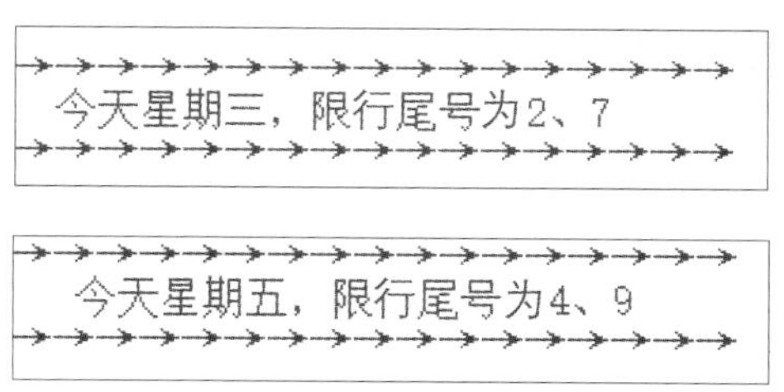

图 15.11　输出车牌尾号限行信息

第16章 文件操作

文件是程序设计中的一个重要概念。在现代计算机的应用领域中，数据处理是很重要的一个方面，数据处理往往要通过文件的形式来实现。本章就来介绍如何将数据写入文件和从文件中读出数据。

16.1 文件概述

文件是指一组相关数据的有序集合。这个数据集有一个名称，即文件名。图 16.1 所示的诗句就是一个文件，左上角表示的就是这个文件的名称。

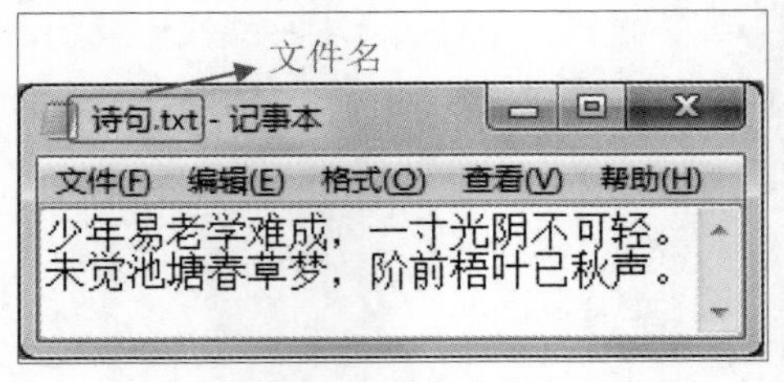

图 16.1 文件与文件名

通常情况下，使用计算机就相当于在使用文件。前面的内容介绍了输入和输出，即从标准输入设备（键盘）输入，由标准输出设备（显示器或打印机）输出。我们也常把磁盘作为信息载体，用于保存中间结果或最终数据。在使用一些字处理工具时，一般会打开一个文件将磁盘的信息输入内存，通过关闭一个文件来实现将内存数据输出到磁盘。这时的输入和输出是针对文件系统的，因此文件系统也是输入和输出的对象。

所有文件都通过流进行输入、输出操作。与文本流和二进制流对应，文件可以分为文本文件和二进制文件两大类。

- 文本文件：也称为 ASCII 文件，这种文件在保存时，每个字符对应一个字节，用于存放对应的

ASCII 值。

- 二进制文件：不保存 ASCII 值，而是按二进制的编码方式来保存文件内容。

文件可以从不同的角度进行具体的分类：

- 从用户（或所依附的介质）的角度看，文件可分为普通文件和设备文件两种。

➢ 普通文件是指“驻留”在磁盘或其他外部介质上的有序数据集。

➢ 设备文件是指与主机相连的各种外围设备，如显示器、打印机、键盘等。在操作系统中，把外围设备也看作文件来进行管理，把它们的输入、输出等同于对磁盘文件的读和写。

- 从文件内容的角度看，文件可分为源文件、目标文件、可执行文件、头文件和数据文件等。

在 C 语言中，文件操作都是由库函数来完成的。本章将介绍主要的文件操作函数。

16.2 文件基本操作

文件基本操作包括文件的打开和关闭。除了标准的输入、输出文件外，其他所有的文件都必须先打开再使用，而使用后也必须关闭该文件。

16.2.1 文件指针

文件指针是一个指向文件有关信息的指针，这些信息包括文件名、状态和当前位置，它们保存在结构体变量中。在使用文件时需要在内存中为其分配空间，用来存放文件的基本信息。该结构体类型是由系统定义的，C 语言规定该类型为 FILE，其声明如下：

```
typedef struct
{
    short level;
    unsigned flags;
    char fd;
    unsigned char hold;
    short bsize;
    unsigned char* buffer;
    unsigned ar* curp;
    unsigned istemp;
    short token;
}FILE;
```

上面的代码使用 typedef 定义了一个 FILE 作为结构体类型，在编写程序时可直接使用上面定义的 FILE 类型来定义变量。注意在定义变量时不必将结构体内容全部给出，只需写成如下形式：

```
FILE *变量名表；
```

有以下几点说明。

- 要进行文件操作，则必须定义一个指向文件的指针。
- 结构类型名 FILE 必须使用大写。
- 一般来说，对文件进行操作有 3 步：打开文件，处理文件，关闭文件。

例如：

```
FILE *fp;
```

这里的 fp 被定义为指向文件的指针变量，称为文件指针。

16.2.2 文件的打开

fopen() 函数用来打开文件，打开文件的操作就是创建流。fopen() 函数的原型在 stdio.h 中，其调用的一般形式如下：

```
FILE *fp;
fp=fopen(文件名,使用文件方式);
```

等价于：

```
FILE fopen(文件名,使用文件方式);
```

其中，文件名是将要打开的文件的文件名，使用文件方式表示的是对打开的文件要进行读还是写的操作。使用文件方式如表 16.1 所示。

表 16.1 使用文件方式

使用文件方式	含义
r（只读）	打开一个文本文件，只允许读数据
w（只写）	打开或建立一个文本文件，只允许写数据
a（追加）	打开一个文本文件，并在文件末尾写数据
rb（只读）	打开一个二进制文件，只允许读数据
wb（只写）	打开或建立一个二进制文件，只允许写数据
ab（追加）	打开一个二进制文件，并在文件末尾写数据
r+（读写）	打开一个文本文件，允许读数据和写数据
w+（读写）	打开或建立一个文本文件，允许读数据和写数据
a+（读写）	打开一个文本文件，允许读数据，或在文件末尾写数据
rb+（读写）	打开一个二进制文件，允许读数据和写数据
wb+（读写）	打开或建立一个二进制文件，允许读数据和写数据
ab+（读写）	打开一个二进制文件，允许读数据，或在文件末尾写数据

如果要以只读方式打开文件名为 123 的文本文件，应写成如下形式：

```
FILE* fp;
fp = ("123.txt", "r");
```

如果使用 fopen() 函数打开文件成功，则返回一个有确定指向的 FILE 类型指针；如果打开失败，则返回 NULL。通常打开失败的原因有以下几种。

- 指定的盘符或路径不存在。
- 文件名中含有无效字符。
- 以 r 方式打开一个不存在的文件。

16.2.3 文件的关闭

在使用完文件后，应使用 fclose() 函数将其关闭。fclose() 函数和 fopen() 函数一样，原型也在 stdio.h 中，调用的一般形式如下：

```
fclose(文件指针);
```

例如：

```
fclose(fp);
```

fclose() 函数也有一个返回值，当正常完成关闭文件操作时，fclose() 函数的返回值为 0，否则返回 EOF。

说明

在程序结束之前应关闭所有文件，这样做的目的是防止因为没有关闭文件而造成数据损失。

16.3 文件的读写

打开文件后，即可对文件进行读出或写入的操作。C 语言中提供了丰富的文件操作函数，本节将对其进行详细介绍。

16.3.1 fputc() 函数

fputc() 函数的一般形式如下：

```
fputc(字符数据, 文件指针);
```

有以下几点说明。

- 字符数据可以是一个字符常量，也可以是一个字符变量。
- 文件指针是定义的文件指针变量，它的作用是指向文件。
- 这个函数的功能是将字符数据输出到文件指针所指的文件中去，同时将读 / 写位置指针向前移动 1 个字节。如果函数输出成功，则返回值就是输出的字符；如果输出失败，则返回 EOF。
- 打开文件时，被写入的文件若不存在，则自动创建文件。
- 每写入一个字符，文件内部位置指针向后移动 1 个字节。

实例 16-1 本实例将实现向 E:\exp01.txt 中写入“forever...forever...”，以“#”结束输入。

具体代码如下：

```
#define _CRT_SECURE_NO_WARNINGS                          /* 解除 vs 安全性检测问题 */
#include<stdio.h>
#include<stdlib.h>

void main()
{
    FILE* fp;                              /* 定义一个指向 FILE 类型结构体的指针变量 */
    char ch;                               /* 定义变量为字符型 */
    /* 以只写方式打开指定文件 */
    if ((fp = fopen("E:\\exp01.txt", "w")) == NULL)
    {
        printf("cannot open file\n");
        exit(0);
    }
    ch = getchar();                        /*getchar() 函数返回一个字符赋给 ch*/
    while (ch != '#')                      /* 当输入“#”时结束循环 */
    {
        fputc(ch, fp);                     /* 将读入的字符写到磁盘文件中 */
        ch = getchar();                    /*getchar() 函数继续返回一个字符赋给 ch*/
    }
    fclose(fp);                            /* 关闭文件 */
}
```

若输入图 16.2 所示的内容，则 E:\exp01.txt 文件中的内容如图 16.3 所示。

图 16.2 写入文件的内容

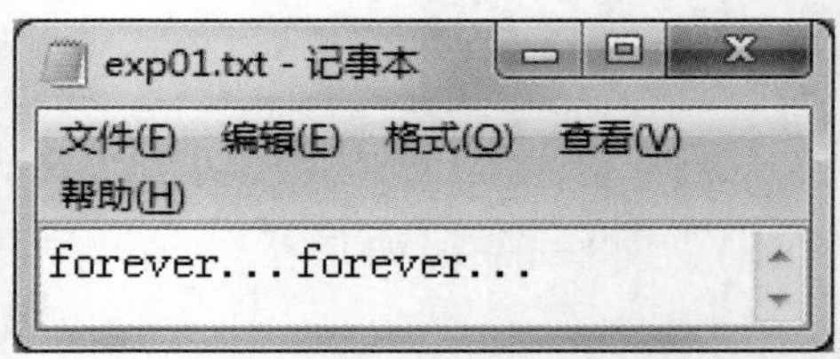

图 16.3 文件中的内容

16.3.2 fgetc() 函数

fgetc() 函数的一般形式如下：

```
fgetc( 文件指针 );
```

有以下几点说明。

- 文件指针指向由 fopen() 打开的一个文件。
- 该函数的作用是从文件指针所指向的文件读入一个字符，同时将读 / 写位置的指针向前移动 1 个字节。
- 该文件必须是以读或读写的方式打开的。当函数遇到文件结束符时将返回一个文件结束标志 EOF。

实例16-2 在 E 盘创建一个文件名称为 love.txt 的文本文件，文件中的内容为“I love you forever!”，将文件内容输出。

具体代码如下：

```
#define _CRT_SECURE_NO_WARNINGS    /* 解除 vs 安全性检测问题 */
#include<stdio.h>
void main()
{
    FILE* fp;                          /* 定义一个指向 FILE 类型结构体的指针变量 */
    char ch;                               /* 定义变量及数组为字符型 */
    fp = fopen("e:\\love.txt", "r"); /* 以只读方式打开指定文件 */
    ch = fgetc(fp);                        /*fgetc() 函数返回一个字符赋给 ch*/
    while (ch != EOF)                      /* 当读入的字符值等于 EOF 时结束循环 */
    {
        putchar(ch);                       /* 将读入的字符输出在屏幕上 */
        ch = fgetc(fp);                    /*fgetc() 函数继续返回一个字符赋给 ch*/
    }
    printf("\n");
    fclose(fp);                            /* 关闭文件 */
}
```

运行程序，结果如图 16.4 所示。

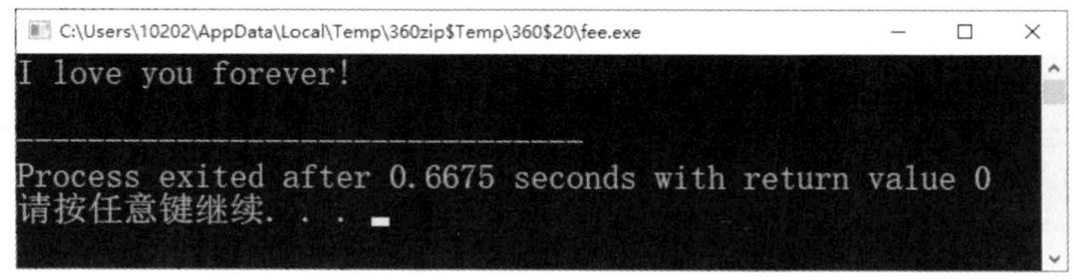

图 16.4 读取文件内容

16.3.3 fputs() 函数

fputs() 函数与 fputc() 函数类似，区别在于 fputc() 函数每次只向文件中写入一个字符，而 fputs() 函数每次向文件中写入一个字符串。

fputs() 函数的一般形式如下：

```
fputs(字符串，文件指针)
```

有以下几点说明。

- 字符串可以是字符串常量，也可以是字符数组名或字符指针变量名。
- 文件指针指向由 fopen() 打开的一个文件，这里写文件指针变量。
- 该函数的作用是向文件指针所指向的文件写入一个字符串，同时将读 / 写位置指针向前移动与字符串长度相同的字节。
- 输出成功，函数返回值为正整数，否则返回 EOF。

实例 16-3 本实例要求向指定的磁盘文件写入“gone with the wind”。

具体代码如下：

```
#define _CRT_SECURE_NO_WARNINGS                          /* 解除 vs 安全性检测问题 */
#include<stdio.h>
#include<process.h>
void main()
{
    FILE* fp;                          /* 定义一个指向 FILE 类型结构体的指针变量 */
    char filename[30], str[30];        /* 定义两个字符型数组 */
    printf("please input filename:\n");
    scanf("%s", filename);                          /* 输入文件名 */
    if ((fp = fopen(filename, "w")) == NULL)        /* 判断文件是否打开失败 */
    {
        printf("can not open!\n Press any key to continue:\n");
        getchar();
        exit(0);
    }
    printf("please input string:\n");     /* 提示输入字符串 */
    getchar();
    gets(str);
    fputs(str, fp);                       /* 将字符串写入 fp 所指向的文件 */
    fclose(fp);                           /* 关闭文件 */
}
```

程序运行界面如图 16.5 所示。写入文件中的内容如图 16.6 所示。

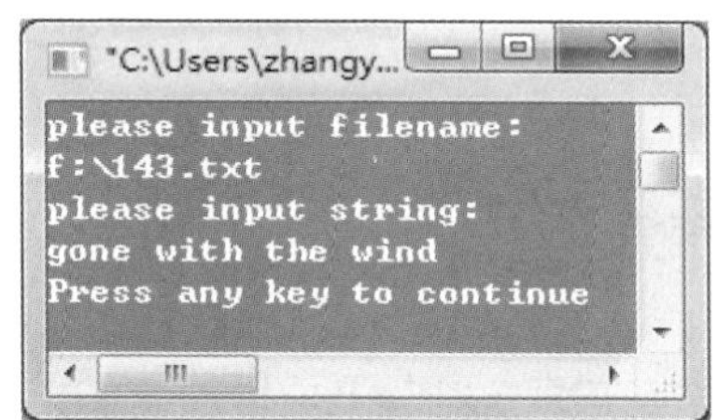

图 16.5 写入文件的字符串

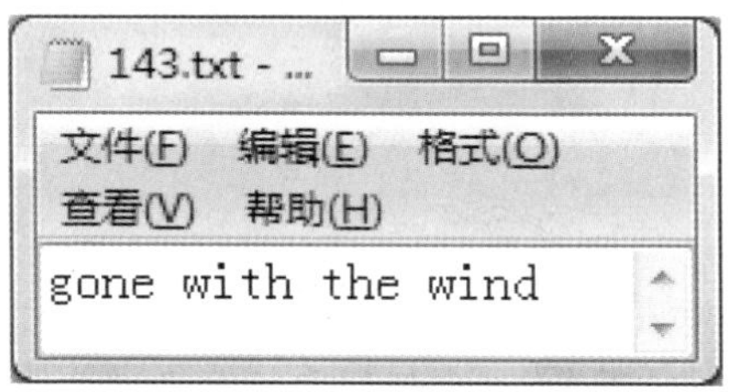

图 16.6 写入文件中的内容

16.3.4 fgets() 函数

fgets() 函数与 fgetc() 函数类似，区别在于 fgetc() 函数每次从文件中读出一个字符，而 fgets() 函数每次从文件中读出一个字符串。

fgets() 函数的一般形式如下：

```
fgets(str,n, 文件指针 );
```

有以下几点说明。

- str 是一个字符指针，存放字符串的起始地址，n 是一个整型数据，文件指针指向由 fopen() 打开的一个文件，这里写文件指针变量
- 该函数的作用是从文件指针指向的文件中读出 *n*-1 个字符到以 str 为起始地址的空间内，并在尾端自动加入一个结束标识符“\0”，同时将读 / 写位置指针向前移动与字符串长度相同的字节。
- 在读出 *n*-1 个字符之前，如果遇到换行符或 EOF，则读出结束。
- 此函数的返回值是 str。

实例16-4 在 F 盘先创建一个文件，文件的内容为“this is an example”，再运行程序读取这个文件。

具体代码如下：

```
#define _CRT_SECURE_NO_WARNINGS                          /* 解除 vs 安全性检测问题 */
#include<stdio.h>
#include<process.h>
void main()
{
    FILE* fp;                       /* 定义一个指向 FILE 类型结构体的指针变量 */
    char filename[30], str[30];     /* 定义两个字符型数组 */
    printf("please input filename:\n");
    scanf("%s", filename);                          /* 输入文件名 */
    if ((fp = fopen(filename, "r")) == NULL)        /* 判断文件是否打开失败 */
    {
        printf("can not open!\n Press any key to continue\n");
        getchar();
        exit(0);
    }
    fgets(str, sizeof(str), fp);                    /* 读取磁盘文件中的内容 */
```

```
    printf("%s", str);
    printf("\n");
    fclose(fp);                                         /* 关闭文件 */
}
```

程序运行界面如图 16.7 所示。所要读取的磁盘文件中的内容如图 16.8 所示。

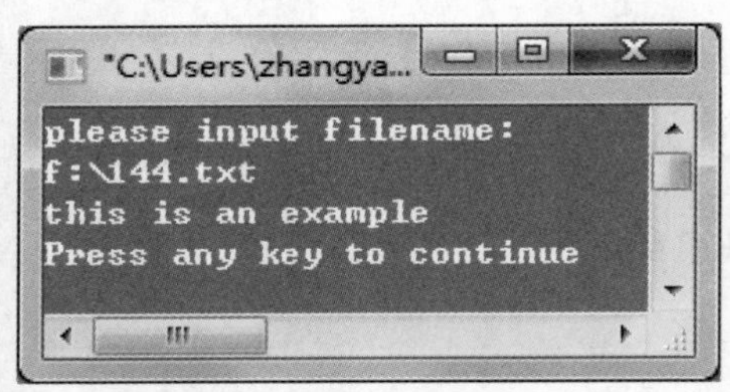

图 16.7　读取指定文件内容

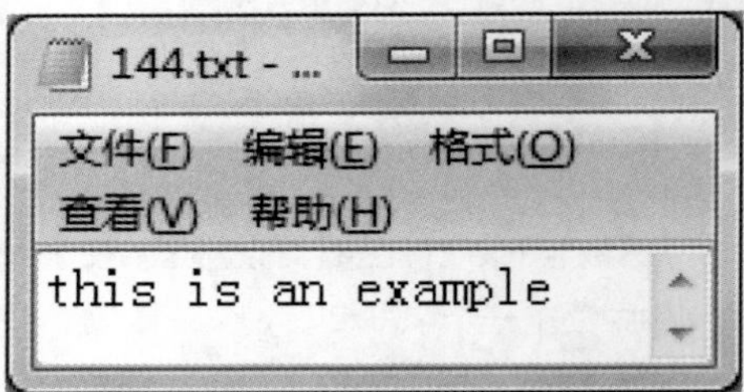

图 16.8　所要读取的磁盘文件中的内容

16.3.5　fprintf() 函数

前面讲过 printf() 和 scanf() 函数，两者都是格式化读写函数，下面要介绍的 fprintf() 和 fscanf() 函数与 printf() 和 scanf() 函数的作用相似，它们主要的区别就是读写的对象不同，fprintf() 和 fscanf() 函数读写的对象不是终端而是磁盘文件。

fprintf() 函数的一般形式如下：

```
fprintf(文件指针，格式字符串，输出列表);
```

有以下几点说明。

- 文件指针指向由 fopen() 打开的一个文件，这里写文件指针变量。
- 格式字符串也就是输出数据的格式字符串。
- 输出列表就是数据的变量列表。
- 此函数是按格式将输出列表中变量的内容进行转换，并将其输出到文本文件中。如果调用成功，则返回实际被转换并输出的变量个数，否则返回 EOF。

例如：

```
fprintf(fp,"%d",i);
```

上述代码的作用是将整型变量 i 的值以“%d”的格式输出到 fp 指向的文件中。

实例 16-5 在本实例中，使用 fprintf() 函数将数字 88 以字符的形式写到磁盘文件中。

具体代码如下：

```
#define _CRT_SECURE_NO_WARNINGS                          /* 解除 vs 安全性检测问题 */
#include<stdio.h>
#include<process.h>
```

```
void main()
{
    FILE* fp;                           /* 定义一个指向 FILE 类型结构体的指针变量 */
    int i = 88;
    char filename[30];                          /* 定义一个字符型数组 */
    printf("please input filename:\n");
    scanf("%s", filename);                             /* 输入文件名 */
    if ((fp = fopen(filename, "w")) == NULL)     /* 判断文件是否打开失败 */
    {
        printf("can not open!\n Press any key to continue\n");
        getchar();
        exit(0);
    }
    fprintf(fp, "%c", i);       /* 将 88 以字符的形式写入 fp 所指向的磁盘文件中 */
    fclose(fp);                 /* 关闭文件 */
}
```

程序运行界面如图 16.9 所示。将数字 88 以字符的形式写入磁盘文件的效果如图 16.10 所示。

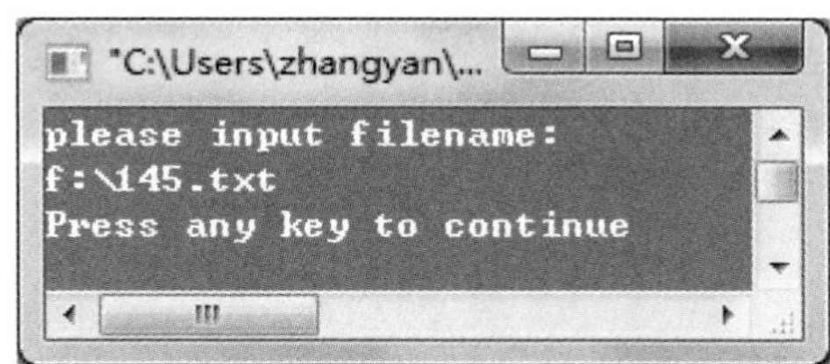

图 16.9　写入指定磁盘文件

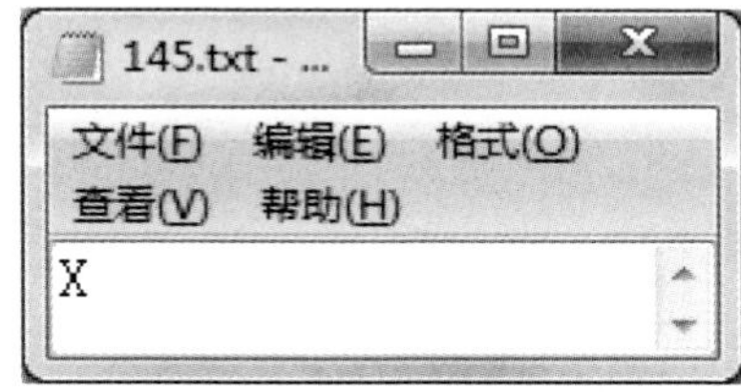

图 16.10　写入磁盘文件的效果

16.3.6 fscanf() 函数

fscanf() 函数的一般形式如下：

```
fscanf( 文件指针 , 格式字符串 , 输入列表 );
```

有以下几点说明。

- 文件指针指向由 fopen() 打开的一个文件，这里写文件指针变量。
- 格式字符串也就是输出数据的格式字符串。
- 输入列表就是数据的变量地址列表。
- 此函数是在格式字符串的控制下从文件中读取字符，把转换的值赋给相应的各个变量。如果调用成功，则返回实际被转换并输出的变量个数；如果运行到文件末尾或者出错，则返回 EOF。

例如：

```
fscanf(fp,"%d",&i);
```

上述代码的作用是读入 fp 所指向的文件中的 i 的值。

实例16-6 先在 F 盘创建一个文件，文件的内容为“abcde”，运行程序，将文件中的 5 个字符以整数形式输出。

具体代码如下：

```
#define _CRT_SECURE_NO_WARNINGS                             /* 解除 vs 安全性检测问题 */
#include<stdio.h>
#include<process.h>
void main()
{
    FILE* fp;                            /* 定义一个指向 FILE 类型结构体的指针变量 */
    char i, j;
    char filename[30];                            /* 定义一个字符型数组 */
    printf("please input filename:\n");
    scanf("%s", filename);                              /* 输入文件名 */
    if ((fp = fopen(filename, "r")) == NULL)   /* 判断文件是否打开失败 */
    {
        printf("can not open!\n Press any key to continue\n");
        getchar();
        exit(0);
    }
    for (i = 0; i < 5; i++)
    {
        fscanf(fp, "%c", &j);                          /* 读入 fp 所指向文件的内容 */
        printf("%d is:%5d\n", i + 1, j);
    }
    fclose(fp);                                         /* 关闭文件 */
}
```

程序运行界面如图 16.11 所示。所读取的磁盘文件中的内容如图 16.12 所示。

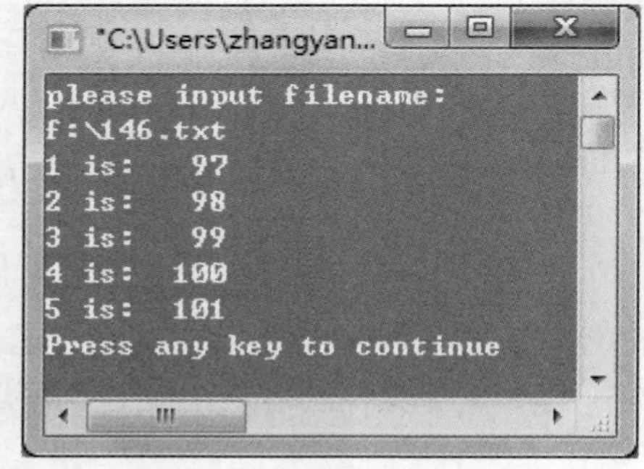

图 16.11 读取文件内容

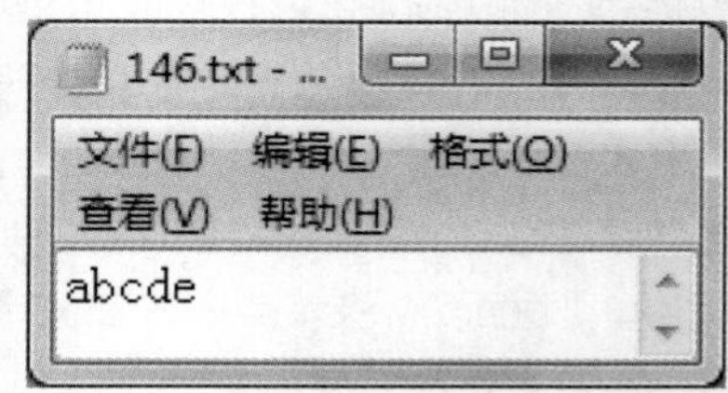

图 16.12 所读取的磁盘文件中的内容

16.3.7 fread() 和 fwrite() 函数

前面介绍的 fputc() 和 fgetc() 函数每次只能处理文件中的一个字符，但是在编写程序的过程中往往需要对整块数据进行读写，例如对一个结构体变量值进行读写。下面介绍实现整块数据读和写的 fread() 和 fwrite() 函数。

fread() 函数的一般形式如下：

```
fread(buffer,size,count,fp);
```

该函数的作用是从 fp 所指向的文件中读入 count 次，每次读 size 字节，读入的信息存在 buffer 地址中。如果调用 fread() 函数成功，则函数返回值等于 count 的值。

fwrite() 函数的一般形式如下：

```
fwrite(buffer,size,count,fp);
```

该函数的作用是将以 buffer 地址开始的信息输出 count 次，每次写 size 字节到 fp 所指向的文件中。如果调用 fwrite() 函数成功，则函数返回值等于 count 的值。

有以下几点说明。

- buffer：指针。对于 fwrite() 函数来说，其指向的是要输出数据的地址（起始地址）；对 fread() 函数来说，其指向的是所要读入的数据的存放地址。
- size：要读写的字节数。
- count：要读写多少次 size 字节的数据项。
- fp：文件指针。

例如：

```
fread(a,2,3,fp);
```

上述代码的含义是从 fp 所指向的文件中每次读两个字节输入数组 a，连续读 3 次。

```
fwrite(a,2,3,fp);
```

上述代码的含义是将 a 数组中的信息每次输出两个字节到 fp 所指向的文件中，连续输出 3 次。

实例 16-7 实现将录入的通信录信息保存到磁盘文件中，在录入完信息后，将全部信息输出。

具体代码如下：

```
#define _CRT_SECURE_NO_WARNINGS                    /* 解除 vs 安全性检测问题 */
#include<stdio.h>
#include<process.h>
struct address_list                                /* 定义结构体存储信息 */
{
    char name[10];
    char adr[20];
```

```
    char tel[15];
} info[100];
void save(char* name, int n)                        /* 自定义 save() 函数 */
{
    FILE* fp;                        /* 定义一个指向 FILE 类型结构体的指针变量 */
    int i;
    if ((fp = fopen(name, "wb")) == NULL)      /* 以只写方式打开指定文件 */
    {
        printf("cannot open file\n");
        exit(0);
    }
    for (i = 0; i < n; i++)
        /* 将一组数据输出到 fp 所指向的文件中 */
        if (fwrite(&info[i], sizeof(struct address_list), 1, fp) != 1)
            printf("file write error\n");/* 如果写入文件不成功，则输出错误信息 */
    fclose(fp);                                          /* 关闭文件 */
}
void show(char* name, int n)                         /* 自定义 show() 函数 */
{
    int i;
    FILE* fp;                        /* 定义一个指向 FILE 类型结构体的指针变量 */
    if ((fp = fopen(name, "rb")) == NULL)      /* 以只读方式打开指定文件 */
    {
        printf("cannot open file\n");
        exit(0);
    }
    for (i = 0; i < n; i++)
    {
        /* 从 fp 所指向的文件读入数据存到 info 数组中 */
        fread(&info[i], sizeof(struct address_list), 1, fp);
        printf("%15s%20s%20s\n", info[i].name, info[i].adr,
               info[i].tel);
    }
    fclose(fp);                                        /* 关闭文件 */
}
void main()
{
    int i, n;                                      /* 变量类型为基本整型 */
    char filename[50];                             /* 数组为字符型 */
    printf("how many ?\n");
    scanf("%d", &n);                             /* 输入存入通信录信息的数量 */
    printf("please input filename:\n");
    scanf("%s", filename);                           /* 输入文件名称 */
```

```
    printf("please input name,address,telephone:\n");
    for (i = 0; i < n; i++)                             /* 输入信息 */
    {
        printf("NO%d", i + 1);
        scanf("%s%s%s", info[i].name, info[i].adr, info[i].tel);
        save(filename, n);                               /* 调用函数 save()*/
    }
    show(filename, n);                                   /* 调用函数 show()*/
}
```

程序运行结果如图 16.13 所示。

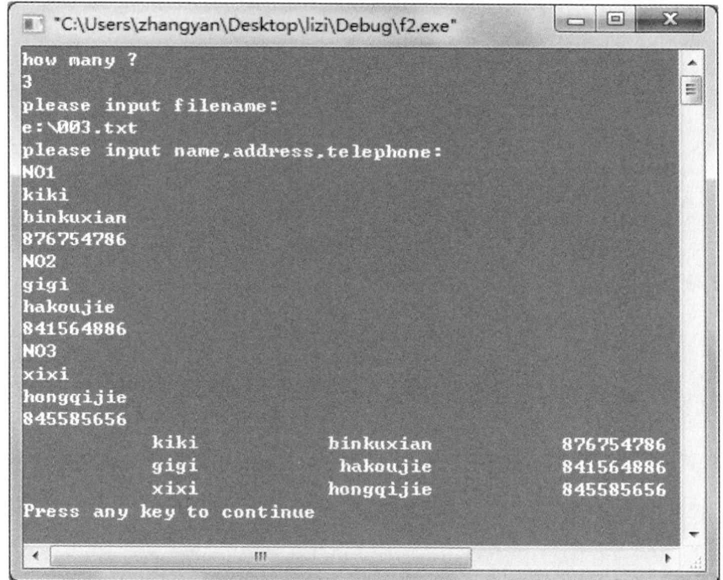

图 16.13　输出录入信息

16.4　文件的定位

在对文件进行操作时往往不需要从头开始，只需对其中指定的内容进行操作，这时就需要使用文件定位函数来实现对文件的随机读写。本节将介绍 3 种随机读写函数。

16.4.1　fseek() 函数

fseek() 函数的一般形式如下：

```
fseek(文件指针,位移量,起始点);
```

有以下几点说明。

- 该函数的作用是移动文件内部的位置指针。
- 文件指针指向被移动的文件。
- 位移量表示移动的字节数，要求位移量是 long 型数据，以保证在文件大于 64KB 时不会出错。当用常量表示位移量时，要求加后缀“L”。
- 起始点表示从何处开始计算位移量，规定的起始点有文件首、文件当前位置和文件尾 3 种，其表示方法如表 16.2 所示。

表 16.2　起始点

起始点	符号表示	数字表示
文件首	SEEK—SET	0
文件当前位置	SEEK—CUR	1
文件尾	SEEK—END	2

例如：

```
fseek(fp,-20L,1);
```

上述代码表示将位置指针从当前位置向后退 20 个字节。

说明

fseek() 函数一般用于二进制文件。在文本文件中由于要进行转换，往往计算的位置会出现错误。

文件的随机读写在移动位置指针之后进行，即可用前面介绍的任一种读写函数进行读写。

实例 16-8 某公司的一项福利是给员工过生日。本实例要实现输入出生年月日，如“19900202”，输出该员工的生日日期。

具体代码如下：

```
#define _CRT_SECURE_NO_WARNINGS                             /* 解除 vs 安全性检测问题 */
#include<stdio.h>
#include<process.h>
void main()
{
    FILE* fp;                          /* 定义一个指向 FILE 类型结构体的指针变量 */
    char filename[30], str[50];        /* 定义两个字符型数组 */
    printf("please input filename:\n");
    scanf("%s", filename);                          /* 输入文件名 */
    if ((fp = fopen(filename, "wb")) == NULL) /* 判断文件是否打开失败 */
    {
        printf("can not open!\n Press any key to continue\n");
        getchar();
        exit(0);
    }
```

```
    printf("please input string:\n");
    getchar();
    gets(str);
    fputs(str, fp);                          /* 将字符串写入 fp 所指向的文件中 */
    fclose(fp);
    if ((fp = fopen(filename, "rb")) == NULL)     /* 判断文件是否打开失败 */
    {
        printf("can not open!\n Press any key to continue\n");
        getchar();
        exit(0);
    }
    fseek(fp, 4L, 0);                         /* 移动的字节数 */
    fgets(str, sizeof(str), fp);
    putchar('\n');
    puts(str);
    fclose(fp);                               /* 关闭文件 */
}
```

程序运行结果如图 16.14 所示。

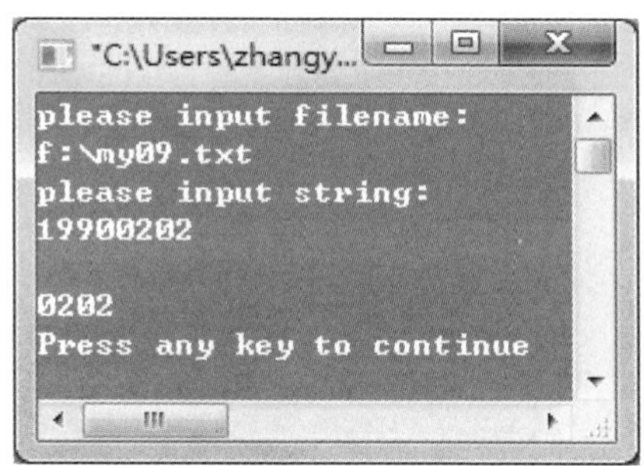

图 16.14　输出生日日期

上面的程序中有这样一句代码：

```
fseek(fp,4L,0);
```

此代码的含义是将位置指针指向距文件首 4 个字节的位置，也就是指向字符串中的第 5 个字符。

16.4.2　rewind() 函数

前面讲过 fseek() 函数，这里要介绍的 rewind() 函数也能起到定位文件指针的作用，从而达到随机读写文件的目的。rewind() 函数的一般形式如下：

```
int rewind( 文件指针 )
```

该函数的作用是使位置指针重新返回文件的开头，该函数没有返回值。

实例 16-9 编写程序将文件内容“我很帅”输出两遍。

具体代码如下：

```
#define _CRT_SECURE_NO_WARNINGS                        /* 解除 vs 安全性检测问题 */
#include<stdio.h>
#include<process.h>
void main()
{
    FILE* fp;                          /* 定义一个指向 FILE 类型结构体的指针变量 */
    char ch, filename[50];
    printf("please input filename:\n");
    scanf("%s", filename);                                      /* 输入文件名 */
    if ((fp = fopen(filename, "r")) == NULL)           /* 以只读方式打开该文件 */
    {
        printf("cannot open this file.\n");
        exit(0);
    }
    ch = fgetc(fp);
    while (ch != EOF)
    {
        putchar(ch);                                    /* 输出字符 */
        ch = fgetc(fp);                                 /* 获取 fp 指向文件中的字符 */
    }
    rewind(fp);                                         /* 指针指向文件开头 */
    printf("\n");
    ch = fgetc(fp);                                     /* 读出一个字符 */
    while (ch != EOF)
    {
        putchar(ch);                                     /* 输出字符 */
        ch = fgetc(fp);                                  /* 读出一个字符 */
    }
    printf("\n");
    fclose(fp);                                          /* 关闭文件 */
}
```

程序运行结果如图 16.15 所示。

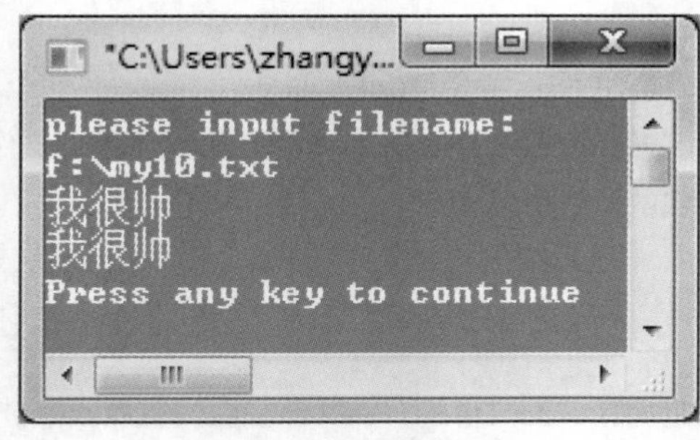

图 16.15　输出重复语句

从该实例代码和运行结果可以看出以下内容。

（1）程序中通过以下 6 行语句输出了第一个“我很帅”。

```
ch = fgetc(fp);
while (ch != EOF)
{
    putchar(ch);
    ch = fgetc(fp);
}
```

（2）在输出了第一个“我很帅”后文件指针已经移动到了该文件的尾部，使用 rewind() 函数再次将文件指针移到文件的开始部分，因此当再次执行上面的 6 行语句时就会输出第二个“我很帅”。

16.4.3 ftell() 函数

ftell() 函数的一般形式如下：

```
long ftell(文件指针)
```

该函数的作用是得到流式文件中的当前位置，用相对于文件开头的位移量来表示。当 ftell() 函数的返回值为 -1L 时，表示出错。

实例16-10 银行规定密码只能是 6 位。请编写程序实现密码设置为 6 位，表示设置密码成功，否则表示失败。

具体代码如下：

```
#define _CRT_SECURE_NO_WARNINGS                          /*解除vs安全性检测问题*/
#include<stdio.h>
#include<process.h>
int main()
{
    FILE* fp;                          /*定义一个指向FILE类型结构体的指针变量*/
    int n;
    char ch, filename[50];
    printf("please input filename:\n");
    scanf("%s", filename);                               /*输入文件名*/
    if ((fp = fopen(filename, "r")) == NULL)             /*判断是否能打开文件*/
    {
        printf("cannot open this file.\n");
        exit(0);
    }
    ch = fgetc(fp);                                      /*读出一个字符*/
    while (ch != EOF)
    {
```

```
        putchar(ch);
        ch = fgetc(fp);
    }
    n = ftell(fp);                                    /* 输出长度 */
    if (6 == n)                                       /* 判断长度是否等于 6*/
        printf("\n 设置密码成功 \n");
    else
        printf("\n 设置密码失败 \n");
    fclose(fp);                                       /* 关闭文件 */
    return 0;
}
```

程序运行结果如图 16.16 所示。

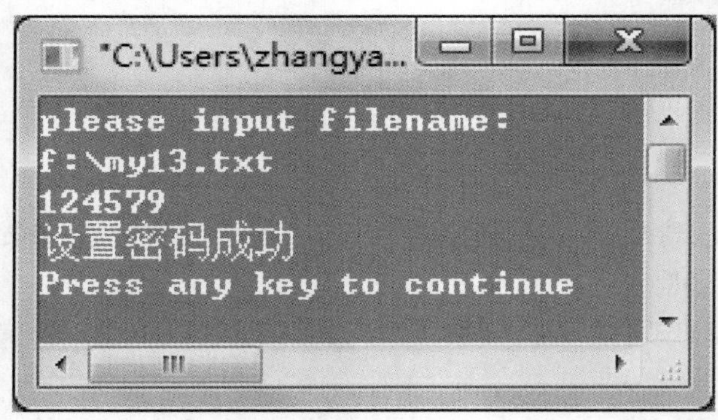

图 16.16　设置密码运行结果

本节主要讲解了 fseek()、rewind() 及 ftell() 函数，在编写程序的过程中经常会用到文件定位函数，例如下面将要介绍的实例 16-11，要实现将一个文件中的内容复制到另一个文件中时就可以使用 fseek() 函数直接将文件指针指向文件尾，这样就可以将另一个文件中的内容逐个写到该文件中所有内容的后面，从而实现复制操作。当然，对于文件的复制操作，还有很多其他方法可以实现，但是这里使用 fseek() 函数会使代码更简洁。

实例16-11 两个文件的内容分别为"一日之计在于晨"和"，一年之计在于春"，利用文件复制操作将两个文件的内容在一个文件中输出。

具体代码如下：

```
#define _CRT_SECURE_NO_WARNINGS                    /* 解除 vs 安全性检测问题 */
#include<stdio.h>
#include<process.h>
void main()
{
    FILE* fp1, * fp2;                   /* 定义指向 FILE 类型结构体的指针变量 */
    char ch, filename1[30], filename2[30];      /* 定义字符数组变量 */
    printf(" 请输入文件 1 的名字: \n");
    scanf("%s", filename1);                     /* 输入文件 1 的名字 */
```

```
    printf("请输入文件 2 的名字：\n");
    scanf("%s", filename2);                    /* 输入文件 2 的名字 */
    if ((fp1 = fopen(filename1, "ab+")) == NULL)/* 判断文件 1 能否打开 */
    {
        printf("can not open,Press any key to continue\n");
        getchar();
        exit(0);
    }
    if ((fp2 = fopen(filename2, "rb")) == NULL) /* 判断文件 2 能否打开 */
    {
        printf("can not open,Press any key to continue\n");
        getchar();
        exit(0);
    }
    fseek(fp1, 0L, 2);
    while ((ch = fgetc(fp2)) != EOF)
    {
        fputc(ch, fp1);
    }
    fclose(fp1);                               /* 关闭文件 */
    fclose(fp2);
}
```

程序运行结果如图 16.17 所示。

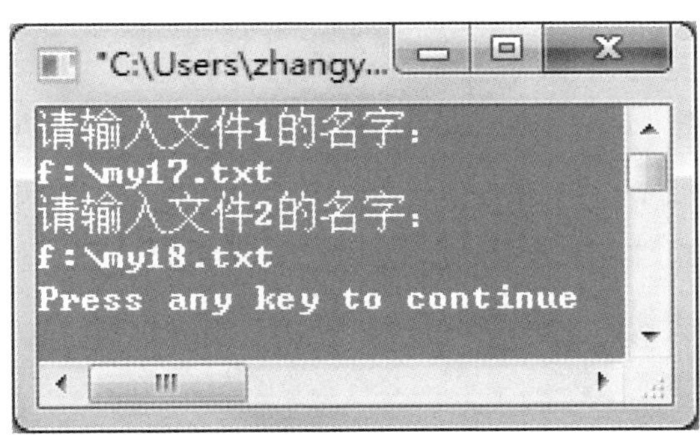

图 16.17　运行结果

复制前两个文件中的内容分别如图 16.18 和图 16.19 所示。

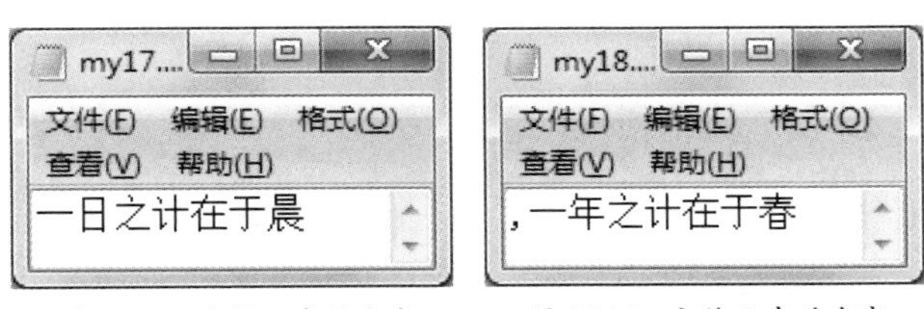

图 16.18　文件 1 中的内容　　图 16.19　文件 2 中的内容

执行复制操作后文件 1 中的内容如图 16.20 所示。

图 16.20 执行复制操作后文件 1 中的内容

16.5 练习题

（1）首先创建一个图 16.21 所示的文件，然后利用读操作读取这个文件，效果如图 16.22 所示。[提示：使用 fgets() 函数]

图 16.21 蚂蚁庄园动态文件

```
请输入文件名:
f:\manor.txt
你使用了一张加速卡，小鸡的进食速度大大加快。
```

图 16.22 读取蚂蚁庄园动态文件

（2）首先创建一个文件 ant.txt，内容如图 16.23 所示，将其与练习题（1）中创建的 manor.txt 文件合并成一个 .txt 文件，效果如图 16.24 所示，文件内容如图 16.25 所示。[提示：使用 fseek() 函数]

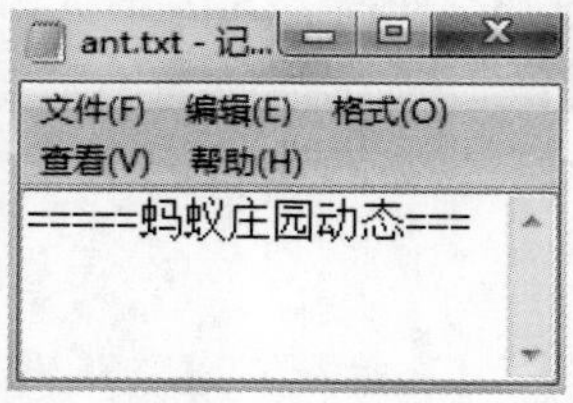

图 16.23 ant.txt 文件

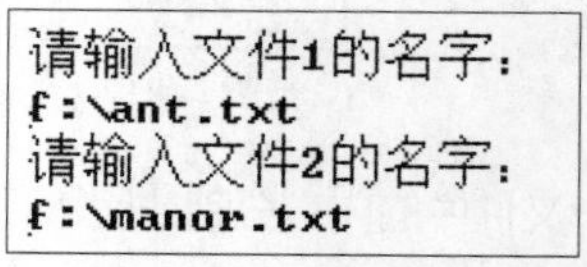

```
请输入文件1的名字:
f:\ant.txt
请输入文件2的名字:
f:\manor.txt
```

图 16.24 合并文件效果

图 16.25 合并之后的文件内容

（3）商家为了能快速回答买家问题，通常会设置自动回复的内容。假设此时有一位买家来咨询客服问题，客服将先前设置好的文件内容复制并发送给了买家，请模拟此场景。首先创建两个文件（automatic.txt 和 reply.txt），图 16.26 是客服编辑好的 automatic.txt 文本内容，reply.txt 中无内容，图 16.27 所示的是运行结果。［提示：使用 fseek() 函数］

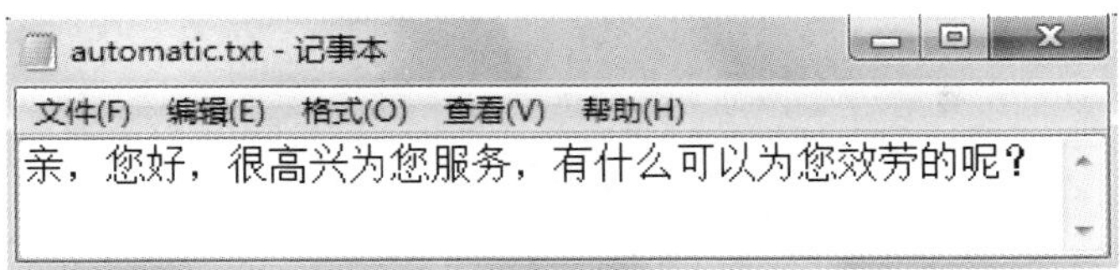

图 16.26 automatic.txt 文本内容

```
请输入与买家交谈文件名：
f:\reply.txt
请输入客服自动回复内容文件名：
f:\automatic.txt
```

图 16.27 运行结果

（4）经过 3 轮面试，某企业人事经理选出了 3 名实习生。请编写程序实现输入实习生信息，并将信息输出。运行结果如图 16.28 所示。［提示：使用 fwrite() 函数］

```
how many ?
3
please input filename:
f:\my06.txt
please input name,address,telephone:
NO1
刘小伟
北京
87675****
NO2
可可
上海
84156****
NO3
心心
天津
84558****
          刘小伟                北京            87675****
            可可                上海            84156****
            心心                天津            84558****
```

图 16.28 输出招聘名单

（5）编程实现重命名文件，具体要求如下：通过键盘输入要重命名的文件的路径及名称，然后输入新名称。运行结果如图 16.29 所示，实现重命名文件的效果如图 16.30 所示。［提示：使用 rename() 函数，语法为 rename（旧文件名，新文件名）］

```
please input the file name which do you want to change:
f:\lizi.txt
please input new name!
f:\ newlizi.txt
successfully!
```

图 16.29 运行结果

图 16.30 重命名文件

内存管理

在运行程序时，应将需要的数据都存放在内存中，以备程序使用。在软件开发过程中，常常需要动态地分配和释放内存。例如，对动态链表中的节点进行插入和删除，就要对内存进行管理。

本章致力于使读者了解内存的组织方式，了解堆和栈的区别，掌握动态管理内存的函数的使用方法，了解内存在什么情况下会丢失。

17.1 内存组织方式

程序存储的概念是计算机的基础，程序的机器语言指令和数据都存储在同一个逻辑内存空间里。

在第 14 章讲述有关链表的内容时，曾提及动态分配内存的函数。下面将具体介绍内存是按照怎样的方式组织的。

17.1.1 内存的组织方式

开发人员将程序编写完成之后，要先将程序装载到计算机的内核或者内存中，再运行程序。内存模型示意图如图 17.1 所示。图 17.1 所示的内容可总结为以下 4 个区。

- 可执行程序代码。
- 静态数据。可执行程序代码和静态数据存储在固定的内存空间中。
- 动态数据（堆）。程序请求动态分配的内存来自内存池。
- 栈。局部数据对象、函数的参数、调用函数以及被调用函数之间的联系存放在称为栈的内存池中。

根据操作平台和编译器的不同，堆和栈既可以是被所有同时运行的程序共享的操作系统资源，也可以是程序独占的局部资源。

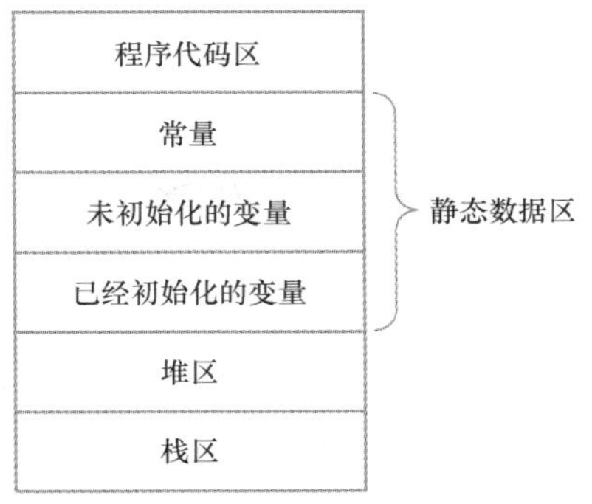

图 17.1 内存模型示意图

17.1.2 堆与栈

通过内存组织方式可以知道，堆用来存放动态分配的内存空间，而栈用来存放局部数据对象、函数的参数、调用函数以及被调用函数之间的联系，下面对二者进行详细的说明。

1. 堆

在内存的全局存储空间中，用于程序动态分配和释放的内存块称为自由存储空间，通常也称为堆。

在 C 语言程序中，可以使用 malloc() 和 free() 函数来从堆中动态地分配和释放内存。

实例 17-1 使用 malloc() 函数分配一个整型变量的内存空间，在使用完该空间后，使用 free() 函数释放内存。

具体代码如下：

```
#include <stdlib.h>
#include<stdio.h>

int main()
{
    char *pInt;                                     /* 定义指针 */
    pInt = (char*)malloc(sizeof(char));             /* 分配内存 */
    *pInt = 65;                                     /* 使用分配的内存 */
    printf("the alpha is:%c\n", *pInt);             /* 输出字母 */
    free(pInt);                                     /* 释放内存 */
    return 0;
```

运行程序，结果如图 17.2 所示。

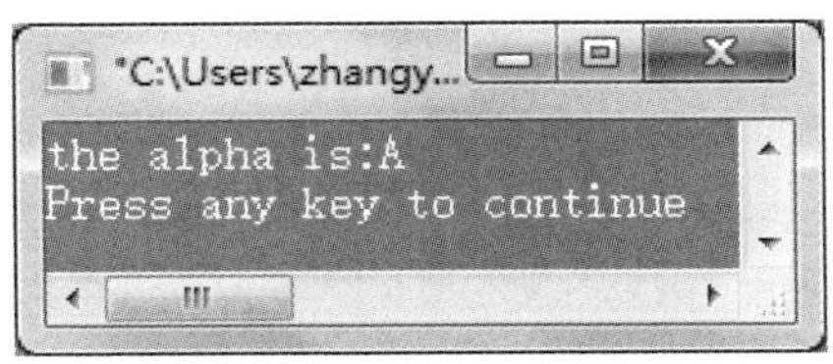

图 17.2 输出字母

2. 栈

程序不会像处理堆那样在栈中显式地分配内存。在程序调用函数和声明局部变量时，系统将自动分配内存。

栈是一种后进先出的压入弹出式的数据结构，这是栈明显区别于堆的标志。例如，一个球筒里面装有 3 种颜色的球，效果如图 17.3 所示，先放入的球 1 被放到球筒的底端，当我们想要取出球 1 时，就要先取出球 2 和球 3，然后将球 2、球 3 放进去。相对于之前的情况来说，球 2 和球 3 都向下移动了一个位置。这就是生活中典型的"后进先出"的例子。

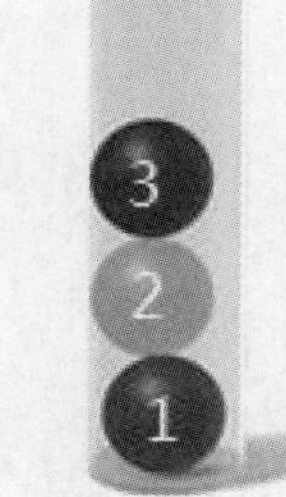

图 17.3　球筒装球

程序员经常会利用栈这种数据结构来处理那些适合用后进先出逻辑来描述的编程问题。这里讨论的栈在程序中都会存在，它不需要程序员编写代码来进行维护，而是运行时由系统自动处理，实际上就是编译器所产生的程序代码。尽管在源代码中看不到它们，但程序员应该对此有了解。

17.2　动态管理

17.2.1　malloc() 函数

malloc() 函数的原型如下：

```
void *malloc(unsigned int size);
```

在 stdlib.h 头文件中包含该函数，该函数的作用是在内存中动态地分配一块 size 大小的内存空间。malloc() 函数会返回一个指针，该指针指向分配的内存空间，如果出现错误则会返回 NULL。

> **注意**
>
> 使用 malloc() 函数分配的内存空间是在堆中，而不是在栈中。因此在使用完这块内存空间之后一定要将其释放掉，释放内存空间使用的是 free() 函数（17.2.4 小节将会进行介绍）。

例如，使用 malloc() 函数分配一个整型内存空间，代码如下：

```
int *pInt;
pInt=(int*)malloc(sizeof(int));
```

首先定义指针 pInt 来保存分配内存空间的地址。在使用 malloc() 函数分配内存空间时，需要指定具体的内存空间的大小（size），这时调用 sizeof() 函数就可以得到指定类型的大小值。malloc() 函数成功分配内存空间后会返回一个指针，因为分配的是 int 型的内存空间，所以返回的指针也应该是相对应的 int 型指针，这样就要进行强制类型转换。最后将函数返回的指针赋给指针 pInt 就可以保存动态分配的整型内存空间地址。

实例17-2 某服装店购入了 10240 件衣服，为了将这批衣服顺利入库，老板要收拾库房，腾出放这批衣服的空间。请编写程序，使用 malloc() 分配内存空间，实现将这批衣服的件数输出。

具体代码如下：

```
#include<stdio.h>
#include<stdlib.h>

int main()
{
    int* iIntMalloc = (int*)malloc(sizeof(int));    /* 分配内存空间 */
    *iIntMalloc = 10240;                            /* 使用该内存空间保存数据 */
    printf(" 衣服有 %d 件 \n", *iIntMalloc);          /* 输出数据 */
    return 0;
}
```

运行程序，结果如图 17.4 所示。

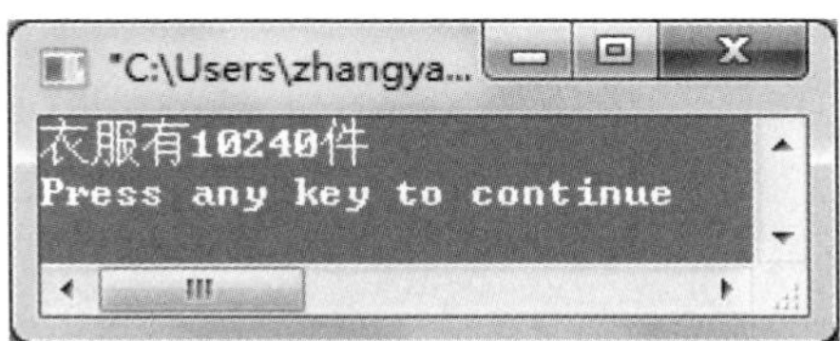

图 17.4　使用 malloc() 输出衣服件数

从该实例代码和运行结果可以看出：在程序中使用 malloc() 函数分配了内存空间，通过指向该内存空间的指针，使用该内存空间保存数据，最后输出该数据表示保存数据成功。

注意

C 语言中规定，如果所申请的内存分配不成功，malloc() 函数的返回值为 null pointer，也就是 NULL。在这种情况下，如果继续运行之后代码，程序就会崩溃。所以在申请分配内存后，应该及时检查内存分配是否成功。

17.2.2　calloc() 函数

calloc() 函数的原型如下：

```
void *calloc(unsigned n, unsigned size);
```

使用该函数也要包含头文件 stdlib.h，该函数的功能是在内存中动态分配 *n* 个长度为 size 的连续内存空间数组。calloc() 函数会返回一个指针，该指针指向动态分配的内存空间数组的地址，当分配内存空间出错时，返回空指针。

例如，使用该函数分配一个整型内存空间数组，代码如下：

```
int* pArray;                                        /* 定义指针 */
pArray=(int*)calloc(3,sizeof(int));                 /* 分配整型内存空间数组 */
```

上面代码中的 pArray 为一个整型指针，使用 calloc() 函数分配内存空间数组，第一个参数表示分配数组中元素的个数，而第二个参数表示元素的类型。最后将返回的指针赋给 pArray 指针变量，pArray 指向的就是该数组的首地址。

实例17-3 动态分配一个内存空间数组。使用 strcpy() 函数为字符数组赋值，再进行输出，验证分配内存空间以正确保存数据。

具体代码如下：

```
#define _CRT_SECURE_NO_WARNINGS                     /* 解除 vs 安全性检测问题 */
#include <stdlib.h>                                 /* 包含头文件 */
#include<stdio.h>
#include<string.h>

int main()                                          /* 主函数 main()*/
{
    char* ch;                                       /* 定义指针 */
    ch = (char*)calloc(30, sizeof(char));           /* 分配变量 */
    strcpy(ch, "Mingrisoft");                       /* 将字符串进行复制 */
    printf("%s\n", ch);                             /* 输出字符串 */
    free(ch);                                       /* 释放空间 */
    return 0;                                       /* 程序结束 */
}
```

运行程序，结果如图 17.5 所示。

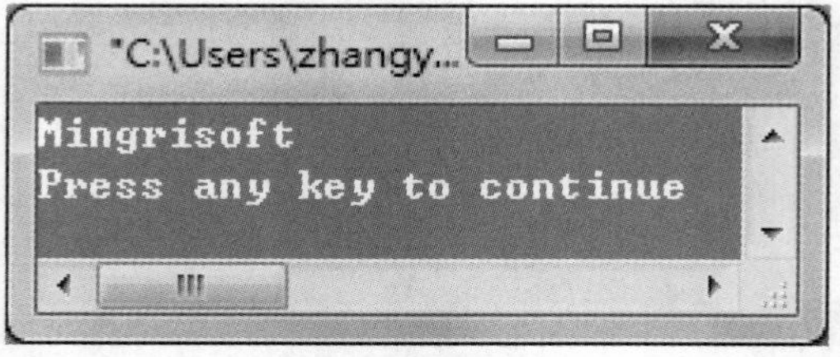

图 17.5 运行结果

17.2.3 realloc() 函数

realloc() 函数的原型如下：

```
void *realloc(void *ptr,size_t size);
```

使用该函数要包含头文件 stdlib.h，该函数的功能是改变 ptr 指针指向的空间大小为 size。设定的 size 大小可以是任意的，也就是说既可以比原来的数值大，也可以比原来的数值小。返回值是一个指向新地址的指针，如果出现错误，则返回 NULL。

例如，改变一个分配的浮点型空间大小成为整型空间大小，代码如下：

```
fDouble=(double*)malloc(sizeof(double));
iInt=realloc(fDouble,sizeof(int));
```

其中，fDouble 指向分配的浮点型空间，之后使用 realloc() 函数改变 fDouble 指向的空间的大小，将其大小设置为整型大小，然后将改变后的内存空间的地址返回并赋给 iInt 整型指针。

实例 17-4 定义一个整型指针和浮点型指针，利用 realloc() 函数重新分配内存空间。

具体代码如下：

```
#include<stdio.h>
#include <stdlib.h>
int main()
{
    int *fDouble;                              /* 定义整型指针 */
    char* iInt;                                /* 定义浮点型指针 */
    fDouble = (int*)malloc(sizeof(int));       /* 使用 malloc() 分配整型空间 */
    printf("%d\n", sizeof(*fDouble));          /* 输出空间的大小 */
    iInt = realloc(fDouble, sizeof(char));     /* 使用 realloc() 改变分配空间大小 */
    printf("%d\n", sizeof(*iInt));             /* 输出空间的大小 */
    return 0;                                  /* 程序结束 */
}
```

运行程序，结果如图 17.6 所示。

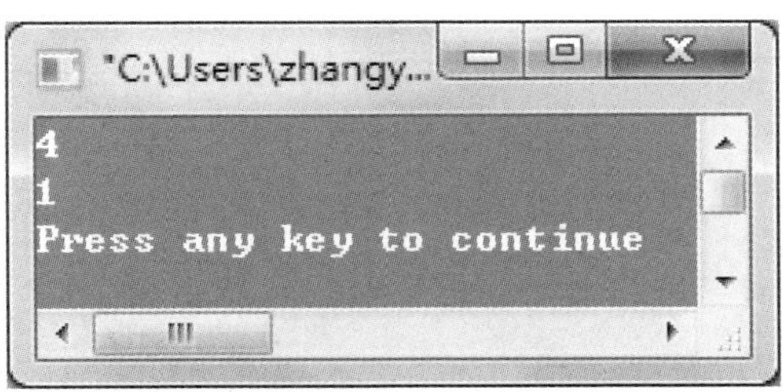

图 17.6 使用 realloc() 函数改变分配空间大小

从该实例代码和运行结果可以看出：本实例中，首先使用 malloc() 函数分配整型内存空间，然后通过 sizeof() 函数输出内存空间的大小，最后使用 realloc() 函数得到新的内存空间大小。输出新的内存空间的大小，比较两者的数值可以看出新的内存空间与原来的内存空间大小不一样。

17.2.4 free() 函数

free() 函数的原型如下：

```
void free(void *ptr);
```

free() 函数的功能是释放由指针 ptr 指向的内存空间，使部分内存空间能被其他变量使用。ptr 是最近一次调用 calloc() 或 malloc() 函数时返回的值。free() 函数用于释放内存空间，因此它必须与分配内存空间的函数搭配使用。free() 函数无返回值。

例如，释放一个分配整型变量的内存空间，代码如下：

```
free(pInt);
```

代码中的 pInt 为一个指向整型的内存空间，使用 free() 函数可将其释放。

实例 17-5 将分配的内存释放，并且在释放前输出一次内存中保存的数据，释放后再利用指针输出一次。观察两次的结果，可以看出调用 free() 函数之后内存被释放。

具体代码如下：

```
#include<stdio.h>
#include<stdlib.h>
int main()
{
    int* pInt;                                  /* 整型指针 */
    pInt = (int*)malloc(sizeof(pInt));          /* 分配整型空间 */
    *pInt = 100;                                /* 赋值 */
    printf("%d\n", *pInt);                      /* 将值进行输出 */
    free(pInt);                                 /* 释放该内存空间 */
    printf("%d\n", *pInt);                      /* 将值进行输出 */
    return 0;
}
```

运行程序，结果如图 17.7 所示。

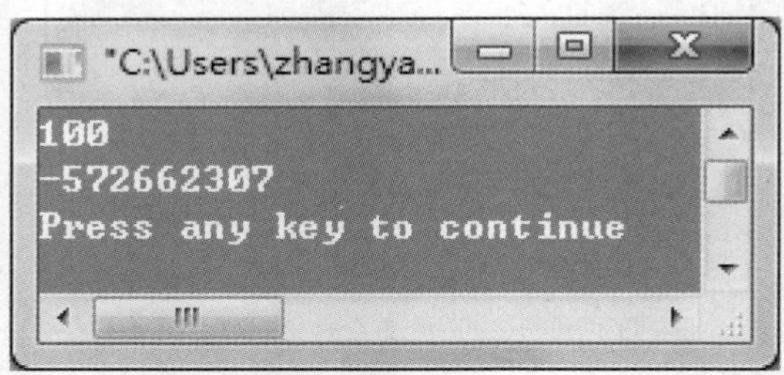

图 17.7　使用 free() 函数释放内存

> **说明**
>
> 分配内存之后一定要使用 free() 函数。申请内存之后，相应内存使用完毕应该及时释放，否则可能出现所谓的“内存泄露”。所以通常使用分配内存函数之后，要使用 free() 函数释放内存。

17.3 内存丢失

1. 内存丢失的现象

内存不释放会造成内存泄漏，从而可能会导致系统崩溃。

2. 内存丢失的原因

如果不使用free()函数，那么程序就可能要使用超过100GB的内存！其中包括绝大部分的虚拟内存，由于虚拟内存的操作需要读写磁盘，会极大地影响系统的性能，系统可能会崩溃。

例如：

```
pOld=(int*)malloc(sizeof(int));
pNew=(int*)malloc(sizeof(int));
```

上面这两行代码分别表示创建一块内存，并且将内存的地址传给了指针 pOld 和 pNew，此时指针 pOld 和 pNew 分别指向两块内存。如果运行下述代码：

```
pOld=pNew;
```

pOld 指针就会指向 pNew 指向的内存地址，这时再释放内存，代码如下：

```
free(pOld);
```

此时释放的 pOld 所指向的内存是原来 pNew 指向的，于是这块内存被释放了。但是 pOld 原来指向的那块内存还没有被释放，不过因为没有指针指向这块内存，所以这块内存就丢失了。

3. 内存丢失的解决方法

在程序中编写 malloc() 函数分配内存时，都应对应地写出 free() 函数进行内存释放，这是一个良好的编程习惯，特别是在编写大型程序的时候。

17.4 练习题

（1）已知图 17.8（a）所示的多项式，试编写计算 $f_n(x)$ 值的递归算法。运行结果如图 17.8(b) 所示。

（2）为一个具有 3 个元素的数组动态分配内存，为元素赋值并将其输出。运行结果如图 17.9 所示。

$$f_n(x)=\begin{cases}1 & \text{当}n=0\text{时}\\ 2x & \text{当}n=1\text{时}\\ 2xf_{n-1}(x)-2(n-1)f_{n-2}(x) & \text{当}n>1\text{时}\end{cases}$$

(a)

```
请输入n:
4
请输入x:
3
用递归算法得出的函数值是: 876.000000
用栈方法得出的函数值是: 876.000000
```

(b)

图 17.8　用栈及递归计算多项式

```
数组值为: 10
数组值为: 20
数组值为: 30
```

图 17.9　为具有 3 个元素的数组分配内存

（3）动态分配一块内存，并存放商品信息。运行结果如图 17.10 所示。

```
编号=1001
名称=苹果
数量=100
价格=2.100000
```

图 17.10　商品信息的动态存放

（4）写一个函数，该函数可以接收用户输入的字符并将其存储在内存（不确定用户会输入几个字符，内存不可以用数组来表示，因为数组的大小是确定的）中，当用户输入“q”时，输出用户输入的所有字符，并退出程序。运行结果如图 17.11 所示。

（5）设计一个程序，为二维数组动态分配并释放内存。数组元素的赋值结果如图 17.12 所示。

```
请用户输入：Fine
q
 第1个字母是F
 第2个字母是i
 第3个字母是n
 第4个字母是e
```

图 17.11　接收用户输入的数据

```
0    1    2
1    2    3
2    3    4
```

图 17.12　数组元素的赋值结果

项目篇

第 18 章 俄罗斯方块游戏

俄罗斯方块是一款风靡全球的游戏，有掌上游戏和 PC 游戏两种版本，它造成的轰动可以说是游戏史上值得说道的一件事。它由俄罗斯人阿列克谢·帕基特诺夫发明。俄罗斯方块的基本规则是移动、旋转和摆放游戏中自动输出的各种方块，使之排列成完整的一行或多行并且消除得分。它看似简单却变化无穷。

18.1 需求分析

在本次设计中，要求支持键盘操作和若干种不同类型方块的旋转变换，并且界面上显示下一个方块的提示以及当前玩家的得分。随着游戏的进行，等级越高，游戏的难度越大，即方块的下落速度越快，给玩家提供了不同的挑战。本章将使用 Visual Studio 2019 开发一个俄罗斯方块游戏，并详细介绍开发游戏时需要了解和掌握的相关细节。

18.2 系统设计

18.2.1 系统目标

俄罗斯方块主要有以下几个界面：

- 游戏欢迎界面；
- 游戏主窗体界面；
- 游戏规则界面；

- 按键说明界面；
- 游戏结束界面。

18.2.2 构建开发环境

系统开发平台：Visual Studio 2019。

系统开发语言：C 语言。

操作系统：Windows 7（SP1）/ Windows 8/Windows 8.1/Windows 10。

18.2.3 游戏界面

俄罗斯方块游戏共分为 5 个界面，分别是游戏欢迎界面、游戏主窗体界面、游戏规则界面、按键说明界面、游戏结束界面，各界面的结构如图 18.1 所示。

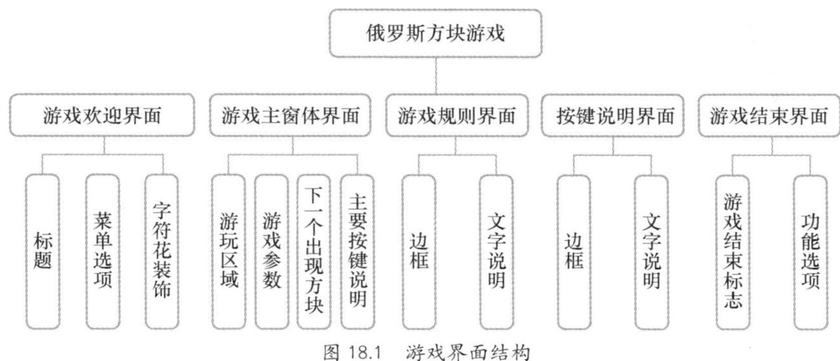

图 18.1　游戏界面结构

18.2.4 业务流程图

俄罗斯方块的业务流程图如图 18.2 所示。

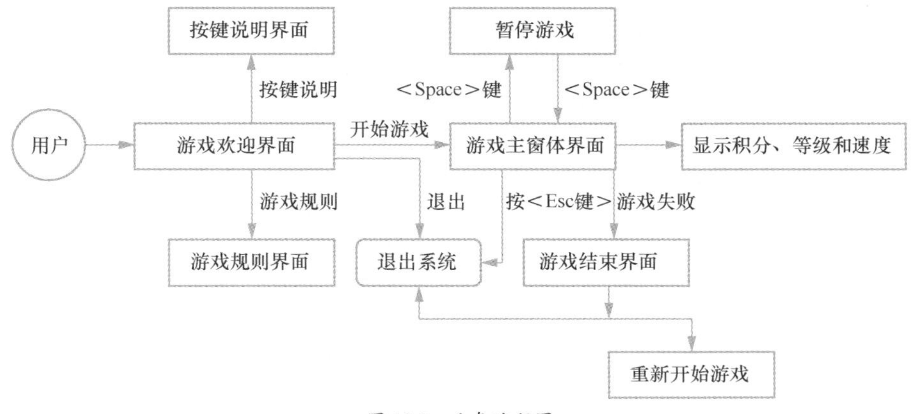

图 18.2　业务流程图

18.2.5 系统预览

俄罗斯方块由多个界面组成，下面列出几个典型界面，其他界面请参见光盘中的源程序。

游戏欢迎界面如图 18.3 所示。

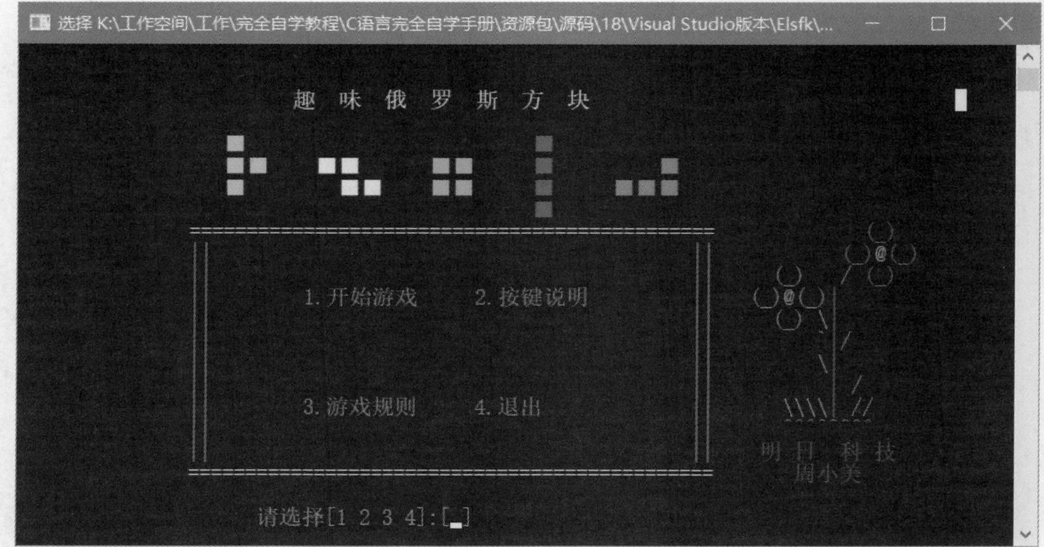

图 18.3 游戏欢迎界面

游戏主窗体界面如图 18.4 所示。

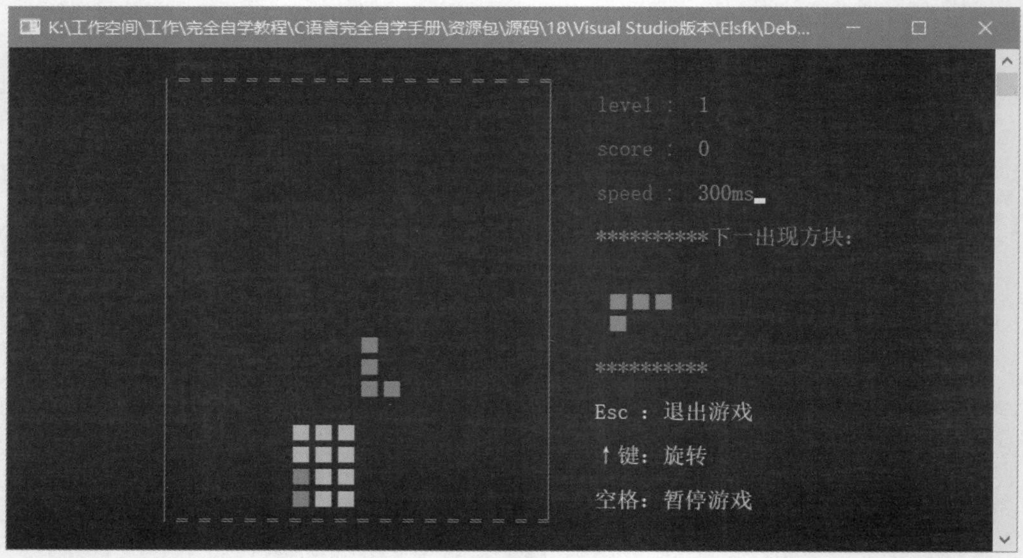

图 18.4 游戏主窗体界面

按键说明界面如图 18.5 所示。

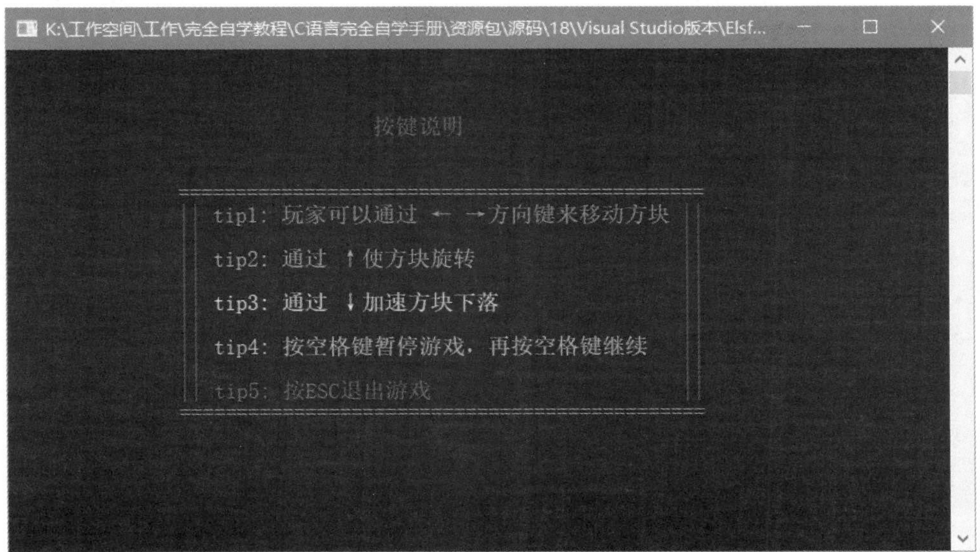

图 18.5 按键说明界面

游戏规则界面如图 18.6 所示。

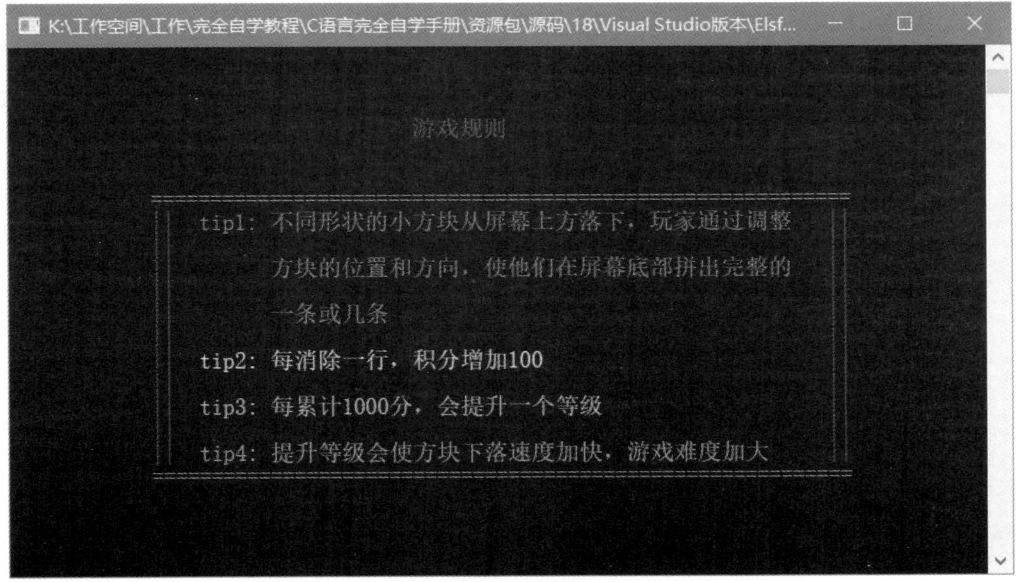

图 18.6 游戏规则界面

游戏结束界面如图 18.7 所示。

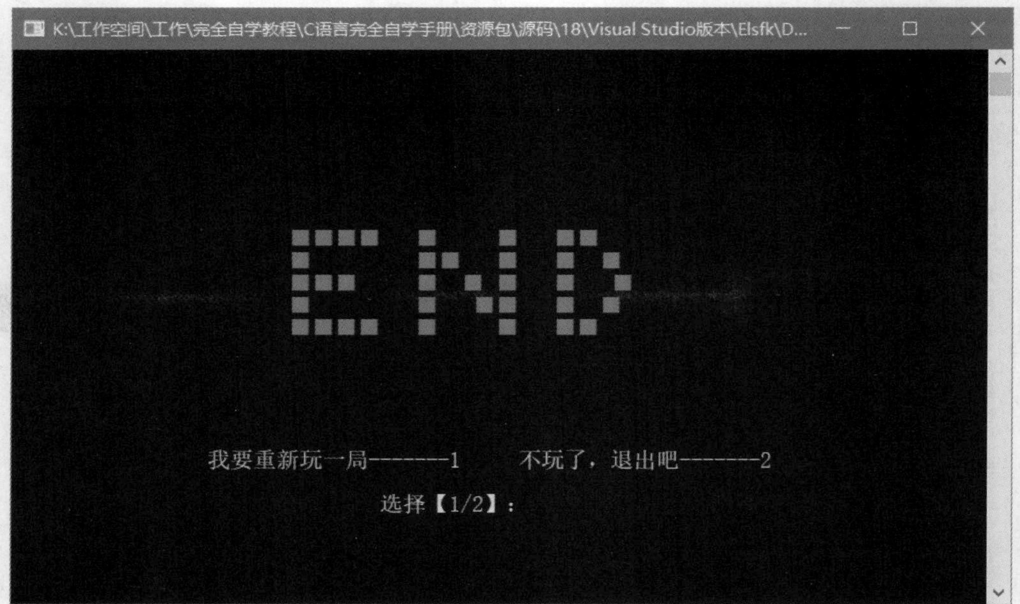

图 18.7　游戏结束界面

18.3　技术准备

18.3.1　控制颜色函数

系统默认的文字颜色是白色，要使界面文字和图案是彩色的，首先要设置文字颜色，下面编写函数，代码如下：

```
/**
 * 设置文字颜色
 */
int color(int c)
{
    //更改文字颜色
    SetConsoleTextAttribute(GetStdHandle(STD_OUTPUT_HANDLE), c);
    return 0;
}
```

注意

定义这个函数，需要引入 windows.h 函数库。

在 C 语言中， SetConsoleTextAttribute() 是设置控制台窗口字体颜色和文字背景色的函数。该函

数的原型为:

```
BOOL SetConsoleTextAttribute(HANDLE consolehwnd, WORD wAttributes);
consolehwnd = GetStdHandle(STD_OUTPUT_HANDLE);
```

GetStdHandle 是获得输入、输出或错误的屏幕缓冲区的句柄，它的参数的值为表 18.1 中的一种。

表 18.1 GetStdHandle 的参数值

参数值	含义
STD_INPUT_HANDLE	标准输入的句柄
STD_OUTPUT_HANDLE	标准输出的句柄
STD_ERROR_HANDLE	标准错误的句柄

wAttributes 是设置颜色的参数，其值对应的颜色说明如表 18.2 所示。

表 18.2 wAttributes 的参数值

参数值	颜色
0	黑色
1	深蓝色
2	深绿色
3	深蓝绿色
4	深红色
5	紫色
6	暗黄色
7	白色
8	灰色
9	亮蓝色
10	亮绿色
11	亮蓝绿色
12	红色
13	粉色
14	黄色
15	亮白色

对应颜色在控制台的效果如图 18.8 所示。

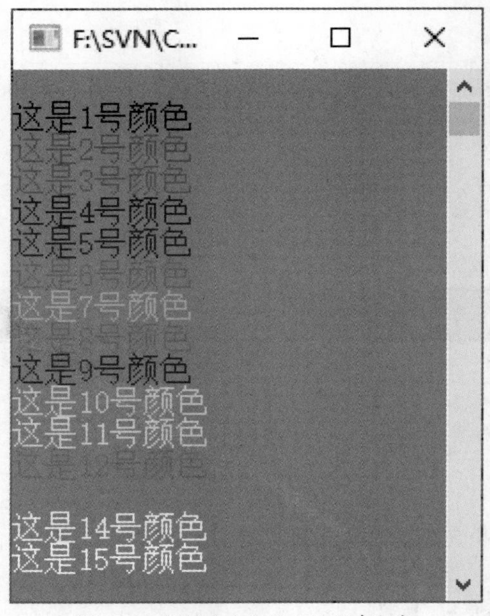

图 18.8 控制台上能显示的所有颜色

可以把 0~15 这些值当作常量，如果想要输出粉色的文字，只要在输出语句前面写上 color(13) 就可以了。需要注意的是，只要前面设置了颜色代码，那么改变的是后面所有的输出文字的颜色。如果想把文字设置成不同的颜色，只需要在要改变颜色的输出语句前面加上要改的颜色代码。

0~15 表示的颜色就是控制台能够显示的所有颜色，超过 15 的值就不是改变文本颜色的值了，改变的是文本的背景色。

注意

使用这种方式设置控制台的文字颜色，有两处局限。

（1）仅限 Windows 系统使用。

（2）不能改变控制台的背景色，控制台的背景色只能是黑色。

18.3.2 设置文字显示位置

可以通过设置坐标来控制文字的显示位置，在 C 语言中，SetConsoleCursorPosition () 可实现这一功能，它能获取控制台光标的位置。定义 gotoxy() 函数的详细代码如下：

```
/**
 * 获取光标的位置
 */
void gotoxy(int x, int y)
{
    COORD pos;
    pos.X = x;      // 横坐标
    pos.Y = y;      // 纵坐标
```

```
    SetConsoleCursorPosition(GetStdHandle(STD_OUTPUT_HANDLE), pos);
}
```

在 C 语言中，使用 SetConsoleCursorPosition() 来定位光标位置。COORD pos 是一个结构体变量，其中 x、y 是它的成员，可以通过修改 pos.X 和 pos.Y 的值来达到控制光标位置的目的。

> **注意**
>
> 定义这个函数，需要引入 windows.h 函数库。

18.4 公共类设计

C 语言中程序源代码被翻译为目标代码的过程中分为若干有序的阶段，通常前几个阶段由预处理器实现。预处理过程中会展开以 # 开始的行，这被称为预处理指定。包括 #if /#ifdef /#ifndef /#else /#endif（条件编译）、#define（宏定义）、#include（文件引用）、#line（行控制）、#error（错误指定）、#pragma（和实现相关的杂注）以及单独的 #（空指令）。预处理指定一般用于使源码在不同的执行环境中被方便地修改或者编译。

1. 文件引用

为了使程序更好地运行，需要在程序中引入一些库文件，对程序的一些基本函数进行支持，在引用文件时需要使用 #include 命令。

> **注意**
>
> 初学编程的读者需要知道下面几个关于头文件的知识。
>
> （1）一条 #include 命令只能指定一个被包含文件，如果要包含 *n* 个文件，则要用 *n* 条 #include 命令。
>
> （2）在 #include 命令中，文件名可以用双引号或角括号标识，如下面两种写法都是正确的：
>
> #include <stdio.h> 或者 #include "stdio.h"。

下面是本项目引用的一些外部文件的代码，具体如下：

```
#define _CRT_SECURE_NO_WARNINGS   // 解除 vs 安全性检测问题
/******* 头    文    件 *******/
#include <stdio.h>          // 标准输入输出函数库（printf()、scanf()）
#include <windows.h>        // 控制 DOS 界面（获取控制台上的坐标位置、设置字体颜色）
#include <conio.h>          // 接收键盘输入输出（kbhit()、getch()）
#include <time.h>           // 用于获得随机数
```

2. 宏定义

宏定义命令也是预处理命令的一种，以 #define 开头，提供一种可以替换源码中字符串的机制。

说明

宏定义语句不是 C 语句，不必在行末加分号。加了分号则会连分号一起进行置换，就会出现语法错误。另外应注意，代码中出现的标点符号都应该是英文标点符号。

宏定义的具体代码如下：

```
/******* 宏 定 义 *******/
#define FrameX 13                    // 游戏窗口左上角的 x 轴坐标
#define FrameY 3                     // 游戏窗口左上角的 y 轴坐标
#define Frame_height  20             // 游戏窗口的高度
#define Frame_width  18              // 游戏窗口的宽度
```

3. 定义全局变量

变量可以分为局部变量和全局变量。在函数内部定义的变量是局部变量，也叫内部变量，它只在该函数范围内有效，也就是在该函数内才能使用它，在该函数外是不能使用它的。

在函数外定义的变量为全局变量，也叫外部变量。全局变量可以被源文件中其他函数所共用。即它的有效范围为整个源文件。

下面定义的是本程序中使用到的全局变量，具体代码如下：

```
/******* 定 义 全 局 变 量 *******/
int i, j, Temp, Temp1, Temp2; //Temp、Temp1、Temp2 用于记住和转换方块变量的值
// 标记游戏界面的图案：2、1、0 分别表示该位置为游戏边框、方块、无图案。初始化为无图案
int a[80][80] = { 0 };
int b[4];           // 标记组成图案的 4 个方块：1 表示有方块，0 表示无方块
struct Tetris                                  // 声明俄罗斯方块的结构体
{
    int x;                                     // 中心方块的 x 轴坐标
    int y;                                     // 中心方块的 y 轴坐标
    int flag;                                  // 标记方块类型的序号
    int next;                                  // 下一个俄罗斯方块类型的序号
    int speed;                                 // 俄罗斯方块移动的速度
    int number;                                // 俄罗斯方块的个数
    int score;                                 // 游戏的分数
    int level;                                 // 游戏的等级
};
HANDLE hOut;                                   // 控制台句柄
```

4. 函数声明

一个较大的程序一般应分为若干个程序模块，每一个模块用来实现一个特定的功能。在 C 语言中，子程序的作用是由函数来实现的。一个 C 语言程序可由一个主函数和若干个其他函数构成。同一个函数可以被一个或多个函数调用任意多次。

> **说明**
>
> 在程序开发中，常将一些常用的功能模块编写成函数，放在公共函数库中供大家选用。程序设计人员要善于利用函数，以减少重复编写程序段的工作量。

在本程序中，函数声明的具体代码如下：

```
/*******函　数　声　明 *******/
void gotoxy(int x, int y);                              //光标定位到指定位置
void DrawGameframe();                                   //绘制游戏边框
void Flag(struct Tetris*);                              //随机产生方块类型的序号
void MakeTetris(struct Tetris*);                        //制作俄罗斯方块
void PrintTetris(struct Tetris*);                       //输出俄罗斯方块
void CleanTetris(struct Tetris*);                       //清除俄罗斯方块的痕迹
int  ifMove(struct Tetris*);//判断是否能移动，返回值为1表示能移动，否则表示不能移动
void Del_Fullline(struct Tetris*);    //判断是否满行，并删除满行的俄罗斯方块
void Gameplay();                                        //开始游戏
void regulation();                                      //游戏规则
void explation();                                       //按键说明
void welcom();                                          //游戏欢迎界面
void Replay(struct Tetris* tetris);                     //重新开始游戏
void title();                                           //游戏欢迎界面上方的标题
void flower();                                          //游戏欢迎界面上的字符花装饰
void close();                                           //关闭游戏
```

18.5 游戏欢迎界面设计

18.5.1 游戏欢迎界面概述

游戏欢迎界面为用户提供了一个了解和运行游戏的界面。在这里可以实现开始游戏、跳转至键盘按键说明或游戏规则界面、退出游戏等操作，还对界面进行适当的美化。按键盘上的数字键“1”，即可开始游戏；按键盘上的数字键“2”即可查看游戏过程中的各种功能按键的说明；按键盘上的数字键“3”即可查看本游戏的规则；按键盘上的数字键“4”即可退出游戏。主程序运行效果如图 18.9 所示。

18.5.2 标题部分设计

游戏欢迎界面主要由 3 部分组成，第一部分是标题，包括游戏的名称和 5 种俄罗斯方块的图形；第二部分是右侧的字符花装饰；第三部分是菜单选项。下面首先介绍第一部分（即标题部分）的制作。标题部分的界面如图 18.10 所示。

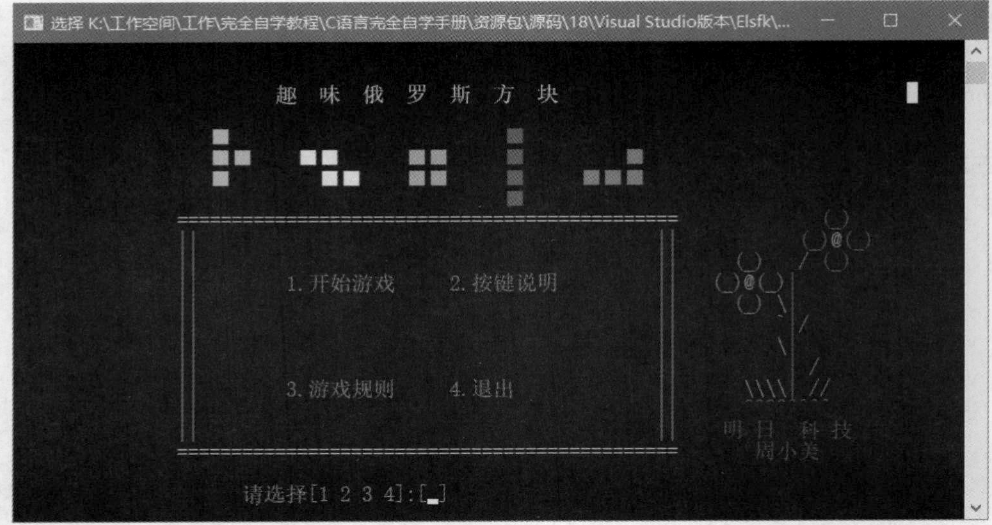

图 18.9 游戏欢迎界面

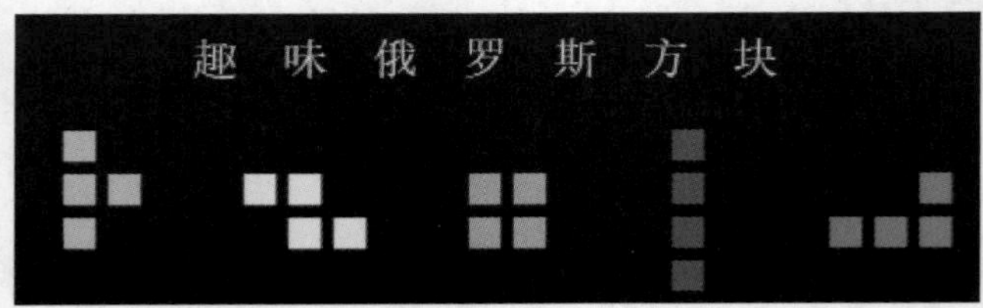

图 18.10 标题部分的界面

想要实现标题的绘制，需用到设置文字颜色的 color() 函数和获得屏幕位置的 gotoxy() 函数。绘制标题的详细代码如下：

```
/**
 * 游戏欢迎界面上方的标题
 */
void title()
{
    color(15);                                      // 亮白色
    gotoxy(28, 3);
    printf("趣  味  俄  罗  斯  方  块\n");          // 输出标题
    color(11);                                      // 亮蓝色
    gotoxy(18, 5);
    printf("■ ");                                   //■
    gotoxy(18, 6);                                  //■■
    printf("■■ ");                                  //■
    gotoxy(18, 7);
    printf("■ ");

    color(14);                                      // 黄色
```

```
    gotoxy(26, 6);
    printf(" ■■ ");                                    // ■■
    gotoxy(28, 7);                                     // ■■
    printf(" ■■ ");

    color(10);                                         // 绿色
    gotoxy(36, 6);                                     // ■■
    printf(" ■■ ");                                    // ■■
    gotoxy(36, 7);
    printf(" ■■ ");

    color(13);                                         // 粉色
    gotoxy(45, 5);
    printf(" ■ ");                                     // ■
    gotoxy(45, 6);                                     // ■
    printf( “■” );                                     // ■
    gotoxy(45, 7);                                     // ■
    printf( “■ “);
    gotoxy(45, 8);
    printf( “■ “);

    color(12);                                         // 亮红色
    gotoxy(56, 6);
    printf( “■ “);                                     //    ■
    gotoxy(52, 7);                                     // ■■■
    printf( “■■■ “);
}
```

在绘制标题的这段代码中，引用了 color() 和 gotoxy() 这两个函数，分别用来设置输出的文字颜色和位置。

18.5.3 设计字符花装饰

为了避免游戏欢迎界面看起来过于死板，可以适当加入一些小的装饰，使界面更加生动。在本程序中绘制了由一个字符构成的花朵的图案，如图 18.11 所示。

输出字符花图案是有技巧的，那就是输出时要从上至下、从左至右，算好空行和空格的数量。读者可根据喜好，自行搭配颜色，也可换成其他自己感兴趣的图案。在字符花的下方，输出开发者的名字，读者练习时可以换成自己的名字。详细代码如下：

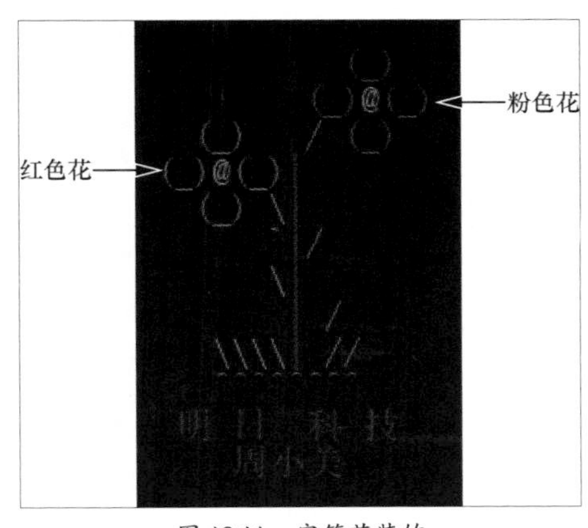

图 18.11　字符花装饰

```
/**
 * 绘制字符花
 */
void flower()
{
    gotoxy(66, 11);                    // 确定屏幕上要输出的位置
    color(12);                         // 设置颜色
    printf("(_)");                     // 红花上边花瓣

    gotoxy(64, 12);
    printf("(_)");                     // 红花左边花瓣

    gotoxy(68, 12);
    printf("(_)");                     // 红花右边花瓣

    gotoxy(66, 13);
    printf("(_)");                     // 红花下边花瓣

    gotoxy(67, 12);                    // 红花花蕊
    color(6);
    printf("@");

    gotoxy(72, 10);
    color(13);
    printf("(_)");                     // 粉花左边花瓣

    gotoxy(76, 10);
    printf("(_)");                     // 粉花右边花瓣

    gotoxy(74, 9);
    printf("(_)");                     // 粉花上边花瓣

    gotoxy(74, 11);
    printf("(_)");                     // 粉花下边花瓣

    gotoxy(75, 10);
    color(6);
    printf("@");                       // 粉花花蕊

    gotoxy(71, 12);
    printf("|");                       // 两朵花之间的连接

    gotoxy(72, 11);
```

```
    printf("/");      // 两朵花之间的连接

    gotoxy(70, 13);
    printf("\\|");   // 注意，“\”为转义字符。想要输入“\”，必须在前面使用转义字符

    gotoxy(70, 14);
    printf("'|/");

    gotoxy(70, 15);
    printf("\\|");

    gotoxy(71, 16);
    printf("| /");

    gotoxy(71, 17);
    printf("|");

    gotoxy(67, 17);
    color(10);
    printf("\\\\\\\\"); // 草地

    gotoxy(73, 17);
    printf("//");

    gotoxy(67, 18);
    color(2);
    printf("^^^^^^^^^^");

    gotoxy(65, 19);
    color(5);
    printf(" 明  日   科  技 ");      // 公司名称

}
```

说明

这里介绍一下什么是转义字符。\n、\t 在编程中是比较常见的，其中“\”被称为转义字符，通常它之后的字母都不再是其本来的 ASCII 字符的意思。如要输出“\”本身，需要在“\”前面再加上一个“\”，因为“\”本身代表转义，前面再加一个则是转义的转义，就是“\”本身。

18.5.4　设计菜单选项的边框

菜单选项位于开始菜单界面的下方，如图 18.12 所示。

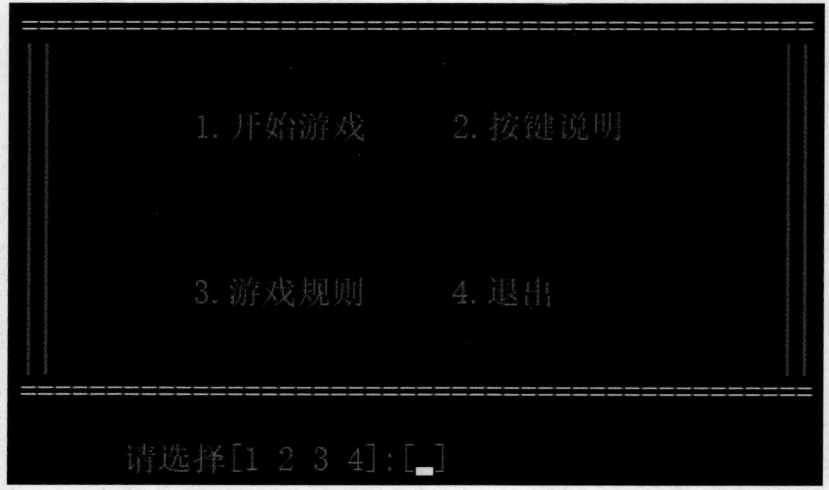

图 18.12　菜单选项

对于菜单选项这部分，如果分得细致一些，可以把这部分分为边框和文字两部分。本小节主要介绍如何绘制边框。

通过两个循环嵌套即可实现边框的输出，详细代码如下：

```
/**
 * 菜单选项的边框
 */
void welcom()
{
    int n;
    int i, j = 1;
    color(14);                          //黄色边框
    for (i = 9; i <= 20; i++)           //输出上下边框===
    {
        for (j = 15; j <= 60; j++)    //输出左右边框||
        {
            gotoxy(j, i);
            //输出上下边框===
            if (i == 9 || i == 20) printf("=");
            //输出左右边框||
            else if (j == 15 || j == 59) printf("||");
        }
    }
```

18.5.5 设计菜单选项的文字

对于菜单选项的文字，只要找准坐标位置输出就可以。详细代码如下：

```
/**
 * 菜单选项的文字
 */
color(12);
gotoxy(25, 12);
printf("1. 开始游戏 ");
gotoxy(40, 12);
printf("2. 按键说明 ");
gotoxy(25, 17);
printf("3. 游戏规则 ");
gotoxy(40, 17);
printf("4. 退出 ");
gotoxy(21, 22);
color(3);
printf(" 请选择 [1 2 3 4]:[ ]\b\b");
color(14);
scanf("%d", &n);                        // 输入选项
switch (n)
{
case 1:                                 // 选择“1”
    system("cls");                      // 清屏
    break;
case 2:                                 // 选择“2”
    break;
case 3:                                 // 选择“3”
    break;
case 4:                                 // 选择“4”
    break;
}
}
```

18.6 游戏主窗体界面设计

18.6.1 游戏主窗体界面概述

在游戏欢迎界面按数字键“1”之后，就会进入游戏主窗体界面，在此界面中可以玩俄罗斯方块的游戏。在界面绘制方面，此界面大致可以分为两部分，一部分是左边的方块下落界面，另一部分是右边的游戏参数、下一个出现方块展示和主要按键说明部分。要制作这样的一个界面，设计思路是首先应该把这个界面画出来，然后绘制俄罗斯方块，最后添加逻辑，使界面生动起来。游戏主窗体界面如图 18.13 所示。

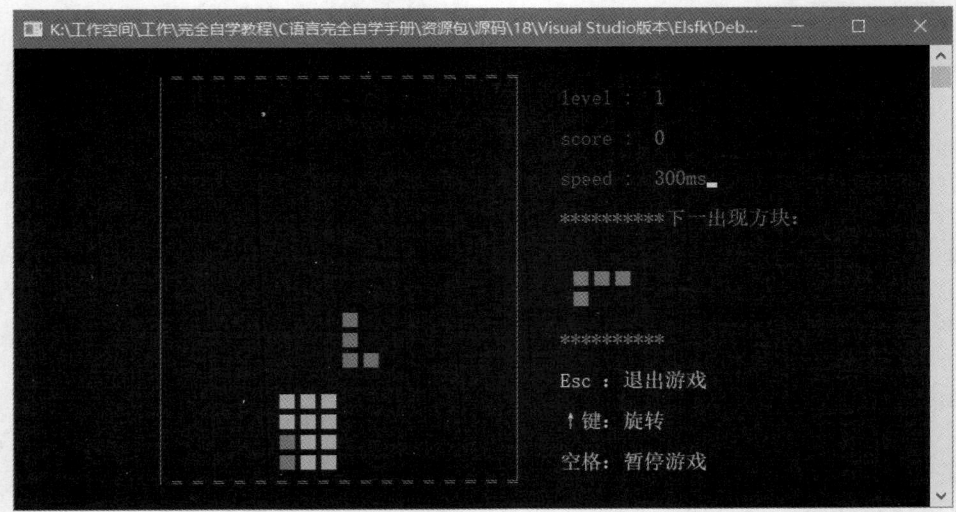

图 18.13　游戏主窗体界面

制作游戏主窗体界面，可以通过下面几个步骤来实现。

- 输出游戏主窗体界面。
- 绘制俄罗斯方块。
- 输出俄罗斯方块。

这些将在下面的小节中分别进行详细介绍。

18.6.2　输出游戏主窗体界面

想要输出游戏主窗体界面，那么首先要确定需要输出哪些内容，游戏主窗体界面结构如图 18.14 所示。

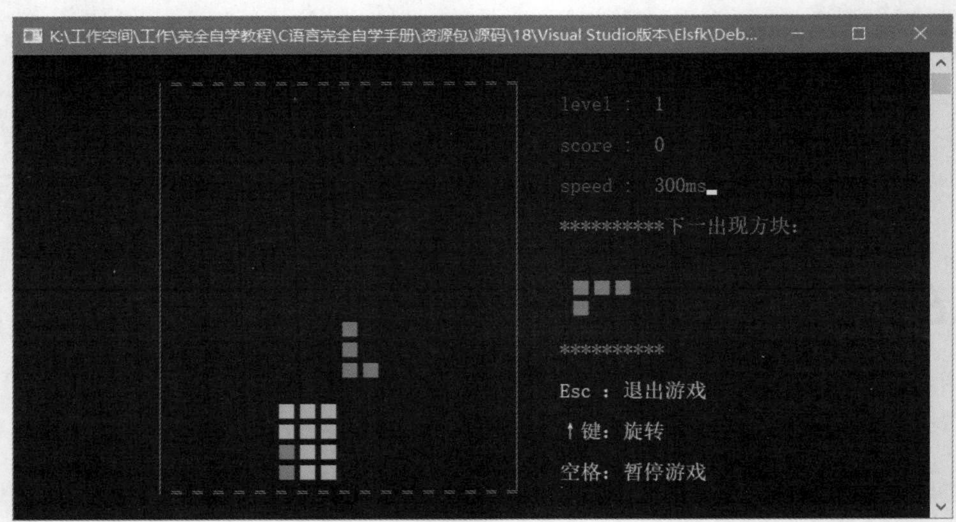

图 18.14　游戏主窗体界面结构

从图 18.14 可以看出需要输出的内容有：游戏名称、游戏边框、下一个出现方块和主要按键说明。大家可能会有疑问，为什么没有游戏参数呢？因为参数中的 score（得分）是变量，需要用到结构体

Tetris，该参数并不在输出游戏主窗体界面的函数中，而是放在输出俄罗斯方块的函数中。输出游戏主窗体界面的详细代码如下：

```
/**
 * 制作游戏主窗体界面
 */
void DrawGameframe()
{
    gotoxy(FrameX + Frame_width - 5, FrameY - 2);    // 输出游戏名称
    color(11);
    printf("趣味俄罗斯方块");
    gotoxy(FrameX + 2 * Frame_width + 3, FrameY + 7);
    color(2);
    printf("**********");                      // 输出下一出现方块的上边框
    gotoxy(FrameX + 2 * Frame_width + 13, FrameY + 7);
    color(3);
    printf("下一出现方块：");
    gotoxy(FrameX + 2 * Frame_width + 3, FrameY + 13);
    color(2);
    printf("**********");                      // 输出下一出现方块的下边框
    gotoxy(FrameX + 2 * Frame_width + 3, FrameY + 17);
    color(14);
    printf("↑键：旋转");
    gotoxy(FrameX + 2 * Frame_width + 3, FrameY + 19);
    printf("空格：暂停游戏");
    gotoxy(FrameX + 2 * Frame_width + 3, FrameY + 15);
    printf("Esc ：退出游戏");
    gotoxy(FrameX, FrameY);
    color(12);
    printf("╔");                                              // 输出框角
    gotoxy(FrameX + 2 * Frame_width - 2, FrameY);
    printf("╗");
    gotoxy(FrameX, FrameY + Frame_height);
    printf("╚");
    gotoxy(FrameX + 2 * Frame_width - 2, FrameY + Frame_height);
    printf("╝");
    for (i = 2; i < 2 * Frame_width - 2; i += 2)
    {
            gotoxy(FrameX + i, FrameY);
            printf("═");                                    // 输出上横边框
    }
    for (i = 2; i < 2 * Frame_width - 2; i += 2)
    {
            gotoxy(FrameX + i, FrameY + Frame_height);
```

```
            printf("═");                                    // 输出下横边框
            // 标记下横边框为游戏边框，防止方块出界
            a[FrameX + i][FrameY + Frame_height] = 2;
    }
    for (i = 1; i < Frame_height; i++)
    {
            gotoxy(FrameX, FrameY + i);
            printf("‖");                                    // 输出左竖边框
            // 标记左竖边框为游戏边框，防止方块出界
            a[FrameX][FrameY + i] = 2;
    }
    for (i = 1; i < Frame_height; i++)
    {
            gotoxy(FrameX + 2 * Frame_width - 2, FrameY + i);
            printf("‖");                                    // 输出右竖边框
            // 标记右竖边框为游戏边框，防止方块出界
            a[FrameX + 2 * Frame_width - 2][FrameY + i] = 2;
    }
}
```

同时修改 welcom() 方法中的代码，在 switch 语句中加入 DrawGameframe() 方法的调用语句，修改的语句如下：

```
// 加入调用 DrawGameframe() 方法的语句
switch (n)
{
case 1:
    system("cls");
    DrawGameframe();                // 需要新添加的语句
    break;
case 2:
    break;
case 3:
    break;
case 4:
    break;
}
```

大家都知道，俄罗斯方块是要落到界面下方累计消除才会得分的，那么最下方就应该有一个边界，防止方块落到边界之外，这个边界就是下横边框了。同样的道理，方块左右移动的时候，不能移动到左右竖边框的外面。如果没有设置边界，就会出现图 18.15 所示的情况。

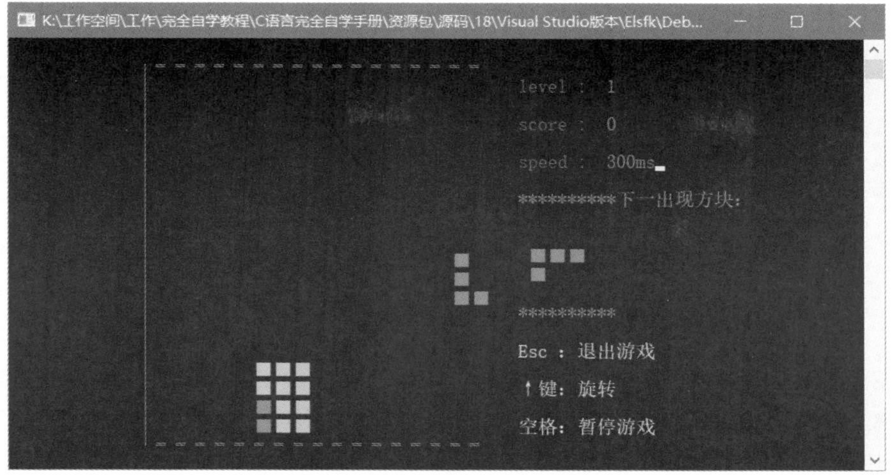

图 18.15　没有设置边界的后果

为了防止这样的现象发生，必须要设置边界。全局变量中已经定义了一个数组 a[80][80]，它用来标记游戏屏幕所有位置的图案，数组元素只有 3 个值，分别是 2、1、0。其中 2 表示该位置为游戏边框；1 表示该位置有方块；0 则表示该位置无图案。只要分别找到游戏的左、右、下边框的数组表示，让其数组值为 2，就可以成功地设置边界，移动方块就不会越界了。

设置左、右、下边框为游戏边界的代码如下：

```
a[FrameX + i][FrameY + Frame_height] = 2;          // 标记下横边框为游戏边框
a[FrameX][FrameY + i] = 2;                          // 标记左竖边框为游戏边框
a[FrameX + 2 * Frame_width - 2][FrameY + i] = 2;  // 标记右竖边框为游戏边框
```

18.6.3 绘制俄罗斯方块

想要绘制俄罗斯方块，那就首先要知道俄罗斯方块是什么样子的。俄罗斯方块分为五大类，如图 18.16 所示。

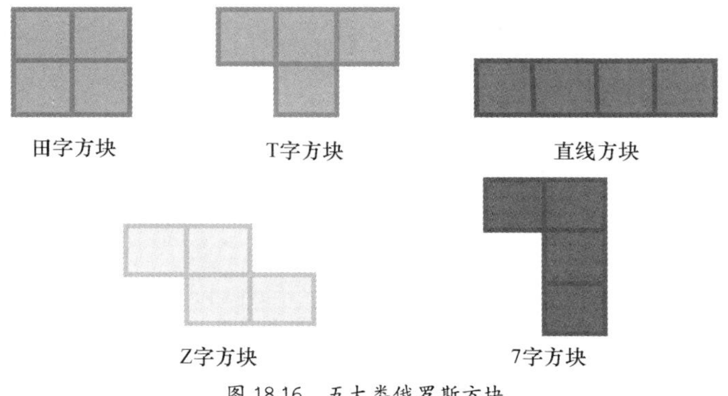

图 18.16　五大类俄罗斯方块

此外，还有 2 种由 z 字方块和 7 字方块反转得来的俄罗斯方块，如图 18.17 所示。

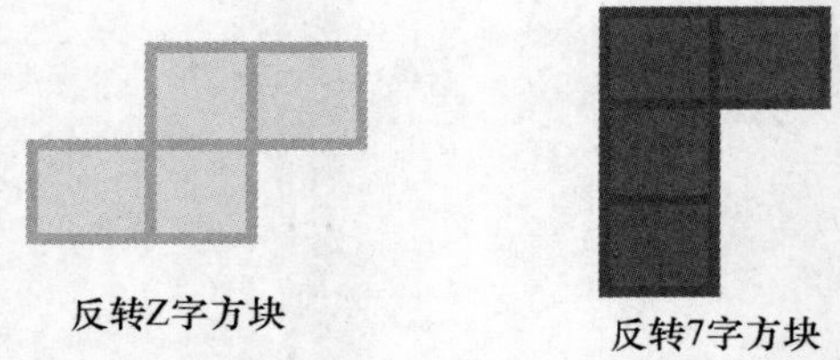

图 18.17　俄罗斯方块的另外 2 种反转图形

加上 2 种反转图形，俄罗斯方块一共有 7 种基本图形。其中田字方块没有旋转图形变化旋转；T 字方块算上本体，一共有 4 种旋转变化图形，分别为本体“T 字”、顺时针旋转 90° 的“T 字”、顺时针旋转 180° 的“T 字”和顺时针旋转 270° 的“T 字”；直线方块有 2 种旋转变化图形；Z 字方块和反转 Z 字方块各自有 2 种旋转变化图形；7 字方块和反转 7 字方块各自有 4 种旋转变化图形。

总结一下，俄罗斯方块共有 7 种图形、19 种旋转变化图形。编写代码的时候，要把这 19 种旋转变化图形考虑全，详细代码如下：

```
/**
 * 制作俄罗斯方块
 */
void MakeTetris(struct Tetris* tetris)
{
   a[tetris->x][tetris->y] = b[0];          //起始方块位置的图形状态
   switch (tetris->flag)                    //共 7 种图形、19 种旋转变化图形
   {
   case 1:          /*田字方块 ■■
                               ■■  */
   {
         color(10);
         a[tetris->x][tetris->y - 1] = b[1];
         a[tetris->x + 2][tetris->y - 1] = b[2];
         a[tetris->x + 2][tetris->y] = b[3];
         break;
   }
   case 2:          /*直线方块 ■■■■ */
   {
         color(13);
         a[tetris->x - 2][tetris->y] = b[1];
         a[tetris->x + 2][tetris->y] = b[2];
         a[tetris->x + 4][tetris->y] = b[3];
         break;
   }
```

```
case 3:                      /* 直线方块 ■
                                         ■
                                         ■
                                         ■   */
{
        color(13);
        a[tetris->x][tetris->y - 1] = b[1];
        a[tetris->x][tetris->y - 2] = b[2];
        a[tetris->x][tetris->y + 1] = b[3];
        break;
}
case 4:             /*T 字方块 ■■■
                                 ■   */
{
        color(11);
        a[tetris->x - 2][tetris->y] = b[1];
        a[tetris->x + 2][tetris->y] = b[2];
        a[tetris->x][tetris->y + 1] = b[3];
        break;
}
case 5:             /* 顺时针旋转 90° 的 T 字方块   ■
                                                  ■■
                                                    ■*/
{
        color(11);
        a[tetris->x][tetris->y - 1] = b[1];
        a[tetris->x][tetris->y + 1] = b[2];
        a[tetris->x - 2][tetris->y] = b[3];
        break;
}
case 6:             /* 顺时针旋转 180° 的 T 字方块    ■
                                                    ■■■*/
{
        color(11);
        a[tetris->x][tetris->y - 1] = b[1];
        a[tetris->x - 2][tetris->y] = b[2];
        a[tetris->x + 2][tetris->y] = b[3];
        break;
}
case 7:             /* 顺时针旋转 270° 的 T 字方块 ■
                                                 ■■
                                                 ■   */
{
        color(11);
```

```
        a[tetris->x][tetris->y - 1] = b[1];
        a[tetris->x][tetris->y + 1] = b[2];
        a[tetris->x + 2][tetris->y] = b[3];
        break;
    }
    case 8:             /* Z 字方块   ■■
                                       ■■ */
    {
        color(14);
        a[tetris->x][tetris->y + 1] = b[1];
        a[tetris->x - 2][tetris->y] = b[2];
        a[tetris->x + 2][tetris->y + 1] = b[3];
        break;
    }
    case 9:             /* 顺时针旋转 90° 的 Z 字方块   ■
                                                      ■■
                                                      ■   */
    {
        color(14);
        a[tetris->x][tetris->y - 1] = b[1];
        a[tetris->x - 2][tetris->y] = b[2];
        a[tetris->x - 2][tetris->y + 1] = b[3];
        break;
    }
    case 10:            /* 反转 Z 字方块    ■■
                                          ■■   */
    {
        color(14);
        a[tetris->x][tetris->y - 1] = b[1];
        a[tetris->x - 2][tetris->y - 1] = b[2];
        a[tetris->x + 2][tetris->y] = b[3];
        break;
    }
    case 11:            /* 顺时针旋转 90° 的反转 Z 字方块 ■
                                                        ■■
                                                        ■   */
    {
        color(14);
        a[tetris->x][tetris->y + 1] = b[1];
        a[tetris->x - 2][tetris->y - 1] = b[2];
        a[tetris->x - 2][tetris->y] = b[3];
        break;
    }
```

```
    case 12:          /* 7 字方块     ■■
                                       ■
                                       ■ */
    {
            color(12);
            a[tetris->x][tetris->y - 1] = b[1];
            a[tetris->x][tetris->y + 1] = b[2];
            a[tetris->x - 2][tetris->y - 1] = b[3];
            break;
    }
    case 13:          /* 顺时针旋转 90° 的 7 字方块     ■
                                                    ■■■   */
    {
            color(12);
            a[tetris->x - 2][tetris->y] = b[1];
            a[tetris->x + 2][tetris->y - 1] = b[2];
            a[tetris->x + 2][tetris->y] = b[3];
            break;
    }
    case 14:          /* 顺时针旋转 180° 的 7 字方块   ■
                                                    ■
                                                    ■■   */
    {
            color(12);
            a[tetris->x][tetris->y - 1] = b[1];
            a[tetris->x][tetris->y + 1] = b[2];
            a[tetris->x + 2][tetris->y + 1] = b[3];
            break;
    }
    case 15:          /* 顺时针旋转 270° 的 7 字方块   ■■■
                                                     ■     */
    {
            color(12);
            a[tetris->x - 2][tetris->y] = b[1];
            a[tetris->x - 2][tetris->y + 1] = b[2];
            a[tetris->x + 2][tetris->y] = b[3];
            break;
    }
    case 16:          /* 反转 7 字方块   ■■
                                       ■
                                       ■     */
    {
            color(9);
```

```
            a[tetris->x][tetris->y + 1] = b[1];
            a[tetris->x][tetris->y - 1] = b[2];
            a[tetris->x + 2][tetris->y - 1] = b[3];
            break;
    }
    case 17:            /* 顺时针旋转 90° 的反转 7 字方块    ■■■
                                                               ■ */
    {
            color(9);
            a[tetris->x - 2][tetris->y] = b[1];
            a[tetris->x + 2][tetris->y + 1] = b[2];
            a[tetris->x + 2][tetris->y] = b[3];
            break;
    }
    case 18:            /* 顺时针旋转 180° 的反转 7 字方块   ■
                                                             ■
                                                            ■■    */
    {
            color(9);
            a[tetris->x][tetris->y - 1] = b[1];
            a[tetris->x][tetris->y + 1] = b[2];
            a[tetris->x - 2][tetris->y + 1] = b[3];
            break;
    }
    case 19:            /* 顺时针旋转 270° 的反转 7 字方块   ■
                                                             ■■■ */
    {
            color(9);
            a[tetris->x - 2][tetris->y] = b[1];
            a[tetris->x - 2][tetris->y - 1] = b[2];
            a[tetris->x + 2][tetris->y] = b[3];
            break;
    }
    }
}
```

这段代码还有以下几点需要介绍。

1. 方块是如何画出来的？

在本游戏中，使用“■”来填充各种方块。在横向上，它占两个字符；在纵向上，它占一个字符。这是一些背景知识，知道了这些再来看代码。这些方块有个共同点，就是都是由 4 个“■”组成的，所以在全局变量中定义了数组 b[4]，保存的就是这 4 个“■”的位置。首先以数组 b 的第一位为起始“■”，对应代码为 a[tetris->x][tetris->y]=b[0];，然后根据相对起始方块的位置依次画出其他

3 个“■”。

下面以顺时针旋转 270° 的 7 字方块为例，讲解其他 3 个“■”是如何画出来的。绘制顺时针旋转 270° 的 7 字方块的代码如下：

```
01  a[tetris->x-2][tetris->y]=b[1];
02  a[tetris->x-2][tetris->y-1]=b[2];
03  a[tetris->x+2][tetris->y]=b[3];
```

说明

代码中涉及数学中 x、y 坐标轴的知识，图 18.18 为本游戏中用到的 x、y 坐标轴，在 x 轴上，数值从左到右依次增大；在 y 轴上，数值从上到下依次增大。

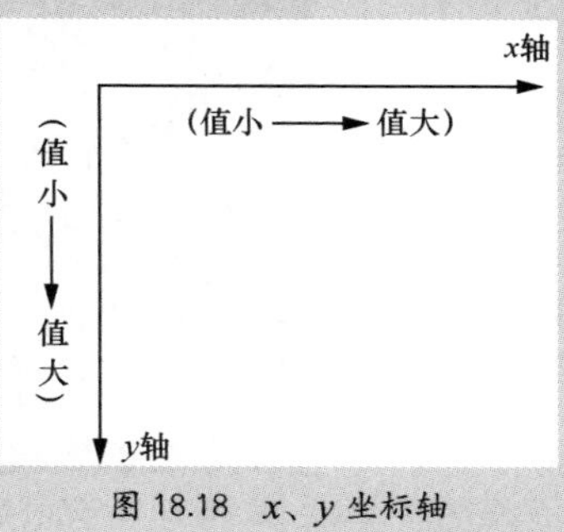

图 18.18 x、y 坐标轴

首先来看第一行代码，a[tetris->x-2][tetris->y]=b[1];，在 x 坐标轴上，b[1] 的 x 轴坐标 [tetris->x-2] 相比起始方块 b[0] 的 x 轴坐标 [tetris->x] 小了两个字符，应该放在 [tetris->x] 的左边；b[1] 的 y 轴坐标 [tetris->y] 和 b[0] 的 y 轴坐标 [tetris->y] 是一样的，说明它俩的纵坐标是一样的。用 X 表示 b[0]、用●表示 b[1]，它俩的位置关系如图 18.19 所示。

再来看第二行代码，a[tetris->x-2][tetris->y-1]=b[2];，b[2] 的 x 轴坐标 [tetris->x-2] 还是在起始方块 b[0] 的左边；b[2] 的 y 轴坐标 [tetris->y-1] 比 b[0] 的 y 轴坐标值小，说明 b[2] 应该在 b[0] 上方。在图 18.19 上加上 b[2] 的位置后，b[0]、b[1] 和 b[2] 的位置关系如图 18.20 所示。

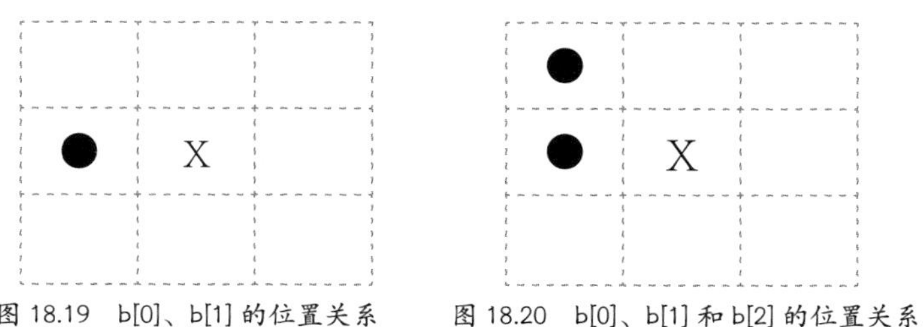

图 18.19 b[0]、b[1] 的位置关系　　图 18.20 b[0]、b[1] 和 b[2] 的位置关系

最后看第 3 行代码，a[tetris->x+2][tetris->y]=b[3];，b[3] 的 x 轴坐标 [tetris->x+2] 的值比起始方块 b[0] 的 x 轴坐标 [tetris->x] 的值大，说明 b[3] 位于 b[0] 的右边；b[3] 的 y 轴坐标 [tetris->y] 和 b[0] 的 y 轴坐标 [tetris->y] 一样，说明它俩的纵坐标是一样的。在图 18.20 上加上 b[3] 的位置后，b[0]、b[1]、b[2] 和 b[3] 的位置关系如图 18.21 所示。

从图 18.21 能够看出，定义的是顺时针旋转 270° 的 7 字方块▪▪▪。这样，按照同样的方式，就可以依次定义出其他 18 种方块。

2. 设置不同类型的方块为不同的颜色

在开始游戏的时候，不同类型的方块的颜色是不一样的，如图 18.22 所示。这样可以增强界面的生动效果和游戏的趣味性。

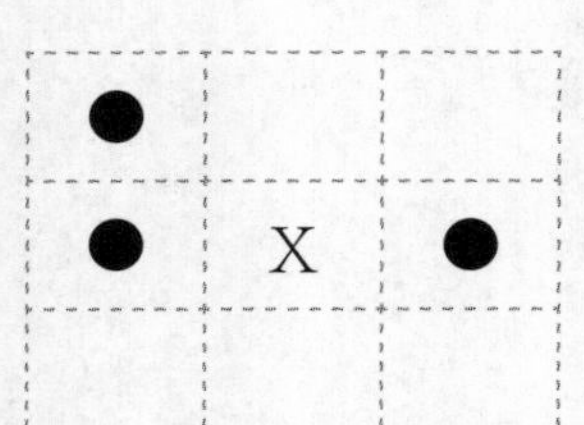

图 18.21　b[0]、b[1]、b[2] 和 b[3] 的位置关系

图 18.22　不同类型的方块为不同的颜色

color() 函数是用来设置颜色的，把 color() 函数放在定义方块的代码前面，那么输出这个方块的时候，输出的就是已经设置好颜色的方块。共有 7 类方块，只要设置 7 种不同的颜色就可以了。

3. 使用 switch 分支语句

在制作俄罗斯方块的代码中使用了 switch 分支语句。同样是分支语句，switch 语句不同于 if 语句，if 只有两个分支可供选择，而 switch 语句通常用于处理多分支的选择。switch 语句的一般形式如下：

```
switch （表达式）
{
case 常量表达式 1:
        语句 1;
case 常量表达式 2:
        语句 2;
        …
case 常量表达式 n:
        语句 n;
default:
        默认情况的语句；
}
```

switch 语句的流程图如图 18.23 所示。

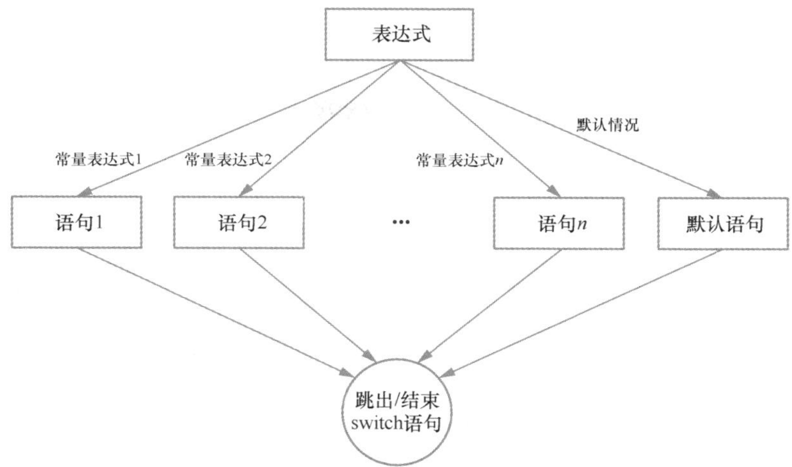

图 18.23 switch 语句的流程图

switch 后面括号中的表达式就是要进行判断的条件。当表达式的值和某一个 case 后面的常量表达式的值相等时，就执行此 case 后面的语句；若所有的 case 中的常量表达式的值都没有与表达式的值匹配的，就执行 default 后面的语句。

18.6.4 输出俄罗斯方块

现在，已经绘制好了俄罗斯方块，那么它们就可以直接显示到界面上了吗？当然不可以，到现在为止，只是定义好了方块的形状，但是方块本身用什么符号来输出是没有定义的。也就是说，组成方块的是“■”“※”还是“□”，还没有定义呢，所以这个时候是无法显示方块的。

下一步要做的就是使用“■”组成俄罗斯方块，并输出。详细代码如下：

```
/**
 * 输出俄罗斯方块
 */
void PrintTetris(struct Tetris* tetris)
{
    // 数组 b[4] 中有 4 个元素，通过 for 循环让每个元素的值都为 1
    for (i = 0; i < 4; i++)
    {
            b[i] = 1;                         // 数组 b[4] 的每个元素的值都为 1
    }
    MakeTetris(tetris);                       // 制作游戏窗口
    for (i = tetris->x - 2; i <= tetris->x + 4; i += 2)
    {
            // 遍历所有方块可能出现的位置
            for (j = tetris->y - 2; j <= tetris->y + 1; j++)
            {
                    if (a[i][j] == 1 && j > FrameY)    // 如果这个位置上有方块
```

```
                {
                        gotoxy(i, j);
                        printf("■");                    //输出边框内的方块
                }
        }
    }
    //输出菜单信息
    gotoxy(FrameX + 2 * Frame_width + 3, FrameY + 1);     //设置输出位置
    color(4);
    printf("level : ");
    color(12);
    printf("%d", tetris->level);                          //输出等级
    gotoxy(FrameX + 2 * Frame_width + 3, FrameY + 3);
    color(4);
    printf("score : ");
    color(12);
    printf(" %d", tetris->score);                         //输出分数
    gotoxy(FrameX + 2 * Frame_width + 3, FrameY + 5);
    color(4);
    printf("speed : ");
    color(12);
    printf(" %dms", tetris->speed);                     //输出速度
}
```

上面的代码不仅输出了方块，还输出了得分信息，输出得分信息的效果如图 18.24 所示。

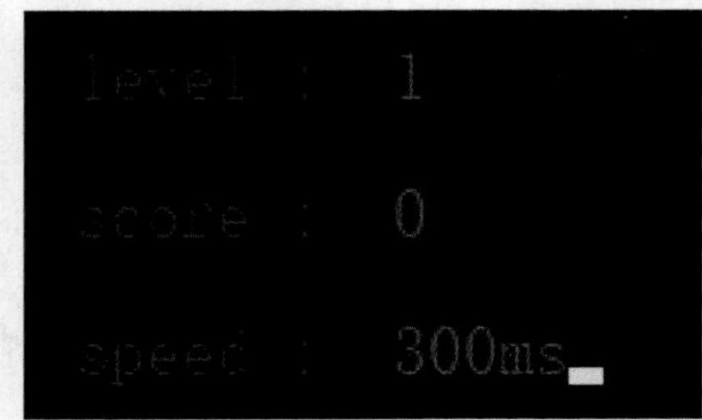

图 18.24 输出得分信息

18.7 游戏逻辑设计

18.7.1 游戏逻辑概述

在设计游戏逻辑的时候，应该考虑下面 4 个方面的问题。

- 方块下落的时候，判断下面的位置能不能放下方块；或者左右移动时，判断方块能否移动。
- 制造出方块不断下落的现象，也就是清除上一秒方块所在位置的痕迹。
- 判断是否满行，并且删除满行的方块。
- 俄罗斯方块是随机落下的，需要随机产生不同的方块类型。

解决好以上 4 个方面的问题，就能实现俄罗斯方块的游戏逻辑。

18.7.2 判断俄罗斯方块是否可移动

本小节主要介绍如何判断俄罗斯方块是否可移动。要判断俄罗斯方块是否可移动，首先就要知道要移动到的位置是不是空位置，如果能放下相应形状的俄罗斯方块，那么说明此方块可移动，如图 18.25 所示。

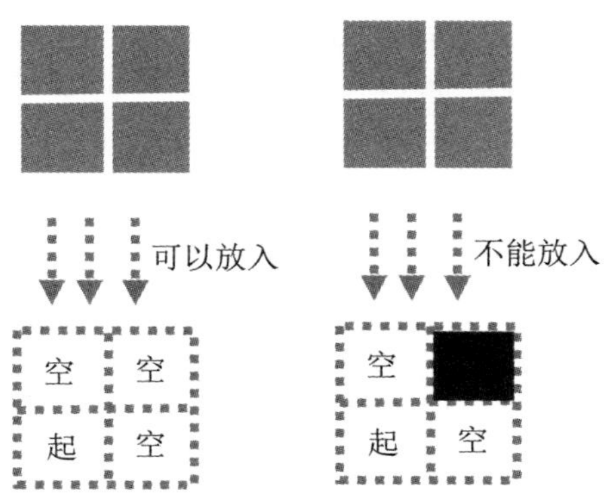

图 18.25 判断俄罗斯方块是否可以放入

要判断移动到的位置是不是空位置，首先要知道此位置起始方块 a[tetris->x][tetris->y] 移动到的位置是否是方块或者墙壁，如果是则不可移动；如果不是，是无图案的，则继续进行判断。因为如果连起始方块的位置都不能放方块“■”的话，那其他位置就更放不了。

在起始方块移动到的位置是空的情况下，如果 19 种不同形状的俄罗斯方块的所有“■”要移动到的位置上都无图案，那么表示可以移动。

比如田字方块，它的起始方块是左下角的“■”，如果“■”的上、右上、右的位置为空，即无图案，那么这个位置就可以放一个田字方块；可是只要有一个位置上不为空，就无法放下一个田字方块，如图 18.25 所示。

判断俄罗斯方块是否可移动的详细代码如下：

```
/**
 * 判断是否可移动
 */
int ifMove(struct Tetris* tetris)
{
// 当起始方块位置上有图案时，返回值为 0，即不可移动
    if (a[tetris->x][tetris->y] != 0)
    {
```

```
            return 0;
    }
    else
    {
        // 当所有形状的方块在旋转 0°、90°、180°、270° 后，除起始位置以外，
        其他位置也都同时无图案，则返回值为 1
            if (
                (tetris->flag == 1 && (a[tetris->x][tetris->y - 1] == 0&&
                a[tetris->x + 2][tetris->y - 1] == 0 && a[tetris->x + 2]
                [tetris->y] 17  == 0)) ||
                (tetris->flag == 2 && (a[tetris->x - 2][tetris->y] == 0 &&
                a[tetris->x + 2][tetris->y] == 0 && a[tetris->x + 4][tetris->y] == 0)) ||
                (tetris->flag == 3 && (a[tetris->x][tetris->y - 1] == 0 &&
                a[tetris->x][tetris->y - 2] == 0 && a[tetris->x]
                        [tetris->y + 1] == 0)) ||
                (tetris->flag == 4 && (a[tetris->x - 2][tetris->y] == 0 &&
                a[tetris->x + 2][tetris->y] == 0 && a[tetris->x]
                        [tetris->y + 1] == 0)) ||
                (tetris->flag == 5 && (a[tetris->x][tetris->y - 1] == 0 &&
                a[tetris->x][tetris->y + 1] == 0 && a[tetris->x - 2]
                        [tetris->y] == 0)) ||
                (tetris->flag == 6 && (a[tetris->x][tetris->y - 1] == 0 &&
                a[tetris->x - 2][tetris->y] == 0 && a[tetris->x + 2]
                        [tetris->y] == 0)) ||
                (tetris->flag == 7 && (a[tetris->x][tetris->y - 1] == 0 &&
                a[tetris->x][tetris->y + 1] == 0 && a[tetris->x + 2]
                        [tetris->y] == 0)) ||
                (tetris->flag == 8 && (a[tetris->x][tetris->y + 1] == 0 &&
                        //Z 字方块
                a[tetris->x - 2][tetris->y] == 0 && a[tetris->x + 2]
                        [tetris->y + 1] == 0)) ||
                (tetris->flag == 9 && (a[tetris->x][tetris->y - 1] == 0 &&
                a[tetris->x - 2][tetris->y] == 0 && a[tetris->x - 2]
                        [tetris->y + 1] == 0)) ||
                (tetris->flag == 10 && (a[tetris->x][tetris->y - 1] == 0 &&
                a[tetris->x - 2][tetris->y - 1] == 0 && a[tetris->x + 2]
                        [tetris->y] == 0)) ||
                (tetris->flag == 11 && (a[tetris->x][tetris->y + 1] == 0 &&
                a[tetris->x - 2][tetris->y - 1] == 0 && a[tetris->x - 2]
                        [tetris->y] == 0)) ||
                (tetris->flag == 12 && (a[tetris->x][tetris->y - 1] == 0 &&
                a[tetris->x][tetris->y + 1] == 0 && a[tetris->x - 2]
                        [tetris->y - 1] == 0)) ||
                (tetris->flag == 15 && (a[tetris->x - 2][tetris->y] == 0 &&
```

```
                a[tetris->x - 2][tetris->y + 1] == 0 && a[tetris->x + 2]
                        [tetris->y] == 0)) ||
                (tetris->flag == 14 && (a[tetris->x][tetris->y - 1] == 0 &&
                a[tetris->x][tetris->y + 1] == 0 && a[tetris->x + 2]
                        [tetris->y + 1] == 0)) ||
                (tetris->flag == 13 && (a[tetris->x - 2][tetris->y] == 0 &&
                a[tetris->x + 2][tetris->y - 1] == 0 && a[tetris->x + 2]
                        [tetris->y] == 0)) ||
                (tetris->flag == 16 && (a[tetris->x][tetris->y + 1] == 0 &&
                a[tetris->x][tetris->y - 1] == 0 && a[tetris->x + 2]
                        [tetris->y - 1] == 0)) ||
                (tetris->flag == 19 && (a[tetris->x - 2][tetris->y] == 0 &&
                a[tetris->x - 2][tetris->y - 1] == 0 && a[tetris->x + 2]
                        [tetris->y] == 0)) ||
                (tetris->flag == 18 && (a[tetris->x][tetris->y - 1] == 0 &&
                a[tetris->x][tetris->y + 1] == 0 && a[tetris->x - 2]
                        [tetris->y + 1] == 0)) ||
                (tetris->flag == 17 && (a[tetris->x - 2][tetris->y] == 0 &&
                a[tetris->x + 2][tetris->y + 1] == 0 && a[tetris->x + 2]
                        [tetris->y] == 0)))
            {
                    return 1;

            }
    return 0;
}
```

18.7.3 清除俄罗斯方块下落的痕迹

在玩游戏的时候，这些俄罗斯方块给我们的感觉就是会移动的。刚刚还在这个位置的方块，显示之后就消失了，随即出现在下一个位置，不断循环，营造出了一个方块会移动的现象，那么要如何清除方块之前所在位置上的痕迹呢？只要让没有图案的位置都输出空格就可以了。详细代码如下：

```
/**
 * 清除俄罗斯方块的痕迹
 */
void CleanTetris(struct Tetris* tetris)
{
    for (i = 0; i < 4; i++)     // 数组 b[4] 中有 4 个元素，让每个元素的值都为 0
    {
            b[i] = 0;           // 数组 b[4] 的每个元素的值都为 0
    }
    MakeTetris(tetris);         // 制作俄罗斯方块
```

```
    // ■X■■，X为起始方块
    for (i = tetris->x - 2; i <= tetris->x + 4; i += 2)
    {
        for (j = tetris->y - 2; j <= tetris->y + 1; j++)        /* ■
                                                                    ■
                                                                    X
                                                                    ■ */
        {
            // 如果这个位置上没有图案，并且处于游戏界面中
            if (a[i][j] == 0 && j > FrameY)
            {
                gotoxy(i, j);
                 printf("  ");                          // 输出空格
            }
        }
    }
}
```

18.7.4 判断方块是否满行

游戏的规则是当俄罗斯方块满行时，自动消除该行方块，并且累计分数。图18.26所示为方块没有满行，图18.27所示为其中一行的方块达到了满行，并进行了消除。

要如何判断是否满行，并且删除满行的俄罗斯方块，进行整行消除呢？

图18.26 方块满行消除前

图18.27 方块满行消除后

因为游戏界面的宽度是Frame_width，除去两个竖边框的宽度，满行时方块所占的宽度就为Frame_width-2。详细代码如下：

```
/**
 * 判断是否满行并删除满行的俄罗斯方块
 */
// 当某行有 Frame_width-2 个方块时，则达到满行，进行消除
void Del_Fullline(struct Tetris* tetris)
{
    // 分别用于记录某行方块的个数和删除方块的行数的变量
    int k, del_rows = 0;
    for (j = FrameY + Frame_height - 1; j >= FrameY + 1; j--)
    {
            k = 0;
            for (i = FrameX + 2; i < FrameX + 2 * Frame_width - 2; i += 2)
            {
                  // 按照纵坐标从下往上，横坐标由左至右的顺序判断是否满行
                  if (a[i][j] == 1)
                  {
                             k++;                          // 记录此行方块的个数
                             if (k == Frame_width - 2)  // 如果满行
                             {
                                       for (k = FrameX + 2; k < FrameX + 2 *
                                                     Frame_width - 2; k += 2)
                                                     // 删除满行的方块
                                  {
                                                     a[k][j] = 0;
                                                     gotoxy(k, j);
                                            printf("  ");
                                    }
                                  // 如果删除行上面有方块，则删除后，将上面的
                                     所有方块下移一行
                                    for (k = j - 1; k > FrameY; k--)
                                    {
                                           for (i = FrameX + 2; i < FrameX +
                                               2 * Frame_width - 2; i += 2)
                                           {
                                                  if (a[i][k] == 1)
                                                  {
                                                         a[i][k] = 0;
                                                         gotoxy(i, k);
                                                         printf( “  “);
                                                         a[i][k + 1] = 1;
                                                         gotoxy(i, k + 1);
                                                         printf("■");
                                                  }
                                           }
```

```
                        }
                        j++;    // 方块下移后，重新判断删除行是否满行
                        del_rows++;   // 记录删除方块的行数
                    }
                }
            }
    }
    tetris->score += 100 * del_rows;  // 每删除一行，得 100 分
    if (del_rows > 0 && (tetris->score % 1000 == 0 ||
                         tetris->score / 1000 > tetris->level - 1))
    {
        // 如果得 1000 分即累计删除 10 行，下降速度值减 20 并升一级
        tetris->speed -= 20;
        tetris->level++;
    }
}
```

18.7.5 随机产生俄罗斯方块类型的序号

在进行游戏的时候，可以发现每次下落的方块都是不同类型的，如图 18.28 和图 18.29 所示。

图 18.28　下落 T 字方块

图 18.29　下落 7 字方块

因为下落的俄罗斯方块都是随机产生的，所以需要使用随机数函数 rand() 来获得随机产生方块类型的序号。

在前面的代码中，已经定义好每种类型的方块都有各自的 flag，也就是序号，从 1 到 19。现在需要做的就是获得 1~19 的一个随机数。详细代码如下：

```
/**
 * 随机产生俄罗斯方块类型的序号
 */
```

```
void Flag(struct Tetris* tetris)
{
    tetris->number++;                              // 记住产生方块的个数
    srand(time(NULL));                             // 初始化随机数
    if (tetris->number == 1)
    {
            tetris->flag = rand() % 19 + 1;        // 记住第一个方块的序号
    }
    tetris->next = rand() % 19 + 1;                // 记住下一个方块的序号
}
```

在上面的代码中，获得随机数使用的是 rand() 函数，下面详细介绍 rand() 函数。

rand() 函数没有输入参数，直接通过表达式 rand() 来引用，生成 0 ~ RAND_MAX 的一个随机数，其中 RAND_MAX 的值一般为 32767，该值与编译系统有关。

虽然 rand() 是一个随机数函数，但是严格来说，它返回的是一个伪随机数。之所以这么说，是因为在没有其他操作下，每次运行同一个程序时，调用 rand() 函数所得到的随机数序列是固定的。第一次运行程序，就决定了此后每次运行程序时方块出现的顺序，比如 T 字方块→顺时针旋转 270° 的 7 字方块→ Z 字方块……每次运行程序方块都以这个顺序下落。

为了真正达到随机的效果，令 rand() 的返回值更具有随机性，通常需要为随机数生成器提供“一粒新的随机种子”。C 语言提供了 srand() 函数，srand() 函数可以为随机数生成器“播散种子”，只要“种子”不同，rand() 函数就会产生不同的随机数序列。srand() 被称为随机数生成器的初始化器。

说明

srand() 函数位于 time.h 头文件中，所以要使用 srand() 函数，必须引用 time.h。

使用 rand() 函数获得随机数的步骤总结如下。

（1）调用 srand(time(NULL)) 设置随机数“种子”，初始化随机数。

（2）调用 rand() 函数获得一个或一系列的随机数。

18.8 开始游戏

18.8.1 开始游戏模块概述

在此模块中，设计有游戏的各种键盘操作和俄罗斯方块的显示。开始游戏后的游戏主窗体界面如图 18.30 所示。

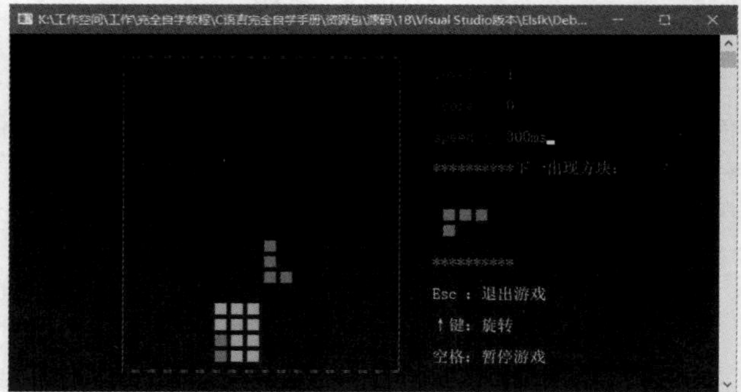

图 18.30　开始游戏后的游戏主窗体界面

本模块主要实现 4 个功能，分别如下。

（1）显示俄罗斯方块。开始游戏之后，游戏窗口中会从上至下落下俄罗斯方块，而且在右边的下一出现方块预览界面中也会显示俄罗斯方块。

（2）实现各种按键操作。包括方向键、〈Space〉键和〈Esc〉键。

（3）跳转游戏结束界面。一旦方块堆到界面顶端，即游戏失败，进入游戏结束界面，在此界面中可以选择是重新开始游戏，还是直接退出游戏。

（4）重新开始游戏。游戏失败后，可以选择是否要重新开始游戏。

18.8.2　显示俄罗斯方块

开始游戏之后，俄罗斯方块会显示在游戏窗口和右边下一出现方块预览界面中，如图 18.31 所示。这两个位置上的方块是有联系的，在下一出现方块预览界面中显示的方块，就是在游戏窗口中下一个会出现的方块。

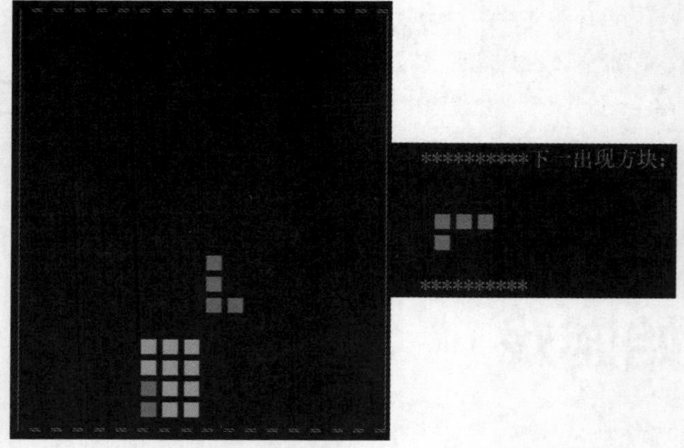

图 18.31　显示俄罗斯方块

显示俄罗斯方块的代码如下：

```
/**
 * 开始游戏
 */
```

```
void Gameplay()
{
   int n;
   struct Tetris t, * tetris = &t;    // 定义结构体的指针并指向结构体变量
   char ch;                           // 定义接收键盘输入的变量
   tetris->number = 0;                // 初始俄罗斯方块数为 0
   tetris->speed = 300;               // 初始移动速度值设为 300
   tetris->score = 0;                 // 初始游戏的分数为 0
   tetris->level = 1;                 // 初始游戏为第 1 关
   while (1)                          // 循环产生方块，直至游戏结束
   {
         Flag(tetris);                // 得到产生俄罗斯方块类型的序号
         Temp = tetris->flag;         // 记住当前俄罗斯方块的序号
        // 获得下一出现方块预览界中的面方块的 x 坐标
         tetris->x = FrameX + 2 * Frame_width + 6;
         tetris->y = FrameY + 10;// 获得下一出现方块预览界面中的方块的 y 坐标
         tetris->flag = tetris->next;       // 获得下一个俄罗斯方块的序号
         PrintTetris(tetris);               // 调用输出俄罗斯方块的方法
         // 获得游戏窗口中心方块的 x 坐标
         tetris->x = FrameX + Frame_width;
         tetris->y = FrameY - 1;            // 获得游戏窗口中心方块的 y 坐标
         tetris->flag = Temp;

```

其中，表示下一出现方块预览界面中显示的方块就是在游戏窗口中下一个会出现的方块的代码如下：

```
Temp=tetris->flag;                       // 记住当前俄罗斯方块的序号
tetris->flag = tetris->next;             // 获得下一个俄罗斯方块的序号
tetris->flag=Temp;                       // 取出当前俄罗斯方块的序号
```

Temp 为中间变量，借助 Temp 实现交换 tetris->flag 当前方块和 tetris->next 下一个方块的序号。不能直接设置 tetris->flag = tetris->next，必须要借助中间变量。

18.8.3 各种按键操作

键盘上有很多键，如图 18.32 所示。那么在编写程序时，要如何根据键盘上的键来控制操作呢？

图 18.32 键盘

游戏中俄罗斯方块的左右移动、变形等都需要通过按键盘上的键来实现。本程序中，使用 kbhit() 函数和 getch() 函数来接收键盘输入。

（1）C 语言中可以通过 kbhit() 函数来检测当前是否有键盘输入，如果有返回对应键盘值，否则返回 0。

- 函数名：kbhit()。
- 函数原型：int kbhit(void)。
- 返回值：如果有键盘输入，返回对应键盘值，否则返回 0。
- 所在头文件： conio.h。

（2）getch() 函数用来从控制台读取一个字符。

- 函数名：getch()。
- 函数原型：int getch(void)。
- 返回值：读取的字符。
- 所在头文件：conio.h。

先判断是否有键盘输入，有则用 getch() 接收。代码如下：

```
if(kbhit())                //判断是否有键盘输入
{
    ch=getch();            //ch 接收键盘输入
    …
}
```

ch=getch() 接收键盘输入之后，会把相应输入字符所对应的 ASCII 值赋给 ch。然后 ch 的值会分别和我们用到的输入字符的 ASCII 值进行对比，比如按键盘上的“个”键时，会使方块发生旋转；按键盘上的空格键时，会暂停游戏等。下面详细介绍什么是 ASCII 码。

ASCII 码是基于拉丁字母的一套计算机编码，可以用来表示所有的大写和小写字母、数字 0~9、标点符号，以及在英语中使用的特殊控制字符，具体说明如下。

ASCII 值为 0~31 及 127（共 33 个）是控制字符或通信专用字符（其余为可输出字符）。控制符：LF（换行符）、CR（回车符）、FF（换页符）、DEL（删除）、BS（退格）、BEL（响铃）等。通信专用字符：SOH（标题开始）、EOT（传输结束）、ACK（收到通知）等。ASCII 值为 8、9、10 和 13 分别表示退格、制表符、换行符和回车符。它们并没有固定的图形输出，但会依不同的应用程序而对文本输出产生不同的影响。

ASCII 值为 32~126（共 95 个）是字符（32 是空格），其中 48~57 为 0~9，共 10 个阿拉伯数字。65~90 为 26 个大写英文字母，97~122 为小写英文字母，其余为标点符号、运算符号等。

详细的 ASCII 码十进制对照表见附录。

通过 ASCII 码十进制对照表可以看到，本项目要用到的键对应的十进制数分别如下。

- 空格键：32
- Esc（退出）：27

其中，上、下、左、右方向键在 ASCII 表中没有定义，可以通过代码来获得它们的 ASCII 值。

设计按键操作的详细代码如下：

```
// 按键操作
while (1)                                  // 控制方块方向，直至方块不再下移
{
label:PrintTetris(tetris);                 // 输出俄罗斯方块
   Sleep(tetris->speed);                   // 延缓时间
   CleanTetris(tetris);                    // 清除痕迹
   Temp1 = tetris->x;                      // 记住中心方块横坐标的值
   Temp2 = tetris->flag;                   // 记住当前俄罗斯方块的序号
   if (kbhit())                            // 判断是否有键盘输入，有则用 ch 接收
   {
          ch = getch();
          if (ch == 75)         // 按“←”键则向左移动，中心方块横坐标的值减 2
          {
                 tetris->x -= 2;
          }
          if (ch == 77)         // 按“→”键则向右移动，中心方块横坐标的值加 2
          {
                 tetris->x += 2;
          }
          if (ch == 80)                    // 按“↓”键则加速下落
          {
                 if (ifMove(tetris) != 0)
                 {
                        tetris->y += 2;
                 }
                 if (ifMove(tetris) == 0)
                 {
                        tetris->y = FrameY + Frame_height - 2;
                 }
          }
          if (ch == 72)         // 按“↑”键则变形，即当前方块顺时针旋转 90°
          {
                 if (tetris->flag >= 2 && tetris->flag <= 3)
                 {
                        tetris->flag++;
                        tetris->flag %= 2;
                        tetris->flag += 2;
                 }
                 if (tetris->flag >= 4 && tetris->flag <= 7)
                 {
                        tetris->flag++;
                        tetris->flag %= 4;
                        tetris->flag += 4;
                 }
```

```
			if (tetris->flag >= 8 && tetris->flag <= 11)
			{
				tetris->flag++;
				tetris->flag %= 4;
				tetris->flag += 8;
			}
			if (tetris->flag >= 12 && tetris->flag <= 15)
			{
				tetris->flag++;
				tetris->flag %= 4;
				tetris->flag += 12;
			}
			if (tetris->flag >= 16 && tetris->flag <= 19)
			{
				tetris->flag++;
				tetris->flag %= 4;
				tetris->flag += 16;
			}
		}
		if (ch == 32)                                  //按〈Space〉键，暂停
		{
			PrintTetris(tetris);
			while (1)
			{
				if (kbhit())          //再按〈Space〉键，继续游戏
				{
					ch = getch();
					if (ch == 32)
					{
						goto label;
					}
				}
			}
		}
		if (ch == 27)
		{
			system("cls");
			memset(a, 0, 6400 * sizeof(int));      //初始化 a 数组
			welcom();
		}
		if (ifMove(tetris) == 0)            //如果不可移动，则上面操作无效
		{
			tetris->x = Temp1;
			tetris->flag = Temp2;
```

```
                }
                else                                    // 如果可移动，则执行操作
                {
                        goto label;
                }
        }
        tetris->y++;                            // 如果没有操作指令，则方块向下移动
        if (ifMove(tetris) == 0)               // 如果向下移动且不可移动，则方块放在此处
        {
                tetris->y--;
                PrintTetris(tetris);
                Del_Fullline(tetris);
                break;
        }
}
```

上面的代码还用到了无条件跳转语句，其格式为 goto 语句标号；。其中语句标号放在某一行语句的前面，语句标号后面加“:”。语句标号起标识语句的作用，与 goto 语句配合使用，goto 语句可以改变程序流向，转去执行语句标号所标识的语句。

goto 语句通常与条件语句配合使用，可用来实现条件转移、构成循环、跳出循环体等功能。如在本程序中，使用到的 goto 语句如下：

```
label:PrintTetris(tetris);                      // 设置 goto 语句标号 label
...
goto label;                                     // 跳转到 label 所在代码行
```

只要方块可移动，就可一直进行按键操作，goto 语句构成循环。

18.8.4 游戏结束界面

当方块达到界面顶端的时候，游戏结束，弹出游戏结束界面。在此界面中，可以选择重新开始游戏，或者直接退出，图 18.33 为游戏结束界面。

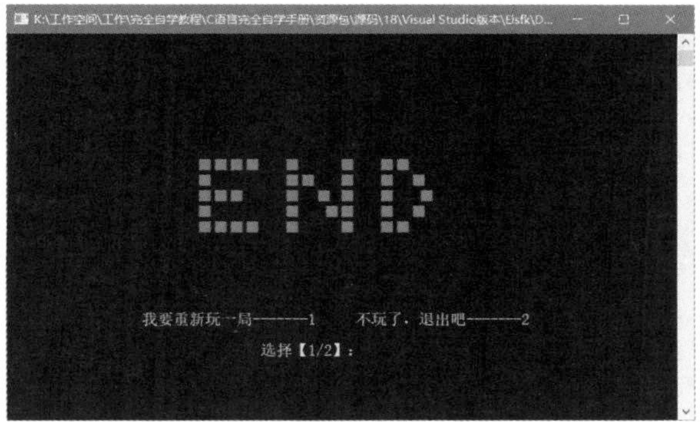

图 18.33 游戏结束界面

设置游戏结束界面的详细代码如下：

```
//游戏结束条件：方块达到边框顶部位置
for (i = tetris->y - 2; i < tetris->y + 2; i++)
{
    if (i == FrameY)
    {
        system("cls");
        gotoxy(29, 7);
        printf("   \n");
        color(12);
        printf("\t\t\t■■■■     ■     ■    ■■    \n");
        printf("\t\t\t■        ■■    ■    ■ ■   \n");
        printf("\t\t\t■■■ ■    ■ ■   ■    ■ ■   \n");
        printf("\t\t\t■        ■   ■ ■    ■ ■   \n");
        printf("\t\t\t■■■■     ■     ■    ■■    \n");
        gotoxy(17, 18);
        color(14);
        printf("我要重新玩一局-------1");
        gotoxy(44, 18);
        printf("不玩了，退出吧-------2\n");
        int n;
        gotoxy(32, 20);
        printf("选择【1/2】：");
        color(11);
        scanf("%d", &n);
        switch (n)
        {
        case 1:
                system("cls");
                Replay(tetris);      //重新开始游戏
                break;
        case 2:
                exit(0);
                break;
        }
    }
}
tetris->flag = tetris->next;             //清除下一个俄罗斯方块的图形(右边窗口)
tetris->x = FrameX + 2 * Frame_width + 6;
tetris->y = FrameY + 10;
CleanTetris(tetris);
    }
}
```

18.8.5 重新开始游戏

在游戏结束界面中，如果选择“我要重新玩一局”的话，就会重新开始游戏。设置重新开始游戏的代码为：

```
/**
 * 重新开始游戏
 */
void Replay(struct Tetris* tetris)
{
    system("cls");                              // 清屏
    memset(a, 0, 6400 * sizeof(int)); // 初始化 a 数组，否则不会正常显示方块，会导致游戏直接结束
    DrawGameframe();                            // 制作游戏窗口
    Gameplay();                                 // 开始游戏
}
```

同时修改 welcom() 方法中的代码，在 switch 语句中加入 Gameplay() 方法的调用语句，修改的语句如下：

```
// 加入调用 Gameplay () 方法的语句
switch (n)
{
case 1:
    system("cls");
    DrawGameframe();                  // 制作游戏窗口
    Gameplay();                       // 需要新添加的语句
    break;
case 2:
    break;
case 3:
    break;
case 4:
    break;
}
```

18.9 按键说明模块

18.9.1 模块概述

在游戏欢迎界面中按数字键“2”，即可进入按键说明界面，此界面中会显示游戏中都有哪些按键，

其功能是什么。按键说明界面如图 18.34 所示。

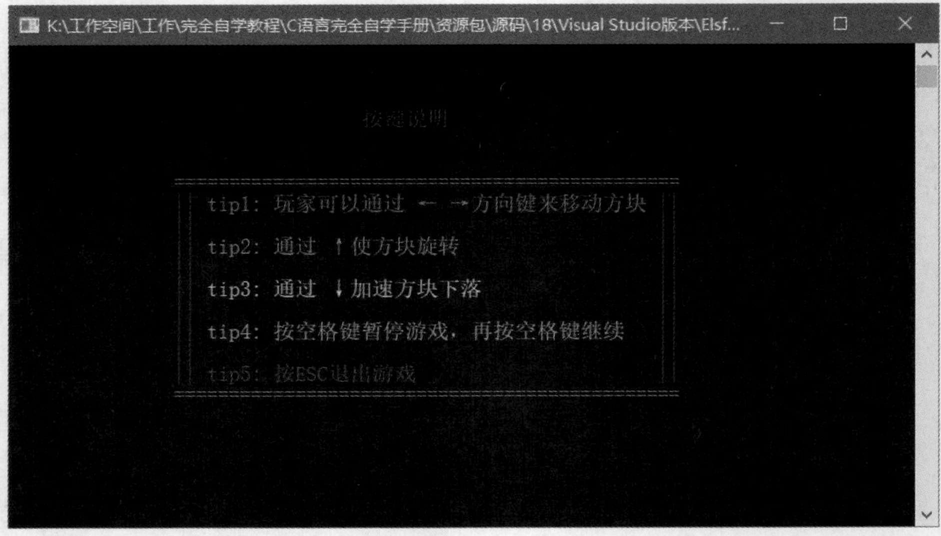

图 18.34　按键说明界面

18.9.2　代码实现

本模块的代码由两部分组成，一部分为绘制边框，另一部分为输出中间的文字说明。代码中首先要使用 for 循环嵌套来绘制边框，然后通过 gotoxy() 和 color() 函数来设置其中的文字。程序代码如下：

```
/**
 * 按键说明
 */
void explation()
{
    int i, j = 1;
    system("cl");
    color(13);
    gotoxy(32, 3);
    printf(" 按键说明 ");
    color(2);
    for (i = 6; i <= 16; i++)                    // 输出上、下边框 ===
    {
            for (j = 15; j <= 60; j++)           // 输出左、右边框 ||
            {
                    gotoxy(j, i);
                    if (i == 6 || i == 16) printf("=");
                    else if (j == 15 || j == 59) printf("||");
            }
    }
```

```
    color(3);
    gotoxy(18, 7);
    printf("tip1: 玩家可以通过 ← →方向键来移动方块 ");
    color(10);
    gotoxy(18, 9);
    printf("tip2: 通过 ↑使方块旋转 ");
    color(14);
    gotoxy(18, 11);
    printf("tip3: 通过 ↓加速方块下落 ");
    color(11);
    gotoxy(18, 13);
    printf("tip4: 按空格键暂停游戏，再按空格键继续 ");
    color(4);
    gotoxy(18, 15);
    printf("tip5: 按 Esc 退出游戏 ");
    getch();                    // 按任意键返回游戏欢迎界面
    system("cls");
    main();
}
```

同时修改 welcom() 方法中的代码，在 switch 语句中加入 explation() 方法的调用语句，修改的语句如下：

```
// 加入调用 explation() 方法的语句
switch (n)
{
case 1:
    system("cls");
    DrawGameframe();                // 制作游戏窗口
    Gameplay();                     // 开始游戏
    break;
case 2:
    explation();                    // 需要新添加的语句
    break;
case 3:
    break;
case 4:
    break;
}
```

18.10　游戏规则介绍模块

18.10.1　模块概述

在游戏欢迎界面中按数字键“3”，即可进入游戏规则界面，此界面中会显示游戏规则。游戏规则界面如图 18.35 所示。

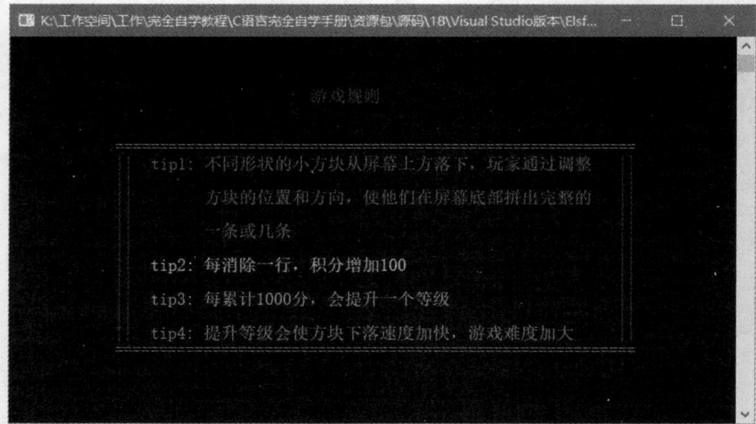

图 18.35　游戏规则界面

18.10.2　代码实现

本模块的代码和 18.9.2 小节的代码一样，都由两部分组成，一部分为绘制边框，另一部分为输出中间的文字说明。程序代码如下：

```
/**
 * 游戏规则
 */
void regulation()
{
    int i, j = 1;
    system("cls");
    color(13);
    gotoxy(34, 3);
    printf(" 游戏规则 ");
    color(2);
    for (i = 6; i <= 18; i++)                    // 输出上、下边框 ===
    {
            for (j = 12; j <= 70; j++)           // 输出左、右边框 ||
            {
```

```
                gotoxy(j, i);
                if (i == 6 || i == 18) printf("=");
                else if (j == 12 || j == 69) printf("||");
          }
    }
    color(12);
    gotoxy(16, 7);
    printf("tip1: 不同形状的小方块从屏幕上方落下，玩家通过调整 ");
    gotoxy(22, 9);
    printf(" 方块的位置和方向，使他们在屏幕底部拼出完整的 ");
    gotoxy(22, 11);
    printf(" 一条或几条 ");
    color(14);
    gotoxy(16, 13);
    printf("tip2: 每消除一行，积分涨 100");
    color(11);
    gotoxy(16, 15);
    printf("tip3: 每累计 1000 分，会提升一个等级 ");
    color(10);
    gotoxy(16, 17);
    printf("tip4: 提升等级会使方块下落速度加快，游戏难度加大 ");
    getch();                    // 按任意键返回开始菜单界面
    system("cls");
    welcom();
}
```

同时修改 welcom() 方法中的代码，在 switch 语句中加入 regulation() 方法的调用语句，修改的语句如下：

```
// 加入调用 regulation() 方法的语句
switch (n)
{
case 1:
    system("cls");
    DrawGameframe();                // 制作游戏窗口
    Gameplay();                     // 开始游戏
    break;
case 2:
    explation();                    // 按键说明函数
    break;
case 3:
    regulation();                   // 需要新添加的语句
    break;
```

```
case 4:
    break;
}
```

18.11 退出游戏

在游戏欢迎界面中按数字键“4”，即可退出游戏。

详细代码如下:

```
/**
*  退出
*/
void close()
{
    exit(0);
}
```

同时修改 welcom() 方法中的代码，在 switch 语句中加入 close() 方法的调用语句，修改的语句如下:

```
// 加入调用 close() 方法的语句
switch (n)
{
case 1:
    system("cls");
    DrawGameframe();                         // 制作游戏窗口
    Gameplay();                              // 开始游戏
    break;
case 2:
    explation();                             // 按键说明函数
    break;
case 3:
    regulation();                            // 游戏规则函数
    break;
case 4:
    close();                                 // 需要新添加的语句
    break;
}
```

至此，俄罗斯方块游戏的全部代码编写完毕。

18.12 小结

本章通过开发一个完整的游戏程序，以期帮助读者逐步了解程序的输入输出、循环控制，熟悉函数的声明、定义和调用，掌握开发应用程序的基本思路和技巧。对读者来说，这应该是一次全方位的学习体验。通过本章的学习，读者能在下面 4 个方面获得巨大提升。

- 掌握严谨的工程命名规范和代码书写规范。
- 学会开发项目程序必须掌握的选择结构和循环控制。
- 掌握常用方法的定义方法和了解其所在的文件包，以及能灵活运用相关技巧。
- 获得解决编程中出现的常见问题的能力。

ASCII 十进制对照表

ASCII	缩写 / 字符	ASCII	缩写 / 字符	ASCII	缩写 / 字符
0	NUL（空字符）	18	DC2（设备控制 2）	36	$
1	SOH（标题开始）	19	DC3（设备控制 3）	37	%
2	STX（正文开始）	20	DC4（设备控制 4）	38	&
3	ETX（正文介绍）	21	NAK（拒绝接收）	39	'
4	EOT（传输结束）	22	SYN（同步空闲）	40	(
5	ENQ（请求）	23	ETB（结束传输块）	41	)
6	ACK（收到通知）	24	CAN（取消）	42	*
7	BEL（响铃）	25	EM（媒介结束）	43	+
8	BS（退格）	26	SUB（代替）	44	,
9	HT（水平制表符）	27	ESC（退出）	45	-
10	LF（换行键）	28	FS（文件分隔符）	46	.
11	VT（垂直制表符）	29	GS（分组符）	47	/
12	FF（换页键）	30	RS（记录分隔符）	48	0
13	CR（回车键）	31	US（单元分隔符）	49	1
14	SO（不用切换）	32	空格	50	2
15	SI（启用切换）	33	!	51	3
16	DLE（数据链路转义）	34	"	52	4
17	DC1（设备控制 1）	35	#	53	5

续表

ASCII	缩写 / 字符	ASCII	缩写 / 字符	ASCII	缩写 / 字符
54	6	80	P	106	j
55	7	81	Q	107	k
56	8	82	R	108	l
57	9	83	S	109	m
58	:	84	T	110	n
59	;	85	U	111	o
60	<	86	V	112	p
61	=	87	W	113	q
62	>	88	X	114	r
63	?	89	Y	115	s
64	@	90	Z	116	t
65	A	91	[	117	u
66	B	92	\	118	v
67	C	93	]	119	w
68	D	94	^	120	x
69	E	95	_	121	y
70	F	96	`	122	z
71	G	97	a	123	{
72	H	98	b	124	|
73	I	99	c	125	}
74	J	100	d	126	~
75	K	101	e	127	DEL
76	L	102	f		
77	M	103	g		
78	N	104	h		
79	O	105	i